Statistik für die Pflege

Statistik für die Pflege

Marianne Müller

Marianne Müller

Statistik für die Pflege

Handbuch für Pflegeforschung und Pflegewissenschaft

2., vollständig überarbeitete und erweiterte Auflage

Mit Zeichnungen von Irene Odermatt
Mit Anagrammen von Ester Spinner

Prof. Dr. Marianne Müller, Dozentin für Datenanalyse
idp – Institut für Datenanalyse und Prozessdesign
ZHAW Zürcher Hochschule für Angewandte Wissenschaften
Rosenstr. 3
CH-8401 Winterthur
E-Mail: marianne.mueller@zhaw.ch
Internet: www.idp.zhaw.ch

Bibliografische Information der Deutschen Nationalbibliothek
Die Deutsche Nationalbibliothek verzeichnet diese Publikation in der Deutschen Nationalbibliografie; detaillierte bibliografische Daten sind im Internet über http://www.dnb.de abrufbar.

Anregungen und Zuschriften bitte an:
Hogrefe AG
Lektorat Pflege
z.Hd.: Jürgen Georg
Länggass-Strasse 76
3012 Bern
Schweiz
Tel: +41 31 300 45 00
E-Mail: verlag@hogrefe.ch
Internet: www.hogrefe.ch

Lektorat: Jürgen Georg, Swantje Kubillus, Martina Kasper
Herstellung: René Tschirren
Umschlagabbildung: Jürgen Georg, Schüpfen
Umschlaggestaltung: Claude Borer, Riehen
Illustration (Cartoons) im Innenteil: Irene Odermatt
Satz: Marianne Müller
Druck und buchbinderische Verarbeitung: Finidr s. r. o., Český Těšín
Printed in Czech Republic

2., vollst. überarb. u. erw. Auflage 2019

(E-Book-ISBN_PDF 978-3-456-95950-4)
ISBN 978-3-456-85950-7
http://doi.org/10.1024/85950-000

Vorwort zur 2. Auflage

Die 1. Auflage dieses Statistikbuchs ist trotz einiger Mängel und der schwierigen Materie erstaunlich positiv aufgenommen worden. Ich habe mich deshalb dazu entschlossen, für die Neuauflage eine Überarbeitung anzupacken.

Nebst Korrekturen und Layoutanpassungen enthält diese 2. Auflage Lösungen zu allen im Buch enthaltenen Aufgaben. Einige Handrechnungen und Nachschlagtabellen wirken im heutigen Computerzeitalter veraltet und sind deshalb weggelassen worden. Ansonsten hat sich beim Inhalt nicht sehr viel verändert. Die Grundlagen der Datenanalyse bleiben gleich, aber die Bedeutung und Präsenz von Statistik hat im Zeitalter von „big data“ stark zugenommen.

Die Anzahl durchgeführter empirischer Studien und die Anzahl Publikationen wächst und wächst, auch in der Pflegewissenschaft. Im Kapitel 18 über die Beurteilung der Qualität von Studien ist deshalb neu ein Unterkapitel zum Thema Metaanalyse vorhanden. Ich unterstütze auch den Aufruf von Fachkollegen und -kolleginnen (siehe Seite 111), das Signifikanzniveau in explorativen Studien von 5% auf 0.5% zu senken. Damit kann hoffentlich die Flut an nicht reproduzierbaren „Zufallsergebnissen“ eingedämmt werden.

Lupita ist auch immer noch da. Manchmal wirkt sie ziemlich verzweifelt und erschöpft, und ab und zu hat sie einfach genug. Aber sie hält durch bis zum letzten Kapitel.

Neu gibt es in dieser 2. Auflage ab und zu eingerückte Zweizeiler, wie z. B.

Stichprobenerhebungen
probierten engen B-Schuh

Das sind Anagramme von Esther Spinner mit einigen Wörtern dieses Buchs.

„Mathematisch gesehen ist ein Anagramm eine Permutation. Literarisch bedeutet Anagramm Letterntausch, und das ist wörtlich zu nehmen: Das Umtauschen von Buchstaben eines Wortes oder Satzes zu einem neuen Wort oder Satz heisst Anagramm. Die einzige einzuhaltende Regel: Alle Buchstaben des gewählten Ausgangswortes oder -satzes müssen wieder verwendet werden. Ansonsten herrscht orthografische und grammatikalische Freiheit. Dabei fördern Anagramme oft erstaunliches zu Tage. Anagramme verleiten dazu, den Kopf zu wenden und den Blick zu wechseln.“

Zum Schluss noch zwei Hinweise zum Benutzen dieses Buchs:

Technisch anspruchsvolle Ergänzungen, die gut übersprungen werden können, sind mit * gekennzeichnet und in kleiner Schrift gedruckt.

> Beispiele, die mit dem Taschenrechner oder Computer nachgerechnet werden können, sind in blaue Kästchen gesetzt.

Zürich, September 2018 Marianne Müller

Vorwort zur 1. Auflage

Viele angehende PflegewissenschaftlerInnen quälen sich durch die obligatorischen Statistikkurse und -prüfungen wie ihre Kolleginnen und Kollegen in der Psychologie, Biologie oder Erziehungswissenschaft. Während meiner mehr als 10-jährigen Tätigkeit als Dozentin für Statistik in pflegewissenschaftlichen Master- und Bachelorstudiengängen und „Public Health"-Weiterbildungen bin ich oft mit der Angst, Ablehnung, Frustration und auch dem Desinteresse der Pflegenden und Angehörigen anderer Gesundheitsberufe konfrontiert worden. Trotzdem ist aus meinen Kursunterlagen und dieser persönlichen Erfahrung kein einfaches Buch mit möglichst wenig mathematischen Formeln entstanden.

In der medizinischen Forschung werden jährlich Millionenbeträge in Studien investiert, in denen der Fragestellung unangepasste Designs verwendet, nichtrepräsentative und oft zu kleine PatientInnengruppen untersucht, falsche statistische Analysemethoden benutzt und nicht zulässige Schlussfolgerungen gezogen werden. Forschung in der Pflege umfasst so komplexe Themen wie die Zusammenhänge zwischen Ressourcen, Arbeitsumfeld, Stress und Patientenoutcomes oder Bedürfnisse und soziales Umfeld von PatientInnen und Angehörigen. Mit Mittelwerten, Standardabweichungen und ein paar *P*-Werten aus einfachen statistischen Tests können solche Fragestellungen nicht sinnvoll beantwortet werden. Quantitative Forschung und Entwicklung in der Pflege und andern Gesundheitsberufen brauchen Statistik, sogar sehr viel Statistik.

Dieses Buch beginnt bei den Grundbausteinen der Statistik und geht bis zu den statistischen Methoden, die in wissenschaftlichen Publikationen häufig vorkommen. Mein Ziel ist nicht, dass Sie die häufigsten statistischen Methoden anwenden können, sondern, dass Sie die häufigsten statistischen Methoden in ihrem Kern verstehen und die - so oft fehlerhafte - Anwendung durchschauen. Ich weiss[1], dass ich viel erwarte, aber auch ein kleiner Schritt in diese Richtung ist ein Fortschritt. So sehe ich dieses Buch nicht nur als Begleittext in der Statistikausbildung, sondern auch als Begleiter in der späteren Tätigkeit.

Lupita begleitet Sie bei der Arbeit durch dieses Buch hindurch. Irene Odermatt, Zeichnerin aus Zürich, hat Lupita in den Statistikdschungel geschickt, wo sie ähnliche Hochs und Tiefs erlebt wie meine früheren Studierenden und vermutlich auch einige LeserInnen. Lupita strahlt eine wunderbare Mischung von Fragilität, Eigensinn und Keckheit aus. Und manchmal muss man sich bei ihr genauso den Kopf zerbrechen, um eine Pointe zu verstehen wie bei einer statistischen Formel.

Zürich, Juli 2010 Marianne Müller

[1] Schreibweise ß/ss nach Schweizer Standarddeutsch (NZZ Schreibweise)

Inhaltsverzeichnis

1. Einführung

- Statistik - was, wozu und wie?
- Macht Statistik Angst?
- Ein kleiner Überblick

1.1 Was ist Statistik?

Das Wort Statistik hat mehrere Bedeutungen. Im Alltag bedeutet Statistik „irgendwelche Zahlen", z. B. Patientenstatistik im Spital (siehe Abbildung 1.1 auf Seite 12), Bevölkerungsstatistik oder Wohnungsmarktstatistik. Die Zahlen kommen von Zählungen und Messungen. Es ist ein reines Auflisten von numerischen Fakten. Neben Verwaltungsabteilungen produzieren vor allem Statistische Ämter solche Statistiken.

Im technischen Sinn sind Statistiken Zahlen, die aus einem Zahlenhaufen ausgerechnet werden, zum Beispiel Mittelwerte und Prozentsätze wie Zufriedenheitswerte und Sturzraten. Statistik als Wissenschaft befasst sich mit der Sammlung, Analyse, Präsentation und Interpretation von Daten. Bei der Planung einer Umfrage oder einer klinischen Studie hilft die Statistik zu entscheiden, wieviele Personen untersucht werden sollen, was genau gemessen oder gefragt werden soll. Mit statistischen Methoden werden Daten aussagekräftig zusammengefasst, und mit Grafiken können die Ergebnisse kommuniziert werden. Statistik beschäftigt sich auch damit, welche Schlüsse aus welchen Daten gezogen werden können.

1.2 Wozu braucht es Statistik?

Viele Entscheidungen in der Gesundheits-, Sozial und Wirtschaftspolitik stützen sich auf Daten: die Spitexkosten in verschiedenen Kantonen, die Anzahl Rehospitalisationen in Akutspitälern, die neuesten Arbeitslosenzahlen, die Verkehrstoten im letzten Monat, usw.

Daten kritisch lesen zu können, ist so wichtig wie Worte kritisch lesen zu können. Im ersten Bund des Tages-Anzeigers vom 30. März 2017 sind auf zehn Seiten redaktionellen Textes mehr als 350 Zahlenangaben zu finden. Es gibt viele Geldbeträge, z. B. die Gesamtkosten einer Zugsentgleisung, dann Prozentsätze, z. B. um die Überlebenschancen nach einer Chemotherapie anzugeben, und Mengenangaben, z. B. die Anzahl palaestinensischer Gefangenen im Hungerstreik oder die Anzahl südkoreanischer Firmenautos, die von einem Parkplatz in Nordkorea verschwunden sind. Auch die genaue Höhe der Mondsichel auf einem Minarett in der Ostschweiz wird angegeben.

Patientenstatistik nach Kliniken und Instituten

	Medizin	Chirurgie	Orthopädie	Urologie	Gynäkologie	Geburtshilfe (ohne gesunde Säuglinge)	Säuglinge (gesunde)	Kinderklinik	Augenklinik
Stationäre Patienten	**4 713**	**5 671**	**843**	**898**	**1 168**	**1 562**	**1 325**	**1 936**	**588**
davon grundversicherte Patienten	3 563	4 290	644	706	999	1 465	1 247	1 873	385
davon halbprivat versicherte Patienten	808	869	142	128	120	83	65	36	141
davon privat versicherte Patienten	342	512	57	64	49	14	13	27	62
Herkunft der stationären Patienten	**4 713**	**5 671**	**843**	**898**	**1 168**	**1 562**	**1 325**	**1 936**	**588**
Spitalkreis Winterthur	4 011	4 583	708	768	1 013	1 392	1 201	1 354	281
erweiterter Spitalkreis	10	5	1	0	2	0	0	4	1
übriger Kanton Zürich	561	763	109	111	112	145	98	491	254
andere Kantone	115	291	25	16	38	24	26	84	49
Ausland	16	29	0	3	3	1	0	3	3
Pflegetage	**50 746**	**45 034**	**7 850**	**5 989**	**6 145**	**10 114**	**7 716**	**12 662**	**1 736**
davon grundversicherte Patienten	39 266	32 933	5 933	4 479	5 126	9 346	7 185	12 391	1 168
davon halbprivat versicherte Patienten	7 998	7 963	1 379	1 063	705	653	428	162	403
davon privat versicherte Patienten	3 482	4 138	538	447	314	115	103	109	165
Aufenthaltsdauer	**10,8**	**7,9**	**9,2**	**6,7**	**5,2**	**6.5**	**5,8**	**6,5**	**3,0**
davon grundversicherte Patienten	11,0	7,7	9,1	6,3	5,1	6,4	5,8	6,6	3,0
davon halbprivat versicherte Patienten	9,8	9,2	9,7	8,2	5,9	7,9	6,6	4,5	2,9
davon privat versicherte Patienten	10,3	8,1	9,6	7,1	6,3	8,2	7,9	4,0	2,7
Bettenbestand per 31.12.05	**158**	**164**	**26**	**24**	**22**	**38**	**24**	**46**	**–**
Bettenbelegung %	**95,0**	**82,5**	**82,2**	**73,8**	**87,4**		**88,1**	**88,7**	**–**
Ambulante Patienten	**11 740**	**15 180**	**1 794**	**1 171**	**4 384**	**1 877**	**42**	**7 887**	**5 692 7**

Abbildung 1.1: Patientenstatistik eines Akutspitals

Die Natur- und Sozialwissenschaften sammeln Daten, um ihre Theorien zu überprüfen. Daten werden benutzt, um neue Therapieformen oder Medikamente zu entwickeln und zu erproben. Messungen sollen zeigen, ob ein Zusammenhang besteht zwischen Luftverschmutzung und Asthmaerkrankungen. Mit Mathematik- und Sprachtests in Schulklassen werden die Leistungen der SchülerInnen verschiedener Länder miteinander verglichen. In Umfragen wird die Wahlabsicht der Stimmbürger und Stimmbürgerinnen erhoben. Zählungen werden durchgeführt, um zu sehen, ob die Fischbestände in der Nordsee kleiner geworden sind. In Experimenten werden schädlingsresistente Getreidesorten entwickelt. Mit Stichprobenerhebungen wird die Qualität im industriellen Fertigungsprozess kontrolliert. Mit Konsumententests möchte die Getränkeindustrie herausfinden, wer welches Getränk warum bevorzugt.

***Stichprobenerhebungen huschten gern bei Proben*[1]**

Florence Nightingale, die Pionierin der modernen Krankenpflege, war auch eine der bedeutendsten Statistikerinnen. Im Krimkrieg begann sie ab 1854 die Todesursachen und Ster-

[1] Weitere Anagramme von Esther Spinner in „Allerlei an Monden zapfelt“, 2016, Edition 8 in Zürich.

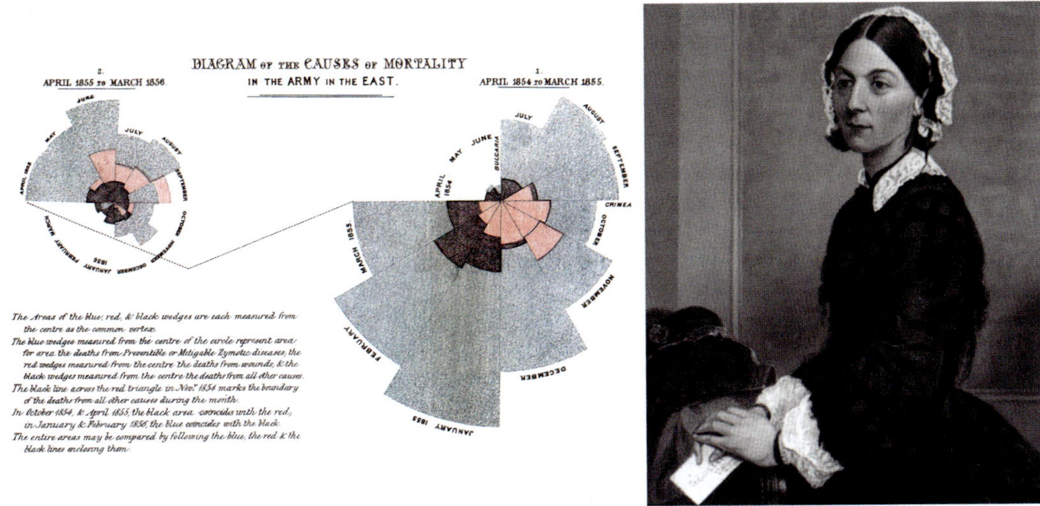

Abbildung 1.2: Florence Nightingale und ihr Kuchendiagramm

beraten der verwundeten Soldaten zu studieren. Dank genauer Erfassung und Analyse der Daten konnte sie den Einfluss von Hygienebedingungen und Ernährung auf die Mortalität nachweisen. Um dem britischen Parlament die Häufigkeit verschiedener Kriegsleiden vor Augen führen zu können, erfand sie das Kuchendiagramm. Florence Nightingale wurde 1858 als erste Frau in die Royal Statistical Society berufen und später als Ehrenmitglied in die American Statistical Association aufgenommen.

1.2.1 Und in der Pflege heute?

Statistik ist überall! Für die betriebsinterne Planung im Spital werden die Leistungen in der Pflege erfasst, Laborwerte werden interpretiert, Sturzprotokolle werden ausgewertet, die Zufriedenheit der PatientInnen mit der Pflege und die Berufseinstellung der Pflegenden wird untersucht. An den Pflegeausbildungsorten werden Kurse evaluiert und Forschungsresultate für den Unterricht aufbereitet. Drei Beispiele werden nun etwas ausführlicher dargestellt. Sie werden uns auf dem weiteren Weg durch den Statistikdschungel begleiten.

Spitex (Pflege- und Hausdienst):

Für eine Vergütung von Pflegeleistungen durch die Krankenkassen sind Daten darüber nötig, warum KlientInnen gepflegt werden und was die Pflege für die KlientInnen leistet. Mit einer Studie soll herausgefunden werden, welche Pflegediagnosen am häufigsten vorkommen und wie gut die erhobenen Pflegediagnosen und medizinischen Diagnosegruppen den unterschiedlichen Pflegeaufwand für die KlientInnen erklären. Während einer Woche werden bei allen besuchten Klienten und Klientinnen Daten zu Diagnosen, Pflegeaufwand und weitere personenbezogene Angaben erhoben.

Arbeitstätigkeit:

In einer Umfrage bei Pflegefachpersonen im Spital sollen die wahrgenommenen Anforderungen, Ressourcen und Belastungen in ihrer Arbeitstätigkeit erfasst werden. Die Sicht des Pflegepersonals soll auf diese Art fundiert eingebracht und eventuelle Verbesserungsmassnahmen daraus abgeleitet werden. Die schriftliche Umfrage benutzt einen in der Arbeitspsychologie entwickelten Fragebogen.

Ernährung im Akutspital:
Nach verschiedenen Studien sind zwischen 20 und 60% aller PatientInnen bei Spitaleintritt unterernährt. Bei längerer Hospitalisierung verschlechtert sich der Ernährungszustand bei vielen PatientInnen noch mehr. Mit einer Interventionsstudie soll herausgefunden werden, ob durch die Abgabe von oralen Supplementen und durch Ernährungsberatung die Energie- und Proteinzufuhr sowie die Lebensqualität der PatientInnen verbessert werden können.

Immer mehr Leute sind gezwungen, ihre Arbeit mit Statistik zu verteidigen. Numerische Fakten beeindrucken. Effizienz und Wirksamkeit müssen mit Zahlenmaterial belegt werden. Aber nicht immer ist das sinnvoll. Es braucht nicht für jedes Problem eine Excel-Tabelle oder eine Umfrage. Manchmal kann in einem direkten Gespräch mehr zum Thema herausgefunden werden als mit mehr oder weniger komplizierter Statistik.

1.3 Wieso ist Statistik schwierig?

Statistik ist nicht nur, aber auch Mathematik. Mathematik ist nicht leicht und löst bei manchen Leuten Panik aus. Der Lernerfolg in der Statistik hängt vermutlich von der Einstellung zur Statistik, der Angst vor mathematischen Aufgaben und früheren Erfahrungen mit der Mathematik oder Statistik ab. Ein Modell, das das Zusammenspiel von ein paar Komponenten zeigt, ist in Abbildung 1.3 illustriert.

Viel hängt von der Motivation ab. Sie hat einen direkten Einfluss auf den Erfolg. Indirekt wirkt sie auch positiv, indem sie die positive Einstellung zur Statistik fördert, was dann wiederum den Erfolg positiv beeinflusst. Angst vor Statistik hingegen ist eine schlechte Voraussetzung. Mit Motivation und einer positiven Einstellung kann aber die Angst reduziert werden.

Statistik steht zwischen Mathematik und dem jeweiligen Anwendungsgebiet. Die Mathematik ist das Werkzeug, wie z. B. das Blutdruckgerät oder die Injektionsspritze im medizinisch-pflegerischen Bereich. Heutzutage übernimmt der Computer viel Arbeit. Eine rein mechanische Anwendung von mathematischen Formeln ist aber nicht möglich. Subjektive Entscheidungen müssen getroffen werden und der eigentlich schwierige Teil einer Datenanalyse ist die Interpretation der Resultate. Hier braucht es Erfahrung und Wissen, das der Computer nicht hat und das auch schwer aus Fachbüchern zu lernen ist. Welche Schlüsse aus

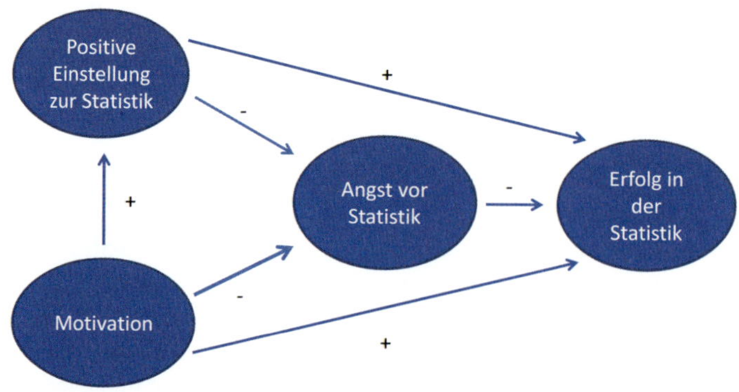

Abbildung 1.3: Modell für den Lernerfolg in der Statistik

den Daten gezogen werden können, hängt vor allem davon ab, wie die Daten erhoben worden sind. Viel Missbrauch entsteht dadurch, dass die Herkunft der Daten nicht berücksichtigt wird.

Statistik hatte lange ein negatives Image. Redewendungen wie „Mit Statistik kann man alles beweisen", „Trau' nur der Statistik, die du selbst gefälscht hast!" sind ziemlich beliebt. Die Materie gilt als langweilig, trocken. „Er wurde Statistiker, weil er Buchhaltung zu aufregend fand". In TV-Spots zu Schulbeginn oder für Versicherungen, in denen Fünfjährige nach ihren Berufswünschen gefragt werden, sagt kein Mädchen: „Ich werde Statistikerin!" Auch die Knaben werden lieber Lokomotivführer.

Das hat sich mit „Big data" etwas verändert. Daten werden als das Gold des 21. Jahrhunderts bezeichnet. In internationalen Karriere- und Berufsranglisten finden sich Data Scientist und Statistikerin in den letzten Jahren immer auf den ersten Plätzen.

1.3.1 Was braucht es um Statistik zu lernen?

- Grundrechenarten, Potenzen, Wurzelziehen und Logarithmus
- Gleichungen und Ungleichungen
- Zahlen in Tabellen nachschlagen
- Analogieschlüsse ziehen, ähnliche Situationen erkennen
- Formeln mit mathematischen Symbolen und griechischen Buchstaben lesen und benutzen können.

Beispiel: H_0: $\mu = 0$ gegen H_A: $\mu \neq 0$ wird getestet mit

$$t^* = \frac{\bar{x}}{s_d/\sqrt{n}} \qquad \text{mit } s_d = \sqrt{\frac{\sum(x_i - \bar{x})^2}{n-1}}.$$

Das verstehen Sie zwar jetzt noch nicht, aber Sie sollten versuchen, Ihre Angst beim Anblick solcher Formeln zu überwinden und die Nützlichkeit der mathematischen Schreibweise verstehen lernen. Ganz ohne Formeln wird es nicht gehen.

1.4 Teilgebiete der Statistik

Die Elemente, über die etwas herausgefunden werden soll, heissen *Beobachtungseinheiten*. Das sind z. B. Pflegepersonen, Patientinnen, Tiere, aber auch Abteilungen, Schulklassen, Pflanzensetzlinge oder Autos. Die *Population* ist die Menge aller Beobachtungseinheiten, auch *Grundgesamtheit* genannt, z. B. alle DiabetikerInnen in der Schweiz.

Versuchsplanung beinhaltet die Methoden zur Datensammlung. Bei einer *Vollerhebung* wird die ganze Population erfasst. Eine *Stichprobe* ist eine Teilmenge der Population. In einer Stichprobenerhebung wird nur ein Teil der Grundgesamtheit untersucht, z. B. wird eine Stichprobe von Pflege-SchülerInnen aus einer grossen Schule gezogen und die Schülerinnen werden dann zufällig zwei verschiedenen Praktikumsgruppen zugeteilt.

Stichprobenerhebungen: Schubert Opern hingeben

Die Gruppen funktionieren nach verschiedenen Konzepten und nach Praktikumsabschluss kann der Lernerfolg der SchülerInnen in den beiden Gruppen verglichen werden. Eine solch kontrollierte Zuteilung mit anschliessendem Gruppenvergleich ist ein Experiment.

Die *Daten* bestehen aus Messungen oder Beobachtungen an mehreren Einheiten. Wenn nur eine einzelne Beobachtung vorliegt, braucht es keine Zusammenfassung, also auch keine Statistik. *Variablen* heissen die Grössen oder Merkmale, die an den Beobachtungseinheiten erfasst werden, z. B. das Alter, die Ausbildung, die Diagnose, die Aufenthaltsdauer. Variablen variieren zwischen den Einheiten, d. h. sie nehmen verschiedene Werte an. Wenn also nur Frauen untersucht werden, ist das Geschlecht keine Variable. Mit *deskriptiver Statistik* beschreibt man das Wesentliche eines Zahlenhaufens, um die Daten zu verstehen oder präsentieren zu können. Mit verschiedenen Kennzahlen und Grafiken werden die Daten möglichst informativ zusammengefasst. *Schliessende Statistik* versucht mit Schätzungen und Tests, die Ergebnisse aus der Stichprobenerhebung auf die ganze Population zu verallgemeinern. Von den Ergebnissen der DiabetikerInnen im Spital XY möchten wir auf alle DiabetikerInnen in der Schweiz schliessen können. Da aber nicht alle DiabetikerInnen untersucht worden sind, sind diese Schlussfolgerungen möglicherweise falsch. Die Wahrscheinlichkeitsrechnung hilft, diese Unsicherheit zu quantifizieren.

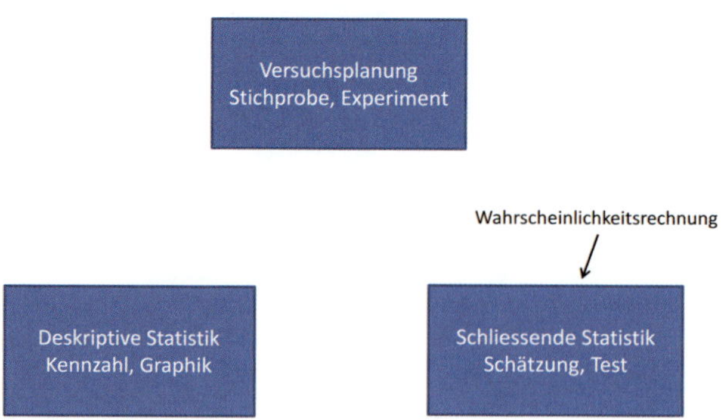

Abbildung 1.4: Teilgebiete der Statistik

1.5 Kontrollfragen und Aufgaben

1. Geben Sie ein Beispiel einer Vollerhebung und ein Beispiel einer Stichprobenerhebung.
2. Was sind Ihrer Meinung nach die Vor- und Nachteile einer Voll- bzw. einer Stichprobenerhebung?

Stichprobenerhebungen:
bunte Hochspringer eben

3. In einer Diabetes-Studie beraten vier Ernährungsberaterinnen je acht PatientInnen. Es werden die folgenden Daten erfasst:
   a) Geschlecht
   b) Alter
   c) Blutzucker in mmol
   d) Anzahl Insulininjektionen pro Tag
   e) Diabetes Typ I /Typ II
   f) BMI (Body Mass Index) in kg/m^2
   g) Gesichtsfeldstörung: „keine", „leicht", „schwer".

   Wieviele Beobachtungseinheiten und wieviele Variablen liegen vor?

1.6 Glossar

Beobachtungseinheit Element, über das wir etwas wissen möchten.

Daten Messungen oder Beobachtungen an mehreren Beobachtungseinheiten.

Deskriptive Statistik beschreibt das Wesentliche einer Stichprobe.

Schliessende Statistik verallgemeinert die Ergebnisse aus der Stichprobenerhebung auf die ganze Population.

Stichprobe Teilmenge der Population.

Population Menge aller Beobachtungseinheiten.

Variable Grösse oder Merkmal, das an den Beobachtungseinheiten erfasst wird.

Vollerhebung Die ganze Population wird erfasst.

2. Deskriptive Statistik einer Variablen

- Was für Datensorten gibt es?
- Kuchendiagramm oder Histogramm?
- Warum ist der Mittelwert nur mittelmässig?

2.1 Einführung

Mit deskriptiver Statistik, auch beschreibende Statistik genannt, wird das Wesentliche eines Zahlenhaufens dargestellt. Das Ziel ist, die Daten zu verstehen oder präsentieren zu können.

Beispiel: Spitexstudie

Der Pflege- und Hausdienst einer Region muss für die Abrechnung mit den Krankenkassen belegen können, warum KlientInnen gepflegt werden und was die Pflege genau leistet. Während einer Woche werden anhand einer Checkliste bei allen besuchten KlientInnen Daten zu Diagnosen, Pflegeaufwand und weitere personenbezogene Angaben erhoben.

Die Daten sehen wie in Tabelle 2.1 dargestellt aus. Jede Zeile enthält die Angaben zu einer KlientIn. In der ersten Spalte steht eine Identifikationsnummer. Die übrigen angeschriebenen Spalten listen die Werte von sechs Variablen auf. Das Geschlecht der Person ist mit einer Zahl angegeben: 1 steht für weiblich und 2 für männlich. Diese numerische Kodierung ist für die Auswertung mit dem Computer praktisch. Zwar könnten die meisten Statistikprogramme auch mit den Textangaben „weiblich“ und „männlich“ richtig umgehen, aber die Eingabe einer einzelnen Ziffer ist schneller, und auch bei der Auswertung ergeben sich oft Vorteile bei Zahleneingaben. Es folgt das Alter in Jahren. Beim Zivilstand bedeutet 1=„verheiratet“, 2=„geschieden“, 3=„getrennt“, 4=„verwitwet“ und 5=„ledig“.

Id	**Sex**	**Alter**	**Zivil-stand**	**Pflegediag. nd10**		**Anzahl Pflegediag.**	**Pflege-aufwand**
1	2	63	5	0	...	4	0.00
2	1	79	4	0	...	5	5.50
3	1	59	2	0	...	3	1.75
4	1	70	4	1	...	6	6.50
⋮	⋮	⋮	⋮	⋮	...	⋮	⋮

Tabelle 2.1: Daten Spitexstudie

4	5	3	6	1	4	3	0	3	1	1	2	1	0	1	3	1	4	3	2
5	1	1	1	0	1	2	0	2	1	1	1	3	2	3	0	1	1	0	0
2	1	3	1	1	2	0	1	3	5	4	3	3	2	5	1	3	4	2	1
5	4	5	2	2	3	1	1	2	3	3	2	3	2	3	1	3	5	4	5
3	4	4	2	1	3	2	2	2	3	2	1	7	3	4	9	2	1	2	3
1	7	3	2	2	2	1	1	2	3	2	3	1	2	2	4	2	3		

Tabelle 2.2: Anzahl Pflegediagnosen

Die Pflegediagnose nd10 bedeutet ein Selbstpflegedefizit beim Sich-Waschen und Sauberhalten. Bei einer 0 ist diese Diagnose bei der entsprechenden Person nicht gestellt worden, wenn 1 dasteht, hat die Person diese Diagnose bekommen. Dann folgt die Anzahl Pflegediagnosen der KlientIn. Der Pflegeaufwand wird in Stunden pro Woche gemessen.

Der Zahlenhaufen in Tabelle 2.2 umfasst die Angaben zur Anzahl Pflegediagnosen der 118 besuchten KlientInnen.

Das sieht ziemlich unübersichtlich aus. Eine zusammenfassende Beschreibung ist nötig. Die Art der Zusammenfassung ist für die verschiedenen Variablen der Spitexstudie unterschiedlich. Welche Methode benutzt werden kann, hängt von der Datensorte ab.

2.2 Datensorten

Die Variable Geschlecht ist eine *qualitative* oder *kategorielle Variable*. Sie gibt eine Gruppenzugehörigkeit an. Qualitative Daten werden weiter unterteilt in *Nominaldaten* und *Ordinaldaten*. Nominaldaten sind reine Gruppenbezeichnungen ohne Rangordnung, z. B. Geschlecht oder Zivilstand. Eine Nominalvariable wie Geschlecht mit nur zwei verschiedenen

Werten heisst *binär*. Ordinaldaten besitzen eine Rangordnung, wie z. B. die Variable Pflegebedürftigkeit mit den Kategorien „keine", „leicht", „stark" und „sehr stark". Mit Nominaldaten kann man nicht, mit Ordinaldaten nur beschränkt rechnen, auch wenn den Kategorien numerische Werte zugeordnet sind. Die durchschnittliche AHV-Nr. aller KursteilnehmerInnnen macht zum Beispiel keinen Sinn.
Zu den *quantitativen* oder *numerischen Daten* gehören *Zähldaten* wie Anzahl Pflegediagnosen und *Messdaten* wie Pflegeaufwand oder Gewicht. Quantitative Variablen, die in einem bestimmten Intervall alle möglichen Werte annehmen können, heissen *stetig*. Wenn nur einzelne Werte angenommen werden können, dann ist die Variable *diskret*. In der Regel sind also Zähldaten diskret und Messdaten stetig. Da die Messgenauigkeit aber immer beschränkt ist, gibt es genau genommen gar keine stetigen Daten. In der Praxis nimmt man trotzdem Stetigkeit an, sobald genügend viele verschiedene Werte vorliegen, wobei „genügend" je nach Situation verschieden gross ist. Wir werden das Alter hier als stetige Variable betrachten, auch wenn nur ganze Zahlen vorkommen.

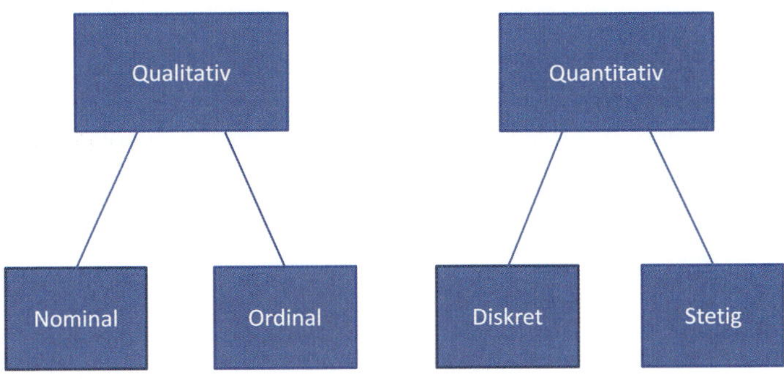

Abbildung 2.1: Datensorten

2.3 Die Verteilung einer Variablen

Die *Häufigkeitstabelle* einer kategoriellen Variablen listet alle möglichen Kategorien mit den jeweiligen beobachteten *absoluten Häufigkeiten* auf. Die *relative Häufigkeit* ist der jeweilige Anteil an Beobachtungen dieser Kategorie. Das ergibt Zahlen zwischen 0 und 1. Oft gibt man die relativen Häufigkeiten auch in Prozent an. Die Angaben variieren dann zwischen 0 und 100 %. Für die Variable Zivilstand sieht das im Statistikprogramm SPSS[1] wie in Tabelle 2.3 aus. Die absolute Häufigkeit verheirateter KlientInnen ist 21. Der relative Anteil der Verheirateten ist 21/118=0.178. Als Prozentsatz gibt das $\frac{21}{118} \cdot 100\,\% = 17.8\,\%$. Für eine Person fehlt die Angabe des Zivilstands. Die meisten Personen, nämlich 65, sind verwitwet, geschieden sind bloss 8 und der Zivilstand „getrennt" fehlt ganz. In der Spalte Prozent sehen wir, dass die Witwen und Witwer 55.1 % aller KlientInnen stellen. Wenn wir die Person ausschliessen, für die die Angabe fehlt, sind es 55.6 % (gültige Prozente). Kumulierte Prozente machen nur bei ordinalen Daten Sinn.

2.3.1 Balken- und Kuchendiagramm

Grafisch können kategorielle Daten mit einem *Balkendiagramm* oder einem *Kuchendiagramm* dargestellt werden, wie die Abbildungen 2.2

[1] SPSS für Windows, Version 24.0.0.0. (2016), Armonk, NY: IBM Corp.

Zivilstand

		Häufigkeit	Prozent	Gültige Prozente	Kumulierte Prozente
Gültig	verheiratet	21	17.8	17.9	17.9
	geschieden	8	6.8	6.8	24.8
	verwitwet	65	55.1	55.6	80.3
	ledig	23	19.5	19.7	100.0
	Gesamt	117	99.2	100.0	
Fehlend	0	1	.8		
Gesamt		118	100.0		

Tabelle 2.3: Häufigkeitsverteilung Zivilstand

und 2.3 zeigen. Im Balkendiagramm sind Unterschiede in den Häufigkeiten viel besser erkennbar. Kuchendiagramme sind zwar sehr beliebt, aber aus statistischer Sicht fast nie empfehlenswert. Kuchenstücke können schlecht miteinander verglichen werden, die Farb- bzw. Schraffurwahl und die Position des Stücks haben einen starken Einfluss auf die Wahrnehmung. Ein Kuchendiagramm macht nur dann Sinn, wenn es wichtig ist, Viertel- oder halbe Stücke (25 % und 50 % Anteile) zu erkennen.

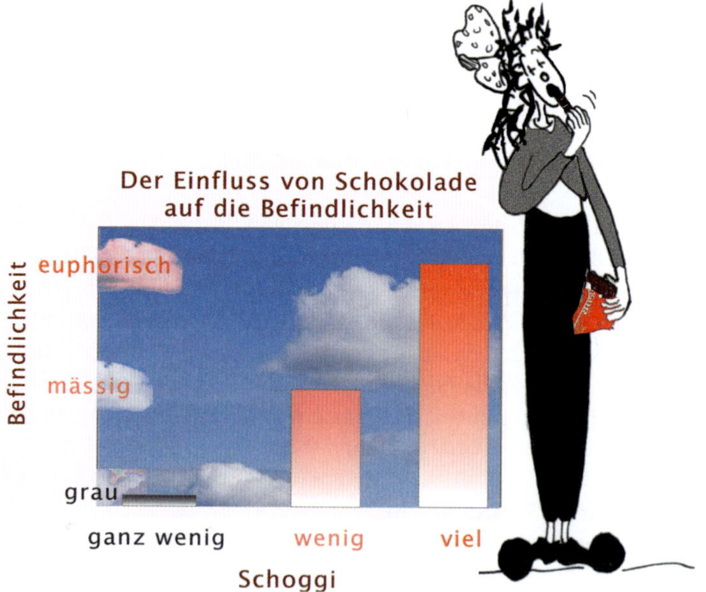

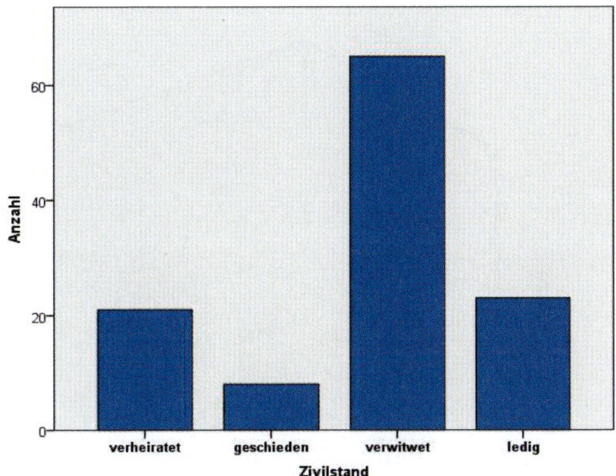

Abbildung 2.2: Balkendiagramm des Zivilstands

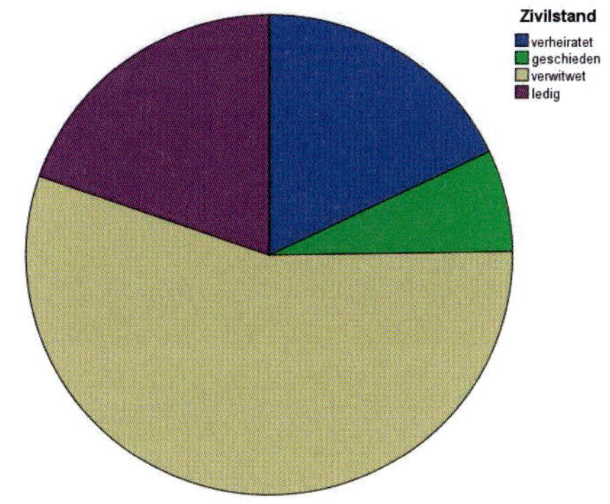

Abbildung 2.3: Kuchendiagramm des Zivilstands

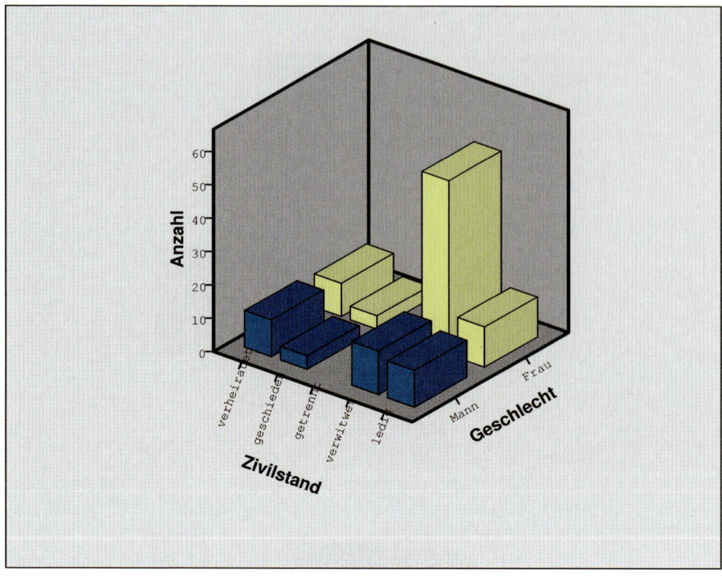

Abbildung 2.4: 3D-Balkendiagramm

Noch verpönter sind unter StatistikerInnen dreidimensionale Darstellungen, wenn nicht wirklich dreidimensionale Daten vorliegen. Die Perspektive lässt beim Kuchendiagramm die hinteren Stücke schrumpfen, die vorderen werden aufgebauscht.

Die Perspektive schafft auch beim 3D-Balkendiagramm Probleme, wie Abbildung 2.4 illustriert. Die Anzahl der SpitexklientInnen soll gezeigt werden, unterteilt nach Geschlecht und Zivilstand. Die Unterschiede in der Anzahl sind kaum erkennbar, nur die Dominanz der verwitweten Frauen. Als Argument für die dritte Dimension wird oft angeführt, dass eine solche Grafik optisch ansprechender aussieht als ein normales Balkendiagramm. Aber sie verschleiert eher, als dass sie zu verstehen hilft. Tufte (2001), ein Pionier in der Visualisierung von Daten, nennt so etwas Chartjunk.

Argument Traumgen

Häufigkeitstabellen werden auch für quantitative Variablen erstellt. Für die diskrete Variable Anzahl Pflegediagnosen mit Werten von 0 bis 9 ist die mit SPSS erstellte Häufigkeitstabelle in Tabelle 2.4 zu sehen. Da es keine fehlenden Angaben gibt, sind die beiden Spalten Prozent und Gültige Prozente identisch. Die letzte Spalte kumuliert die Prozentzahlen. So haben z. B. 57.6 % höchstens zwei Pflegediagnosen. Eine solche Spalte haben wir schon beim Zivilstand angetroffen. Dort macht es aber keinen Sinn, Kategorien zusammenzuzählen, weil die Reihenfolge willkürlich ist. Nur bei Ordinal- oder diskreten Daten kann es sinnvoll sein, kumulierte Prozentzahlen zu betrachten.

Auf den ersten Blick verblüfft es etwas, dass einige KlientInnen überhaupt keine Pflegediagnosen haben. Um herauszufinden, was das bedeutet, müssten mehrere Variablen gleichzeitig studiert (siehe Kapitel 3) oder die Angaben dieser acht Personen genauer angeschaut werden, z. B. die medizinischen Diagnosen und den Pflege- bzw. Hausdienstaufwand. Eine grafische Darstellung der Anzahl Pflegediagnosen findet sich in Abbildung 2.5.

Anzahl Pflegediagnosen

		Häufigkeit	Prozent	Gültige Prozente	Kumulierte Prozente
Gültig	.00	8	6.8	6.8	6.8
	1.00	31	26.3	26.3	33.1
	2.00	29	24.6	24.6	57.6
	3.00	27	22.9	22.9	80.5
	4.00	11	9.3	9.3	89.8
	5.00	8	6.8	6.8	96.6
	6.00	1	.8	.8	97.5
	7.00	2	1.7	1.7	99.2
	9.00	1	.8	.8	100.0
	Gesamt	118	100.0	100.0	

Tabelle 2.4: Häufigkeitsverteilung Anzahl Pflegediagnosen

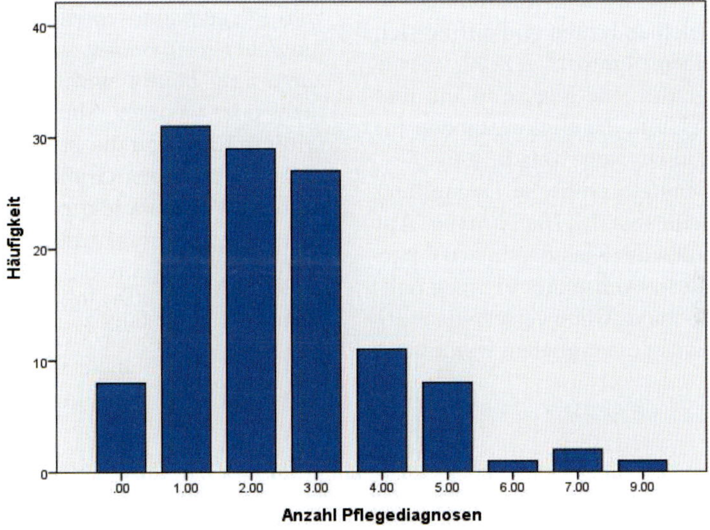

Abbildung 2.5: Balkendiagramm für Zähldaten

2.3.2 Histogramm

Bei stetigen Variablen bringt eine Häufigkeitstabelle nicht viel, da (fast) jeder Wert nur einmal vorkommt. In diesem Fall bildet man Klassen und gibt die Häufigkeiten der Klassen an. Wir betrachten das Alter der SpitexklientInnen als stetige Variable. Genau genommen sind die Altersjahre zwar Zähldaten, aber es kommen so viele verschiedene Werte vor, dass eine Zusammenfassung in Klassen besser ist als das Auszählen der Häufigkeit für jede Altersangabe. Die Altersangaben der 118 Personen sind:

63	79	59	70	83	41	85	78	42	78	95	71	67	84	51
78	82	74	71	56	73	64	83	68	18	81	99	86	89	83
92	71	81	85	79	89	86	90	49	86	41	85	93	66	83
88	73	58	70	97	82	89	43	87	91	81	68	70	88	28
88	46	55	70	60	79	61	67	96	75	93	85	65	77	79
74	82	75	85	88	88	65	50	88	74	88	82	87	47	78
80	86	50	91	86	75	74	52	66	83	92	79	91	79	65
84	91	74	83	83	83	69	90	64	77	93	82	85		

Wir suchen zuerst das Minimum und das Maximum der Altersangaben: 18 und 99 Jahre. Die Länge des Datenbereichs ist also $99 - 18 = 81$ Jahre. Wieviele Klassen sollen gebildet werden? Eine Faustregel besagt, dass man für n Beobachtungen $\sqrt{n}$ Klassen machen soll. Bei 118 Beobachtungen gibt das etwa 10 bis 12 Klassen. Wir machen 10-Jahres-Klassen: 10–19, 20–29, usw. Die Klassengrenzen müssen so festgelegt werden, dass jede Beobachtung in genau eine Klasse fällt. Die Klassen müssen den ganzen Bereich abdecken und dürfen sich nicht überschneiden. Nun wird gezählt, wieviele Beobachtungen in jede Klasse fallen, und daraus ergibt sich eine Häufigkeitstabelle für die *klassierten Daten* (siehe Tabelle 2.5).

Die meist benutzte grafische Darstellung für solche Messdaten ist das *Histogramm*. Auf der x-Achse werden die Klassengrenzen eingetragen und auf der y-Achse die relativen oder absoluten Häufigkeiten. Wenn verschiedene Histogramme miteinander verglichen werden sollen und die Gesamtanzahl Beobachtungen unterschiedlich ist, sind relative Häufigkeiten besser geeignet als absolute. Die Abbildung 2.6 zeigt das Histogramm der Altersangaben.

Die Grafik zeigt uns die Form der Verteilung, die mittlere Lage und die Streuung der Daten. Die Altersverteilung ist *linksschief*, das mittlere Alter der KlientInnen liegt zwischen 70 und 80 Jahren und das Alter variiert sehr stark, zwischen 10 und 100 Jahren. Bei der *Anzahl Pflegediagnosen* ist die Form der Verteilung eher *rechtsschief*, wie die Abbildung 2.5 zeigt. Sehr häufig sind Messdaten aber auch mehr oder weniger *symmetrisch* verteilt. Die mittlere Lage und die Streuung werden meist nicht nur aus einer Grafik abgelesen, sondern mit Kennzahlen beschrieben. Wir kommen im Abschnitt 2.4 darauf zurück.

Die Abbildung 2.7 zeigt, was passiert, wenn zu wenige oder zu viele Klassen gewählt werden.

Klasse	**Häufigkeit**	**rel. Häufigkeit**
10–19	1	0.008
20–29	1	0.008
30–39	0	0.000
40–49	7	0.059
50–59	8	0.068
60–69	15	0.127
70–79	29	0.246
80–89	42	0.356
90–99	15	0.127

Tabelle 2.5: Klassierte Alterangaben

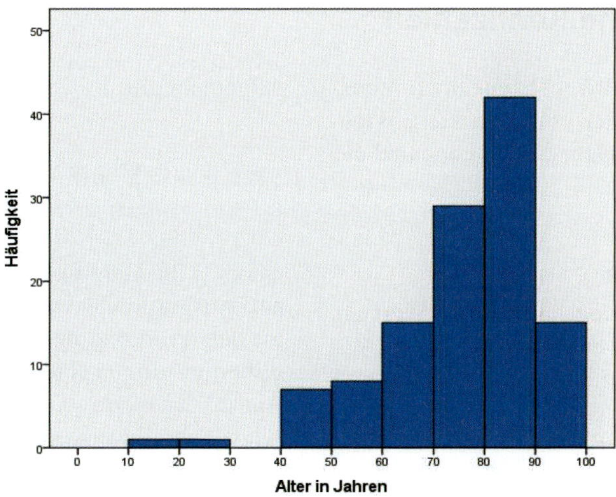

Abbildung 2.6: Histogramm für Messdaten

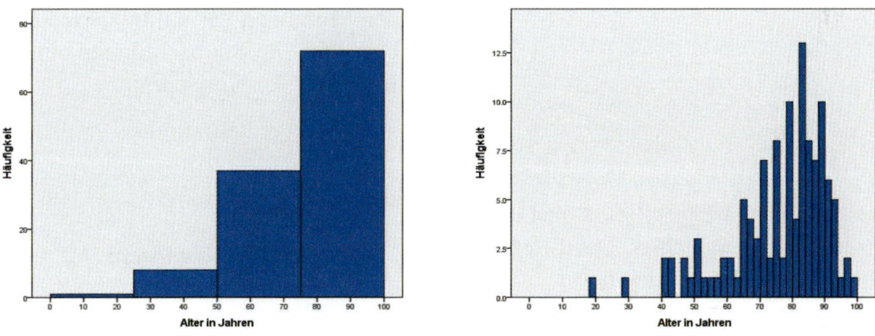

Abbildung 2.7: Zu wenige oder zu viele Klassen

2.3.3 Punktdiagramm

Wenn nur wenige quantitative Beobachtungen vorliegen, ist Gruppieren überflüssig, und die Zahlen werden direkt auf der Zahlengeraden dargestellt, wie in der Abbildung 2.8.

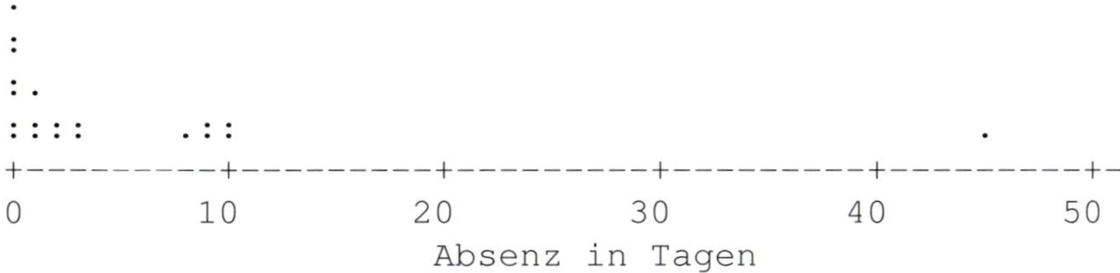

Abbildung 2.8: Punktdiagramm von Arbeitsabsenzen in einem Betrieb

2.4 Statistische Kennzahlen

Ein Zahlenhaufen wird meistens auch numerisch durch Kennzahlen charakterisiert. Wichtig sind vor allem Zahlen, die die Lage und die Streuung beschreiben.

2.4.1 Lagemasse

Ein Lagemass gibt den „mittleren“ Wert an. Am meisten benutzt werden *arithmetisches Mittel*, auch kurz *Mittelwert* genannt, *Median* und *Modus*.

Für den Mittelwert $\bar{x}$ bildet man die Summe aller Werte $x_1, x_2, \ldots, x_n$ und dividiert diese durch die Anzahl Werte n.

Definition 2.4.1 — Mittelwert. Der Mittelwert $\bar{x}$ der Zahlen $x_1, x_2, \ldots, x_n$ ist definiert als:

$$\begin{aligned} \bar{x} &= \frac{x_1 + x_2 + \cdots + x_n}{n} \qquad (2.1) \\ &= \frac{1}{n} \sum_{i=1}^{n} x_i \end{aligned}$$

Der griechische Buchstabe $\sum$ (“Sigma“) ist das mathematische Summenzeichen. Der Laufindex i gibt an, welche x-Werte aufaddiert werden sollen.

Beispiel 2.1
Der Mittelwert der Zahlen $3, 4, 7, 5, 1$ ist gleich

$$\bar{x} = \frac{3+4+7+5+1}{5} = \frac{20}{5} = 4$$

■

Wie berechnet man den Mittelwert, wenn Werte mehrfach vorkommen oder nur klassierte Daten verfügbar sind?

Beispiel 2.2
Der Mittelwert von $3, 3, 4, 7, 7, 7, 5$ ist

$$\bar{x} = \frac{2 \cdot 3 + 4 + 3 \cdot 7 + 5}{10} = \frac{36}{10} = 3.6$$

■

Allgemein gilt:

$$\bar{x} = \frac{1}{n} \sum_{i=1}^{n} f_i x_i,$$

wobei f_i die Häufigkeit des Wertes x_i bezeichnet. Ausgesprochen würde das heissen: „Summe der Produkte des jeweiligen Wertes mit seiner jeweiligen Häufigkeit, geteilt durch die Anzahl der Werte“. Der Vorteil der mathematischen Schreibweise ist offensichtlich.

Die obige Formel kann auch benutzt werden für Daten, die in einer Häufigkeitstabelle zusammengefasst sind. x_i wird dann gleich der Klassenmitte von Klasse i gesetzt. Der so berechnete Mittelwert ist aber nur eine Näherung für den Mittelwert der unklassierten Daten. Es sind ja nicht alle Beobachtungen einer Klasse identisch mit der Klassenmitte.

Beispiel 2.3

1. Anzahl Pflegediagnosen:

$$\begin{aligned} \bar{x} &= \frac{8 \cdot 0 + 31 \cdot 1 + 29 \cdot 2 + 27 \cdot 3 + 11 \cdot 4}{118} + \\ &\quad \frac{8 \cdot 5 + 1 \cdot 6 + 2 \cdot 7 + 1 \cdot 9}{118} \\ &= \frac{283}{118} = 2.40 \end{aligned}$$

2. Alter:
   a) Klassierte Daten:

$$\begin{aligned} \bar{x} = \frac{1}{118}(&1 \cdot 14.5 + 1 \cdot 24.5 + 7 \cdot 44.5 + \\ &8 \cdot 54.5 + 15 \cdot 64.5 + 29 \cdot 74.5 + 42 \cdot 84.5 \\ &+ 15 \cdot 94.5) = \frac{8881}{118} = 75.26 \end{aligned}$$

   b) unklassierte Daten:

$$\bar{x} = \frac{63 + 79 + 59 + \cdots + 50}{118} = 75.37$$

■

Der Mittelwert kann einen Wert annehmen, der im Zahlenhaufen nicht vorkommt bzw. nicht vorkommen kann. Keine Person hat 2.4 Pflegediagnosen. Ausreisser, d. h. einzelne sehr grosse oder sehr kleine Werte beeinflussen den Mittelwert stark. Auch bei einer schiefen Verteilung wird das Mittel nach links oder rechts verschoben und wird dadurch untypisch.

Der *Median*, auch Zentralwert genannt, ist so definiert, dass die Daten in zwei Hälften unterteilt werden. Es sind gleich viele Beobachtungen kleiner wie grösser als der Median. Wenn eine ungerade Anzahl von Daten vorliegt, ist der Median gleich dem mittleren Wert, wenn die Zahlen der Grösse nach geordnet sind. Bei einer geraden Anzahl von Daten ist der Median das Mittel der zwei mittleren Werte. Die Berechnung des Medians ist aufwendiger als die des Mittelwerts, weil die Daten zuerst der Grösse nach geordnet werden müssen.

Beispiel 2.4

1. Die Zahlen 6.1, 8.1, 6.3, 2, 7, 3.4, 5.7 der Grösse nach geordnet sind:

   2 3.4 5.7 6.1 6.3 7 8.1

   (6.1: mittlerer Wert)

   Also ist der Median = 6.1.
2. Die Zahlen 6.1, 8.1, 6.3, 7, 3.4, 5.7 der Grösse nach geordnet sind:

   $$3.4 \quad 5.7 \quad \underbrace{6.1 \quad 6.3}_{\text{mittlere Werte}} \quad 7 \quad 8.1$$

   Der Median ist $= \frac{6.1+6.3}{2} = 6.2$.

Für die allgemeine Formel brauchen wir die folgende Notation: $x_1, x_2, \ldots, x_n$ bezeichnen n Werte und $x_{[1]}, x_{[2]}, \ldots, x_{[n]}$ sind die gleichen Zahlenwerte der Grösse nach geordnet. $x_{[1]}$ ist also das Minimum, $x_{[2]}$ der zweitkleinste Wert, $x_{[3]}$ der drittkleinste Wert … , $x_{[n]}$ ist das Maximum.

Definition 2.4.2 — Median. Der Median der Werte $x_1, x_2, \ldots, x_n$ ist definiert als

$$\text{Median} = \begin{cases} x_{[\frac{n+1}{2}]} & n \text{ ungerade} \\ \frac{x_{[\frac{n}{2}]} + x_{[\frac{n}{2}+1]}}{2} & n \text{ gerade} \end{cases} \tag{2.2}$$

Beispiel 2.5

1. Anzahl Pflegediagnosen: Median $= (x_{[59]} + x_{[60]})/2 = 2$
2. Alter: Median $= \frac{x_{[59]} + x_{[60]}}{2} = 79$

Das wichtigste Argument gegen den Mittelwert und für den Median ist, dass dieser sehr oft einen sinnvolleren „durchschnittlichen" Wert liefert. Betrachten wir z. B. das „Durchschnittsvermögen" aller steuerpflichtigen, natürlichen Personen in der Stadt Zürich im Jahr 2013. Die beiden Lagemasse sind: $\bar{x} =$ Fr. 347 000.– und Median = Fr. 32 000. – . Das arithmetische Mittel wird durch wenige sehr reiche Leute nach oben gezogen und ist damit keine gute Beschreibung des mittleren Vermögens mehr. Der Median hingegen macht eine klare, sinnvolle Aussage. Die Hälfte aller Personen haben bis zu Fr. 32 000.–, die andere Hälfte besitzt gemäss Steuererklärung mehr als diesen Betrag.

Argument Armengut

Neben dem Median sind noch andere Zahlen von Interesse, die eine Stichprobe in einem bestimmten Verhältnis unterteilen. Die drei *Quartile* Q_1, Q_2 und Q_3 sind diejenigen Zahlen, die die der Grösse nach geordneten Werte in vier Gruppen mit gleich vielen Werten unterteilen. Das erste Quartil Q_1 teilt die Daten im Verhältnis 25 : 75. Q_2 ist gleich dem Median und Q_3 wird so bestimmt, dass 75 % aller Werte kleiner und 25 % grösser als Q_3 sind. Wenn n gerade ist, erhält man Q_1 als Median der kleineren $\frac{n}{2}$ Beobachtungen und Q_3 als Median der grösseren $\frac{n}{2}$ Beobachtungen. Bei einem ungeraden n ist Q_1 der Median der kleineren $\frac{n-1}{2}$ Beobachtungen und Q_3 der Median der grösseren $\frac{n-1}{2}$ Beobachtungen.

Quantile und *Perzentile* sind Verallgemeinerungen und unterteilen die Daten in andere Verhältnisse. Das α-Quantil, resp. das $\alpha \cdot 100$te Perzentil teilt die Daten im Verhältnis $\alpha : 1-\alpha$, wobei $0 < \alpha < 1$. Q_1 ist also das 0.25-Quantil bzw. das 25. Perzentil.

Der *Modus* ist derjenige Wert, der am häufigsten vorkommt. Dieses Mass ist also meist nur bei diskreten oder kategoriellen Daten sinnvoll. Bei klassierten, stetigen Daten gibt man manchmal die *Modalklasse* an.

Beispiel 2.6

1. Zivilstand: Modus = „verwitwet“
2. Anzahl Pflegediagnosen: Modus = 1
3. Alter: Modalklasse = 80–89.

■

2.4.2 Streuungsmasse

Die *Spannweite* (range) ist die Differenz zwischen Maximum und Minimum. Da sie nur durch die beiden Extremwerte bestimmt, ist sie äusserst unstabil.

Beispiel 2.7
Alter: $99-18=81$. ■

Definition 2.4.3 — Quartilsdifferenz. Die Quartilsdifferenz (interquartile range)

$$IQR = Q_3 - Q_1 \tag{2.3}$$

deckt 50% aller Daten ab.

IQR wird weniger von Ausreissern beeinflusst.

Beispiel 2.8
Alter: $IQR = 86-68 = 18$. ■

Das bekannteste Streuungsmass basiert auf der Abweichung der einzelnen Werte vom arithmetischen Mittel: $x_i - \bar{x}$. Der Mittelwert dieser Abweichungen $\frac{1}{n}\sum(x_i - \bar{x})$ ist immer gleich Null und deshalb als Mass nicht brauchbar. Aber man könnte

$$\frac{1}{n}\sum(x_i-\bar{x})^2 \quad \text{oder} \quad \frac{1}{n}\sum|x_i-\bar{x}|$$

betrachten. $|x_i - \bar{x}|$ bezeichnet die absolute Differenz zwischen x_i und $\bar{x}$, also immer eine positive Abweichung, egal, ob x_i grösser oder kleiner als $\bar{x}$ ist. Weil man mit Absolutbeträgen weniger gut rechnen kann, wird die quadrierte Differenz vorgezogen. Mit einem Divisor $n-1$ statt n erhalten wir die *Varianz* s^2.

Definition 2.4.4 — Varianz und Standardabweichung. Die Varianz der Werte $x_1, x_2, \ldots, x_n$ ist definiert durch:

$$s^2 = \frac{1}{n-1}\sum(x_i-\bar{x})^2 \tag{2.4}$$

Die Standardabweichung s hat dieselbe Einheit wie die ursprünglichen Zahlen:

$$s = \sqrt{\frac{1}{n-1}\sum(x_i-\bar{x})^2} \tag{2.5}$$

* Die Begründung für die Division durch $n-1$ statt n basiert darauf, dass die Summe nicht aus n unabhängigen Summanden besteht, sondern nur aus $n-1$, weil Abweichungen vom Mittelwert betrachtet werden. Wenn also $n-1$ Abweichungen vorgegeben werden, ist die letzte Differenz $x_n - \bar{x}$ wegen $\frac{1}{n}\sum(x_i - \bar{x}) = 0$ auch fixiert.

Es ist $s = 0$ genau dann, wenn alle Werte identisch sind.

Beispiel 2.9
Alter: $s = 15.16$ ■

Wenn die Daten asymmetrisch verteilt sind, ist die Standardabweichung kein gutes Streuungsmass, die Quartilsdifferenz ist in diesem Fall vorzuziehen. Auf Ausreisser reagiert s genauso empfindlich wie $\bar{x}$. Bei symmetrisch verteilten Daten ist hingegen die Standardabweichung eine brauchbare Kennzahl und hat zusammen mit $\bar{x}$ eine spezielle Bedeutung:

Satz 2.4.1 — Empirische Regel. Ungefähr 95 % aller Einzelmessungen liegen innerhalb von $\pm 2 \cdot s$ um $\bar{x}$ herum; 2.5 % der Werte sind kleiner als $\bar{x} - 2 \cdot s$ und 2.5 % der Werte sind grösser als $\bar{x} + 2 \cdot s$.

Damit kann man sehr einfach Referenzbereiche oder Referenzwerte konstruieren.

2.4.3 Boxplots

Boxplot boxt Pol

Mit Hilfe von Median und Quartilen lässt sich eine weitere Grafik konstruieren, die die Verteilung einer stetigen Variablen zeigt. Der Boxplot (siehe Abbildung 2.9 und 2.10) enthält weniger Details als das Histogramm, ist aber besonders gut geeignet, um mehrere Datensätze miteinander zu vergleichen. Die blaue Box im Boxplot enthält die mittleren 50 % der Daten. Die Striche gegen oben und unten gehen bis zum Maximum bzw. Minimum, aber nur, wenn das Maximum kleiner ist als $Q_3 + 1.5 \cdot IQR$, bzw. das Minimum grösser ist als $Q_1 - 1.5 \cdot IQR$. Wenn Beobachtungen ausserhalb des Bereichs $(Q_1 - 1.5 \cdot IQR, Q_3 + 1.5 \cdot IQR)$ liegen, werden sie als Ausreisser separat eingezeichnet.

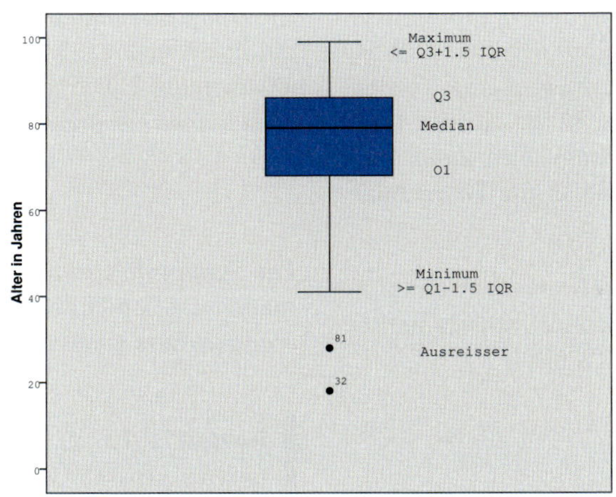

Abbildung 2.9: Definition des Boxplots

2.5 Transformationen und Standardscores

Manchmal können Variablen in verschiedenen Skalen gemessen werden, z. B. die Körpergrösse in m, cm oder inches. Bei einer Änderung der Masseinheit wird der ursprüngliche Wert x_i mit einem festen Faktor b multipliziert: $y_i = b \cdot x_i$. Verschiebt man ausserdem noch den Nullpunkt um a, wie z. B. beim Wechsel von Grad Celsius zu Fahrenheit bei Temperaturangaben, dann ist der neue Wert $y_i = a + b \cdot x_i$. Der Übergang von x_i zu y_i ist eine *Transformation*, und $y_i = a + b \cdot x_i$ ist eine *lineare Transformation*. Sei beispielsweise die Körpergrös-

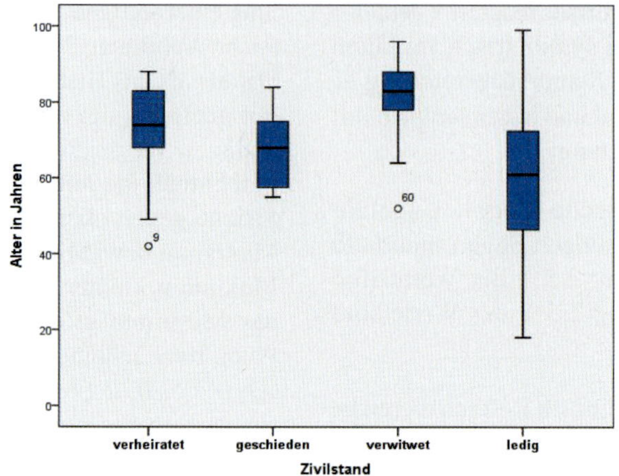

Abbildung 2.10: Mehrere Gruppen im Vergleich

se in cm angegeben. Wenn wir das umrechnen in inches, dann wird der ursprüngliche Wert x_i durch 2.54 dividiert, d. h. $b = 1/2.54$. Wenn x_i eine Temperaturmessung in Celsius ist, dann ist $y_i = 1.8 \cdot x_i + 32$ die gleiche Temperatur in Fahrenheit. Umgekehrt kann man mit $x_i = (y_i - 32)/1.8$ wieder die Temperatur in Celsius bekommen.

Wie verändern sich Mittelwert und Standardabweichung bei einer linearen Transformation von x nach $y = a + b \cdot x$? Es gilt:

$$\bar{y} = a + b \cdot \bar{x} \quad \text{und} \quad s_y = |b| \cdot s_x \tag{2.6}$$

Der Mittelwert $\bar{x}$ wird also gleich transformiert wie die Orginaldaten. Bei der Standardabweichung der transformierten Grösse spielt die Lageverschiebung a keine Rolle. An der Form der Verteilung ändert sich durch eine lineare Transformation nichts.

Will man Daten mit unterschiedlicher Lage und Streuung miteinander vergleichen, dann standardisiert man auf Mittelwert 0 und Standardabweichung 1. Die resultierenden Werte nennt man *Standardscores* oder auch *Z-Scores*:

$$z_i = \frac{x_i - \bar{x}}{s_x} \tag{2.7}$$

Die *Standardisierung* ist eine lineare Transformation und mit Hilfe von (2.6) kann man nachrechnen, dass $\bar{z} = 0$ und $s_z = 1$.

Beispiel 2.10
In einer grossen Gesundheitsbefragung bei Frauen in den USA ergab sich für die Körpergrösse $\bar{x} = 160$ cm und $s = 6.35$ cm. Was sind 160 cm und 147 cm in Standardscores?

Antwort: $(160 - 160)/6.35 = 0$ und $(147 - 160)/6.35 = -2.05$. ▪

2.6 Kontrollfragen und Aufgaben

1. Welche Variablen sind nominal, ordinal, diskret und welche stetig in der Diabetes-Studie von Aufgabe 3 in Kapitel 1.5?
2. Die nachfolgende Tabelle enthält Cholesterinwerte in mg/100 ml von 1067 Männern im Alter von 25 bis 34 Jahren.

a) Wie nennt man eine solche Tabelle?
b) Stellen Sie die Zahlen in einem Histogramm dar.
c) Wie gross ist der Median ungefähr?

Cholesterin	Anzahl Männer
80–119	13
120–159	150
160–199	442
200–239	299
240–279	115
280–319	34
320–399	14

3. In einer Studie wurde die Wirkung von zwei Medikamenten auf den Magnesiumgehalt des Blutserums (in mg/100 ml) untersucht. 13 Personen erhielten Medikament A und 10 Personen Medikament B. Nach 6 Wochen wurden nachfolgende Messwerte bestimmt.

Medikament A	Medikament B
1.76	2.38
2.14	2.71
2.06	3.02
2.19	2.52
2.44	2.19
2.22	3.24
2.52	2.77
2.26	2.89
1.94	2.60
2.48	2.65
1.90	
2.59	
2.33	

a) Berechnen Sie Mittelwert, Median, 1. und 3. Quartil für die beiden Gruppen getrennt.
b) Stellen Sie die Messwerte der beiden Gruppen grafisch so dar, dass sie möglichst gut miteinander verglichen werden können.

2.7 Glossar

Balkendiagramm Grafische Darstellung einer Häufigkeitstabelle.

Boxplot Grafische Darstellung von numerischen Werten, vor allem zum Vergleich von verschiedenen Gruppen.

Häufigkeitstabelle listet alle möglichen Werte auf, zusammen mit den absoluten und oder relativen Häufigkeiten, mit denen die Werte in der Stichprobe vorkommen.

Histogramm Grafische Darstellung der Verteilung einer quantitativen Variablen.

Lagemass Kennzahl, die die Lage beschreibt. Mittelwert, Median und Modus sind häufig benutzte Lagemasse.

Qualitative Variable Variable, die eine Gruppenzugehörigkeit angibt (nominal oder ordinal, wenn eine Rangordnung existiert)

Quantitative Variable Variable mit numerischen Werten aus Zählungen oder Messungen. Dazu gehören diskrete und stetige Variablen. Im ersten Fall sind nur einzelne Werte möglich, im zweiten Fall sind alle Werte innerhalb eines Intervalls zulässig.

Streuungsmass Kennzahl, die die Streuung beschreibt. Spannweite, Interquartilsdifferenz und Varianz bzw. Standardabweichung sind gängige Streuungsmasse.

Transformation Umrechnung von numerischen Werten von einer Skala in eine andere. Meist wird eine lineare Transformation benutzt.

Z-Score Lineare Transformation, sodass die neue Variable Mittelwert 0 und Standardabweichung 1 hat.

3. Deskriptive Statistik von zwei Variablen

- Wie stellt man zwei Variablen gleichzeitig dar?
- Wann sind Korrelationen sinnvoll?
- Sind Kreuztabellen so harmlos wie sie aussehen?

3.1 Einführung

Bis jetzt haben wir uns auf die Beschreibung von einzelnen Variablen beschränkt. In den meisten Studien wird jedoch mehr als nur eine Variable untersucht, und das Hauptziel ist, Zusammenhänge zwischen verschiedenen Variablen aufzudecken. Typische Fragestellungen sind:

- Wie hängen Diät, Lebensstil, Body Mass Index, Blutzucker und Geschlecht zusammen?
- Was sind die Hauptgründe für die unterschiedlichen Kosten pro behandelte Person in verschiedenen Spitälern?
- Wie sieht der Zusammenhang zwischen Cholesterin und der Menge von Ballaststoffen in der Ernährung aus? Welche anderen Faktoren beeinflussen den Cholesterinlevel?

Manchmal soll der Zusammenhang zwischen mehreren, an sich gleichberechtigten Variablen untersucht werden. In anderen Fällen will man eine Variable mit Hilfe einer zweiten Variablen voraussagen, oder man möchte nachweisen, dass eine Variable eine kausale Wirkung auf eine andere Variable hat. Dann ist die Situation nicht mehr symmetrisch, man unterscheidet dann zwischen *Zielvariable* und *erklärender Variable*. Oft werden diese beiden Variablen auch als abhängige und unabhängige Variable bezeichnet. Das ist aber unsinnig, weil man ja gerade den Zusammenhang zwischen beiden Variablen studieren will und keineswegs annimmt, dass eine der Variablen unabhängig von der andern ist.

Je nachdem, ob quantitative oder qualitative Variablen untersucht werden sollen, stehen unterschiedliche Methoden zur Verfügung, um den Zusammenhang zwischen zwei oder mehr Variablen zu beschreiben. Wir betrachten zuerst den Fall von zwei quantitativen Variablen.

3.2 Streudiagramm

Wenn zwei quantitative Variablen an denselben Beobachtungseinheiten gemessen werden, können die Messungen in einem *Streudiagramm* dargestellt werden. Die Abbildung 3.1 stellt den Zusammenhang zwischen dem Alter und dem Pflegeaufwand der SpitexklientInnen dar. Jeder Person entspricht ein Punkt im zweidimensionalen Koordinatensystem.

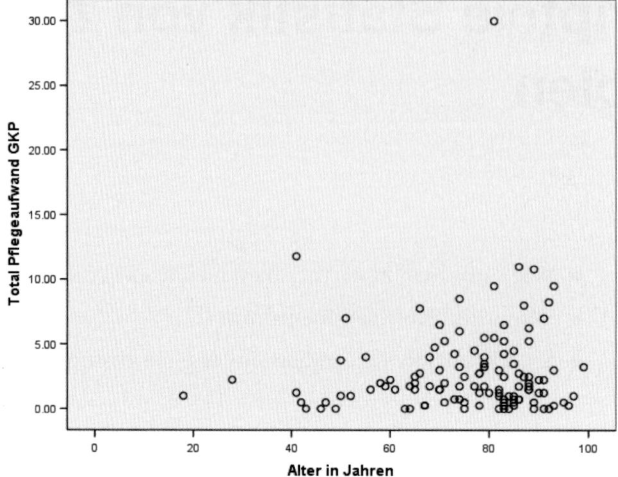

Abbildung 3.1: Streudiagramm Pflegeaufwand gegen Alter

Auf der horizontalen x-Achse ist das Alter, auf der vertikalen y-Achse der Pflegeaufwand in Stunden eingetragen. Die Zielvariable wird auf der y-Achse und die erklärende Variable auf der x-Achse dargestellt. Es gibt einen Ausreisser mit 30 Stunden Pflegeaufwand. Er bestimmt die y- Skala so stark, dass der Rest der Daten zusammenschrumpft und nicht sehr viel zu erkennen ist. Wir stellen die Daten nochmals ohne die Person mit dem extrem grossen Pflegeaufwand dar, um den Zusammenhang besser sehen zu können (siehe Abbildung 3.2).

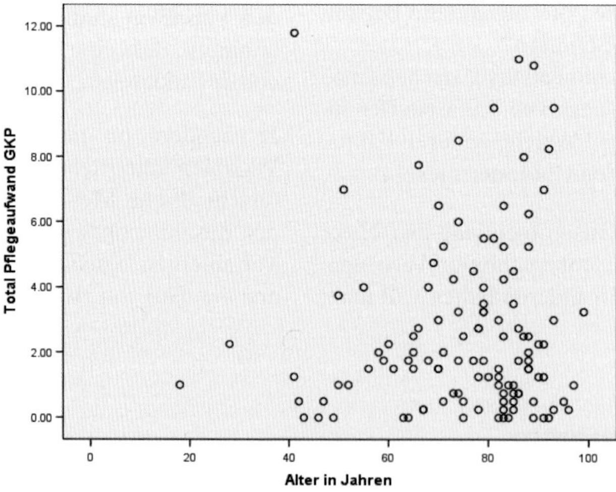

Abbildung 3.2: Streudiagramm Pflegeaufwand gegen Alter, ohne Ausreisser

Aus dem Streudiagramm kann man Form, Richtung und Stärke des Zusammenhangs erkennen.

Form: Bei einem linearen Zusammenhang streuen die Punkte um eine Gerade herum. Es kann aber auch sein, dass eine gekrümmte Kurve die Punkte besser beschreibt als eine Gerade (siehe Abbildung 3.3) oder dass mehrere separate Punktwolken vorhanden sind.

Richtung: Bei einem positiven Zusammenhang treten grössere y-Werte mit grösseren x-Werten auf. Bei einem negativen Zusammenhang ist es umgekehrt.

Stärke: Wenn der Wert der Zielvariablen gut mit Hilfe der erklärenden Variablen vorausgesagt werden kann, liegt ein starker Zusammenhang vor.

Im Streudiagramm 3.2 ist kein linearer Zusammenhang ersichtlich, die Punkte streuen nicht um eine Gerade. Es besteht aber ein schwacher, positiver Zusammenhang. Junge Personen verursachen keinen hohen Pflegeaufwand. Ältere Personen hingegen können wenig bis sehr viel Aufwand verursachen.

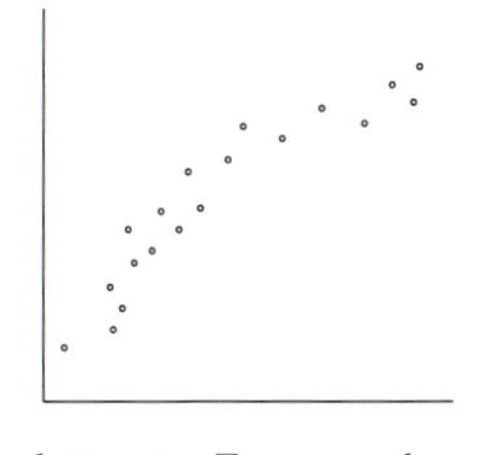

gekrümmter Zusammenhang

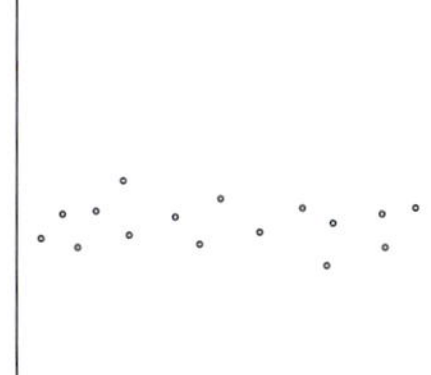

kein Zusammenhang

Abbildung 3.3: Variablenpaare mit gekrümmtem oder ohne Zusammenhang

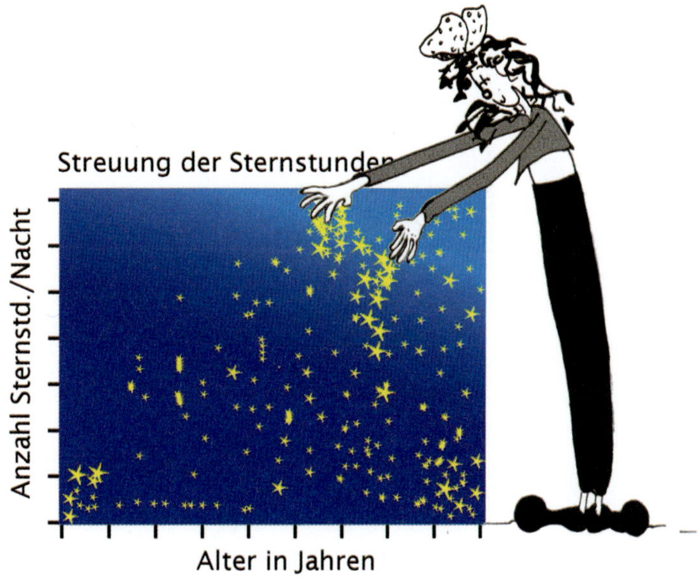

Der Zusammenhang zwischen Pflegeaufwand und der Anzahl Pflegediagnosen ist deutlich stärker, wie die Abbildung 3.4 zeigt. Eine dritte, diskrete Variable kann dargestellt werden, indem verschiedene Symbole oder Farben für die Punkte benutzt werden. Die Abbildung 3.5 zeigt zusätzlich das Geschlecht der KlientInnen.

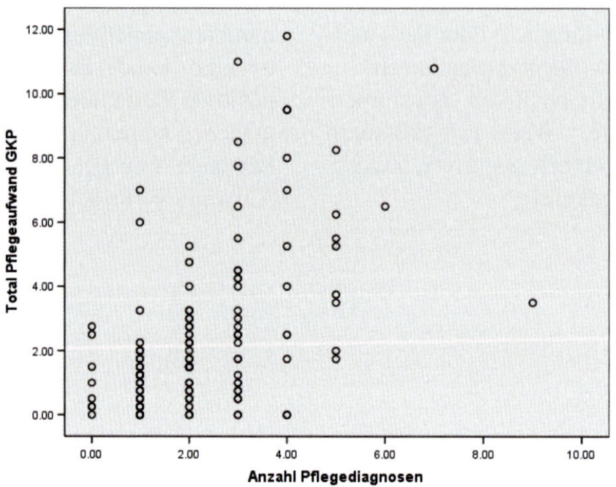

Abbildung 3.4: Pflegeaufwand gegen Anzahl Pflegediagnosen

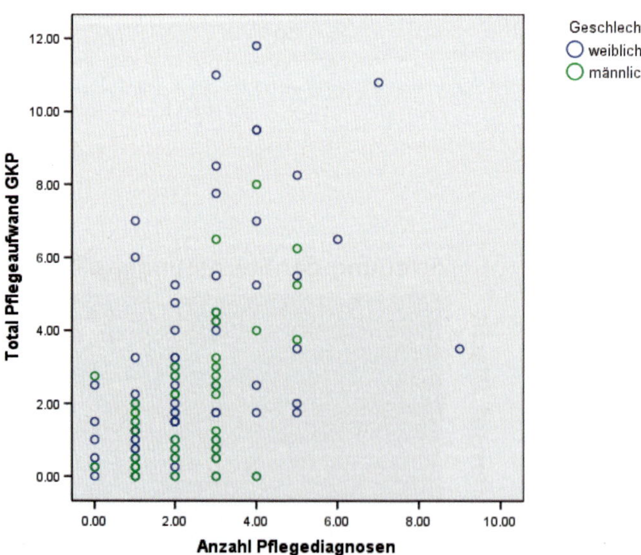

Abbildung 3.5: Pflegeaufwand gegen Anzahl Pflegediagnosen, nach Geschlecht

3.3 Korrelation

Die *Korrelation* misst die Stärke und Richtung des Zusammenhangs zwischen zwei quantitativen Variablen. Wieder stehen mehrere statistische Kennzahlen zur Auswahl.

3.3.1 Pearson-Korrelationskoeffizient

Dieses Mass misst die Stärke und Richtung des linearen Zusammenhangs. Beurteilt wird also, ob die Punkte nahe um eine Gerade herum liegen oder stark darum herum streuen. Weil eine Gerade die einfachste Beschreibung des Zusammenhangs zwischen zwei Variablen liefert, ist der Pearson-Korrelationskoeffizient das am häufigsten benutzte Zusammenhangsmass. Ein anderer Name für dieselbe Kennzahl ist *Produkt-Momenten-Korrelation*. Meistens spricht man aber nur kurz von der Korrelation, ohne irgendeinen Zusatz.

Effizient kalte Korrosion: Korrelationskoeffizient

Wir messen zwei Variablen x und y an n Beobachtungseinheiten. Dann erhalten wir n Wertepaare $(x_1,y_1),(x_2,y_2),\ldots,(x_n,y_n)$. Mittelwert und Standardabweichung für die zwei Variablen sind $\bar{x}$, s_x, $\bar{y}$ und s_y.

Definition 3.3.1 — Pearson-Korrelationskoeffizient. Der Pearson-Korrelationskoeffizient r ist definiert als:

$$r = \frac{1}{n-1}\sum_{i=1}^{n}\left(\frac{x_i-\bar{x}}{s_x}\right)\left(\frac{y_i-\bar{y}}{s_y}\right) \quad (3.1)$$

Zuerst werden also die Messungen standardisiert, und dann nimmt man das durchschnittliche Produkt dieser standardisierten Werte.

In der Spitexstudie ist die Korrelation zwischen Pflegeaufwand und Alter $r = 0.076$, ohne den Ausreisser $r = 0.072$. Die Korrelation zwischen Pflegeaufwand und Anzahl Pflegediagnosen ist $r = 0.54$, ohne den Ausreisser $r = 0.517$.

* Was steckt hinter der Formel 3.1? Bei einem positiven Zusammenhang überwiegen in der Abbildung 3.6 die Punkte in den positiven Quadranten, wo $(x_i-\bar{x})(y_i-\bar{y}) > 0$. Somit wird r positiv. Wenn die Punkte in den negativen Quadranten mit $(x_i-\bar{x})(y_i-\bar{y}) < 0$ überwiegen, dann wird r insgesamt negativ. Der Beitrag eines Punktes zu r ist zudem umso grösser, je grösser der Abstand des Punktes von der x- und der y-Achse ist.

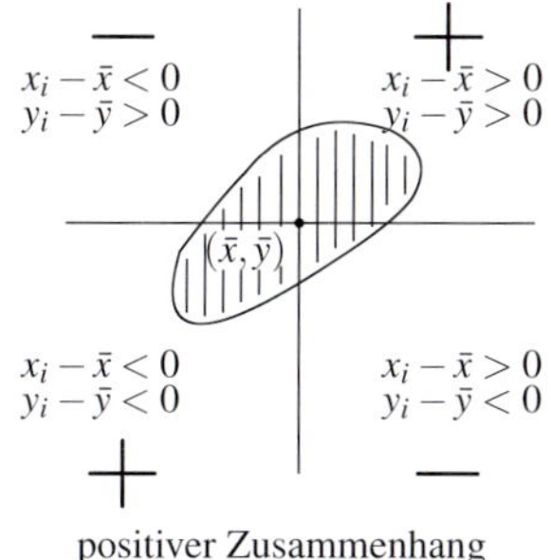

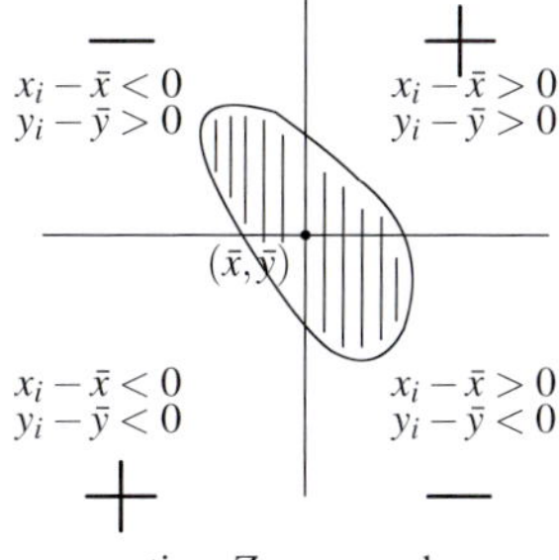

Abbildung 3.6: Illustration zur Berechnung von r

Abbildung 3.7: Ein paar extreme Situationen

Eigenschaften:

Der Korrelationskoeffizient r ist eine Zahl zwischen -1 und $+1$. Es ist $r = 1$, wenn alle Punkte exakt auf einer Geraden mit positiver Steigung liegen und $r = -1$, wenn alle Punkte exakt auf einer Geraden mit negativer Steigung liegen. Der Koeffizient r ist nahe bei -1 oder $+1$, wenn die Punkte eng um eine Gerade streuen. Wenn kein Zusammenhang besteht zwischen x und y, ist $r = 0$. Falls $r = 0$ ist, kann durchaus ein nichtlinearer Zusammenhang vorliegen (siehe Abbildung 3.7).

Dass der Korrelationskoeffizient für sich allein wenig aussagt, zeigt die Abbildung 3.8. Der Korrelationskoeffizient ist in allen Fällen ungefähr gleich 0.7, aber nur für die Daten im Diagramm oben links ein sinnvolles Mass.

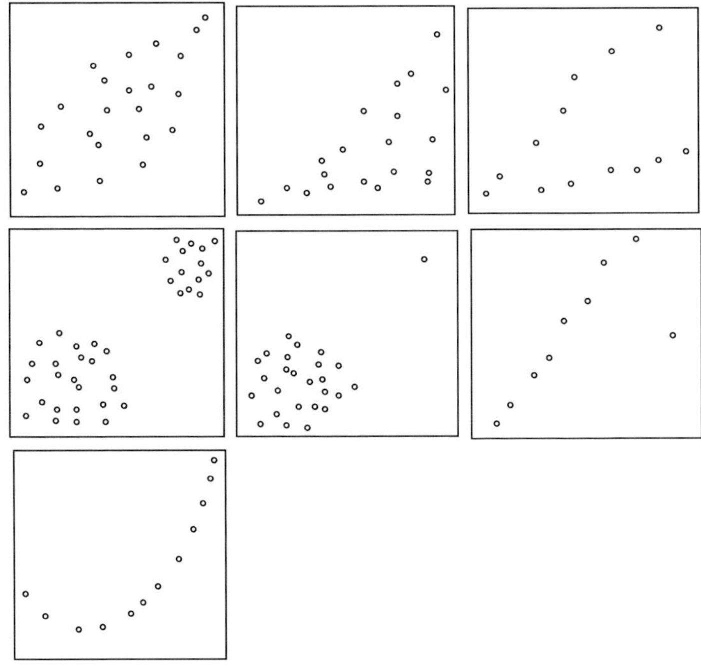

Abbildung 3.8: Verschiedene Streudiagramme mit $r = 0.7$

3.3.2 Spearmansche Rangkorrelation

Statt der Werte x_i bzw. y_i betrachtet man die *Ränge* von x_i bzw. y_i. Die Zahlen $x_1, x_2, \ldots, x_n$ werden der Grösse nach geordnet und dann erhält die kleinste Zahl den Rang 1, die zweitkleinste Zahl den Rang 2, etc. und die grösste Zahl den Rang n. Analog werden den y-Werten ihre Ränge zugeordnet und dann wird die Pearsonkorrelation zwischen den Rängen von x und den Rängen von y berechnet. Die Rangkorrelation ist ein Mass für den *monotonen Zusammenhang*. Sie nimmt den Wert $+1$ oder -1 an, wenn die Ränge von x und y übereinstimmen oder gerade entgegengesetzt sind. Die Rangkorrelation reagiert weniger stark auf einzelne Ausreisser und ist auch ein sinnvolles Mass bei ordinalen Daten.

Beispiel 3.1
In der Ernährungsstudie im Akutspital wurde der Zusammenhang zwischen Energiebedarf in kcal und Body Mass Index (BMI) in kg/m^2 bei 18 PatientInnen untersucht.

PatientIn	BMI	Energie
1	26	2649
2	27	1938
3	19	1462
4	24	2120
5	19	1349
6	22	1663
7	28	1396
8	22	1919
9	25	2212
10	20	1251
11	18	975
12	22	1621
13	23	2120
14	24	1372
15	18	1376
16	31	1773
17	23	2046
18	19	1884

Die Pearson-Korrelation beträgt $r = 0.43$. ■

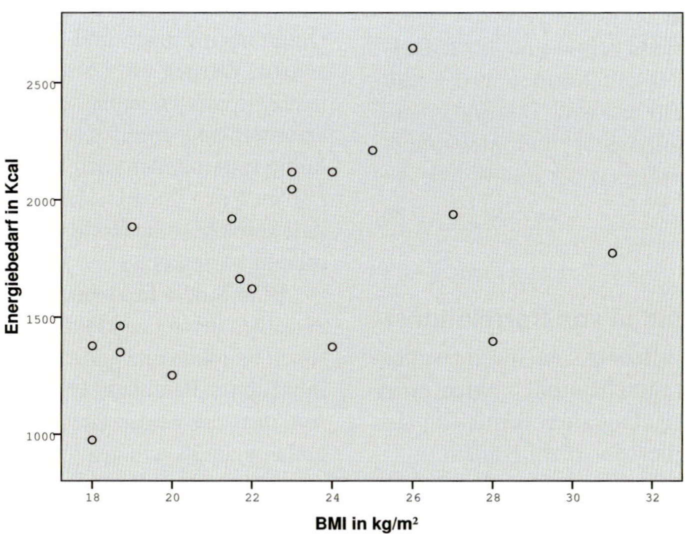

Abbildung 3.9: Energiebedarf und BMI

Die Abbildung 3.9 zeigt einen nichtlinearen Zusammenhang. Es ist naheliegend, dass die Zunahme im Energiebedarf bei hohem BMI abflacht. Berechnen wir deshalb die Spearmansche Rangkorrelation.

Beispiel 3.2

x	y	Rang(x)	Rang(y)
26	2649	15	18
27	1938	16	13
19	1462	4	7
24	2120	12.5	15.5
19	1349	4	3
22	1663	8	9
28	1396	17	6
22	1919	8	12
25	2212	14	17
20	1251	6	2
18	975	1.5	1
22	1621	8	8
23	2120	10.5	15.5
24	1372	12.5	4
18	1376	1.5	5
31	1773	18	10
23	2046	10.5	14
19	1884	4	11

Wenn ein Wert mehrmals vorkommt, werden die betreffenden Ränge gemittelt. Zum Beispiel haben PatientIn 4 und 14 denselben BMI ($x = 24$) ihre Ränge von 12 und 13 werden deshalb gemittelt. Der Spearman Korrelationskoeffizient $r^{(sp)}$ ist nun gleich der Pearson-Korrelation der Ränge. Wir erhalten $r^{(sp)} = 0.55$. ▪

3.3.3 Interpretation von Korrelationen

Ein Korrelationskoeffizient kann nie ohne zugehöriges Streudiagramm beurteilt werden. Aber auch wenn das Streudiagramm vernünftig aussieht, ist die Interpretation nicht einfach.

In einer europäischen Studie über Ernährung und Gesundheit wurden gegen hundert Variablen gemessen. Davon können einige tausend Korrelationen berechnet werden. Daraus die Grössten herauszupicken und als statistisch nachgewiesenen Zusammenhang zu präsentieren, ist klar Missbrauch.

Das Ziel der meisten Untersuchungen ist, eine kausale Beziehung belegen zu können. Aber Korrelation impliziert nicht Kausalität. Auch wenn die Korrelation zwischen x und y noch so hoch ist, sagt das nichts aus über Ursache und Wirkung. Es kann y von x abhängen oder x von y, oder es besteht eine wechselseitige Wirkung zwischen x und y, oder eine dritte Variable beeinflusst x und y gleichzeitig.

Korrelationskoeffizient
Alki-Test: Zoo in Koffer rein

In einigen Studien wurde gezeigt, dass zwischen der Dauer des täglichen Fernsehkonsums und dem Score in Lesetests eine negative Korrelation besteht. Beeinträchtigt nun ein erhöhter Fernsehkonsum die Lesefähigkeit oder weichen die Leute mit Leseschwierigkeiten aufs Fernsehen aus oder ...?

Eine dritte Variable kann fälschlicherweise einen Zusammenhang suggerieren oder einen realen Zusammenhang überdecken. Eine hohe Korrelation zwischen dem Hämoglobingehalt des Blutes und der Oberfläche der roten Blutkörperchen verschwindet, wenn man die Daten nach Frauen und Männern getrennt anschaut. Werden zwei Variablen zu verschiedenen Zeitpunkten gemessen und dann deren Zusammenhang untersucht, so sind sie zwangsläufig miteinander korreliert, sobald beide Variablen einen linearen Zeittrend aufweisen. Die Zeit spielt hier die Rolle der dritten, intervenierenden Variablen.

Eine Studie fand eine negative Korrelation zwischen der Anzahl PatientInnen in psychiatrischen Kliniken und der Anzahl in Gefängnissen inhaftierter Personen. Daraus wurde geschlossen, dass die wegen Bettenreduktion vorzeitig entlassenen PsychiatriepatientInnen delinquent wurden und im Gefängnis landeten. Die Anzahl inhaftierter und psychiatrisierter Personen können aber auch Indikatoren der jeweiligen gesellschaftlichen Einstellung sein und sich gar nicht gegenseitig beeinflussen.

In einer Umfrage in Grossbritannien zur Jugendkriminalität im Jahr 2006 wurde eine hohe positive Korrelation zwischen delinquentem Verhalten von Jugendlichen und dem Rauchverhalten der Eltern gefunden. Daraus wurde gefolgert, dass vermehrtes Rauchen der Eltern zu Kriminalität ihrer Kinder führt, und es wurde die Forderung laut, dass, ähnlich dem Hinweis auf mögliche gesundheitliche Schäden, Warnungen über die sozialen und psychologischen Auswirkungen auf Zigarettenpäckchen aufgedruckt werden sollten. Vielleicht griffen aber umgekehrt die Eltern zur Zigarette aus Stress wegen ihrer schwierigen Kinder. Noch viel wahrscheinlicher ist es jedoch, dass gar kein direkter Zusammenhang besteht zwischen Rauchen und Kriminalität, sondern dass beides mit der Sozialschicht zusammenhängt.

Wenn Resultate auf Mittelwerten oder Raten basieren, ist Vorsicht geboten bei der Übertragung auf die individuellen Beobachtungseinheiten. Mittelwerte schwanken weniger stark als Einzelwerte und führen deshalb zu höheren Korrelationen.

Angesichts der begrenzten Aussagekraft einer Korrelation ist es doch verblüffend, wie extrem häufig dieses Mass, und manchmal als einziger Beleg für eine Aussage verwendet wird.

3.4 Regression

Im letzten Abschnitt haben wir den Zusammenhang zwischen Pflegeaufwand und Anzahl Pflegediagnosen betrachtet. Das Streudiagramm 3.4 zeigt einen genähert linearen Zusammenhang. Es ist deshalb sinnvoll, die Beziehung zwischen Pflegeaufwand und Anzahl Pflegediagnosen mit einer Geraden zu beschreiben. Die Gleichung einer Geraden ist $y = a + bx$, mit a und b konstant. Der Koeffizient a ist der *Achsenabschnitt*, d. h. der Wert von y für $x = 0$. Der Koeffizient b ist die *Steigung*. Wenn x um eine Einheit vergrössert wird, verändert sich y um b. Die Abbildung 3.10 veranschaulicht das.

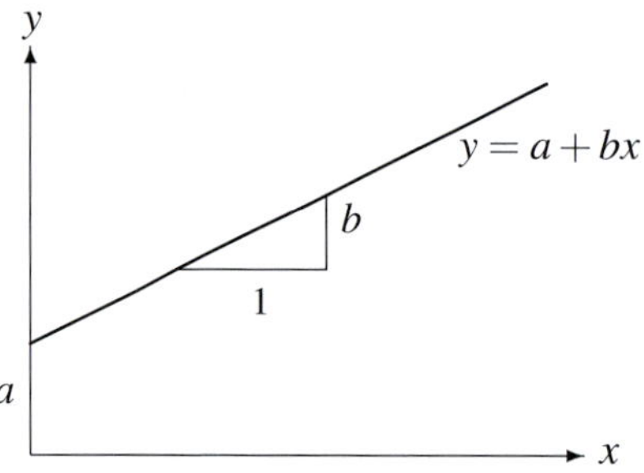

Abbildung 3.10: Die Geradengleichung

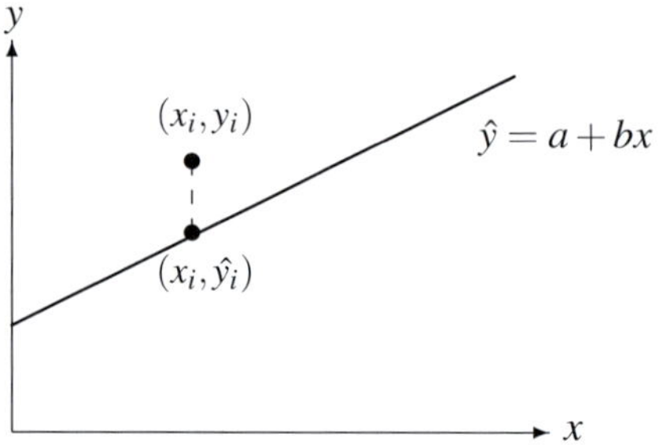

Abbildung 3.11: Abweichung eines Punktes von der Regressionsgeraden

In unserem Beispiel ist y der Pflegeaufwand, x die Anzahl Pflegediagnosen und gesucht sind die Konstanten a und b in der Geradengleichung $y = a + bx$. Die Variablen x und y sind jetzt nicht mehr gleichberechtigt, sondern y ist die Zielvariable und x die erklärende Variable.

Wie soll man a und b bestimmen? Es braucht ein Kriterium dafür, welche Gerade den Daten am besten angepasst ist? Da y aufgrund von x vorausgesagt werden soll, ist es naheliegend, die vertikalen Abstände zwischen den Punkten und der Geraden anzuschauen (siehe Abbildung 3.11).

Die vertikale Abweichung eines Punktes (x_i, y_i) von der Geraden $\hat{y} = a + bx$ ist $y_i - \hat{y}_i$. Das ist der Fehler, der bei der Vorhersage von y_i gemacht wird. Man nennt diesen Fehler auch *Residuum*, abgekürzt r_i. Diese Fehler sollten möglichst klein sein. Bei der *Methode der kleinsten Quadrate*, wählt man die Gerade so, dass die Summe der quadrierten Residuen minimal wird. Es sind also a und b so zu bestimmen, dass

$$\sum_{i=1}^{n} r_i^2 = \sum_{i=1}^{n} (y_i - \hat{y}_i)^2 = \sum_{i=1}^{n} (y_i - (a + bx_i))^2$$

minimal wird. Die Lösung ist:

$$\hat{b} = r\frac{s_y}{s_x} \quad \text{und} \quad \hat{a} = \bar{y} - \hat{b}\bar{x}, \qquad (3.2)$$

wobei r der Korrelationskoeffizient ist.

Daraus erhalten wir die Regressionsgerade $\hat{y} = \hat{a} + \hat{b}x$. Wenn $\hat{b} = 0$ ist, dann verläuft die Gerade horizontal, d. h. es existiert kein linearer Zusammenhang zwischen x und y. Die Regressionsgerade geht immer durch die Punkte $(0, \hat{a})$ und $(\bar{x}, \bar{y})$.

Beispiel 3.3

Für die Regression von Pflegeaufwand (y) auf Anzahl Pflegediagnosen (x) haben wir $\bar{x} = 2.359, s_x = 1.556, \bar{y} = 2.644, s_y = 2.662$ und $r = 0.517$. Damit wird

$$\hat{b} = 0.517\frac{2.662}{1.556} = 0.884 \quad \text{und}$$

$$\hat{a} = 2.644 - 0.884 \cdot 2.359 = 0.559,$$

$$\text{also} \quad \hat{y} = 0.559 + 0.884x.$$

■

Für eine Person mit 5 Pflegediagnosen schätzen wir den mittleren Pflegeaufwand auf $0.559 + 0.884 \cdot 5 = 4.98$, also knapp 5 Stunden, und jede weitere zusätzliche Pflegediagnose erhöht den Aufwand um 0.884 Stunden, d. h. um 53 Minuten.

Diese Vorhersage ist allerdings nicht besonders genau, denn die Beobachtungen streuen ziemlich stark um die Regressionsgerade herum. Die Abbildung 3.12 zeigt die Beobachtungen und die Regressionsgerade.

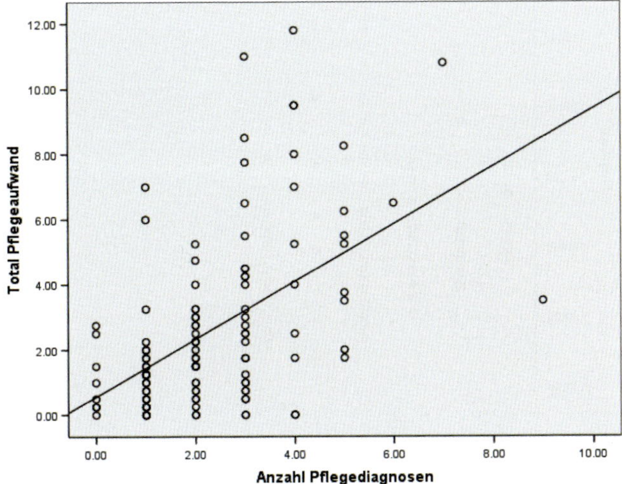

Abbildung 3.12: Streudiagramm mit Regressionsgerade

3.4.1 Bestimmtheitsmass R^2

Die quadrierte Korrelation ist ein Gütekriterium für die Regression. Dieses Kriterium nennt man das *Bestimmtheitsmass* und bezeichnet es mit R^2 statt mit r^2. Aufgrund von einigen algebraischen Beziehungen, auf die wir im Moment nicht weiter eingehen, entspricht R^2 dem „Anteil der Streuung der y-Werte, der durch die Regression erklärt wird":

$$R^2 = \frac{\sum(\hat{y}_i - \bar{y})^2}{\sum(y_i - \bar{y})^2} \tag{3.3}$$

Im Nenner der Formel (3.3) steht die Varianz der y-Werte multipliziert mit $n-1$. Das ist also ein Mass für die Variabilität der y-Werte. Im Zähler ist ein Mass für die Variabilität der geschätzten Werte, der Werte auf der Regressionsgeraden. Der Quotient entspricht dem Anteil der Variabilität, der durch die geschätzten Werte abgedeckt wird. Beim Pflegeaufwand ist $R^2 = 0.267$, also ist 26.7 % der Variabilität im Pflegeaufwand erklärt durch die Regression auf die Anzahl Pflegediagnosen. Fast 75 % der Streuung im Aufwand ist unerklärt, hat also mit andern Einflussfaktoren oder zufälligen Schwankungen zu tun.

3.4.2 Residuenplot

Ob eine Gerade eine angemessene Beschreibung der Daten ist, sieht man im Streudiagramm y gegen x. Manchmal treten Abweichungen von der Geraden aber deutlicher hervor, wenn man die Residuen $r_i = y_i - \hat{y}_i$ gegen x_i einträgt. Die Punkte sollten ohne sichtbares Muster um Null herum streuen. Die Abbildung 3.13 zeigt den Residuenplot im Pflegeaufwandbeispiel.

Bei wenig Pflegediagnosen sind die Residuen eher positiv, d. h. der Pflegeaufwand wird dann tendenziell unterschätzt. Das hat natürlich damit zu tun, dass der Aufwand gegen unten begrenzt ist, weil er nicht negativ werden kann.

Die Idee der Regressionsgerade kann verallgemeinert werden auf Situationen mit mehr als einer erklärenden Variablen und wird so zur wichtigsten Methode der angewandten Statistik. Wir kommen deshalb in Kapitel 13 und 14 darauf zurück.

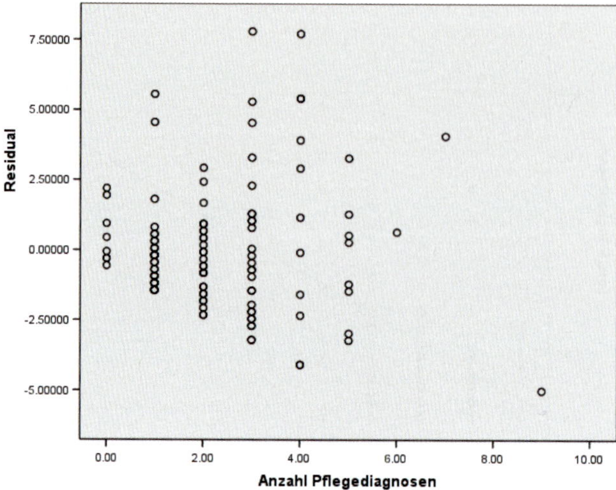

Abbildung 3.13: Residuenplot r gegen x

3.5 Kreuztabellen

Zwei kategorielle Variablen können in einer *Kreuztabelle*, auch *Kontingenztafel* genannt, dargestellt werden. Wir betrachten den Zusammenhang zwischen dem Geschlecht und dem Zivilstand der KlientInnen in der Spitexstudie. Die Häufigkeiten werden in einer 2×4-Kreuztabelle dargestellt (siehe Tabelle 3.1). Für eine gute Lesbarkeit sollten die Zahlen in einer Tabelle höchstens zwei signifikante Ziffern, d. h. Ziffern, die sich von einer Zahl zur andern ändern, enthalten. Das bedeutet, dass z. B. Prozentzahlen auf ganze Zahlen gerundet werden sollten. In wissenschaftlichen Publikationen sind allerdings numerische Ergebnisse oft auf zwei Dezimalstellen genau gefordert.

Aus der gemeinsamen Verteilung mit den gemeinsamen Häufigkeiten können die zwei *Randverteilungen* mit den Randhäufigkeiten bestimmt werden. Die Randverteilungen sind in der letzten Spalte und in der untersten Zeile der obigen Kreuztabelle enthalten. Sie können auch einzeln in Häufigkeitstabellen dargestellt werden. (siehe Tabellen 3.2 und 3.3).

		Zivilstand				**Total**
		verheiratet	geschieden	verwitwet	ledig	
Sex	weibl.	10	4	51	12	77
	männl.	11	4	13	11	39
Total		21	8	64	23	116

Tabelle 3.1: Kreuztabelle Geschlecht vs. Zivilstand

	Zivilstand				Total
	verheiratet	geschieden	verwitwet	ledig	
Anzahl	21	8	64	23	116
%	18	7	55	20	100

Tabelle 3.2: Randverteilung des Zivilstands

	Sex		Total
	weibl.	männl.	
Anzahl	77	39	116
%	66	34	100

Tabelle 3.3: Randverteilung des Geschlechts

Aus den Randverteilungen allein kann aber die gemeinsame Verteilung nicht mehr rekonstruiert werden. Die Randverteilungen sind in Abbildung 3.14 grafisch dargestellt.

Unter den Frauen sind 10 von 77, also 13 % verheiratet. Das ist eine *bedingte Häufigkeit*. Zusammen mit den Häufigkeiten für die übrigen Möglichkeiten des Zivilstands und den entsprechenden Häufigkeiten für die Männer erhält man die *bedingte Verteilung* des Zivilstands nach Geschlecht, d. h. die Verteilung des Zivilstands für die beiden Geschlechter getrennt.

Kreuztabellen zaubert Kellen

In Tabelle 3.4 sind die relativen bedingten Häufigkeiten enthalten. Die Prozentzahlen addieren sich jeweils innerhalb einer Zeile auf 100.

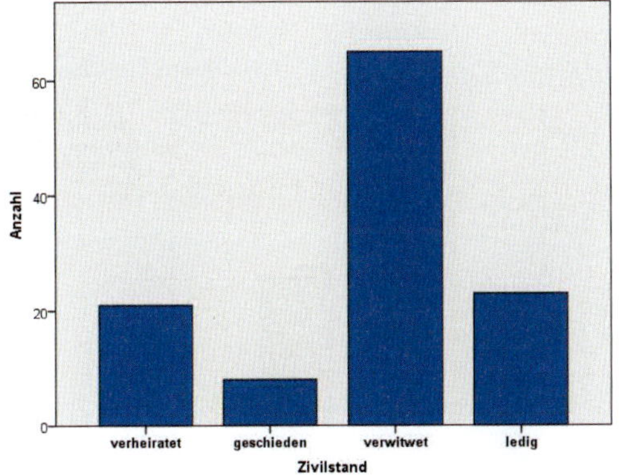

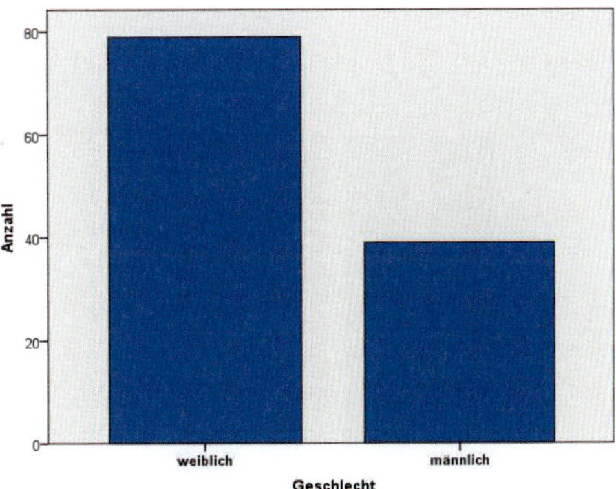

Abbildung 3.14: Balkendiagramme der Randverteilungen

			Zivilstand				Total
			verh.	gesch.	verw.	ledig	
Sex	weibl.	Anzahl	10	4	51	12	77
		%	13	5	66	16	100
	männl.	Anzahl	11	4	13	11	39
		%	28	10	33	28	100
Total		Anzahl	21	8	64	23	116
		%	18	7	55	20	100

Tabelle 3.4: Bedingte Verteilung des Zivilstands nach Geschlecht

			Zivilstand				Total
			verh.	gesch.	verw.	ledig	
Sex	weibl.	Anzahl	10	4	51	12	77
		%	48	50	80	52	66
	männl.	Anzahl	11	4	13	11	39
		%	52	50	20	48	34
Total		Anzahl	21	8	64	23	116
		%	100	100	100	100	100

Tabelle 3.5: Bedingte Verteilung des Geschlechts nach Zivilstand

Wie gross ist der Frauenanteil innerhalb der verschiedenen Zivilstandsformen? Um das herauszufinden, setzt man die jeweiligen Spaltentotale auf 100 Prozent und berechnet die prozentuale Verteilung innerhalb der Spalten. Das gibt die bedingte Verteilung des Geschlechts nach Zivilstand (siehe Tabelle 3.5). Für eine grafische Darstellung eignen sich gruppierte oder gestapelte Balkendiagramme wie in Abbildung 3.15.

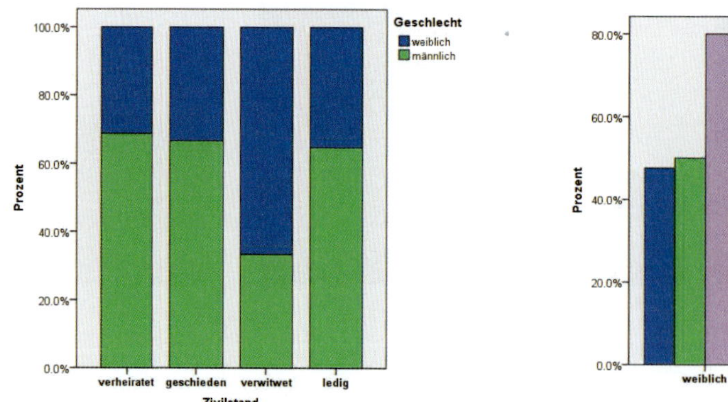

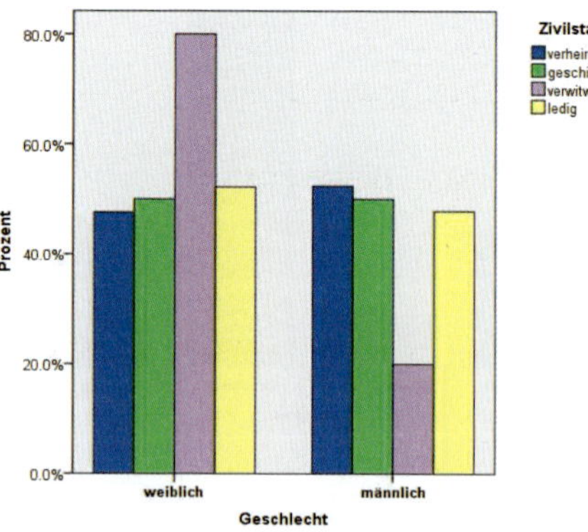

Abbildung 3.15: Gruppierte und gestapelte Balkendiagramme

3.5.1 Simpsons Paradox

Im Herbst 1973 bewarben sich insgesamt 8442 Männer und 4321 Frauen um einen Studienplatz an der University of California, Berkeley. Es wurden 44 % der Männer und 35 % der Frauen zugelassen. Ein klarer Fall von Diskriminierung? Um herauszufinden, welches die schlimm(st)en Institute waren, wurden die Anzahl Bewerbungen und Aufnahmen nach Institut und Geschlecht unterteilt. An dieser Stelle zeigte sich etwas Irritierendes: Einige Institute favorisierten Männer, aber höchstens schwach, und andere favorisierten Frauen. Im Ganzen schienen, wenn überhaupt, die Männer benachteiligt zu sein.

Von den über 100 Instituten umfassten die sechs Grössten mehr als ein Drittel der Bewerbungen und zeigten dasselbe Muster wie die übrigen Institute. Die folgende Tabelle zeigt die Situation in diesen sechs Instituten. Im Institut A ist ein grösserer Unterschied vorhanden, und zwar zugunsten der Frauen. Am meisten benachteiligt sind die Frauen in E, aber der Unterschied ist klein. Berechnen wir das Total der 6 Institute.

	Frauen		**Männer**	
Institut	Bewerbungen	% zugelassen	Bewerbungen	% zugelassen
A	108	82	825	62
B	25	68	560	63
C	593	34	325	37
D	375	35	417	33
E	393	24	191	28
F	341	7	373	6

Tabelle 3.6: Bewerbungen nach Institut und Geschlecht

	Frauen		Männer	
	Bewerbungen	% zugelassen	Bewerbungen	% zugelassen
Total	1835	30	2691	44

Insgesamt werden prozentual viel weniger Frauen zugelassen. Wie kommt es zu diesem Paradoxon? In die ersten zwei Institute wird man leicht aufgenommen, und über 50 % der Männer bewerben sich hier, aber weniger als 10 % der Frauen. Die Frauen bewerben sich in überwiegender Mehrheit bei den Instituten C, D, E und F, die eine viel kleinere Zulassungsquote haben.

Das Simpson Paradox kann auch in medizinischen Auswertungen auftreten. Zwei Spitäler werden bezüglich der Überlebensrate 6 Wochen nach einer bestimmten Operation miteinander verglichen. Im Spital B sterben 2 % der PatientInnen, im Spital A 3%.

PatientIn	**Spital A**		**Spital B**	
gestorben	63	3%	16	2%
überlebt	2037		784	
Total	2100		800	

Das Spital B scheint also besser zu sein als Spital A. Wenn allerdings der Schwierigkeitsgrad der Operation bzw. der Patientenzustand mitberücksichtigt wird, sieht der Vergleich anders aus.

Patientenzustand gut				
PatientIn	**Spital A**		**Spital B**	
gestorben	6	1%	8	1.3%
überlebt	594		592	
Total	600		600	

Patientenzustand schlecht				
PatientIn	**Spital A**		**Spital B**	
gestorben	57	3.8%	18	4%
überlebt	1443		192	
Total	1500		200	

Jetzt ist sowohl bei den einfacheren als auch bei den schwierigeren Operationen das Spital A besser. Der Grund für diesen scheinbaren Widerspruch ist, dass im Spital A viel mehr PatientInnen aufgenommen werden, die sich in einem schlechten Zustand befinden und deren Überlebenschancen kleiner sind. Deshalb sterben im Spital A insgesamt mehr PatientInnen, obschon das Spital bei jeder Patientengruppe einzeln betrachtet besser abschneidet. Genau das ist natürlich der kritische Punkt beim Qualitätsvergleich von Spitälern. Sind alle relevanten Variablen miteinbezogen worden, damit der Vergleich fair ist?

In einer Stadt leben 400 000 Personen, davon 120 000 AusländerInnen. Letztes Jahr wurden 2200 Straftaten gegen Leib und Leben verübt, davon 1144 von AusländerInnen. Das ergibt einen Ausländeranteil von 52 % bei diesen schweren Delikten bei einem Anteil von nur 30 % an der Wohnbevölkerung. Die Stadt besteht aus einigen Problemquartieren und wohlhabenden Wohngebieten. In den Problemquartieren leben 100 000 Ausländerinnen und 100 000 InländerInnen, und beide Gruppen verübten je 1000 schwere Verbrechen.
In den wohlhabenden Gegenden leben neben 180 000 InländerInnen 20 000 AusländerInnen. Die Kriminalitätsrate ist auch hier für In- und AusländerInnen gleich gross: 180 Straftaten wurden von InländerInnen verübt, 20 Straftaten gehen auf das Konto von AusländerInnen. Aus diesen Angaben geht hervor, dass die Kriminalitätsrate nur mit dem Wohnort zusammenhängt und überhaupt nichts mit dem Ausländerstatus zu tun hat.

Der Zusammenhang zwischen zwei Variablen wird also falsch interpretiert, wenn eine wichtige dritte Variable nicht einbezogen wird. Das Problem besteht darin, wichtige Drittvariablen zu identifizieren und zu erfassen.

3.6 Kontrollfragen und Aufgaben

1. Richtig oder falsch? Korrigieren Sie falsche Aussagen.
   a) Der Korrelationskoeffizient gibt an, um wieviele Einheiten sich y verändert, wenn sich x um eine Einheit ändert.
   b) Wenn der Korrelationskoeffizient ± 1 ist, liegen alle Datenpunkte auf einer Linie.
   c) Wenn zwischen zwei Variablen keine lineare Beziehung besteht, ist eine horizontale Regressionsgerade die beste Beschreibung der Daten.
   d) Wenn r sehr nahe bei ± 1 liegt, dann gibt es eine kausale Beziehung zwischen x und y.
2. Richtig oder falsch? Die Gleichung einer Regressionsgeraden
   a) beschreibt eine Gerade, die durch den Nullpunkt geht,
   b) beschreibt eine Gerade mit Steigung Null,
   c) verändert sich nicht, wenn die Skala der x-Variablen verändert wird,
   d) hängt von der Zielvariablen ab,
   e) beschreibt den Zusammenhang zwischen einer kategoriellen und einer stetigen Variablen.
3. Ist der Männeranteil in allen Bereichen der Pflege etwa gleich gross, oder gibt es in der Administration überproportional viele Männer? Die folgende Tabelle stammt aus einer Untersuchung von 200 Pflegenden. 60 Personen arbeiten im Spitalbereich, 40 in Gemeinden, 50 in Krankenpflegeschulen und 50 in der Administration.

	Männer	**Frauen**
Spital	15	45
Gemeinde	5	35
Schule	25	25
Administration	35	15
Total	80	120

   a) In welchem Bereich sind vor allem Männer tätig? Wie hoch ist der entsprechende Prozentsatz?
   b) In welchem Bereich sind die Frauen übervertreten? Prozentsatz?
   c) Welchen Bereich wählen die Männer bzw. die Frauen vorzugsweise?
   d) Stellen Sie die Daten grafisch dar.

3.7 Glossar

Korrelation Zusammenhang von zwei numerischen Variablen.

Korrelationskoeffizient Kennzahl zur Beschreibung der Stärke und Richtung des Zusammenhangs von zwei numerischen Variablen.

Kreuztabelle Häufigkeitstabelle von zwei kategoriellen Variablen.

Regression Beschreibung des Zusammenhangs zwischen einer Zielvariablen und einer oder mehrerer erklärenden Variablen mit einer linearen Funktion.

Streudiagramm Grafische Darstellung von zwei numerischen Variablen.

4. Planung einer Studie

- Was ist Confounding?
- Wieso ist eine Kontrollgruppe wichtig?
- Durchblick trotz „doppelblind"?

4.1 Einführung

- Wie viele betagte, pflegebedürftige Personen gibt es in der Schweiz?
- Steigert Fussreflexzonenmassage das Wohlbefinden?
- Werden in der Schweiz zu viele Gebärmutteroperationen durchgeführt?
- Nützt ein Aspirin pro Tag gegen Herzinfarkt?

Wieso ist die Beantwortung dieser Fragen schwierig? Menschen reagieren unterschiedlich. Selbst wiederholte Beobachtungen an der gleichen Person variieren, wenn auch meist weniger stark als Beobachtungen an verschiedenen Personen. Es braucht also eine genügend grosse Anzahl von Versuchspersonen, sogenannte *Replikation*, um die Variabilität in den Griff zu bekommen.

Aus Zeit- und Kostengründen können aber nicht alle in der Schweiz lebenden Personen z. B. nach ihrer Pflegebedürftigkeit oder nach einer Gebärmutteroperation befragt werden. Stattdessen wird aus der *Zielpopulation*, den Personen, über die etwas herausgefunden werden soll, eine *Stichprobe*, der zu untersuchenden oder zu befragenden Personen, ausgewählt. Damit die Resultate verallgemeinerbar sind, muss die Stichprobe *repäsentativ*, d. h. ein möglichst genaues Abbild der Zielpopulation sein. Theoretisch braucht es dazu eine Zufallsstichprobe, aber praktisch ist das oft nicht möglich. So werden oft Freiwillige oder gerade anwesende PatientInnen bzw. Mitarbeitende von Universitätsspitälern untersucht. Inwieweit diese Versuchspersonen repräsentativ sind für z. B. alle hospitalisierten PatientInnen oder sogar alle Personen mit der untersuchten Krankheit, muss in jedem einzelnen Fall sorgfältig abgewogen werden. Wenn Zufallsstichproben gezogen werden können, legt ein Stichprobenplan die Auswahl fest (siehe Kapitel 5).

Ein weiteres Problem ist *Confounding*. Konfundierende Variablen sind Variablen, die so zusammen auftreten, dass ihre Effekte nicht auseinandergehalten werden können. In einer Herz- und Kreislaufstudie (Coronary Drug Project Research Group, 1980) untersuchte man die Wirkung eines Medikaments, das das Cholesterinniveau senkt. Leider erhöhte es die Überlebenschancen nicht. Nach 5 Jahren waren 20 % der Versuchspersonen gestorben, im Vergleich zu 21 % in der Placebogruppe. Man vermutete, dass etliche PatientInnen ihre Medikamente nicht regelmässig eingenommen hatten. Tatsächlich hatten die Personen, die mindestens 80 % der Medikamente eingenommen hatten, eine signifikant tiefere Mortalität als die übrigen. Von den Kooperativen waren nach 5 Jahren nur 15 % gestorben, im Gegensatz zu 25 %

bei den andern. Daraus könnte man schliessen, dass eine höhere Dosis die Mortalität senkt, das Medikament also wirksam ist. Aber die Placebogruppe zeigte das gleiche Muster! Diejenigen, die mindestens 80 % der Placebotabletten schluckten, überlebten ebenfalls eher (15 % Mortalität) als die andern (28 % Mortalität). Nicht das Medikament hat also die Mortalität gesenkt, sondern es muss einen anderen protektiven Faktor gegeben haben, der mit der Befolgung der ärztlichen Anweisungen korrelierte.

Meistens gibt es neben der Behandlung viele weitere Gründe für eine Veränderung innerhalb einer Person oder für Unterschiede zwischen verschieden behandelten PatientInnengruppen. Ein guter Versuchsplan ist so konstruiert, dass möglichst alle Alternativerklärungen für gefundene Unterschiede ausgeschlossen werden können.

4.1.1 Stufen einer Studie

Eine Studie umfasst die folgenden Stufen:

1. Das Problem formulieren und in überprüfbare Hypothesen übersetzen.
2. Vorhandene Informationen aus Publikationen zusammentragen oder bereits existierende Daten auswerten.
3. Versuchsplanung
4. Daten sammeln und kontrollieren.
5. Statistische Analyse
6. Interpretation

Der erste Punkt klingt trivial, wird aber trotzdem nicht immer ernsthaft genug berücksichtigt. Manchmal sind vermeintlich wertvolle Daten vorhanden, aus denen man hofft, auch ohne Fragestellung etwas Interessantes herauszufinden. Der zweite Punkt ist hilfreich für die Hypothesenbildung und für die Abschätzung der nötigen Studiengrösse und Studiendauer. Die meisten Statistikbücher konzentrieren sich auf die statistische Analyse und behandeln die Versuchsplanung höchstens ganz kurz. Dabei sind Fehler in der Planung viel schwerwiegender als solche in der Analyse. Solange die Rohdaten vorhanden sind, kann eine Auswertung wiederholt und verbessert werden. Mängel in der Versuchsplanung lassen sich hingegen oft nicht mehr korrigieren. Im nächsten Unterkapitel werden deshalb die wichtigsten Prinzipien der Versuchsplanung vorgestellt.

4.2 Versuchsplanung

Versuchsplanung umfasst die Wahl des Studientyps, die Definition der Variablen, die Selektion der Versuchseinheiten, das Festlegen der Messinstrumente und des genauen Vorgehens. Ein passendes Design muss gewählt und die Grösse der Studie bestimmt werden.

4.2.1 Studientypen

Es wird unterschieden zwischen experimentellen und beobachtenden Studien.

Experimentelle Studie: Die Beobachtungseinheiten (oder hier eher Versuchseinheiten genannt) werden verschiedenen *Behandlungen* oder *Treatments* zugeteilt. Das Treatment umfasst alles, was kontrolliert werden kann, also die gesamten Versuchsbedingungen, denen eine Einheit zugeteilt werden kann. Wichtige Beispiele sind Interventionsstudien und klinische Studien.

Beobachtende Studie: Es gibt keine Kontrolle der erklärenden Variablen, keinen Einfluss auf eine Gruppenzuteilung. Wichtige Beispiele sind epidemiologische Studien, Erhebungen (surveys) und Umfragen.
Spezielle beobachtende Studien sind:

- *Fall-Kontroll-Studie*: Vergleich der Häufigkeiten des Auftretens eines Risikofaktors bei kranken und bei gesunden Personen.
- *Kohortenstudie*: Vergleich der Häufigkeiten des Auftretens von Krankheiten bei Personen mit und ohne Risikofaktor.

Experimentelle Studien werden in diesem Kapitel, Erhebungen und Umfragen im nächsten Kapitel ausführlicher besprochen. Epidemiologische Studien untersuchen das Auftreten von Krankheiten in der Bevölkerung und den Zusammenhang mit Risikofaktoren. In Fall-Kontroll-Studien werden retrospektiv Kranke und Gesunde verglichen. Kohortenstudien sind prospektiv. Sie können zuverlässigere Antworten liefern als Fall-Kontroll-Studien, sind aber auch teurer und aufwendiger. Kausalschlüsse sind in beobachtenden Studien statistisch nicht abgesichert, weil es immer unbekannte konfundierende Variablen geben kann. Ansonsten versucht man, die Prinzipien der Versuchsplanung, die in experimentellen Studien gelten, so gut als möglich zu erfüllen.

Alle erklärenden Variablen und alle Zielvariablen sowie Messinstrumente müssen definiert werden. Die Zielpopulation muss festgelegt werden. Falls nötig, braucht es genaue Ausschlusskriterien. Schliesslich wird der genaue Ablauf bestimmt, und die Verantwortlichkeiten werden festgelegt. All das sollte in einem Protokoll festgehalten werden, zusammen mit einer Anleitung, was bei Protokollabweichungen passieren soll. Die Zuverlässigkeit der Messungen und die konkrete Durchführung werden am besten in einer kleinen Pilotstudie getestet. Vielleicht entdeckt man auch zusätzliche Variationsquellen in einer Pilotstudie.

4.2.2 Design

Ein gutes statistisches Design kann die Variabilität reduzieren und damit präzisere Schlussfolgerungen ermöglichen. Beim *Block-Design* werden die Versuchseinheiten in Blöcke „ähnlicher“ Einheiten unterteilt. Dann werden die verschiedenen Treatments möglichst gleichmässig auf die Blöcke verteilt, damit der Vergleich innerhalb der Blöcke gemacht werden kann. Beispiele für Blöcke sind Altersgruppen, Krankheitsstufen oder Spitäler in einer Multi-Center-Studie. Die Abbildung 4.1 illustriert Blocking von PatientInnen anhand des Schweregrads der Erkrankung. Günstiges Blocking kann die Variabilität stark reduzieren, weil Blockunterschiede von den Behandlungsunterschieden getrennt sind.

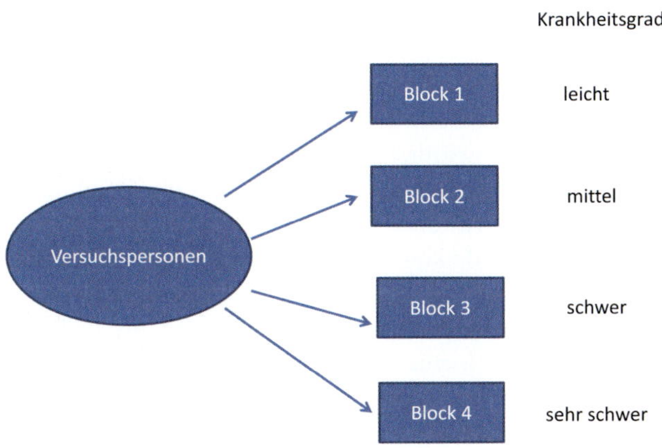

Abbildung 4.1: Block-Design

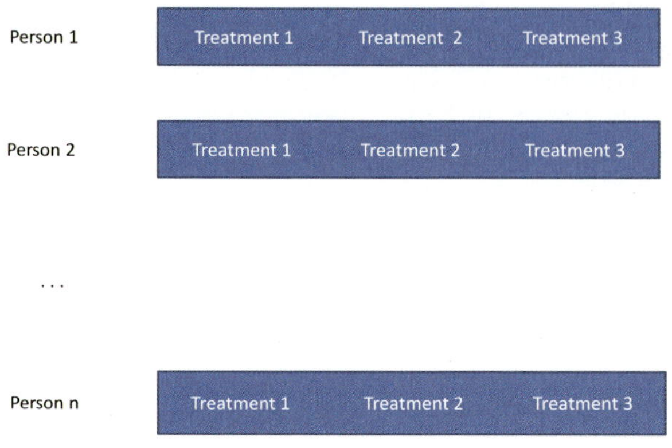

Abbildung 4.2: Crossover-Design

Im Extremfall bekommt jede Einheit alle Behandlungen, die Versuchseinheit ist dann ein Block. Solche Versuchspläne werden *Crossover-Designs* genannt. Eine Illustration ist in Abbildung 4.2 zu finden. Ein Crossover-Design ist nur möglich, wenn sich nach Abschluss einer Behandlung der ursprüngliche Zustand wiederherstellt. In einer klinischen Studie, in der verschiedene Medikamente verglichen werden, sollten also Versuchspersonen weder geheilt werden noch sterben. Keine Form von Lern- oder Alterungsprozess ist erlaubt. Sind diese Rahmenbedingungen erfüllt, liefert ein Crossover-Design die genauesten Resultate, weil die Personenunterschiede für die Beurteilung der Behandlungsunterschiede keine Rolle spielen.

Um die Variabilität zwischen Personen zu reduzieren, wird manchmal auch einfach eine bestimmte Unterpopulation ausgewählt, z. B. nur über 60 Jahre alte Männer mit einem bestimmten Krankheitsbild. Schlüsse auf andere Personengruppen sind dann aber unsicher.

Ein guter Versuchsplan liefert die gewünschte Information mit einer minimalen Anzahl Beobachtungen. In dieser Hinsicht besonders effizient sind faktorielle Designs, die mehrere Einflussfaktoren gleichzeitig studieren.

Bei der Zuteilung der Versuchseinheiten zu den Treatmentgruppen spielt das bereits erwähnte Problem von konfundierenden Variablen eine grosse Rolle. Mit einer zufälligen Zuteilung, einer sogenannten *Randomisierung*, will man erreichen, dass ausser dem Treatment keine weiteren Unterschiede zwischen den Gruppen bestehen. Bei kleinen Stichproben ist die Wahrscheinlichkeit allerdings gross, dass in einer Gruppe z. B. deutlich mehr Frauen oder Personen mit Blutdruck über 160 mmHg sind. Bekannte erklärende Variablen kontrolliert man daher durch Blocking oder dadurch, dass man für eine gleichmässige Verteilung in den verschiedenen Gruppen sorgt, z. B. gleich viele Frauen und Männer. Unbekannte zusätzliche Einflussfaktoren können jedoch nur mit Randomisierung unschädlich gemacht werden.

In Multicenter-Studien werden häufig ganze Gruppen einer Behandlung randomisiert zugeteilt. Alle PatientInnen einer Abteilung oder alle BewohnerInnen eines Pflegeheims bekommen dann die gleiche Behandlung. Ein solches Vorgehen heisst *Cluster-Randomisierung* und ist aus praktischen Gründen manchmal notwendig. Vorschriften zu Hygienemassnahmen z. B. können nicht in derselben Organisationseinheit variiert werden. Eine neue Schulung des Personals muss im ganzen Pflegeheim durchgeführt werden. Weil sich die Personen innerhalb eines Clusters gegenseitig beeinflussen können und sie aufgrund ihrer gemeinsamen Umgebung ähnlicher sind als Personen verschiedener Clusters, ist die Planung der Studie und die statistische Analyse von Daten aus clusterrandomisierten Studien komplexer als bei individueller Randomisierung.

Zur Versuchsplanung gehört auch die Berechnung der benötigten Stichprobengrösse. In grossen Studien mit vielen Beobachtungseinheiten können kleinere Unterschiede nachgewiesen werden als in Studien mit nur wenigen Beobachtungseinheiten. Die Berechnung der optimalen Studiengrösse ist deshalb ein wichtiger Bestandteil der Planungsphase.

4.3 Experimentelle Studie

In der typischen medizinischen Studie werden Personen mit bestimmten Merkmalen (Krankheit, Alter usw.) verschiedenen Behandlungen zugeteilt und dann miteinander verglichen. Daraus sollen Schlüsse über die Wirkung der Behandlung gezogen werden können.

Wenn die Versuchspersonen PatientInnen sind und das Ziel der Studie darin besteht, die bestmögliche Behandlung für zukünftige PatientInnen zu finden, spricht man von einer *klinischen Studie*. Die meisten klinischen Studien sind bis jetzt in der Pharmakologie durchgeführt worden.

Der Goldstandard für experimentelle Studien ist die randomisierte, kontrollierte Studie (*randomized controlled trial, RCT*). Die Versuchspersonen werden zufällig der Behandlungs- oder der Kontrollgruppe zugeteilt und die Studie ist doppelblind, d. h. weder Versuchspersonen noch ExperimentatorInnen wissen, wer in welcher Gruppe ist.

4.3.1 Kontrollierte Studie

Ohne Vergleichsmöglichkeit ist es schwierig, die tatsächliche Wirkung einer Behandlung abschätzen zu können. Vielleicht sind eher leichtere Krankheitsfälle in die Studie aufgenommen worden und der Erfolg der neuen Therapie wird überschätzt. Deshalb werden mehrere Behandlungen gleichzeitig durchgeführt und miteinander verglichen. Eine *Kontrollgruppe* erhält die Standardbehandlung oder ein *Placebo*. Manchmal werden sog. *historische Kontrollen* hinzugezogen, d. h. man vergleicht mit Kontrollpersonen, die zu einem früheren Zeitpunkt und ausserhalb der betreffenden Studie untersucht worden sind. Ob das genügt, hängt natürlich davon ab, ob sich ausser der Behandlung noch etwas Wesentliches geändert hat.

4.3.2 Randomisierung

Behandlungs- und Kontrollgruppe sollten, abgesehen von der Behandlung, so ähnlich wie möglich sein, damit allfällige spätere Unterschiede in den Zielgrössen zweifelsfrei auf die Behandlung zurückgeführt werden können. Das Argument, dass die Gruppenzuteilung demnach am besten von Fachpersonen mit viel Wissen über zusätzliche Einflussfaktoren und potentielle konfundierende Variablen vorgenommen wird, ist jedoch falsch. Die Erfahrung zeigt, dass bei dieser Art der Zuteilung willentlich oder unwillentlich unterschiedliche Ausgangslagen geschaffen werden, und nicht alle konfundierenden Variablen sind bekannt.

Garten um Argument

Die einzige saubere Lösung ist eine randomisierte Zuteilung. Bei genügend grossen Gruppen garantiert dieses Vorgehen homogene Gruppen. „Zufall“ darf jedoch nicht mit „Willkür“ verwechselt werden. Wenn PatientInnen entsprechend ihrer Aufnahme in einem Spital oder entsprechend einer alphabetischen Liste alternierend zwei verschiedenen Behandlungen zugeteilt werden, ist das keine zufällige Zuteilung und ist ungenügend. Zum einen wissen wir nicht, ob nicht irgendwelche Faktoren existieren, die mit dem Eintreffen im Spital bzw. dem Nachnamen einerseits und der Zielvariablen andererseits zusammenhängen. Zum andern können wir ohne geplante, zufällige Zuteilung nicht die Wahrscheinlichkeitsrechnung für Schlussfolgerungen benutzen. Wenn eine Stichprobe von 40 Personen untersucht wird, hängt das Ergebnis von den ausgewählten Personen ab. Mit andern Worten, 40 andere Personen hätten ein etwas anderes Resultat ergeben. Werden die 40 Personen auf zwei gleich grosse Behandlungsgruppen verteilt, dann hängt der Vergleich der beiden Behandlungen davon ab, wer in welche Gruppe gekommen ist. Auch hier würde eine andere Zuteilung ein etwas anderes Resultat liefern. Wenn die Auswahl oder Zuteilung der Personen rein zufällig vorgenommen wird, können wir mit Hilfe der Wahrscheinlichkeitsrechnung sagen, wie gross die zufällig auftretenden Unterschiede sein können und wann ein Ergebnis auf einen systematischen Behandlungsunterschied hindeutet.

Wie wird eine zufällige Zuteilung konkret gemacht?

Man könnte die Namen der 40 Personen auf 40 Zettelchen schreiben, alle in einen Topf tun und dann 20 Zettel ziehen. Diese 20 Personen erhalten dann Behandlung A, die übrigen Behandlung B. Schneller geht es mit einem Computerprogramm, das Zufallszahlen erzeugt. Wenn man die Zufallszahlen oder die zufällige Gruppeneinteilung später reproduzieren möchte, sollte man zuerst den Startwert wählen. Die meisten Programme nehmen ohne Vorgabe als Startwert die zuletzt erzeugte Zufallszahl.

Kontrollgruppe und Randomisierung zusammen helfen, systematische Fehler in der Beurteilung der Wirkung einer neuen Behandlung zu vermeiden. Manchmal kommt es trotz Kontrollgruppe und Randomisierung zu Fehlinterpretationen. Weiss zum Beispiel die Versuchsleiterin, wer die „echte“ Behandlung und wer bloss ein Placebo bekommt, dann kann das, bewusst oder unbewusst, zu einer verzerrten Wahrnehmung der Reaktionen führen. Wann immer möglich sollte ein Experiment deshalb *doppelblind* sein: weder die Versuchsperson noch die Versuchsleiterin weiss, wer welche Behandlung bekommt.

4.4 Weiterführende Literatur

Der Klassiker zu klinischen Studien ist Pocock (1983). Die Prinzipien der Versuchsplanung in experimentellen Studien werden sehr ausführlich erläutert und mit vielen konkreten Studien illustriert. Neuer und (noch) stärker auf die Durchführung von klinischen Studien ausgerichtet ist Good (2006), ein gutes Handbuch, wenn man selber einen RCT plant. Wer mehr über die statistischen Aspekte von experimentellen Studien wissen möchte, sollte einen Blick in Piantadosi (2017) werfen. Dieses Buch setzt aber solide Statistikkenntnisse voraus. Donner und Klar (2000) und Eldridge und Kerry (2012) sind umfassende Bücher zum Thema Cluster-randomierte Studien.

4.5 Kontrollfragen und Aufgaben

1. Beurteilen Sie die folgenden nicht-randomisierten Zuteilungen zu verschiedenen Behandlungsgruppen:
   a) nach Arzt/Ärztin oder Spital: die beteiligten Ärzte und Ärztinnen behandeln die PatientInnen mit je einer Methode.
   b) alternierend.
   c) nach PatientInnen-Nr. im Spital: Personen mit einer geraden Nummer erhalten Behandlung A, die anderen B.
   d) nach Geburtsmonat: Januar–April = Gruppe A, Mai–August = Gruppe B, September–Dezember = Gruppe C.
2. Richtig oder falsch? In einer kontrollierten Studie zum Vergleich von zwei Gruppen randomisiert man, damit
   a) die Gruppen möglichst ähnlich bez. prognostischer Faktoren werden,
   a) der Arzt nicht weiss, wer was erhält,
   c) Schlüsse über die Population zulässig sind,
   d) die Ärztin nicht im Voraus sagen kann, wer was erhält,
   e) die Anzahl Personen pro Gruppe gleich ist.

4.6 Glossar

Beobachtende Studie Die erklärenden Variablen können nicht kontrolliert werden wie in einem Experiment, sondern nur beobachtet.

Blockdesign Versuchseinheiten werden in Blöcke ähnlicher Einheiten eingeteilt und dann werden die verschiedenen Treatments gleichmässig auf die Blöcke verteilt und innerhalb der Blöcke verglichen.

Confounding Konfundierende Variablen sind korreliert mit der erklärenden Variablen, die untersucht werden soll, und der Zielvariablen.

Experimentelle Studie Versuchseinheiten werden verschiedenen Bedingungen zugeteilt.

Randomisierung Zufällige Zuteilung auf verschiedene Treatments.

RCT Randomisierte kontrollierte Studie, Goldstandard für Experimente.

Stichprobe Teilmenge der Zielpopulation.

Treatment Versuchsbedingung, die in einem Experiment kontrolliert und deren Einfluss auf eine Zielgrösse untersucht wird.

Zielpopuation Alle Einheiten, über die man etwas herausfinden möchte.

5. Stichprobenerhebungen

- Wie wird eine Stichprobe ausgewählt?
- Warum ist es schwer, einen guten Fragebogen zu gestalten?
- Sind die Ergebnisse repräsentativ?

5.1 Einführung

Stichprobenerhebungen sind beobachtende Studien, in denen Daten an einer Untergruppe von Beobachtungseinheiten, der Stichprobe, gewonnen werden, mit dem Ziel, eine Aussage über die ganze Population zu machen. Ein paar Beispiele sind:

- Wahlprognosen und Umfragen nach Abstimmungen, Meinungsumfragen und Marktforschung von privaten Instituten.
- Erhebungen des Bundesamts für Statistik: Landesindex für Konsumentenpreise, Motorfahrzeugbestand in der CH, Schweizerische Arbeitskräfteerhebung, Wohnbautätigkeit, Hochschulabsolventenbefragung.
- Bildung: PISA-Studie, Kursevaluationen.
- Gesundheitsbereich: Die drei Studien zu Spitex, Ernährung und Arbeitstätigkeit, die in diesem Buch behandelt werden, sind Stichprobenerhebungen. Daneben gibt es Umfragen zu Patientenzufriedenheit, Burn-out beim Pflegepersonal, Dekubitusprävalenz in Alters- und Pflegeheimen und vieles mehr.

Stichprobenerhebungen beschert ungern Phobien

Die Untersuchung aller Einheiten einer Zielpopulation, eine *Vollerhebung*, ist aus Zeit- und Kostengründen oft ausgeschlossen, ausser die Population ist ganz klein. Eine sorgfältig durchgeführte Stichprobenerhebung liefert zudem genauere Resultate als eine riesige Vollerhebung, bei der viele Personen mitarbeiten und die Koordination, Schulung und Qualitätskontrolle zum Problem wird. Eine Vollerhebung ist eigentlich nur sinnvoll, wenn eine vollständige Beschreibung aller Einheiten unverzichtbar ist oder wenn kein Verzeichnis der Einheiten existiert, das für die Stichprobenziehung benötigt wird. Es ist zum Beispiel fraglich, ob die flächendeckende Leistungserfassung in der Pflege und in andern Gesundheitsberufen wirklich nötig ist oder ob nicht eine gute Stichprobenerhebung genauere Resultate liefern würde.

Erhebungen haben zwei verschiedene Zielsetzungen:

- Eine wichtige Grösse der Zielpopulation soll geschätzt werden, z. B. die Anzahl Stürze oder die durchschnittliche Aufenthaltsdauer eines Patienten oder einer Patientin in den Akutspitälern einer Region.
- Ein ganzer Fragenkomplex wird untersucht, Zusammenhänge zwischen verschiedenen Variablen sind von Interesse, z. B. eine Befragung zur Patientenzufriedenheit oder eine Personalumfrage zum Erleben von Aggression im Spital.

5.1.1 Ablauf

Die folgenden Phasen sind bei der Planung und Durchführung einer Erhebung wichtig:

1. Problemstellung und Forschungsziele festlegen,
2. Budget-, Personal- und Zeitplanung,
3. Zielpopulation und Stichprobenrahmen definieren,
4. Stichprobenplan aufstellen,
5. In Umfragen Befragungsmethode wählen: persönliches Interview, Telephoninterview, schriftliche Befragung per Post oder Internet,
6. Operationalisierung der Fragestellung, Konstruktion des Fragebogens, Definition der Variablen,
7. Datenerfassung organisieren, Interviewerschulung,
8. Pretests und Pilot, Validierung der Instrumente,
9. Haupterhebung durchführen, Datenkontrolle,
10. Auswertung,
11. Interpretation.

Die Qualität von Erhebungen hängt in erster Linie vom Stichprobenplan ab. Bei Umfragen spielt zudem die Qualität des Fragebogens eine zentrale Rolle.

5.2 Stichprobenplan

Der *Stichprobenplan* legt die Art der Randomisierung fest, nach der eine Stichprobe gezogen werden soll.

Bei einer *einfachen Zufallsstichprobe* der Grösse n werden n Einheiten so ausgewählt, dass jede Menge von n Einheiten die gleiche Chance hat, die gewählte Stichprobe zu sein. Zuerst braucht man eine Liste aller Einheiten der Population und teilt den Einheiten Nummern von 1 bis N zu. Dann erzeugt man mit dem Computer n Zufallszahlen zwischen 1 und N. Die Einheiten, die diesen n Zahlen entsprechen, bilden die Stichprobe. Bei der einfachen Zufallsstichprobe hat jede Einheit die gleiche Wahrscheinlichkeit, gewählt zu werden.

Bei andern Stichprobenplänen sind diese Wahrscheinlichkeiten nicht mehr gleich gross. Angenommen, aus einer Population mit 5000 Einheiten soll eine Stichprobe der Grösse 250 gezogen werden. Wir erzeugen eine Zufallszahl z zwischen 1 und 20 ($20 = 5000/250$). In die Stichprobe kommen die Zufallszahl z und jede 20te Einheit, die darauf folgt. Die Stichprobe besteht also aus $z, z+20, z+40, \ldots, z+249 \cdot 20$. Auch hier hat jede Einheit die gleiche Chance, gezogen zu werden, aber nicht jede Menge von n Einheiten hat die gleiche Wahrscheinlichkeit ausgewählt zu werden, weil die Abstände zwischen gezogenen Einheiten vorgegeben sind. Eine solche Stichprobe heisst *systematische Stichprobe*. Das ist einfacher auszuführen als eine einfache Stichprobe, weil nur eine Zufallszahl nötig ist. Eine systematische Stichprobe kann gezogen werden, wenn die Grösse der Population nicht bekannt ist oder wenn keine vollständige Liste aller Einheiten vorhanden ist. In einem Einkaufszentrum 50 Leute für eine Befragung mit einer einfachen Zufallsstichprobe aus der Population auszuwählen, ist nicht möglich. Dazu müsste man warten, bis alle Personen vorbeigekommen sind. Hingegen kann man problemlos jede zwanzigste Person befragen, bis genügend Interviews beisammen sind. Systematische Stichproben kommen auch vor, wenn es wichtig ist, dass Einheiten gleichmässig über die ganze Population verteilt gezogen werden. Wenn in einer Qualitätskontrolle in der zu überprüfenden Produktion zuerst alles in Ordnung ist und erst später ein Defekt auftritt und eine Serie Ausschuss hergestellt wird, entdeckt man das mit einer systematischen Stichprobe eher als mit einer einfachen Stichprobe.

Für eine *stratifizierte* oder *geschichtete Zufallsstichprobe* wird die Zielpopulation zuerst in Untergruppen, sogenannte Schichten (Strata), unterteilt, und dann wird aus jeder Schicht eine einfache Zufallsstichprobe gezogen. Die meisten gesamtschweizerischen Umfragen und Erhebungen werden nach Regionen oder Kantonen geschichtet. Die Stichprobengrössen pro Schicht können frei gewählt werden. Sie können z. B. proportional zur Schichtgrösse oder konstant oder eine Kombination von beidem sein. So kann man eine minimale Stichprobengrösse festlegen, damit auch aus kleinen Kantonen eine genügend grosse Anzahl von Einheiten ausgewählt wird, und bei den grösseren Kantonen den Stichprobenumfang proportional zur Grösse des Kantons wählen. So erhält man auch für die kleinen Kantone genügend genaue Aussagen. Für eine nationale Aussage muss man dann natürlich die verhältnismässig übervertretenen, kleinen Kantone heruntergewichten. Falls die Einheiten innerhalb einer Schicht ähnlich sind, gewinnt man präziserere Informationen als mit einer einfachen Stichprobe gleichen Umfangs. Im Prinzip funktionieren die Strata wie Blocks in experimentellen Designs (siehe Kapitel 4).

Meinungsforschungsinstitute machen oft *Quoten-Stichproben*. Den InterviewerInnen wird z. B. vorgegeben, wieviele Frauen und Männer jeder Altersgruppe zu befragen sind. Es werden also auch Schichten definiert. Die konkrete Auswahl wird dann aber den BefragerInnen und nicht dem Zufall überlassen. Da die BefragerInnen dazu neigen, innerhalb der vorgegebenen Strata jeweils die freundlichen, hilfsbereiten Menschen auszuwählen, kann so leicht ein *Selektions-Bias* (ein systematischer Fehler durch die Auswahl der Einheiten) eingeführt werden und die Stichprobe ist nicht mehr repräsentativ. Quoten-Stichproben können immer nur einen Ausgleich schaffen über ein paar wenige, bekannte Faktoren, wo hingegen eine zufällige Auswahl auch ein Gleichgewicht bezüglich unbekannter Faktoren herstellt.

Für eine *Klumpenstichprobe* bildet man Gruppen oder Klumpen (clusters), wählt zufällig eine gewisse Anzahl dieser Klumpen aus und untersucht dann alle Einheiten der ausgewählten Klumpen. In einem mehrstufigen Auswahlverfahren unterteilt man die auf der ersten Stufe ausgewählten Klumpen nochmals, wählt von diesen Untergruppen einige zufällig, unterteilt wieder, bis man auf einer Stufe angelangt ist, wo alle Einheiten der ausgewählten Unterklumpen untersucht werden. Dieses Vorgehen hat vor allem ökonomische Vorteile. So können z. B. mehrere Interviews im gleichen Quartier durchgeführt werden. Auch braucht es keine Liste aller Einheiten, sondern nur eine Liste aller Klumpen und Listen der Einheiten in den ausgewählten Klumpen. In Unterrichtsevaluationen bilden Klassen Klumpen, in gesundheitswissenschaftlichen Studien werden Spitäler oder Abteilungen als Klumpen ausgewählt, in der Landwirtschaft werden Bäume mit allen Früchten untersucht. Eine Klumpenstichprobe liefert weniger Information pro Einheit, da Elemente innerhalb eines Klumpens oft hochkorreliert sind. Die Wahl der Klumpengrösse ist daher wichtig. Zu beachten ist auch der Unterschied zu Strata: Strata sollten möglichst homogen und breit gestreut über die ganze Population sein. Klumpen hingegen sollten möglichst heterogen, aber ähnlich zueinander sein.

In *mehrstufigen Stichprobenplänen* erstreckt sich die Stichprobenziehung über mehrere Stufen, wobei die Einheiten auf einer Stufe jeweils aus den vorher ausgewählten Einheiten gezogen werden. Die Auswahl kann auf jeder Stufe anders erfolgen und damit können die Vorteile der bisher besprochenen Stichprobenpläne kombiniert werden. In einer nationalen Umfrage werden nach Region stratifiziert 50 Gemeinden ausgewählt. Aus jeder Gemeinde werden dann 40 Haushalte und pro Haushalt eine Person ausgewählt. Das ergibt eine Stichprobe von 2000 Personen, verteilt über die ganze Schweiz. Da nicht alle Gemeinden gleich viele Haushalte haben und nicht alle Haushalte gleich gross sind, ist das keine Stichprobe mehr, bei der jede Person die gleiche Auswahlwahrscheinlichkeit hat. Singles aus kleinen Gemeinden werden übervertreten sein. Entweder muss man das rechnerisch bei der Auswertung korrigieren oder schon beim Auswahlverfahren unterschiedliche Ziehungswahrscheinlichkeiten festlegen.

5.3 Umfragen

5.3.1 Undercoverage, Nonresponse

Wenn eine Stichprobe von Personen gezogen werden soll, tauchen ein paar spezielle Probleme auf. Von der Zielpopulation sollte eine Liste aller dazugehörenden Personen verfügbar sein, der sogenannte *Stichprobenrahmen*. Stützt man sich auf ein Adressverzeichnis aller Haushalte ab, so verpasst man Personen, die in Institutionen leben. Bei Patientenerhebungen werden in der Regel nur Personen befragt, die eine der hauptsächlich vorkommenden Sprachen sprechen und verstehen, und die in bestimmten Institutionen behandelt worden sind oder in Adressverzeichnissen von Unterstützungsorganisationen auftauchen. Falls sich die nicht erfassten Leute bezüglich der Fragestellung von den erfassten Leuten unterscheiden, dann ist die Stichprobe nicht mehr repräsentativ für die eigentliche Zielpopulation. Man spricht in diesem Fall von *Undercoverage*.

Ein zweites Problem ist *Nonresponse*. Fehlende Antworten ergeben sich, wenn Personen nicht erreicht werden können, die Antwort verweigern, keine Zeit haben oder sonst unfähig sind mitzumachen. Nonresponse kann ebenfalls zu systematischen Fehlern führen, wenn sich Antwortende und Nichtantwortende unterscheiden in einer Art und Weise, die für die Fragestellung relevant ist. Im ersten Anlauf einer Umfrage liegen die Antwortraten häufig um 10 % bis 20 %, was natürlich die Repräsentativität stark in Frage stellt. Mehrere Kontaktversuche oder ein Erinnerungsschreiben mit einem Zweitversand des Fragebogens sind fast immer nötig. Da die Nichtantwortenden aber nicht zur Teilnahme gezwungen werden können, sollte man versuchen, so viel Information wie möglich über sie zusammenzutragen. Dann kann das Ausmass des *Nonresponse-Bias* (systematischer Fehler durch Antwortausfälle) besser abgeschätzt werden. Die Meinungen darüber, was eine ausreichende Antwortrate ist, gehen weit auseinander. Wo Meinungs- und Marktforschungsinstitute manchmal schon bei 20 % Antwortenden von einer erfolgreichen und repräsentativen Befragung sprechen, fordern Dillman et al. (2008) als realistisches Ziel eine Antwortrate von 80 %. Das erreichbare und zu fordernde Niveau ist immer vom Kontext abhängig. 20 % TeilnehmerInnen bei einer Mitarbeitendenbefragung ist völlig ungenügend. Bei einer Befragung zu einem Thema, das manche Leute nicht absolut brennend interessiert, kann man kaum mehr als 50 % Antwortende erwarten.

5.3.2 Befragungsmethode

Persönliche Interviews ergeben in der Regel eine höhere Anwortrate als schriftliche Befragungen. Zudem können Fragen und Antworten, wenn nötig, präzisiert werden. Es werden auch weniger einzelne Fragen ausgelassen. Dafür sind persönliche Interviews teurer und der/die InterviewerIn kann die Antwortenden bewusst oder unbewusst beeinflussen (*Interviewer-Bias*). Je nach Geschlecht, äusserer Erscheinung, Alter usw. des Befragenden werden andere Antworten gegeben. Die InterviewerInnen müssen deshalb sorgfältig geschult werden, damit diese systematischen Fehler so gering wie möglich ausfallen.

Telefoninterviews erlauben schnelle Umfragen. Sie erreichen aber nicht alle Personen und funktionieren nur mit relativ einfachen Fragen. CATI-Technik (Computer Assisted Telephone Interviewing) in einem Telefonstudio bietet die Möglichkeit für Filterfragen und Sprünge im Fragenablauf. Je nach Antwort kommen andere Folgefragen zum Zug oder Varianten von Frageblöcken werden zufällig ausgewählt. Ähnliche Computerunterstützung gibt es auch bei persönlichen Interviews (CAPI, Computer Assisted Personal Interviewing).

Schriftliche und Online-Befragungen wirken anonymer als persönliche oder telefonische Befragungen. Heikle Fragen werden eher beantwortet. Es kann aber nicht kontrolliert werden, wer den Fragebogen ausfüllt. Die Gründe für eine Nichtteilnahme sind schwerer feststellbar.

Online-Umfragen sind kostengünstig, da die Datenerfassung von den Befragten selbst übernommen wird. Online-Umfragen wirken aber oft weniger sorgfältig vorbereitet und weniger wichtig als schriftliche Fragebogen, die per Post oder Email verschickt werden. Die Anfrage, auf einen Link zu klicken und an einer Umfrage teilzunehmen, landet deshalb oft sehr schnell im „Papierkorb“.

5.3.3 Fragebogen

Freie Interviews bieten eine hohe Flexibilität, lassen sich aber schlecht vergleichen. Für eine Standardisierung sind strukturierte Fragebogen nötig. Wenn alle Frage- und Antwortformulierungen vorgegeben sind, liegt ein vollstandardisierter Fragebogen vor. Meist benutzt man eine Kombination von offenen Fragen mit freier Antwortmöglichkeit und geschlossenen Fragen, bei denen die Antwortkategorien festgelegt sind. Offene Fragen sind anspruchsvoller und werden häufiger ausgelassen als geschlossene Fragen. Dafür kann man mit ihnen Neuland betreten. Bei geschlossenen Fragen müssen alle wesentlichen Antwortmöglichkeiten bekannt sein.

Die Fragen sollten das Forschungsthema vollumfänglich abdecken, kein wesentlicher Aspekt sollte vergessen werden. Ein Fragebogen darf aber nicht zu lang werden, sonst sind die Befragten überfordert und/oder gelangweilt. Ein zu kurzer Fragebogen kann hingegen als zu unbedeutend eingestuft werden.

Wichtig ist die erste Frage. Sie soll Interesse für das Umfragethema wecken und Vertrauen schaffen, aber doch harmlos sein. Die Befragten brauchen eine Aufwärmphase und können in der Regel nicht direkt die zentralen Fragen beantworten. Die Fachwelt ist sich uneins darüber, ob die Fragen zur Person zu Beginn oder am Ende gestellt werden sollen. Das eine wirkt wie ein Polizeiverhör, das andere eventuell zu unverbindlich.

Systematische Fehler in der Beantwortung der Fragen (*Response-Bias*) entstehen aus einer ganzen Reihe von Gründen und können nur mit viel Fachwissen und Sorgfalt einigermassen, aber kaum je vollständig, verhindert werden. Die wichtigsten Fehlerquellen werden im Folgenden diskutiert.

Verhaltensfragen fragen meist nach einer Häufigkeit, Dauer oder dem Eintreten von Ereignissen. Wenn man nach der Häufigkeit fragt, stellt sich das Problem der Länge des Zeitraums, der einbezogen werden soll. „Wieviele Aggressionsereignisse haben Sie in der letzten Woche erlebt?“ oder „Wieviele Aggressionsereignisse haben Sie im letzten Jahr erlebt?“ Die erste Version liefert eine genauere Schätzung für das gesamte Vorkommen von Aggression, weil sich die Befragten besser erinnern können. Die zweite Version liefert eine bessere Einschätzung der Situation der befragten Person, weil eine längere Zeitperiode berücksichtigt wird. Bei einer Prävalenzerhebung fragt man also eher die erste Frage, in einer Befragung zu Ursachen und Gründen für Gewalt ist die zweite Version vorzuziehen. Nebenbei bemerkt, muss für die obige Frage natürlich zuerst definiert werden, was unter einem Aggressionsereignis zu verstehen ist. Aber auch der Zeitraum „letzte Woche“ ist nicht eindeutig festgelegt. Ist die letzte Kalenderwoche gemeint oder die letzten 7 Tage oder die letzten 5 Arbeitstage?

Das Erinnerungsvermögen hängt vom Thema und vom Kontext ab, in dem gefragt wird. Je unwichtiger die Frage, desto kürzer ist die erinnerte Zeitspanne. Im Bereich Ess- und Trinkverhalten ist die erinnerte Zeitspanne maximal 24 Stunden. Befragt man Personen zu ihrem Verhalten über einen Zeitraum von ein bis zwei Wochen, so tendieren sie dazu, ihr typisches Verhaltensmuster zu rapportieren und machen keinen Versuch, sich effektiv zu erinnern. Eindrücklichere Erlebnisse wie Arztbesuche oder Absenzen von der Arbeit kann man über zwei Wochen erfragen und noch extremere Erlebnisse wie Spitalaufenthalte oder Wohnungseinbrüche für die letzten 6 Monate.

Für Einstellungen werden häufig „Stimme zu“/„stimme nicht zu“-Fragen gestellt. Diese haben mehrere Nachteile. Sie liefern wenig Information, die Antwort „stimme nicht zu“ hat eventuell mehrere Bedeutungen und viele Personen haben die Tendenz, lieber zuzustimmen. Etwas besser sind Ratingfragen mit mehrstufigen Antwortskalen, z. B. mit den Kategorien

„stimme gar nicht zu", „stimme eher zu", „teils-teils", „stimme zu", „stimme sehr zu".

Statt einer Aussage mit einer „Stimme zu"/„stimme nicht zu"-Frage kann auch eine Einstufung auf einer Dimension (sehr unfreundlich - sehr freundlich, langsam - schnell, nie - immer, schwer verständlich - leicht verständlich) erfragt werden. Das funktioniert z. B. gut bei Fragen wie „Wie freundlich sind die PhysiotherapeutInnen?", „Wie stark interessieren Sie sich für Berufspolitik?"oder „Finden Sie Ihr Körpergewicht zu hoch, gerade richtig oder zu tief?"

Wieviele Antwortkategorien optimal sind, hängt vom Typ der Befragung und vom Thema ab. In schriftlichen und persönlichen Umfragen sind vier bis sieben Kategorien meist angemessen, in Telefoninterviews eher nur drei bis vier, weil die Personen nicht zu viele Antwortmöglichkeiten memorieren können. Dann spielt auch eine Rolle, ob eine numerische Antwortskala (z. B. 1–10) gewählt wird oder die Kategorien mit passenden Adjektiven bezeichnet werden. Der Mittelpunkt ist oft unklar definiert. Bei einer Antwortskala von 0 bis 10 (0 = sehr negativ bis 10 = sehr positiv) kann der Mittelpunkt 5 heissen: absolut neutral, Wechsel von negativ zu positiv oder mittleres Ausmass von Positivität. In diesbezüglichen Studien ergibt das Rating (z. B. eines Films) mit einer Skala von –5 bis +5 im Durchschnitt höhere Werte als das Rating mit einer Skala von 0 bis 10. Der Vorteil von Skalen mit Adjektiven ist, dass alle Punkte definiert sind, nachteilig wirkt sich aus, dass mehr als fünf sinnvolle Adjektive schwer zu finden sind. Ob eine gerade oder ungerade Anzahl Kategorien gewählt werden soll, hängt davon ab, ob den Befragten eine mittlere Position zugestanden werden soll oder ob sie gezwungen werden sollen, sich für eine Seite zu entscheiden.

Einstellungsfragen mit Ratingskalen liefern Ordinaldaten. Die Personen verstehen wahrscheinlich nicht alle dasselbe unter „gut". Das ist aber nicht so schlimm. Hauptsache ist, dass diejenigen, die mit „gut" geantwortet haben, im Durchschnitt höher einzustufen sind als diejenigen, die mit „mittel" geantwortet haben. Die Bedeutung der Kategorien ist relativ. Wenn „gut - mittel - schlecht" angeboten wird, gibt es wahrscheinlich mehr „mittel", als wenn die Möglichkeiten „hervorragend - sehr gut - gut - mittel - schlecht" sind. Absolute Aussagen über eine Population, im Sinne von „30 % finden es gut oder besser", sind nicht sinnvoll, weil bei einer andern Formulierung ein anderer Prozentsatz herausgekommen wäre. Nur relative Aussagen zum internen Vergleich machen Sinn: der Prozentsatz Zustimmung zur selben Frage bei verschiedenen Untergruppen derselben Stichprobe, der Prozentsatz Zustimmung zur selben Frage bei verschiedenen Stichproben im zeitlichen Verlauf (letztes Jahr, dieses Jahr), Zusammenhänge zwischen verschiedenen Fragen.

Bei einer Multiple-Choice-Frage mit Mehrfachantworten muss immer darauf hingewiesen werden, dass hier mehrere Antworten möglich oder erwünscht sind. „Worüber möchten Sie mehr Informationen? (bitte alles Zutreffende ankreuzen)"

Krankheit allgemein □
Umgang mit Störungen □
Behandlungsmöglichkeiten
  innerhalb der Schulmedizin □
  in der Alternativmedizin □
Beratungsangebote □
neue Erkenntnisse aus der Forschung □

Nicht alle Personen beantworten das gleich gewissenhaft, einige machen ein oder zwei bis drei Kreuzchen, andere sechs. Wenn korrekte Antworten wichtig sind, ist es besser, alle Themenbereiche einzeln mit Ja-Nein-Fragen abzufragen.

Wenn man nach illegalem oder asozialem Verhalten fragt, wird man kaum eine ehrliche Antwort bekommen, und es werden nur sozial erwünschte Antworten gegeben. Manchmal kann durch die Formulierung sozial unerwünschten Verhaltensweisen eine gewisse Selbstverständlichkeit gegeben werden. Statt „Haben Sie Probleme mit Ihrem Partner/Ihrer Partnerin wegen der Belastung durch das Studium? Wenn ja, welche?" fragt man besser „Welche Probleme ergeben sich wegen Ihres Studiums mit Ihrem Partner/Ihrer Partnerin?" Die letzte Frage beinhaltet eine Unterstellung, die hier bewusst eingesetzt ist. In andern Fällen kann das, wenn unwidersprochen, zu falschen Antworten führen. Bei der Frage „Welcher Teil des Studiums stört Sie am meisten?" wird vielleicht krampfhaft nach etwas Negativem gesucht, obschon eigentlich gar nichts stört.

Eine Frage kann mehr oder weniger direkt gestellt werden. „Wie alt sind Sie?" oder „Welchen Jahrgang haben Sie?" oder „Wieviele Zähne fehlen Ihnen?" Indirekte Fragen benutzt man bei eher peinlichen Themen wie Einkommen, Sexualität, körperliche Reinlichkeit usw. Es treten dann Formulierungen auf wie „Frau M. sagt,... Was finden Sie dazu?" oder „Kennen Sie Leute, die ... ? Und Sie? " oder „Wie glauben Sie, verhält sich Herr Y., wenn ... " oder „Viele haben in letzter Zeit ... Und Sie?" Das Problem ist, dass die Antworten auf indirekte Fragen nicht leicht zu interpretieren sind. Drücken sie die eigene Meinung, die Mehrheitsmeinung oder die sozial erwünschte Meinung aus?

Die Antworten hängen stark davon ab, welche Auswahlmöglichkeiten angeboten werden. Auf die Frage nach einer gesetzlichen Regelung des Schwangerschaftsabbruchs ergibt sich ein unterschiedlicher Anteil von BefürworterInnen der Fristenlösung, je nachdem, ob die totale Freigabe als Antwort zugelassen wird oder nicht. Extreme Kategorien werden allgemein gemieden. Auch die Reihenfolge der Kategorien hat einen Einfluss. Die erste und die letzte Kategorie werden häufiger gewählt.

5.3.4 Checkliste

Verständliche, eindeutige Wortwahl: Der Inhalt einer Frage muss klar definiert sein. Um die Frage „Sind Sie arbeitslos?" stellen zu können, muss zuerst geklärt werden, was unter Arbeitslosigkeit zu verstehen ist. Wenn in persönlichen Interviews Definitionen gegeben werden, dann immer allen Befragten und nicht nur den zögernden. Meist schreiben ExpertInnen die Fragen. Sie kennen sich im Thema sehr gut aus und sind generell höher gebildet. Ihr Schreibstil ist daher schnell zu kompliziert für normale Personen. Manchmal sind die Leute zu denkfaul, um über eine Antwort nachzudenken, oder einfach unwillig zu antworten. Wenn in diesem Fall die Antwortmöglichkeit „weiss nicht" angeboten wird, kreuzen diese Leute diese Option vorschnell an. Andererseits sind bei gewissen Fragen vielleicht wirklich Vorkenntnisse nötig, und manche Leute outen sich ungern als Unwissende. In diesem Fall sollte eine neutrale Filterfrage vorgeschaltet werden, um die Vertrautheit mit dem Thema abzuklären. Diesen Trick kann man aber nicht allzu oft anwenden, sonst wird der Fragebogen unverhältnismässig lang.

Neutrale Wortwahl: Die meisten Personen stimmen lieber zu, als dass sie etwas ablehnen. Die Frage „Haben Sie eine Schulung im Umgang mit potentiell gewalttätigen Personen erhalten?" mit der Antwort „ja"/„nein" ist neutraler als „Ich habe eine Schulung im Umgang mit potentiell gewalttätigen Personen erhalten" mit der Antwort "stimmt"/„stimmt nicht". Aber die Antwort „ja" ist ebenfalls beliebter als „nein". Man kann die Tendenz, „ja" zu sagen, durchbrechen mit umgekehrten Fragen. Statt „Sind Sie an ethischen Fragen interessiert?" fragt man „Sind Sie an ethischen Fragen uninteressiert?" Die Umkehrung ist aber schwieriger zu verstehen und kann zu Fehlern führen. Löst ein „ja" regelmässig eine grosse Zahl von Folgefragen aus, so lernen die Befragten rasch, dies zu vermeiden.

Disjunkte, erschöpfende Antwortkategorien: Bei geschlossenen Fragen müssen alle Antwortmöglichkeiten eindeutig, d. h. nicht überlappend, angeboten werden. Das heisst, beim Zivilstand dürfen die Kategorien „in eingetragener Partnerschaft" und „aufgelöste Partnerschaft" nicht fehlen und beim Alter sind die Kategorien „bis 20", „20–39", „40–69" und „über 70" weder eindeutig noch decken sie den ganzen Bereich ab.

Keine Fragen über Ursache-Wirkung: Die Frage „Sind Sie arbeitslos wegen fehlender Qualifikationen?" ist zu komplex. Personen sollten nur über ihre eigenen Erfahrungen und

Einstellungen befragt werden. Schlussfolgerungen sollen die ForscherInnen machen.

Eindimensionale Fragen: Die Verneinung einer Ja-Nein-Frage darf nur aus einem Grund erfolgen. „Gesundheitsvorsorge ist Sache des Staates, nicht des Bürgers und der Bürgerin?" ist mehrdimensional.

Keine doppelte (oder dreifache) Verneinung: „Sind Sie gegen die Aufhebung des Stopps für Arztpraxisbewilligungen?" erfordert vom Befragten eine gewaltige intellektuelle Anstrengung.

Kenntnis der Fakten: Die befragte Person muss die richtige Antwort kennen. Wenn zum Beispiel eine Person zum Verhalten aller Teammitglieder befragt wird, ist das eine mögliche Fehlerquelle.

Erinnerungsvermögen: Die abgedeckte Zeitperiode soll möglichst kurz sein, in der Regel weniger als 6 Monate. Das Erinnerungsvermögen kann gestärkt werden, indem mehrere Fragen zum selben Thema gestellt werden oder nach Schlüsselereignissen gefragt wird.

Soziale Erwünschtheit: Fragen sollten gerne beantwortet werden. Suggestivfragen sind eher zu vermeiden. Eine neutrale Formulierung ohne stark bewertete Begriffe wie Freiheit, Gerechtigkeit usw. liefert zutreffendere Antworten. Allenfalls ist Anonymität oder Vertraulichkeit zuzusichern. „Stimme zu"/„stimme nicht zu"-Fragen sind schlechter als Fragen, die die verschiedenen Varianten gleichberechtigt vorlegen.

Länge einer Frage: Eine Frage soll möglichst kurz sein, wenn dadurch die Verständlichkeit erhöht wird. Manchmal liefern aber länger formulierte Fragen (ohne Zusatzinformation, nur mit Füllwörtern) bessere Antworten, weil sie Zeit zum Überlegen geben, die Wichtigkeit unterstreichen.

Aufbau einer Frage: Zuerst den Inhalt einer Frage präsentieren und erst dann die Antwortkategorien und nicht umgekehrt. Sonst hat die Person die möglichen Antworten wieder vergessen.

Ein neu konstruierter Fragebogen muss unbedingt in einer Pilotstudie getestet werden.

5.4 Datenerfassung

Bei Online-Umfragen werden die Eingaben in den Formularfeldern an eine angehängte Datenbank auf dem WWW-Server geschickt. Die Dateneingabe erfolgt also direkt durch die befragte Person. Bei CATI- oder CAPI-Interviews werden die Angaben während des Interviews eingegeben. Voraussetzung dazu ist eine geeignete Eingabemaske.

Ausgefüllte Papierfragebögen können entweder mit einem Scanner erfasst werden oder die Daten müssen von Hand eingegeben werden. Das Einlesen per Scanner erfordert gewisse Anpassungen beim Fragebogen-Layout und bei den Antwortvorgaben. Freier Text, und sei es auch nur eine einzelne Zahl, ist schlecht lesbar und muss bei der Nachkontrolle sorgfältig überprüft werden. Die Programmierung des Scanners ist auch nicht ganz billig, das lohnt sich im Vergleich zur manuellen Eingabe erst ab einem Stichprobenumfang über 1000.

Bei der manuellen Eingabe ist ein gutes Eingabeprogramm wichtig. Folgende Möglichkeiten stehen zur Verfügung:

- In Microsoft Excel oder direkt in ein Spreadsheet von z. B. SPSS eingeben. Das ist nur für Minidatensätze (nicht mehr als eine Bildschirmseite) geeignet, da es viel zu fehleranfällig ist.
- Mit Microsoft Word können (auch elektronische) Formulare geschrieben werden, die online oder von Hand ausgefüllt werden können. Die Dateneingabe muss dann aber ab ausgefülltem Fragebogen separat gemacht werden.
- Microsoft Access zum Schreiben von Formularen und als (relationale) Datenbank. Ist

allerdings teuer und recht kompliziert.

- EpiData ist eine frei erhältliche Weiterentwicklung von EpiInfo, einem Freeware-Programm von CDC und WHO (Genf) für die Datenerfassung und Auswertung von epidemiologischen Studien. Mit Epidata kann eine Eingabemaske erstellt werden, die die Datenerfassung enorm erleichtert. Falsche Eingaben können durch ein geeignetes Checkingprogramm verhindert und zwei unabhängige Erfassungen auf Differenzen überprüft werden. Die Daten können problemlos ins SPSS oder andere gängige Statistikprogramme importiert werden. Die neueste Version ist unter www.epidata.dk erhältlich.
- Kommerzielle Spezialprogramme sind meist teuer, bieten aber oft eine Gesamtlösung (Datenerfassung, Eingangskontrolle, Verwaltung, Einsatzplanung usw.).

Zur Datenkontrolle werden ca. 10 % aller Fragebögen überprüft oder alle Daten zweimal unabhängig voneinander eingegeben. Mit Plausibilitätstests während oder nach der Eingabe wird die Richtigkeit der Angaben überprüft.

5.4.1 Codierung

Bei geschlossenen Fragen werden den möglichen Antwortkategorien Zahlen zugeordnet. Für fehlende Werte wird je nach Situation eine oder mehrere Zahlen reserviert, z. B. 7 = „trifft auf mich nicht zu“, 8 = „weiss nicht“, 9 = „keine Antwort“. Für gewisse Themenbereiche, wie z. B. Berufsgruppen oder Sozialschichten, gibt es Standardkategorisierungen, bzw. Standardcodes (siehe z. B. Bundesamt für Statistik). Bei offenen Fragen müssen die Antworten zuerst kategorisiert werden. Das Klassifikationsschema wird anhand der ersten Interviews entwickelt und mit den nächsten 10 bis 20 Fragebögen überprüft und gegebenenfalls revidiert. Jeder Fragebogen muss eine Identifikationsnummer als Schlüssel haben. Das File mit den Identifikationsnummern und den Personenangaben sollte separat abgelegt und sobald als möglich vernichtet werden, um die Vertraulichkeit zu garantieren. Die Angaben zu den Variablen, inkl. abgeleitete Variablen, werden in einem Codebuch festgehalten:

Variable	Quelle	Bedeutung	Code
id	Fb1	Identifikation	1–120
sex	Fb1	Geschlecht	1=weiblich 2=männlich 9=keine Antwort
kind	Fb2	Anzahl Kinder	0–9
gr	Fb3	Körpergrösse in cm	150-200

5.5 Weiterführende Literatur

Neben dem bereits erwähnten Buch von Dillman et al. (2008) bietet Fink (2002) in zehn kleinen Handbüchern wichtige Tipps von der Fragenformulierung über Stichprobenpläne bis hin zur Publikation der Ergebnisse aus Umfragen. Kirchhoff et al. (2010) zeigen anhand eines konkreten Beispiels die einzelnen Schritte einer Umfrage von der Planung bis zur Auswertung und Berichterstattung. Ein exzellenter Klassiker zur Fragebogenkonstruktion ist Oppenheim (2000). Das neu aufgelegte Buch aus dem Jahr 1992, basierend auf der Erstauflage von 1966, enthält viele Ergebnisse aus Experimenten mit verschiedenen Frageformulierungen. Lohr (2009) behandelt detailliert die verschiedenen Stichprobenpläne mit der dazu passenden Analyse. Dieses Buch ist aber relativ technisch und setzt ziemlich viel Statistikkenntnisse voraus.

5.6 Kontrollfragen und Aufgaben

1. In der Spitexstudie wurden während einer Woche anhand einer Checkliste bei allen besuchten KlientInnen Daten zu Diagnosen, Pflegeaufwand und weitere personenbezogenen Angaben erhoben. Was sind Einheit, Population und Stichprobenrahmen? Was für ein Stichprobenplan liegt vor? Gibt es Kritikpunkte oder Verbesserungsvorschläge?
2. In der Schweizerischen Gesundheitsbefragung von 2002 wurden rund 31 000 Privathaushalte mit (registriertem) Telefonanschluss zufällig ausgewählt und pro Haushalt eine Person von mindestens 15 Jahren zufällig für die Befragung ausgewählt. Aus jedem Kanton wurde eine genügend grosse Stichprobe gezogen, um Aussagen auf kantonaler Ebene machen zu können. Was sind Einheit, Population und Stichprobenrahmen? Was für ein Stichprobenplan liegt vor? Gibt es Kritikpunkte oder Verbesserungsvorschläge?
3. Um die Ernährungssituation von älteren Personen in den Alters- und Pflegeheimen einer Region zu untersuchen, wurde ein Fragebogen an alle Leitungen der 184 registrierten Heime im Staat geschickt. 43 Fragebögen kamen innerhalb der angegebenen Frist ausgefüllt zurück und lieferten Angaben zu den im letzten Monat gekochten Menüs.
   a) Was sind Zielpopulation, Stichprobenrahmen und Erhebungseinheit?
   b) Um was für einen Stichprobenplan handelt es sich?
   c) Beschreiben Sie die möglichen Fehlerquellen. Geben Sie den entsprechenden Fachausdruck und dessen konkrete Bedeutung in dieser Aufgabe an.
   d) Was meinen Sie zur Antwortrate? Wie könnte die Antwortrate angehoben werden?
4. Der nachfolgende Fragebogen(teil) wurde für eine Hochschulbibliothek entwickelt, um etwas über die Benutzer und Benutzerinnen herauszufinden. Welche Probleme gibt es in diesem Fragebogenentwurf? Beschreiben Sie allfällige Fehler und geben Sie Verbesserungsvorschläge.

Aufgabe 4: Fragebogen der Hochschulbibliothek

1. Wie oft benutzen Sie die Dienstleistungen der Bibliothek?

____

2. Wie viele Bücher oder sonstige Publikationen haben Sie aus der Bibliothek ausgeliehen?

☐ 0 ☐ 1–5 ☐ 5–10 ☐ 10–15 ☐ 20–50

3. Was war der Grund für Ihren letzten Besuch der Bibliothek?
   □ Buchsuche
   □ Zeitschriftensuche
   □ Information von der Bibliothekarin
   □ Ruhiger Arbeitsplatz

4. Waren Sie mit Ihrem letzten Besuch in der Bibliothek zufrieden?
   □ ja □ nein

5. Wie zufrieden sind Sie mit dem Angebot und der Hilfsbereitschaft des Personals?

1	2	3	4	5
□	□	□	□	□

6. Was gefällt Ihnen nicht an der Bibliothek?
   ____

7. Gibt es Dinge, die den Service der Bibliothek verbessern könnten?
   □ ja □ nein

8. Sind Sie mit den neuesten Reorganisationsvorschlägen der Bibliothekskommission (z. B. Verdoppelung der Mahngebühren) einverstanden?
   □ ja □ nein

9. Kennen Sie die Reorganisationspläne?
   □ ja □ nein

10. Sind Sie dagegen, keine längeren Öffnungszeiten zu haben?
   □ ja □ nein

5.7 Glossar

Bias Systematischer Fehler.

Interviewer Bias Verzerrung durch den (eventuell unbewussten) Einfluss der Person, die die Fragen stellt.

Nonresponse Bias Verzerrte Schlüsse auf die Gesamtpopualtion, weil ein Teil der ausgewählten Personen nicht mitgemacht hat.

Quotenstichprobe Die Elemente werden anhand vorgegebener Quoten ausgewählt. Es handelt sich nicht um eine Zufallsstichprobe.

Response Bias Fehlerhafte Antwort

Selektionsbias Verzerrung durch eine schlechte Auswahl der Elemente für die Stichprobe.

Stichprobenplan Vorgabe, wie eine Stichprobe gezogen werden soll. Wichtigste Typen sind einfache Zufallstichprobe, systematische Stichprobe, stratifizierte Stichprobe und Klumpenstichprobe.

Undercoverage Ein Teil der Population ist durch die Stichprobe nicht abgedeckt.

6. Wahrscheinlichkeitsmodelle

- Was bedeutet ein positives Testergebnis bei einem Krebsabstrich?
- Was ist eine Zufallsvariable?
- Ist die Normalverteilung normal?

6.1 Einführung

Eine Zahl, die aus den Daten einer Stichprobe berechnet wird, heisst *Statistik*. Die wichtigsten Beispiele sind Mittelwerte und Prozentzahlen. Sie beschreiben die Stichprobe und bilden zusammen mit den grafischen Methoden die wichtigsten Werkzeuge der deskriptiven Statistik. Die entsprechende Grösse der Population nennt man *Parameter*. Parameter sind unbekannt, sofern nicht die ganze Population untersucht wird. In der schliessenden Statistik versucht man Aussagen, die für die Stichprobe gelten, auf die Population zu verallgemeinern.

Man benutzt die Kennzahlen aus der Stichprobe, um die unbekannten Parameter zu schätzen. Die *Stichprobenverteilung* beschreibt, wie stark verschiedene Stichproben und die daraus berechneten Statistiken variieren.

Wo bleibt der Aufschwung?

(...) Die jährliche Umfrage des Instituts für Markt- und Meinungsforschung Isopublic im Auftrag der ≪SonntagsZeitung≫ bei 1015 Schweizerinnen und Schweizern ergab Ende des Jahres ein düsteres Bild. Wie das Blatt in seiner jüngsten Ausgabe berichtet, glauben 70 % der Bevölkerung, dass die Arbeitslosigkeit nächstes Jahr weiter steigt. (...) Die persönliche Zukunft hingegen wird eher zuversichtlich beurteilt. (...) 29 % gehen davon aus, dass es ihnen im neuen Jahr besser gehen wird. (...) Frauen sind zuversichtlicher als Männer. In der männlichen Bevölkerung glauben nur 27 % an eine Besserung, in der weiblichen Bevölkerung sind es 30 %.

Rund tausend Personen wurden verschiedene Fragen gestellt. Über den Stichprobenplan und den genauen Wortlaut der Fragen erfährt die Leserin/der Leser nichts. Meistens taucht in entsprechenden Zeitungsmeldungen das magische Wort *repräsentativ* auf, das beweisen soll, dass den Resultaten zu trauen ist. Hier fehlt es vermutlich, weil dieselbe Umfrage Jahr für Jahr durchgeführt wird, und sie schon deshalb vertrauenswürdig genug ist. Die Definition der Zielpopulation ist unklar. Befragt worden sind Schweizerinnen und Schweizer, welche aber kaum für die ganze Bevölkerung des Landes repräsentativ sein können.

Als Ergebnis werden verschiedene Prozentzahlen präsentiert. Diese Zahlen sind Statistiken. Sie geben an, wie gross der Anteil der Personen in der Stichprobe ist, die eine bestimmte

Antwort auf eine Frage gegeben haben. Wenn im Artikel von 70 % der Bevölkerung die Rede ist, dann ist das zumindest salopp formuliert. In der Stichprobe haben 70 % angegeben, dass sie glauben, dass die Arbeitslosigkeit weiter ansteigen wird. Wie gross der tatsächliche Prozentsatz in der Gesamtbevölkerung ist, wissen wir nicht. Die entsprechende Zahl ist ein unbekannter Parameter, geschätzt durch den Anteil in der Stichprobe. Dasselbe gilt für die Frage nach der persönlichen Zukunft. Nebenbei bemerkt, wäre hier der genaue Wortlaut der Frage interessant.

Ob Frauen wirklich zuversichtlicher sind als Männer? Bei den 1015 Befragten war das so, 30 % gegenüber 27 %. Wie kann man sicher sein, dass das für die 8 Millionen EinwohnerInnen der Schweiz genauso gilt? Wären 1015 andere Personen befragt worden, so hätte man kaum exakt den gleichen Prozentsatz an Zuversichtlichen erhalten, aber wieviel anders hätte eine andere Stichprobe sein können? Anders gefragt: Wie genau sind die Schätzungen, basierend auf 1015 Personen? Mit genügend Zeit, Geld und Enthusiasmus könnte man in Folgestudien weitere Stichproben der Grösse 1015 ziehen, die Personen befragen und den Anteil Zuversichtlicher feststellen. Nach etwa 100 zusätzlichen Studien lässt sich die Variabilität der Prozentsätze wahrscheinlich langsam abschätzen. Glücklicherweise ist dieser extreme Aufwand nicht nötig, wenn eine Zufallsstichprobe gezogen worden ist. Eine schnelle Antwort findet man in diesem Fall entweder empirisch mit einer Simulation oder theoretisch mit einem statistischen Modell, das auf der Wahrscheinlichkeitsrechnung basiert.

Noch eine letzte Bemerkung zum obigen Artikel: Warum der Tages-Anzeiger zum Schluss kommt, dass die persönliche Zukunft besser eingeschätzt wird als die allgemeine wirtschaftliche Lage, bleibt ein Rätsel. Aufgrund der vorliegenden Zahlen könnte man genauso gut das Gegenteil postulieren. 71 % der Befragten erwarten nämlich nicht, dass es ihnen besser gehen wird und 30 % glauben nicht, dass die Arbeitslosigkeit weiter ansteigt. Vermutlich ist diese Berechnung aber falsch, weil ein gewisser Prozentsatz jeweils keine Antwort gegeben hat.

6.2 Wahrscheinlichkeitsrechnung

Wenn das Ergebnis eines Versuchs oder einer Beobachtung nicht mit absoluter Sicherheit vorausgesagt werden kann, behilft man sich mit einer Wahrscheinlichkeitsangabe.

Definition 6.2.1 — Elementarereignis. Ein Elementarereignis E ist das Ergebnis einer einzelnen Beobachtung oder eines Experiments.

Beispiele: Ein heute 30-jähriger Mann wird 70 Jahre alt, eine 35-jährige Frau entwickelt in den nächsten 10 Jahren Brustkrebs, eine Person ist zuversichtlich fürs nächste Jahr, einmal würfeln gibt die Augenzahl 1.

Definition 6.2.2 — Ereignis. Ein Ereignis ist eine Menge von Elementarereignissen.

Beispiele: Ein heute 30-jähriger Mann wird zwischen 70 und 80 Jahre alt, ein Würfelwurf ergibt eine Augenzahl grösser als 4.

Ereignisse werden mit Grossbuchstaben A, B, C, usw. bezeichnet.

Definition 6.2.3 — Disjunkte Ereignisse. Zwei Ereignisse heissen disjunkt oder schliessen sich gegenseitig aus, wenn sie keine gemeinsamen Elementarereignisse umfassen.

Einem Ereignis A wird nun eine Wahrscheinlichkeit $P(A)$ zugeordnet. Die Wahrscheinlichkeit soll ausdrücken, mit welcher Sicherheit das Ereignis A eintreten wird. Die Bestimmung der Wahrscheinlichkeit kann auf verschiedene Arten geschehen:

- mit einem Modell oder einer Theorie.
  Beispiel: Das Ereignis „Augenzahl ist 1" beim Würfeln. Die Wahrscheinlichkeit ist $P(\text{„Augenzahl ist 1"}) = 1/6$. Das Modell sagt hier, dass alle Elementarereignisse gleich wahrscheinlich sind. Wahrscheinlichkeiten können dann mit der folgenden Formel berechnet werden:
  $$P(A) = \frac{\text{Anzahl Elementarereignisse in A}}{\text{Anzahl Elementarereignisse total}} = \frac{\text{Anzahl „günstige Fälle"}}{\text{Anzahl „mögliche Fälle"}} \quad (6.1)$$
  Beispiel: $P(\text{„Augenzahl} \geq 5\text{"}) = 2/6$.
- empirisch, auf Daten gestützt.
  Beispiel: $P(\text{„Patientin überlebt Diagnose X mindestens 5 Jahre"}) = 0.2$. Diese Wahrscheinlichkeit wird geschätzt durch den Anteil Überlebender bei früheren PatientInnen.
- subjektive Einschätzung.
  Beispiel: $P(\text{„GAU in einem Atomkraftwerk nächstes Jahr"}) = 1/1\text{Mio}$.

Wir benutzen meist die empirische Definition. Die Wahrscheinlichkeit wird dabei verstanden als *idealisierte relative Häufigkeit*: die relative Häufigkeit, mit der das interessierende Ereignis auftreten würde, wenn unendlich viele Beobachtungen gemacht werden könnten.

Aus dieser Definition folgen direkt ein paar einfache Regeln. Wahrscheinlichkeiten liegen zwischen 0 und 1, oder 0 % und 100 %. Ein unmögliches Ereignis hat die Wahrscheinlichkeit 0, ein sicheres Ereignis hat die Wahrscheinlichkeit 1. Die Wahrscheinlichkeit des Ereignisses A und die Wahrscheinlichkeit des Gegenereignisses A^c („nicht A") sind zusammen 1. In mathematischer Notation:

$$\begin{aligned} 0 \leq P(A) &\leq 1 \\ P(A) + P(A^c) &= 1 \end{aligned} \quad (6.2)$$

6.2.1 Bedingte Wahrscheinlichkeiten

Blutspenden werden mit ELISA-Tests auf HIV-Antikörper getestet. Aber kein Test ist perfekt. Manche HIV-positiven Blutproben werden nicht erkannt, d. h. der Test ergibt ein negatives Resultat. Das sind sogenannte falsch negative Ergebnisse. Umgekehrt kann es passieren, dass eine Probe einer HIV-negativen Person irrtümlicherweise als positiv beurteilt wird, ein sogenannt falsch positives Ergebnis.

In einer riesigen nationalen Studie in den USA ist untersucht worden, wie treffsicher die verwendeten Tests sind (Sloand et al., 1991). Die Zahlen in der folgenden Tabelle sind auf eine Million Proben umgerechnet.

		ELISA		**Total**
		+	−	
HIV	+	4 985	15	5 000
	−	14 925	980 075	995 000
Total		19 910	980 090	1 000 000

Wir betrachten zwei verschiedene Ereignisse: HIV^+=„eine Blutprobe enthält HIV-Antikörper" und E^+=„ELISA ist positiv". Die Gegenereignisse sind dann HIV^-= „eine Blutprobe enthält keine HIV-Antikörper" und E^-= „ELISA ist negativ".

Mit den Zahlen in der obigen Kreuztabelle kann man relative Häufigkeiten für diese Ereignisse ausrechnen und damit die verschiedenen Wahrscheinlichkeiten schätzen. Da die relativen Häufigkeiten auf so vielen Beobachtungen basieren, tun wir im Folgenden so, als ob wir die effektiven Wahrscheinlichkeiten berechnen könnten. Die Wahrscheinlichkeit, dass eine zufällig herausgegriffene Blutspende HIV-Antikörper enthält, ist

$$P(HIV^+) = 5000/1\,000\,000 = 0.005.$$

Das ist die *Prävalenz* von HIV-Erkrankungen in der untersuchten Population.

Die Wahrscheinlichkeit eines positiven Testresultats ist

$$P(E^+) = 19910/1\,000\,000 = 0.01991.$$

Die *Sensitivität* des Tests ist der Anteil der HIV-positiven Blutproben, die der Test als positiv erkennt. Das ist also die Wahrscheinlichkeit, dass eine Blutprobe mit HIV-Antikörpern einen positiven ELISA-Test ergibt. Da das 4985 von

5000 Proben sind, ist die Sensitivität 0.997. Das ist eine *bedingte Wahrscheinlichkeit*, nämlich die Wahrscheinlichkeit eines positiven ELISA-Tests, gegeben, dass das Blut HIV-positiv ist. Allgemein bezeichnet man die bedingte Wahrscheinlichkeit von B, gegeben A, mit $P(B|A)$ (senkrechter Strich, keine Division!). Wir haben also $P(E^+|HIV^+) = 4985/5000 = 0.997$.

Die *Spezifizität* des Tests ist der Anteil der HIV-negativen Blutproben, die der Test als negativ erkennt, also die Wahrscheinlichkeit, dass eine Blutprobe ohne HIV-Antikörper einen negativen ELISA-Test ergibt:

$$P(E^-|HIV^-) = 980\,075/995\,000 = 0.985.$$

Sensitivität und Spezifizität von ELISA-Tests sind verglichen mit andern diagnostischen Tests sehr gut, die Wahrscheinlichkeiten für falsch negative oder falsch positive Resultate sind verschwindend klein. Die entsprechenden Zahlen eines Tests auf Gebärmutterhalskrebs sind zum Beispiel nur 0.84 und 0.81. Die Sensitivität ist bei beiden Tests eine Spur besser als die Spezifizität. Welche Art von Fehler schlimmer ist, eine bestehende Erkrankung nicht zu entdecken oder eine gesunde Person irrtümlicherweise als krank zu diagnostizieren, hängt natürlich von den Folgen der Fehlentscheidung ab. In der Regel wird die Sensitivität höher gewichtet. Aber wenn keine geeignete Behandlung verfügbar ist oder wenn mit einer falschen Diagnose die an sich gesunde Person massiv belastet wird und in eine Maschinerie hineingerät, wo sie nur mit Glück unbeschadet wieder herauskommt, ist eine hohe Spezifizität wichtiger.

Das Testergebnis einer Blutprobe ist gerade aus dem Labor eingetroffen: es ist positiv. Wie gross ist die Wahrscheinlichkeit, dass die Person, von der das Blut stammt, tatsächlich HIV-positiv ist? Die Antwort lautet:

$$P(HIV^+|E^+) = 4985/19\,910 = 0.25.$$

Das ist der *positiv prädiktive Wert* des Tests. Absolut betrachtet ist er ziemlich klein, kein grosser Grund, das Testergebnis wirklich ernstzunehmen. Vergleicht man die 25 % aber mit der Prävalenz, dann hat sich nach dem Test die Wahrscheinlichkeit, dass die Person HIV-positiv ist, um den Faktor 50 erhöht. Der Informationsgehalt des ELISA ist also gross, aber da die Prävalenz so klein ist, befinden sich unter den positiven Testresultaten eine Mehrheit von falsch positiven Ergebnissen, auch bei guter Spezifizität. Der *negativ prädiktive Wert* des Tests ist: $P(HIV^-|E^-) = 980\,075/980\,090 = 0.99998$.

6.2.2 Multiplikations- und Additionssatz, Bayes-Theorem

Die testpositive Blutprobe stammt von einem Gelegenheitsfixer. Es wird geschätzt, dass 60 % der Fixer HIV-positiv sind. Wenn wir von dieser Zahl ausgehen, wie verändert dann das testpositive Resultat die Wahrscheinlichkeit, dass die Person HIV-positiv ist?

Für die Berechnung benötigt man die Multiplikationsregel für gemeinsame Wahrscheinlichkeiten und die Additionsregel für sich gegenseitig ausschliessende Ereignisse. Wir können eine ähnliche Kreuztabelle aufstellen wie vorher, mit Wahrscheinlichkeiten statt Häufigkeiten.

		ELISA		**Total**
		+	−	
HIV	+			0.6
	−			0.4
Total				1

Definition 6.2.4 — Gemeinsame Wahrscheinlichkeit. Die gemeinsame Wahrscheinlichkeit von zwei Ereignissen A und B ist die Wahrscheinlichkeit, dass A und B gleichzeitig eintreten. Schreibweise: $P(A \text{ und } B)$.

In der ELISA-Studie mit der Tabelle auf Seite 75 ist die gemeinsame Wahrscheinlichkeit, dass eine Probe HIV-positiv und testpositiv ist $P(E^+ \text{und } HIV^+) = 4985/1\,000\,000 = 0.004985$. Diese Wahrscheinlichkeit kann auch mit Hilfe der Sensitivität und Prävalenz ausgerechnet werden, denn es gilt:

$$P(E^+ \text{ und } HIV^+) = \frac{4985}{1\,000\,000} = \frac{4985}{5000} \cdot \frac{5000}{1\,000\,000}$$
$$= P(E^+|HIV^+) \cdot P(HIV^+)$$

Das gilt für beliebige Ereignisse A und B und ist Inhalt eines wichtigen Satzes in der Wahrscheinlichkeitsrechnung.

Satz 6.2.1 — Allgemeiner Multiplikationssatz. Für zwei Ereignisse A und B gilt:

$$P(A \text{ und } B) = P(A|B) \cdot P(B) = P(B|A) \cdot P(A) \quad (6.3)$$

Damit können wir die Wahrscheinlichkeit, dass die Probe eines Fixers HIV-positiv und testpositiv ist, ausrechnen:

$$P(E^+ \text{und } HIV^+) = 0.997 \cdot 0.6 = 0.5982.$$

Analog erhalten wir aus $P(HIV^-)$ und der Spezifizität die gemeinsame Wahrscheinlichkeit $P(E^- \text{und } HIV^-)$. Setzen wir diese Ergebnisse in unsere Kreuztabelle ein:

		ELISA +	ELISA −	Total
HIV	+	0.5982		0.6
	−		0.394	0.4
Total				1

Die zwei fehlenden gemeinsamen Wahrscheinlichkeiten erhält man am einfachsten durch Subtraktion von 0.6 und 0.4, wegen

$$P(A) = P(A \text{ und } B) + P(A \text{ und } B^c). \quad (6.4)$$

Die Formel (6.4) ist eine Anwendung des folgenden Satzes.

Satz 6.2.2 — Additionssatz für disjunkte Ereignisse. Für zwei sich gegenseitig ausschliessende Ereignisse E_1 und E_2 gilt:

$$P(E_1 \text{ oder } E_2) = P(E_1) + P(E_2) \quad (6.5)$$

Wenn man sich Wahrscheinlichkeiten als spezielle relative Häufigkeiten vorstellt, leuchtet es sofort ein, dass der Additionssatz für sich gegenseitig ausschliessende Ereignisse richtig ist. Damit können wir die Tabelle fertig ausfüllen:

		ELISA +	ELISA −	Total
HIV	+	0.5982	0.0018	0.6
	−	0.006	0.394	0.4
Total		0.6042	0.3958	1

Den positiven prädiktiven Wert erhält man, wenn man die Formel (6.3) im allgemeinen Multiplikationssatz nach $P(A|B)$ auflöst. Das ergibt für die bedingte Wahrscheinlichkeit:

$$P(A|B) = \frac{P(A \text{ und } B)}{P(B)}, \quad \text{falls } P(B) \neq 0 \quad (6.6)$$

Der positiv prädiktive Wert ist also

$$P(HIV^+|E^+) = \frac{P(E^+ \text{ und } HIV^+)}{P(E^+)} = \frac{0.5982}{0.6042}$$
$$= 0.9901.$$

Dass die Probe des Gelegenheitsfixer tatsächlich HIV-positiv ist, ist also höchstwahrscheinlich. Hier bringt der ELISA-Test grosse Gewissheit und das hängt mit der Ausgangsprävalenz zusammen. Daraus kann man schliessen, dass Ergebnisse aus Screeningtests, ohne dass zusätzliche Risikofaktoren vorliegen, die die apriori angenommene Prävalenz erhöhen, sehr vorsichtig zu interpretieren sind. Das gilt auch dann, wenn die Gütekriterien des Tests wie Sensitivität und Spezifizität hervorragend sind.

Den positiven prädiktiven Wert eines diagnostischen Tests kann man auch direkt berechnen mit dem Bayes-Theorem, ohne mühsam eine Kreuztabelle ausfüllen zu müssen.

Satz 6.2.3 — Bayes-Theorem. Für Ereignisse A und B mit $P(B) \neq 0$ gilt:

$$P(B|A) = \frac{P(A|B) \cdot P(B)}{P(A|B) \cdot P(B) + P(A|B^c) \cdot P(B^c)} \qquad (6.7)$$

Für diagnostische Tests gibt das:

Satz 6.2.4

$$\text{Positiv prädiktiver Wert} = \text{Präv} \cdot \frac{\text{Sens}}{\text{Sens} \cdot \text{Präv} + (1 - \text{Spez}) \cdot (1 - \text{Präv})}$$

Dabei ist Präv=Prävalenz, Sens=Sensitivität und Spez=Spezifizität.

6.2.3 Unabhängigkeit

Es sitzen drei Personen im Wartezimmer einer Hausärztin. Die Wahrscheinlichkeit, dass ein Mensch Blutgruppe 0 hat, ist 0.46. Wie gross ist die Wahrscheinlichkeit, dass alle drei Blutgruppe 0 haben? Wenn die Personen nicht miteinander verwandt sind, dann ist die Wahrscheinlichkeit gleich $0.46 \cdot 0.46 \cdot 0.46 = 0.097$.

Definition 6.2.5 — Unabhängige Ereignisse. Zwei Ereignisse A und B heissen unabhängig voneinander, wenn $P(A|B) = P(A)$.

Das bedeutet, dass die Information über B die Wahrscheinlichkeit für A nicht verändert. Aus dem allgemeinen Multiplikationssatz folgt daraus der

Satz 6.2.5 — Multiplikationssatz für unabhängige Ereignisse. Wenn die Ereignisse A und B unabhängig sind, dann gilt:

$$P(A \text{ und } B) = P(A) \cdot P(B) \qquad (6.8)$$

Die Wahrscheinlichkeit, dass sowohl A als auch B eintritt, ist also gleich dem Produkt der Einzelwahrscheinlichkeiten.

Angenommen, bei den drei Personen im Wartezimmer handelt es sich um ein Elternpaar mit ihrem Kind und wir wissen, dass die Eltern Blutgruppe 0 haben. Dann ist die Wahrscheinlichkeit, dass das Kind Blutgruppe 0 hat, nicht mehr 0.46, sondern 1. Es liegen abhängige Ereignisse vor.

Der Begriff der Unabhängigkeit ist zentral in der Statistik. Fast alle einfachen statistischen Methoden setzen voraus, dass die Beobachtungen oder Messungen unabhängig voneinander sind.

6.2.4 * Sterbetafeln

Sterbetafeln sind vermutlich die ältesten Anwendungen der Wahrscheinlichkeitsrechnung im Gesundheitsbereich. Lebensversicherungen und Pensionskassen basieren ihre Prämien darauf. DemographInnen schätzen damit die zukünftige Altersverteilung einer Bevölkerung. Juristische Gerichte setzen mit ihrer Hilfe finanzielle Entschädigungen bei Invalidität fest. Die folgende, vereinfachte Tabelle 6.1 basiert auf den „Sterbetafeln für die Schweiz 2008/2013“, herausgegeben vom Bundesamt für Statistik. Es handelt sich um die Daten für die Frauen.

Im Prinzip könnte man eine solche Tabelle konstruieren, indem man 100’000 am selben Tag Geborene verfolgt, bis alle gestorben sind, und von jeder Person die exakte Lebenslänge festhält. Allerdings würde es ziemlich lange dauern, bis die Tabelle vollständig wäre und dann wäre sie nur noch von historischem Interesse, da sich die Lebenserwartung im Verlauf von mehr als 100 Jahren natürlich verändert.

Um eine jetzt gültige Sterbetafel zu erhalten, müssen aktuelle Mortalitätsdaten benützt werden, nämlich altersspezifische Mortalitätsraten. Eine solche Rate ist definiert als die Anzahl Todesfälle in einer bestimmten Altersgruppe dividiert durch die Gesamtanzahl Personen desselben Alters. Entsprechend dem Zeitpunkt, an dem diese Gesamtanzahl bestimmt worden ist, braucht es noch eine kleine Korrektur, um zu den gewünschten Proportionen in der 2. Spalte der Sterbetafel (siehe Tabelle 6.1) zu gelangen. In dieser 2. Spalte stehen (geschätzte) bedingte Wahrscheinlichkeiten: die Wahrscheinlichkeit, dass eine Frau, die bis zum Beginn der jeweiligen Zeitperiode überlebt hat, in der nächsten Periode stirbt. Mit den Angaben in der 2. Spalte und den Regeln der Wahrscheinlichkeitsrechnung können nun alle übrigen Spalten und weitere Wahrscheinlichkeiten von Interesse ausgerechnet werden.

Altersgruppe x bis $x+n$	Sterbew'keit ${}_nq_x$	Überlebens-ordnung l_x	Anz. Gestor-bene ${}_nd_x$	Lebens-erwartung e_x
0–1	0.00380	100 000	380	84.47
1–5	0.00053	99 620	53	83.79
5–10	0.00036	99 567	36	78.83
10–15	0.00041	99 531	41	74.86
15–20	0.00079	99 490	79	69.89
20–25	0.00102	99 411	101	64.93
25–30	0.00114	99 310	113	60.00
30–35	0.00161	99 197	160	55.06
35–40	0.00187	99 037	185	50.14
40–45	0.00449	98 852	444	45.25
45–50	0.00661	98 408	650	40.40
50–55	0.01106	97 758	1 081	35.62
55–60	0.01737	96 677	1 679	30.96
60–65	0.02620	94 998	2 489	26.41
65–70	0.04002	92 509	3 702	22.00
70–75	0.06561	88 807	5 827	17.74
75–80	0.11928	82 980	9 898	13.68
80–85	0.23225	73 082	16 893	9.97
85–90	0.43274	56 189	24 315	6.81
90–95	0.67434	31 874	21 494	4.44
95–100	0.84326	10 380	8 753	2.96
100–105	0.93915	1 627	1 528	2.08
≥ 105	1.0000	99	99	1.44

Tabelle 6.1: Sterbetafeln für Frauen, 2008/13

Die Lebenserwartung ist die mittlere Lebensdauer, also die Summe aller erreichten Lebensalter dividiert durch 100 000. Man kann die Lebenserwartung auch berechnen, indem man die Lebensalter mit den entsprechenden Sterbewahrscheinlichkeiten multipliziert und über alle Alter aufaddiert. Wenn nur Angaben für Altersgruppen vorliegen und die einzelnen Jahre fehlen, nimmt man anstelle des Jahres die Intervallmitte. Das ergibt dann eine Näherung an die exakte Lebenserwartung. Oft werden auch Lebenserwartungen für verschiedene Altersgruppen berechnet.

Beispiel 6.1

1. Wie gross ist die Wahrscheinlichkeit, dass eine 40-jährige Frau mindestens 45 Jahre alt wird?
   $1 - 0.00449 = 0.99551$, oder: $\frac{98\,408}{98\,852} = 0.99551$.
2. Wie gross ist die Wahrscheinlichkeit, dass eine Frau 45 Jahre alt wird?
   $(1 - 0.00380)(1 - 0.00053)(1 - 0.00036)(1 - 0.00041)(1 - 0.00079)(1 - 0.00102)(1 - 0.00114)(1 - 0.00161)(1 - 0.00187)(1 - 0.00449) = 0.9841$, oder: $\frac{98\,408}{100\,000} = 0.9841$.
3. Wie gross ist die Wahrscheinlichkeit, dass eine 40-jährige Frau zwischen 50 und 60 sterben wird? $(1 - 0.00449)(1 - 0.00661) \cdot 0.01106 + (1 - 0.00449)(1 - 0.00661)(1 - 0.01106) \cdot 0.01737 = 0.0279$, oder: $\frac{1081+1679}{98\,852} = 0.0279$.

■

6.3 Zufallsvariablen

Eine *Zufallsvariable* ist eine quantitative Variable, deren Wert durch das zufällige Ergebnis eines Experiments oder einer Beobachtung bestimmt wird. Zufallsvariablen werden mit Grossbuchstaben vom Ende des Alphabets X, Y, Z bezeichnet. Beispiele sind: $X =$ Prozentsatz zuversichtlicher Personen in einer Stichprobe, $Y =$ Blutdruckmessung bei einer zufällig ausgewählten Person, $Z =$ Anzahl richtige Antworten auf 10 Fragen.

Zufallsvariablen bilden ein Modell für die beobachteten Grössen, die Daten. Es gibt *diskrete* und *stetige* Zufallsvariablen. Diskrete Zufallsvariablen haben nur eine endliche oder abzählbare Anzahl möglicher Werte, stetige Zufallsvariablen können alle Werte innerhalb eines Intervalls der reellen Zahlen annehmen.

Die *Wahrscheinlichkeitsverteilung* einer Zufallsvariable gibt an, welche Werte die Zufallsvariable mit welcher Wahrscheinlichkeit annimmt.

Was roch Hilde? Milch, Steinklee, Wahrscheinlichkeitsmodelle

6.3.1 Diskrete Zufallsvariablen

Die Wahrscheinlichkeitsverteilung einer diskreten Zufallsvariablen X wird angegeben durch eine Liste der möglichen Werte von X mit den zugehörigen Wahrscheinlichkeiten:

X	x_1	x_2	...	x_k
P	p_1	p_2	...	p_k

Es ist also z. B. p_1 die Wahrscheinlichkeit, dass X den Wert x_1 annimmt. Da die Liste alle möglichen Werte umfassen muss, gilt

$$\sum_{i=1}^{k} p_i = 1.$$

Ein paar Beispiele:

1. $X =$ Augenzahl beim Würfeln

X	1	2	3	4	5	6
P	1/6	1/6	1/6	1/6	1/6	1/6

   Eine Verteilung, bei der alle Werte die gleiche Wahrscheinlichkeit haben, heisst *uniform* oder *Gleichverteilung*.
2. Aus einer Population mit 29 % zuversichtlichen Menschen wird zufällig eine Person ausgewählt und befragt. Dann wird eine Zufallsvariable X folgendermassen definiert:

   $$X = \begin{cases} 0: & \text{Person ist nicht zuversichtlich} \\ 1: & \text{Person ist zuversichtlich} \end{cases}$$

   Bei einer einfachen Zufallsstichprobe gilt jetzt

X	0	1
P	0.71	0.29

   Das ist ein Beispiel einer *Bernoulliverteilung*. Ein Experiment hat zwei mögliche Ausgänge, „Erfolg“ und „Misserfolg“ genannt, mit den Wahrscheinlichkeiten p und $1-p$. Die Zufallsvariable X nimmt den Wert 1 an bei einem Erfolg und 0 bei einem Misserfolg.
3. $X =$ Anzahl Mädchen in einer Familie mit 3 Kindern. Wir nehmen an, dass Mädchen- und Knabengeburten gleich wahrscheinlich sind und dass das Geschlecht des zweit- oder drittgeborenen Kindes unabhängig davon ist, welches Geschlecht das erst- oder zweitgeborene Kind hat. Es gibt 8 verschiedene Möglichkeiten für die Geschlechterreihenfolge der drei Kinder. Bei Unabhängigkeit hat jede Möglichkeit eine Wahrscheinlichkeit von $(1/2)^3 = 1/8$. Um die Wahrscheinlichkeitsverteilung von X zu bestimmen, muss man dann nur noch zählen, wieviele Kombinationen zur gleichen Anzahl Mädchen führen.

Wir erhalten die folgenden Wahrscheinlichkeiten für 0 bis 3 Mädchen:

Ereignis	X	P
MMM	3	1/8
MMK MKM KMM	2	3/8
MKK KMK KKM	1	3/8
KKK	0	1/8

Wie die relativen Häufigkeiten von diskreten Daten können die Wahrscheinlichkeiten einer diskreten Zufallsvariable in einem Balken- bzw. Stabdiagramm grafisch dargestellt werden. Die Abbildungen 6.1 und 6.2 zeigen das erste und das dritte Beispiel.

Binomialverteilung

Die Binomialverteilung ist die in der Statistik am häufigsten vorkommende diskrete Wahrscheinlichkeitsverteilung. Das dritte Beispiel von oben ist ein Beispiel einer Binomialverteilung.

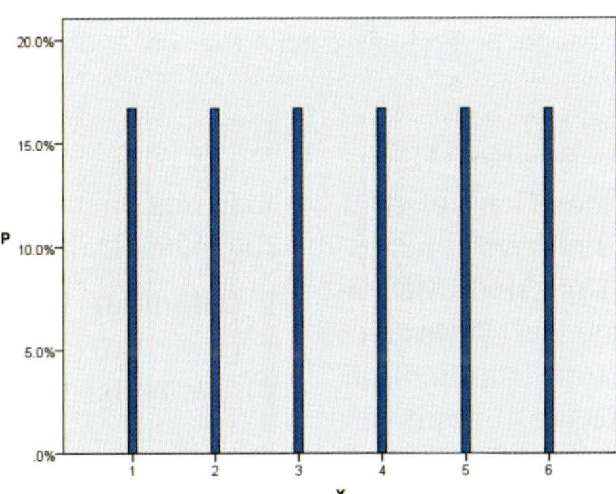

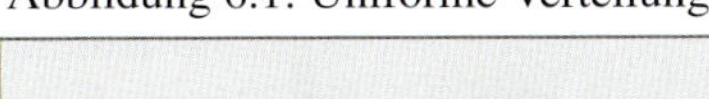
Abbildung 6.1: Uniforme Verteilung

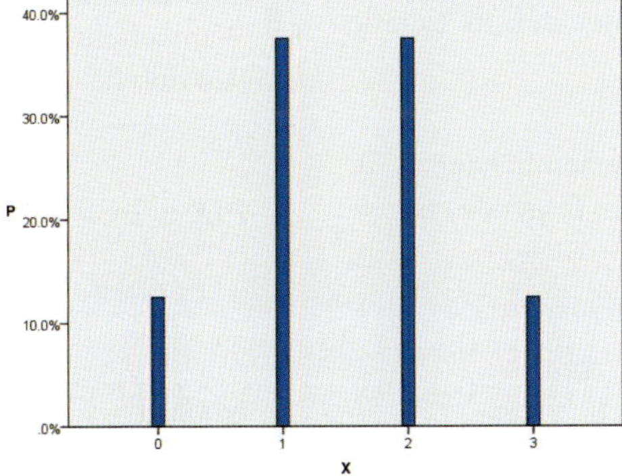

Abbildung 6.2: Beispiel einer Binomialverteilung

Ereignisse				X = Anzahl	Wahrscheinlichkeit
1. Knabe	2. Knabe	3. Knabe	4. Knabe	Bluter	
−	−	−	−	0	$(3/4)^4$
+	−	−	−	1	$(1/4)(3/4)^3$
−	+	−	−	1	$(3/4)(1/4)(3/4)^2$
−	−	+	−	1	$(3/4)^2(1/4)(3/4)$
−	−	−	+	1	$(3/4)^3(1/4)$
+	+	−	−	2	$(1/4)^2(3/4)^2$
+	−	+	−	2	$(1/4)(3/4)(1/4)(3/4)$
+	−	−	+	2	$(1/4)(3/4)^2(1/4)$
−	+	+	−	2	$(3/4)(1/4)^2(3/4)$
−	+	−	+	2	$(3/4)(1/4)(3/4)(1/4)$
−	−	+	+	2	$(3/4)^2(1/4)^2$
+	+	+	−	3	$(1/4)^3(3/4)$
+	+	−	+	3	$(1/4)^2(3/4)(1/4)$
+	−	+	+	3	$(1/4)(3/4)(1/4)^2$
−	+	+	+	3	$(3/4)(1/4)^3$
+	+	+	+	4	$(1/4)^4$

Tabelle 6.2: Mögliche Ereignisse bei 4 Knaben, +: krank, −: gesund

Betrachten wir ein weiteres Beispiel. Hämophilie wird durch ein defektes Gen auf dem X-Chromosom verursacht. Frauen mit nur einem betroffenen X-Chromosom sind Überträgerinnen. Wir betrachten die Zufallsvariable $X =$ Anzahl kranke Knaben in Familien mit insgesamt vier Knaben, wenn die Grossmutter Überträgerin ist. Die Wahrscheinlichkeit, dass ein Enkel an Hämophilie leidet, ist 1/4. Daraus kann man die Wahrscheinlichkeit für 0, 1, 2, 3 und 4 Bluter berechnen. Eine Zusammenstellung der Ereignisse findet sich in Tabelle 6.2.

Wir addieren jetzt die Wahrscheinlichkeiten für gleiche X-Werte und erhalten folgendes Ergebnis:

$$\begin{aligned}
P(X=0) &= & (\tfrac{3}{4})^4 &= 0.3164,\\
P(X=1) &= & 4(\tfrac{1}{4})(\tfrac{3}{4})^3 &= 0.4219,\\
P(X=2) &= & 6(\tfrac{1}{4})^2(\tfrac{3}{4})^2 &= 0.2109,\\
P(X=3) &= & 4(\tfrac{1}{4})^3(\tfrac{3}{4}) &= 0.0469,\\
P(X=4) &= & (\tfrac{1}{4})^4 &= 0.0039.
\end{aligned}$$

Diese Wahrscheinlichkeitsberechnungen kann man allgemein formulieren und das führt zur folgenden Definition der Binomialverteilung.

Definition 6.3.1 — Binomialverteilung. Es werden n voneinander unabhängige Beobachtungen oder Versuche gemacht. Jeder einzelne Versuch hat zwei mögliche Ausgänge, „Erfolg" und „Misserfolg" genannt. Die Wahrscheinlichkeit für einen Erfolg, p, ist konstant. Die Anzahl Erfolge X hat dann eine Binomialverteilung $\mathscr{B}(n,p)$ und die Wahrscheinlichkeit für k Erfolge ist gegeben durch:

$$P(X=k) = \binom{n}{k} p^k (1-p)^{n-k} \qquad (6.9)$$

für $k = 0, 1, \ldots, n$.

wobei $\binom{n}{k} = \frac{n!}{k!(n-k)!}$ der Binomialkoeffizient ist mit $n! = n(n-1)\cdots 3\cdot 2\cdot 1$.

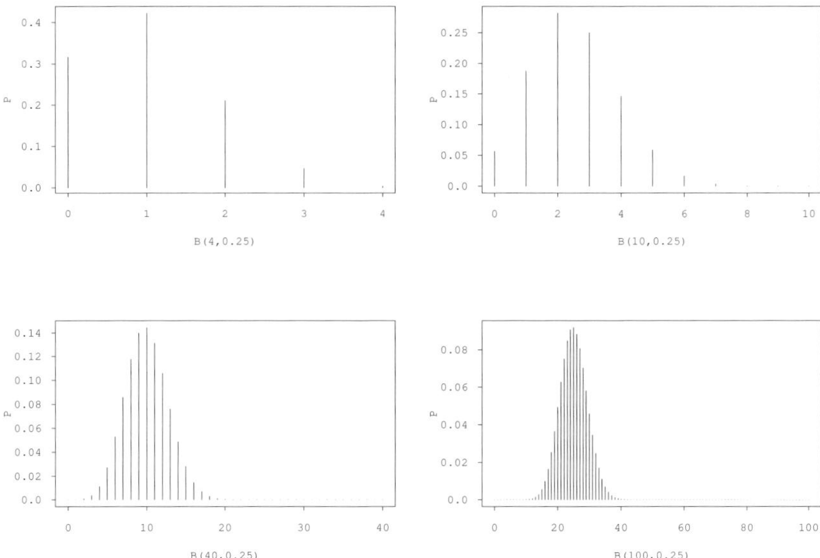

Abbildung 6.3: Binomialverteilungen

Wenn also die in der Definition genannten Rahmenbedingungen erfüllt sind, kann man mit der Gleichung (6.9) die Wahrscheinlichkeit für eine bestimmte Anzahl „Erfolge" berechnen. Statistikprogramme berechnen die Binomialwahrscheinlichkeiten ebenfalls. Am Schluss dieses Buchs befinden sich Tabellen mit den kumulierten Wahrscheinlichkeiten $P(X \leq x) = \sum_{k=0}^{x} P(X = k)$ für verschiedene n, p und x. Wenn wir die Wahrscheinlichkeiten im Beispiel zur Hämophilie suchen, finden wir auf Seite 264 in der Spalte für $p = 0.25$ und den Zeilen für $n = 4$ folgende Angaben:

n	x	p 0.25
4		
	0	0.3164
	1	0.7383
	2	0.9492
	3	0.9961
	4	1.0000

$P(X = 0) = 0.3164$ kann direkt abgelesen werden. Für die übrigen Wahrscheinlichkeiten muss jeweils eine Zahl von der darunterstehenden subtrahiert werden:
$P(X = 1) = P(X \leq 1) - P(X = 0) = 0.7383 - 0.3164 = 0.4219$ usw.

Die Abbildung 6.3 zeigt Stabdiagramme von Binomialverteilungen mit verschiedenem Parameter n.

Wir betrachten die Anzahl Mädchen in Familien mit 8 Kindern. Die Geburten werden als 8 unabhängige Versuche angesehen. Die Geburt eines Mädchens ist jeweils ein Erfolg. Die Anzahl Mädchen X in einer Familie hat dann eine Binomialverteilung $\mathscr{B}(8, p)$ mit p ungefähr gleich 0.5. Im vorletzten Jahrhundert hat man in Deutschland für 53 680 Familien mit 8 Kindern die Anzahl Mädchen festgestellt. Die relativen Häufigkeiten von Familien mit $0, 1, 2, \ldots, 8$ Mädchen können wir jetzt vergleichen mit den entsprechenden Wahrscheinlichkeiten der Binomialverteilung $\mathscr{B}(8, 0.5)$. Die Anpassung ist nicht allzu schlecht, wie Abbildung 6.4 zeigt. Allerdings ist das Verhältnis

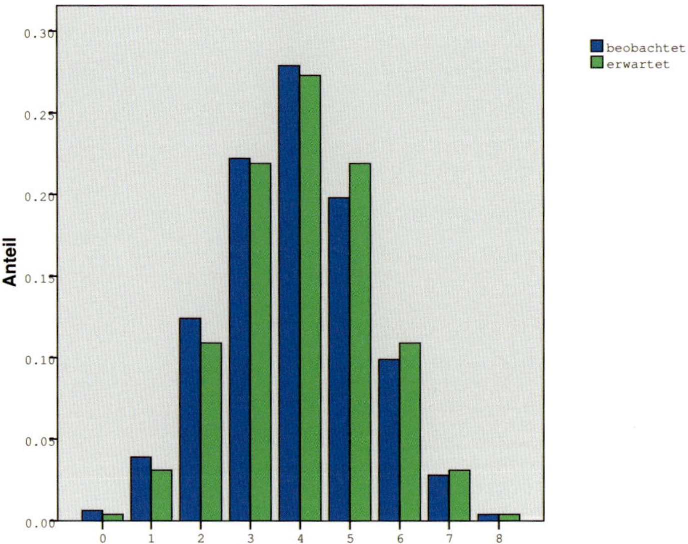

Abbildung 6.4: Anzahl Mädchen: Vergleich mit $\mathscr{B}(8, 0.5)$

X	rel.H.	$\mathscr{B}(8,0.5)$	$\mathscr{B}(8,0.4853)$
0	0.006	0.004	0.005
1	0.039	0.031	0.037
2	0.124	0.109	0.123
3	0.222	0.219	0.231
4	0.279	0.273	0.272
5	0.198	0.219	0.206
6	0.099	0.109	0.097
7	0.028	0.031	0.026
8	0.004	0.004	0.003

Tabelle 6.3: Relative Häufigkeiten und Wahrscheinlichkeiten für 0 bis 8 Mädchen

Mädchen zu Knaben nicht genau 50:50. In unseren Daten beträgt der Anteil der Mädchen 0.4853. Mit einer Binomialverteilung $\mathscr{B}(8, 0.4853)$ erhalten wir die Wahrscheinlichkeiten in der letzten Spalte von Tabelle 6.3. Die Übereinstimmung zwischen beobachteten relativen Häugfigkeiten und den theoretischen Wahrscheinlichkeiten ist jetzt noch besser, wie die Abbildung 6.5 zeigt.

* Poissonverteilung

Manchmal wird nicht der Anteil, sondern die absolute Häufigkeit, mit der ein bestimmtes Ereignis eintritt, untersucht. Wenn die Ereignisse unabhängig voneinander mit einer konstanten Rate λ pro Zeiteinheit passieren, dann hat die Anzahl Ereignisse X eine Poissonverteilung $\mathscr{P}(\lambda)$. Die Wahrscheinlichkeit für k Ereignisse pro Zeiteinheit ist:

$$P(X = k) = \frac{\lambda^k e^{-\lambda}}{k!} \qquad k = 0, 1, 2, \ldots \quad (6.10)$$

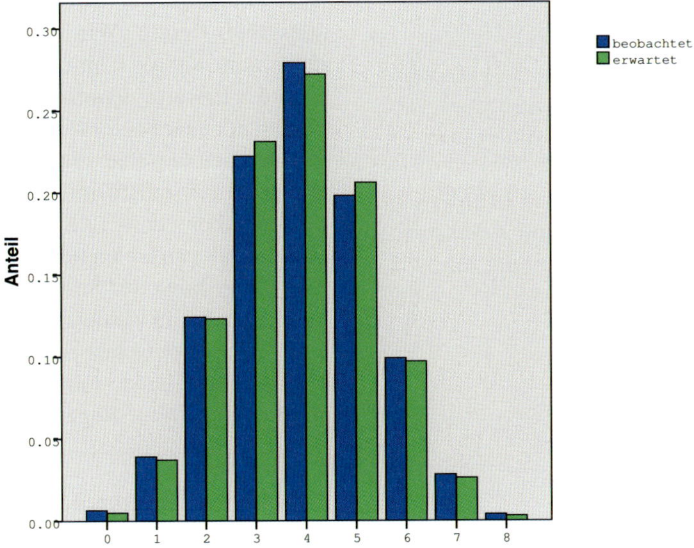

Abbildung 6.5: Anzahl Mädchen: Vergleich mit $\mathscr{B}(8, 0.4853)$

Für kleine λ ist die Verteilung sehr schief, für grosse λ wird sie immer symmetrischer. Das Poissonmodell kann nützlich sein für die Untersuchung der Anzahl Krankheits- oder Todesfälle, der Anzahl Unfälle, der Anzahl Bakterien usw.

Erwartungswert und Varianz

Wie bei der Beschreibung von Daten gibt es auch für Zufallszahlen Kennzahlen zur Beschreibung von Lage und Streuung. Das sind theoretische Kennzahlen, im Gegensatz zu den empirischen Kennzahlen, die sich auf Stichproben beziehen. Bei der Berechnung werden die relativen Häufigkeiten durch Wahrscheinlichkeiten ersetzt. Den Mittelwert einer Zufallsvariablen nennt man *Erwartungswert*. Das ist der durchschnittliche Wert, der auf lange Sicht herauskommt, wenn man ein Experiment beliebig oft wiederholt.

Definition 6.3.2 — Erwartungswert. Der Erwartungswert $E(X)$ einer Zufallsvariablen X mit Werten $x_1, x_2, \ldots, x_k$ und zugehörigen Wahrscheinlichkeiten $p_1, p_2, \ldots, p_k$ ist definiert als:

$$\begin{aligned} E(X) &= x_1 p_1 + x_2 p_2 + \ldots + x_k p_k \\ &= \sum x_i p_i \end{aligned} \tag{6.11}$$

Beispiel 6.2

1. Beim Bingo werden in jedem Spiel von 80 nummerierten Bällen 20 gezogen (ohne Zurücklegen). Man setzt auf eine einzelne Zahl und der Gewinn ist Fr. 3.-. Lohnt sich das Spiel längerfristig bei einem Einsatz von Fr. 1.-?
Sei X der Gewinn. Wie gross ist $E(X)$, der langfristig erwartete Gewinn?

X	3	0
P	1/4	3/4

$E(X) = 3 \cdot 1/4 + 0 \cdot 3/4 = 3/4$. Zumindest finanziell lohnt sich das Spiel also nicht, bei jedem Einsatz verliert man im Durchschnitt 25 Rappen.

2. Sei X die Anzahl Mädchen in einer Familie mit drei Kindern und X habe die Wahrscheinlichkeitsverteilung, die wir oben bestimmt haben. Dann ist der Erwartungswert von X:

$$E(X) = 0 \cdot \frac{1}{8} + 1 \cdot \frac{3}{8} + 2 \cdot \frac{3}{8} + 3 \cdot \frac{1}{8}$$
$$= \frac{12}{8} = 1.5$$

Wir erwarten unter der Voraussetzung, dass Mädchen und Knaben gleich häufig vorkommen und die Geschlechter der Kinder unabhängig voneinander sind, bei Familien mit drei Kindern im Durchschnitt 1.5 Mädchen. ■

Das Ergebnis im zweiten Beispiel ist einleuchtend. Wenn wir n Versuche anschauen und die Erfolgswahrscheinlichkeit in jedem einzelnen Versuch p ist, so erwarten wir auf lange Sicht im Durchschnitt np Erfolge. Eine Zufallsvariable X mit Binomialverteilung $\mathscr{B}(n,p)$ hat also den Erwartungswert np.

* Bei einer Poissonverteilung passieren Ereignisse mit einer konstanten Rate λ pro Zeiteinheit, d. h. der Erwartungswert einer poissonverteilten Zufallsvariablen X ist $E(X) = \lambda$.

Bei andern Wahrscheinlichkeitsverteilungen kann es schwierig sein, den Erwartungswert herzuleiten. Um die mathematisch-statistischen Details für solche Berechnungen kümmern wir uns nicht, aber ein paar fundamentale Rechenregeln sind wichtig, sie tauchen später immer wieder auf. Wird zu einer Zufallsvariablen ein konstanter Wert a addiert, dann ändert sich der Erwartungswert der neuen Variablen um denselben Betrag. Wird eine Zufallsvariable mit einem Faktor b multipliziert, dann wird auch der Erwartungswert der neuen Zufallsvariablen mit dem Faktor b multipliziert. Das sind die gleichen Gesetze, die wir schon beim Mittelwert einer transformierten Variablen angetroffen haben (siehe (2.6) auf Seite 32). Wenn zwei Zufallsvariablen addiert werden, ist der Erwartungswert der Summe gleich der Summe der beiden Erwartungswerte. Wenn man an die Analogie zwischen Erwartungswerten und Mittelwerten denkt, sollte das einigermassen einleuchten. Diese Regeln sind im folgenden Satz zusammengefasst.

Satz 6.3.1 — Rechenregeln für Erwartungswerte. Sind X_1 und X_2 zwei Zufallsvariablen und a,b konstante Zahlen, dann gilt:

$$E(a + bX_1) = a + bE(X_1)$$
$$E(X_1 + X_2) = E(X_1) + E(X_2) \qquad (6.12)$$

Die Varianz einer Zufallsvariablen charakterisiert die Streuung der möglichen Werte der Zufallsvariablen. Sie ist analog zur empirischen Varianz einer Stichprobe als Summe der quadrierten Abweichungen vom Erwartungswert definiert.

Definition 6.3.3 — Varianz. Die Varianz $Var(X)$ einer Zufallsvariablen X mit Werten $x_1, x_2, \ldots, x_k$ und zugehörigen Wahrscheinlichkeiten $p_1, p_2, \ldots, p_k$ ist definiert als:

$$Var(X) = (x_1 - E(X))^2 p_1 + (x_2 - E(X))^2 p_2$$
$$+ \cdots + (x_k - E(X))^2 p_k$$
$$= \sum (x_i - E(X))^2 p_i \qquad (6.13)$$

Die Varianz hat leider keine so anschauliche Bedeutung wie der Erwartungswert, das haben wir schon bei der empirischen Varianz einer Stichprobe feststellen müssen. Die Formeln für die Varianz von Zufallsvariablen verschiedener Wahrscheinlichkeitsverteilungen können deshalb nicht intuitiv nachvollzogen werden. Herleitungen benutzen die Formel (6.13) mit der entsprechenden Wahrscheinlichkeitsverteilung. Man erhält so für eine binomialverteilte Zufallsvariable X mit Parametern n und p eine Varianz von $Var(X) = np(1-p)$.

*Eine poissonverteilte Zufallsvariable X mit Parameter λ hat Varianz λ.

Wichtig für später sind vor allem wieder die Rechenregeln.

Satz 6.3.2 — Rechenregeln für Varianzen. Sind X_1 und X_2 zwei unabhängige Zufallsvariablen und a,b konstante Zahlen, dann gilt:

$$\begin{aligned} Var(a+bX_1) &= b^2 Var(X_1) \\ Var(X_1+X_2) &= Var(X_1)+Var(X_2) \end{aligned} \tag{6.14}$$

Die erste Rechenregel entspricht der Regel für die empirische Varianz bei einer linearen Transformation, die wir im Kapitel 2 gesehen haben. Die zweite Regel, die besagt, dass die Varianz einer Summe von zwei Zufallsvariablen gleich der Summe der beiden Varianzen der einzelnen Zufallsvariablen ist, gilt nur, wenn die beiden Zufallsvariablen unabhängig voneinander sind. Ist z. B. X_1 die Anzahl zuversichtlicher Menschen und X_2 die Anzahl nicht zuversichtlicher Menschen unter n Befragten, dann ist $X_1 + X_2 = n$ konstant und damit $Var(X_1 + X_2) = 0$. Sobald wir wissen, wieviele Menschen in der Zufallsstichprobe zuversichtlich sind, ist auch bekannt, wieviele nicht zuversichtlich sind (natürlich unter der Voraussetzung, dass es nur zwei Antwortmöglichkeiten gibt und alle geantwortet haben). Dieses Beispiel ist etwas extrem, weil die eine Zufallsvariable das Gegenereignis der andern abbildet. Umgekehrt kann es sein, dass zwischen zwei Zufallsvariablen überhaupt kein Zusammenhang besteht. In diesem Fall nennt man die Zufallsvariablen unabhängig. Oder etwas formaler ausgedrückt:

Definition 6.3.4 — Unabhängige Zufallsvariablen. Wenn die Kenntnis des Werts von X_1 keine Information liefert über die Wahrscheinlichkeitsverteilung von X_2 und umgekehrt, dann sind die Zufallsvariablen X_1 und X_2 unabhängig.

Die Summenformel für Varianzen im Satz 6.3.2. gilt also nur für unabhängige Zufallsvariablen. Bei abhängigen Zufallsvariablen muss die Korrelation mitberücksichtigt werden. Oft bezeichnet man die theoretischen Kennzahlen mit griechischen Buchstaben, μ für den Erwartungswert und σ^2 für die Varianz. Die Standardabweichung σ von X ist die Wurzel aus σ^2.

6.3.2 Stetige Zufallsvariablen

Zur Beschreibung stetiger Grössen, z. B. dem Alter, der Körperlänge oder der Blutdruckmessung einer zufällig ausgewählten Person, benutzt man stetige Zufallsvariablen. Falls wir Rundungseffekte vernachlässigen, d. h. beliebig grosse Messgenauigkeit voraussetzen, dann ist die Wahrscheinlichkeit, dass eine stetige Zufallsvariable X einen bestimmten Wert x annimmt, gleich Null. Die Wahrscheinlichkeiten $P(X = x)$ können deshalb nicht benutzt werden, um die Wahrscheinlichkeitsverteilung einer stetigen Zufallsvariablen festzulegen.

Bei der deskriptiven Beschreibung stetiger Daten haben wir Klassen gebildet und dann die relativen Häufigkeiten dieser Klassen berechnet und in einem Histogramm dargestellt. Dabei entspricht die Fläche über einem Intervall der entsprechenden relativen Häufigkeit. Je grösser die Stichprobe ist, desto kleiner können die Intervalle gewählt werden und desto glatter wird das Histogramm. Im Idealfall erhalten wir eine glatte Kurve, die *Dichte* von X. Die Abbildung 6.6 zeigt ein Histogramm mit sehr vielen Messungen und die zugehörige Dichte als Verteilung der Werte in der Population.

Die Fläche unter der Dichte f zwischen zwei Werten x_0 und x_1 ist gleich der Wahrscheinlichkeit, dass X im Intervall von x_0 bis x_1 liegt: $P(x_0 \leq X \leq x_1)$. Die Gesamtfläche unter der Kurve muss gleich 1 sein. An Stelle der Dichte f betrachtet man auch oft die (theoretische) *Verteilungsfunktion* $F(x)$. Sie ist gleich der Fläche unter der Dichte links von x.

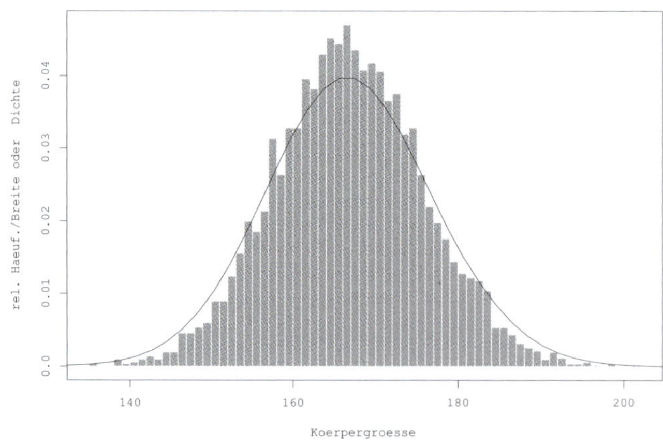

Abbildung 6.6: Histogramme und Dichte

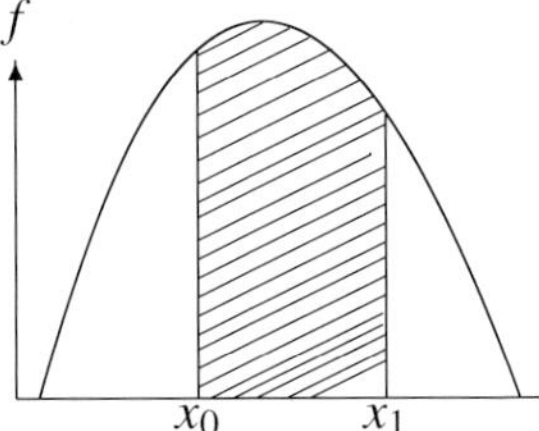

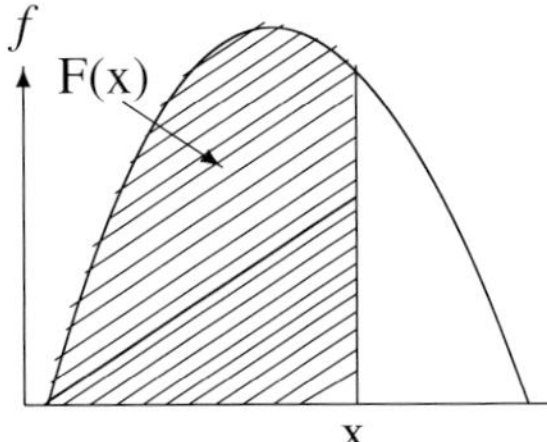

Abbildung 6.7: Dichte f und Verteilungsfunktion F

Wir betrachten als Beispiel die Altersverteilung der SpitexklientInnen. Auf Seite 26 haben wir die Altersangaben der 118 Personen klassiert und eine Tabelle erstellt mit den relativen Häufigkeiten. Wenn wir die gesamte Population aller SpitexklientInnen erfassen könnten, könnten wir die Wahrscheinlichkeiten angeben, dass eine zufällig ausgewählte Person einer bestimmten Altersgruppe angehört. Wenn also X das Alter einer zufällig ausgewählten Person angibt, dann entsprechen die kumulierten relativen Häufigkeiten in der Gesamtpopulation ausgewählten Werten der Verteilungsfunktion F. Nun haben wir aber die Population nicht erfasst, sondern nur eine Stichprobe von 118 KlientInnen. Die kumulierten relativen Häufigkeiten in Tabelle 6.4 sind dann Schätzungen für die Wahrscheinlichkeiten. Je kleiner die Stichprobe ist, desto unsicherer ist natürlich diese Schätzung.

Die Berechnung von Erwartungswert und Varianz geschieht wie bei diskreten Zufallsvariablen, mit dem Unterschied, dass wir jetzt Integrale statt Summen haben. Die Rechenregeln sind dieselben.

Gleichverteilung

Das einfachste Beispiel einer stetigen Verteilung ist die Gleichverteilung. Die Dichte ist hier konstant über einem Intervall (a,b). Damit die Gesamtfläche 1 ergibt, muss somit gelten:

$$f(x) = \frac{1}{b-a} \quad \text{für } a \leq x \leq b.$$

Klasse	rel. Häufigkeit	kumul. rel. Häuf.	$F(x) = P(X \leq x)$
10–19	0.008	0.008	$P(X \leq 19)$
20–29	0.008	0.016	$P(X \leq 29)$
30–39	0.000	0.017	$P(X \leq 39)$
40–49	0.059	0.076	$P(X \leq 49)$
50–59	0.068	0.144	$P(X \leq 59)$
60–69	0.127	0.271	$P(X \leq 69)$
70–79	0.246	0.517	$P(X \leq 79)$
80–89	0.356	0.873	$P(X \leq 89)$
90–99	0.127	1.000	$P(X \leq 99)$

Tabelle 6.4: Relative und kumulierte relative Häufigkeiten

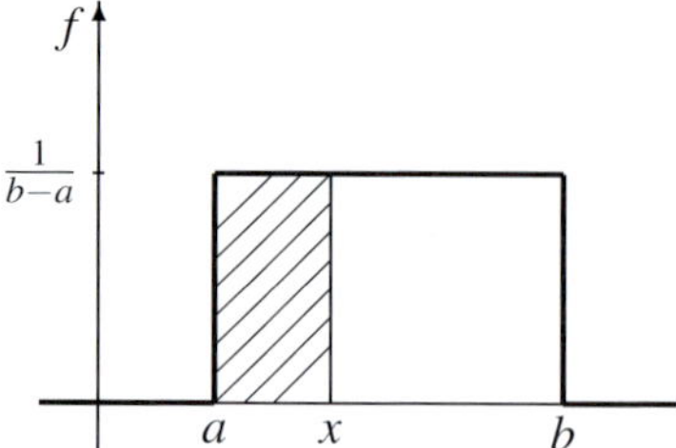

Abbildung 6.8: Dichte der Gleichverteilung

Die Verteilungsfunktion ist:

$$F(x) = \begin{cases} 0, & x < a \\ \dfrac{x-a}{b-a}, & a \le x \le b \\ 1, & x > b. \end{cases}$$

Abbildung 6.8 zeigt die Dichte. Die Fläche des schraffierten Rechtecks entspricht $F(x)$.

Normalverteilung

Die Normalverteilung ist das weitaus häufigste Wahrscheinlichkeitsmodell für Messdaten. Entwickelt wurde sie als Modell für Messfehler bei der Messung einer „wahren" Distanz. In vielen Anwendungsgebieten entspricht das aber nicht der Ausgangslage. Es gibt z. B. keinen wahren Blutdruck, um den herum die Blutdruckwerte von PatientInnen sich verteilen würden. Die Variabilität wird vor allem durch biologische, genetische und Umweltfaktoren verursacht. Die eigentlichen Messfehler sind meist relativ klein.

Trotzdem ist die Normalverteilung häufig ein recht gutes Modell. Das hat sich empirisch gezeigt, und ein mathematisches Resultat, der *Zentrale Grenzwertsatz*, bestätigt das. Dieser Satz besagt, dass unter gewissen Rahmenbedingungen eine Summe vieler unabhängiger Variablen ungefähr normalverteilt ist. Wenn also eine Messgrösse vorliegt, deren Wert von vielen verschiedenen Faktoren zusammen beeinflusst wird, ist das Resultat häufig eine normalverteilte Grösse.

Ein anderer Grund für die Beliebtheit der Normalverteilung besteht darin, dass ein grosser Teil der statistischen Methoden Normalverteilung voraussetzt. Bevor solche Methoden verwendet werden, sollte aber immer das Modell der Normalverteilung überprüft werden. Die Normalverteilung mag manchmal ein vernünftiges Modell sein, sie ist es aber keineswegs immer.

Die Normalverteilung hängt von den zwei Parametern μ und σ^2 ab. Dabei charakterisiert μ die mittlere Lage und σ^2 die Streuung der Verteilung. Die beiden Parameter sind gleich dem Erwartungswert und der Varianz einer entsprechend verteilten Zufallsvariablen. Die übliche Notation für die Normalverteilung ist $\mathcal{N}(\mu, \sigma^2)$. Die spezielle Normalverteilung $\mathcal{N}(0,1)$ heisst *Standardnormalverteilung*. Für eine standardnormalverteilte Zufallsvariable benutzt man meist den Buchstaben Z. Die Abbildung 6.9 zeigt ein paar Beispiele.

Die Dichtekurven sind symmetrisch um μ, glockenförmig und bei $\mu \pm \sigma$ liegen die Wendepunkte. Ein grösseres σ dehnt die Verteilung, ein kleineres staucht sie zusammen.

Lernt zarteren Zwerg-Satz:
Zentraler Grenzwertsatz

Die Verteilungsfunktion der Standardnormalverteilung $\mathcal{N}(0,1)$ wird mit Φ bezeichnet. Die meisten Statistikprogramme und umfangreichere Taschenrechner berechnen den Wert von $\Phi(z)$. Es gibt auch ausführliche Tabellen mit $\Phi(z) = P(Z \le z)$ für $-3.5 \le z \le 3.5$. Auf Seite 270 befindet sich eine Tabelle mit $\Phi(z)$ für $0 \le z \le 3.5$ Damit kann man alle interessierenden Wahrscheinlichkeiten berechnen, denn es gilt $P(Z > a) = 1 - \Phi(a) = \Phi(-a)$ und $P(a \le Z \le b) = \Phi(b) - \Phi(a)$.

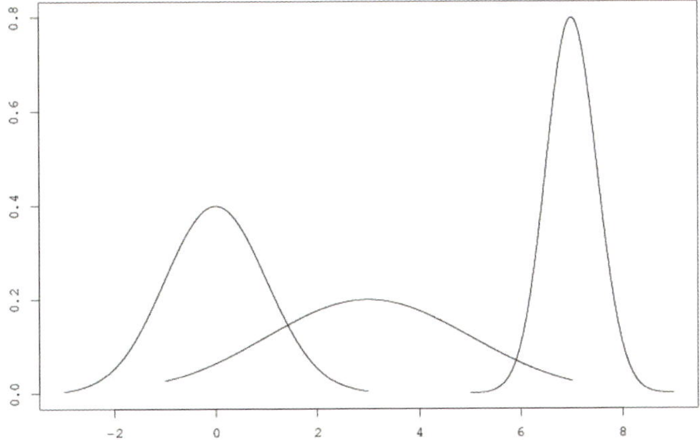

Abbildung 6.9: Normalverteilungskurven von $\mathcal{N}(0,1)$, $\mathcal{N}(3,4)$ und $\mathcal{N}(7,1/4)$

Beispiel 6.3

1. Weil die Normalverteilungskurve symmetrisch um Null und die Gesamtfläche 1 ist, muss $\Phi(0) = 0.5$ sein.
2. $\Phi(-0.5) = 1 - \Phi(0.5) = 1 - 0.6915 = 0.3085$. Den Wert 0.6915 findet man auf der Zeile für $z = 0.5$ in der mit 0.00 überschriebenen Spalte ($z = 0.5 + 0.00 = 0.5$). $z = -0.5$ ist also das 30.85te Perzentil der Standardnormalverteilung. Das 2.5te Perzentil ist $z = -1.96$. Das 95te Perzentil ist $z = 1.645$.
3. $P(Z > 0.5) = P(Z \leq -0.5) = 0.3085$.
4. Welche z-Werte schliessen 50 % der Fläche unter der Dichte ein?
   Eine mögliche Lösung ist:
   $\Phi(z_0) = 0.25 : z_0 = -0.675$ und $\Phi(z_1) = 0.75 : z_1 = 0.675$. Also liegen 50% der Fläche zwischen -0.675 und $+0.675$.
   $P(-0.675 < Z \leq 0.675) = 0.5$.

Bei jeder Normalverteilungskurve liegt 68 % der Fläche zwischen $\mu - \sigma$ und $\mu + \sigma$. Ein Anteil von 95 % der Fläche liegt zwischen $\mu - 1.96 \cdot \sigma$ und $\mu + 1.96 \cdot \sigma$ und 99.7 % der Fläche liegt zwischen $\mu - 3\sigma$ und $\mu + 3\sigma$. Die Abbildung 6.10 zeigt diese Flächenanteile für $\mathcal{N}(0,1)$.

Wenn man Wahrscheinlichkeiten berechnen will für eine normalverteilte Zufallsvariable X mit beliebigem μ und σ, so muss man X zuerst *standardisieren*, d. h. auf die Standardnormalverteilung umrechnen. Das passiert mit einer linearen Transformation. Wenn X verteilt ist nach $\mathcal{N}(\mu, \sigma^2)$, dann ist $Z = \frac{X - \mu}{\sigma}$ verteilt gemäss $\mathcal{N}(0,1)$. Umgekehrt, wenn Z standardnormalverteilt ist, dann ist $X = \sigma \cdot Z + \mu$ verteilt gemäss $\mathcal{N}(\mu, \sigma^2)$.

Wahrscheinlichkeitsmodelle
Weh! Molch ist leider kein Lachs

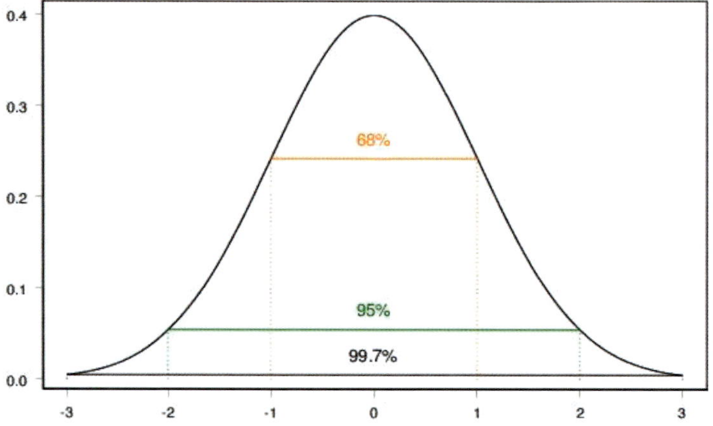

Abbildung 6.10: Einige Flächenanteile unter $\mathcal{N}(0,1)$

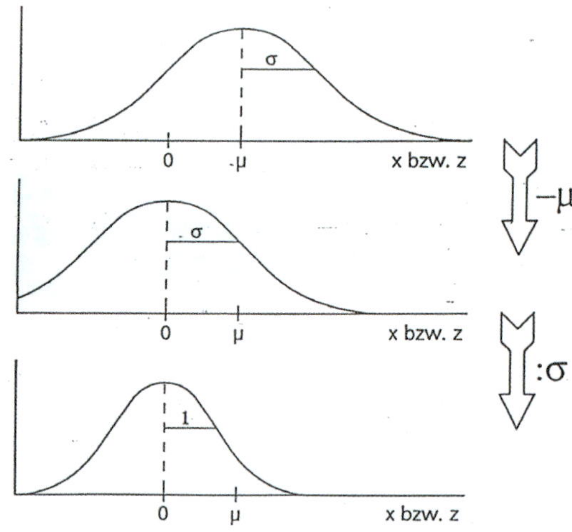

Abbildung 6.11: Illustration der Transformation

Beispiel 6.4

1. Was ist $P(X \leq 5)$ für $X \sim \mathcal{N}(9,4)$?

$$P(X \leq 5) = P(Z \leq \frac{5-9}{2}) = \Phi(-2) = 0.0228$$

2. Wie gross ist das 95te Perzentil von $\mathcal{N}(-2,9)$?
Das 95te Perzentil von $\mathcal{N}(0,1)$ ist 1.645. Also ist das gesuchte Perzentil $3 \cdot 1.645 - 2 = 2.935$.

6.4 Kontrollfragen und Aufgaben

1. Ein Ereignisraum besteht aus 5 Elementarereignissen E_1, E_2, E_3, E_4 und E_5. Es ist $P(E_1) = P(E_2) = 0.15$, $P(E_3) = 0.4$ und $P(E_4) = 2P(E_5)$. Wie gross sind die Wahrscheinlichkeiten von $P(E_4)$ und $P(E_5)$?

2. Zwei Würfel werden geworfen. Wieviele Elementarereignisse gibt es? Wie gross ist die Wahrscheinlichkeit, eine Augensumme von 7, resp. 11 zu würfeln?

3. In einem Kartenspiel mit 52 Karten werden nacheinander 2 Karten gezogen (ohne Zurücklegen). Die erste Karte ist rot. Wie gross ist die Wahrscheinlichkeit, dass die zweite Karte auch rot ist?

4. Im Spital A werden pro Tag durchschnittlich 45 Kinder geboren, im kleineren Spital B nur 15. Die Wahrscheinlichkeit für einen Knaben ist 0.52, für Zwillinge 0.012. Für welches Spital ist die Wahrscheinlichkeit grösser, an irgendeinem Tag

a) Zwillinge zu entbinden
b) mehr als 60 % Knaben zu haben?

Hinweis: Für die richtige Antwort brauchen Sie nicht zu rechnen.

5. Wieviele Anagramme gibt es mit dem Wort

a) Stichproben,
b) Statistik?

6. Ein Restaurant hat Daten darüber gesammelt, was die Kunden nach dem Hauptmenü weiter bestellen: 20 % hatten nur Dessert, 40 % hatten nur Kaffee und 30 % hatten Dessert und Kaffee. Da diese relativen Häufigkeiten auf sehr vielen Beobachtungen beruhen, können sie als Wahrscheinlichkeiten interpretiert werden. Wie gross ist die Wahrscheinlichkeit, dass eine Person

a) Kaffee bestellt
b) kein Dessert bestellt
c) weder Kaffee noch Dessert bestellt
d) Kaffee bestellt, vorausgesetzt sie hat kein Dessert bestellt?
e) Sind „Kaffee bestellen" und „Dessert bestellen" unabhängige Ereignisse?

7. Der diastolische Blutdruck einer bestimmten Population junger Männer ist normalverteilt mit Mittelwert 70 mmHg und Standardabweichung 8 mmHg.

a) Wie gross ist die Wahrscheinlichkeit, dass ein zufällig ausgewählter Mann einen Blutdruck von genau 70 mmHg hat?
b) Wie gross ist der Prozentsatz der Männer, die einen Blutdruck zwischen 60 und 80 mmHg besitzen?
c) Wie gross ist das 25. Perzentil dieser Normalverteilung?

6.5 Glossar

Normalverteilung ist das weitaus häufigste Wahrscheinlichkeitsmodell für Messdaten, auch bekannt als Gauss'sche Glockenkurve.

Sensitivität Wahrscheinlichkeit, tatsächlich erkrankte Personen zu erkennen.

Spezifizität Wahrscheinlichkeit, gesunde Personen zu erkennen.

Wahrscheinlichkeit Die relative Häufigkeit, mit der das interessierende Ereignis auftreten würde, wenn unendlich viele Beobachtungen gemacht werden könnten.

Zufallsvariable ist eine quantitative Variable, deren Wert durch das zufällige Ergebnis eines Experiments oder einer Beobachtung bestimmt wird.

7. Schätzungen

- Wieso taucht die Normalverteilung überall auf?
- Ist dem Vertrauensintervall zu trauen?

7.1 Einführung

Eine der häufigsten Statistiken, die aus einer Stichprobe von Messdaten berechnet wird, ist der Mittelwert $\bar{x}$. Dieser wird als Schätzung benutzt für den unbekannten Mittelwert μ der Population, aus der die Stichprobe gezogen worden ist. Je nach Stichprobe ergibt sich ein etwas anderes $\bar{x}$. Es ist wichtig zu wissen, wie stark diese Schwankungen sein können, um die Genauigkeit der Schätzung beurteilen zu können.

Die Abbildung 7.1 zeigt die Verteilung von 500 einstelligen Zufallszahlen. Diese 500 Ziffern wurden mit Computersimulation erzeugt und bilden im folgenden eine Population, aus der wir Stichproben ziehen. Der Populationsmittelwert ist $\mu = 4.55$, die Standardabweichung $\sigma = 2.94$. Wir ziehen 500 Zufallsstichproben vom Umfang 4 aus dieser Population, berechnen für jede Stichprobe den Mittelwert und stellen die 500 Mittelwerte in einem Histogramm dar (siehe Abbildung 7.2). Die 500 Mittelwerte haben einen Mittelwert von 4.62 und eine Standardabweichung von 1.44. Der Mittelwert der Mittelwerte ist also nahe beim Populationsmittelwert, hingegen ist die Standardabweichung nur noch etwa halb so gross.

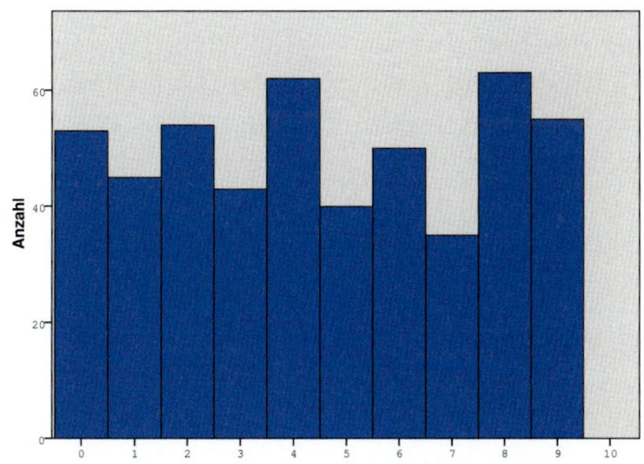

Abbildung 7.1: Verteilung von 500 Zufallsziffern

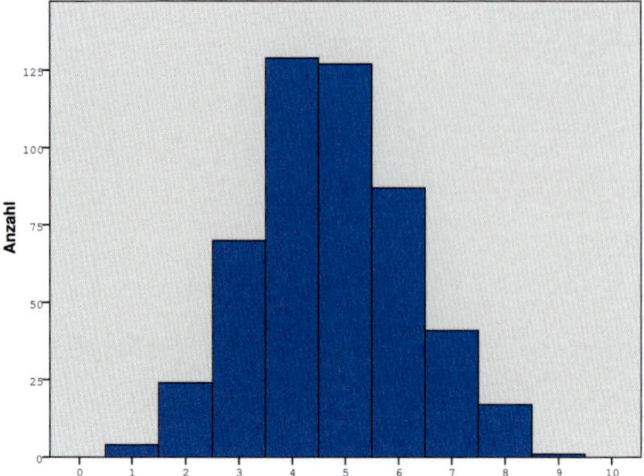

Abbildung 7.2: 500 Mittelwerte von Stichproben von je 4 Ziffern

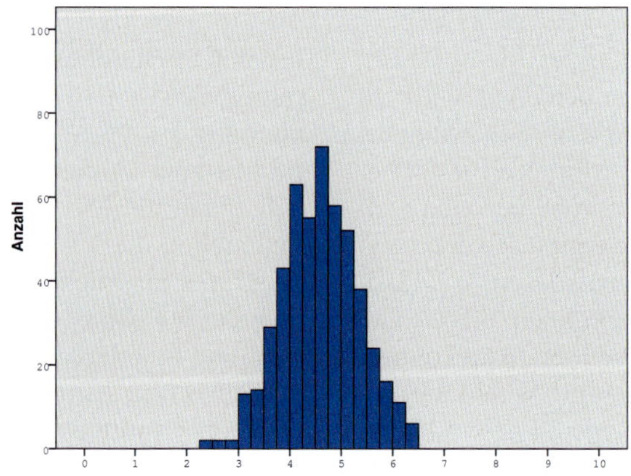

Abbildung 7.3: 500 Mittelwerte von Stichproben von je 16 Ziffern

Dass die Streuung der Mittelwerte deutlich kleiner ist als die Streuung der Einzelwerte, sieht man auch beim Vergleich der beiden Histogramme. Wenn wir grössere Stichproben ziehen und die Mittelwerte daraus berechnen, schwanken die Mittelwerte noch weniger. Die Abbildung 7.3 zeigt 500 Mittelwerte von Stichproben vom Umfang 16. Der Mittelwert dieser Mittelwerte ist 4.56 und die Standardabweichung ist 0.74, also nochmals halbiert.

7.2 Die Verteilung von $\bar{X}$

Die Simulation zeigt, dass die Streuung der Mittelwerte mit zunehmendem Stichprobenumfang abnimmt. Die Verteilung der Mittelwerte nähert sich zudem einer Normalverteilung. Die Abbildung 7.4 zeigt die 500 Mittelwerte von je 16 Ziffern mit einer angepassten Normalverteilungskurve.

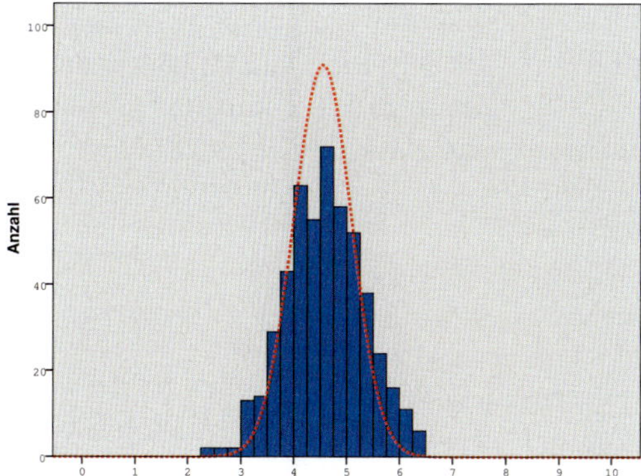

Abbildung 7.4: Verteilung der Mittelwerte mit Normalverteilungskurve

Das gilt allgemein und kann noch etwas präziser formuliert werden. Angenommen, wir haben eine Population mit unbekanntem Mittelwert μ und Standardabweichung σ. Der Mittelwert einer einfachen Zufallsstichprobe vom Umfang n aus dieser Population ist eine Zufallsvariable $\bar{X}$, denn der Wert, den wir für den Mittelwert bekommen, wird vom Zufall bestimmt. Wir kennen den Mittelwert der Stichprobe nicht im Voraus, aber wir können etwas über die Wahrscheinlichkeitsverteilung von $\bar{X}$ aussagen. Der Mittelwert von $\bar{X}$, also der Erwartungswert von $\bar{X}$, ist gleich dem Populationsmittelwert μ und die Standardabweichung von $\bar{X}$ nimmt proportional mit der Wurzel aus n ab, es gilt $\sigma_{\bar{X}} = \sigma/\sqrt{n}$.

Definition 7.2.1 — Erwartungstreue. Eine Schätzung, die im Mittel richtig liegt, deren Erwartungswert also identisch ist mit dem zu schätzenden unbekannten Parameter, heisst erwartungstreu.

Ist der Erwartungswert verschieden vom unbekannten Parameter, dann hat die Schätzung einen systematischen Fehler, einen *Bias*.

Wenn die Population normalverteilt ist, dann ist $\bar{X}$ ebenfalls normalverteilt. Der *Zentrale Grenzwertsatz* besagt, dass $\bar{X}$ genähert normalverteilt ist bei einem genügend grossen n für beliebige Populationen. Einzige Bedingung ist eine endliche Varianz. In der Regel reicht $n = 25$ für eine gute Näherung. In der Simulation hatte die Population eine Gleichverteilung, und schon für $n = 16$ ist die glockenförmige Verteilung gut erkennbar.

Zentraler Grenzwertsatz: wer ganz Arzt lernt Setzer

7.2.1 Normalapproximation der Binomialverteilung

Bei den Stabdiagrammen verschiedener Binomialverteilungen (siehe Abbildung 6.3 auf Seite 83) ist aufgefallen, dass sich die Verteilungen für grösseres n einer Normalverteilung annähern. Theoretisch lässt sich das nun beweisen mit dem Zentralen Grenzwertsatz. Sei X eine binomialverteilte Zufallsvariable mit $\mathscr{B}(n,p)$. X bezeichnet die Anzahl der Erfolge in n Versuchen. Der Anteil der Erfolge X/n ist der Mittelwert von n Zahlen, die entweder 1 oder 0 sind, je nachdem, ob ein Erfolg oder ein Misserfolg vorliegt. Nach dem Zentralen Grenzwertsatz ist dann X/n genähert normalverteilt und somit ist auch X genähert normalverteilt. Die Parameter μ und σ^2 setzt man gleich mit dem Erwartungswert und der Varianz von X, bzw. X/n. X ist also genähert normalverteilt mit $\mathcal{N}(np, np(1-p))$ und X/n ist genähert normalverteilt mit $\mathcal{N}(p, \frac{p(1-p)}{n})$, falls n genügend gross ist. Eine Faustregel sagt, dass $np(1-p)$ grösser als 9 sein sollte.

* Die Approximation kann noch verbessert werden durch eine *Kontinuitätskorrektur*. Eine binomialverteilte Grösse ist diskret, die Normalverteilung ist hingegen stetig. Den ganzen Zahlen k, die bei der Binomialverteilung auftreten, werden nun bei der Normalapproximation Intervalle $(k-0.5, k+0.5)$ zugeordnet. Auch die Poissonverteilung kann durch eine Normalverteilung approximiert werden, wenn die Rate λ genügend gross (> 9) ist.

Beispiel 7.1

Bei 92 Studenten und Studentinnen wurden Pulsmessungen durchgeführt. Zu Beginn warfen alle eine Münze. Wer „Kopf" warf, musste eine Minute am Ort rennen, die andern blieben sitzen. Vor- und nachher wurde der Puls gemessen. Bloss 35 der 92 Personen rannten. Waren alle ehrlich?

Wie gross ist die Wahrscheinlichkeit, dass in 92 Münzwürfen höchstens 35 Mal „Kopf" auftritt? Gesucht ist also $P(X \leq 35)$ für $X \sim \mathcal{B}(92, 0.5)$. Für die exakte Antwort müssen 36 Binomialwahrscheinlichkeiten berechnet und aufaddiert werden:

$$P(X \leq 35) = \sum_{k=0}^{35} \binom{92}{k} 0.5^{92} = 0.0140$$

X ist genähert $\mathcal{N}(46, 23)$. Damit ist

$$\begin{aligned} P(X \leq 35) &= \Phi\left(\frac{35-46}{\sqrt{23}}\right) = \Phi(-2.294) \\ &= 0.011 \end{aligned}$$

* und mit der Kontinuitätskorrektur

$$\begin{aligned} P(X \leq 35) &= \Phi\left(\frac{35.5-46}{\sqrt{23}}\right) = \Phi(-2.189) \\ &= 0.014 \end{aligned}$$

Dass höchstens 35 mal „Kopf" vorkommt bei 92 Würfen, ist also ziemlich unwahrscheinlich. Vermutlich ist geschummelt worden. ▪

7.3 Vertrauensintervalle

In riesigen Gesundheitsstudien hat man für verschiedene Bevölkerungsschichten Verteilung, Mittelwert und Standardabweichung von Cholesterinwerten bestimmt. Nehmen wir an, für eine bestimmmte Population gesunder Männer sei der Mittelwert $\mu = 200$ und die Standardabweichung $\sigma = 20$ (mg/100 ml).

In einer kleinen Studie werden nun Cholesterinmessungen an einer Stichprobe von 30 Männern gemacht. Wegen des Zentralen Grenzwertsatzes ist der Mittelwert der 30 Messungen der gesunden Männer genähert normalverteilt mit $\mu_{\bar{x}} = 200$ und $\sigma_{\bar{x}} = 20/\sqrt{30} = 3.65$. Die Wahrscheinlichkeit, dass der Mittelwert zwischen 195 und 205 mg/100 ml liegt, ist:

$$
\begin{aligned}
&P(195 \leq \bar{X} \leq 205) = \\
&\quad P\left(\frac{195-200}{3.65} \leq Z \leq \frac{205-200}{3.65}\right) = \\
&\quad \Phi(1.37) - \Phi(-1.37) = 2 \cdot \Phi(1.37) - 1 \\
&\qquad\qquad = 0.8294.
\end{aligned}
$$

Wenn wir den Mittelwert von 30 Messungen von zufällig ausgewählten Personen benutzen würden, um den Populationsmittelwert zu schätzen, dann würde unsere Schätzung $\bar{x}$ in 83 % aller Fälle innerhalb von ± 5 mg/100 ml des wahren Wertes μ liegen.

Nun kann man den Spiess umdrehen. Falls $\bar{x}$ innerhalb von ± 5 mg/100 ml des wahren Wertes μ liegt, dann muss natürlich auch μ innerhalb von ± 5 mg/100 ml des Mittelwertes $\bar{x}$ liegen. Oft legt man statt der tolerierten Abweichung (hier: ± 5 mg/100 ml) das Vertrauensniveau fest (hier: 83 %). Übliche Vertrauensniveaus sind 95 % oder 99 %. Für eine normalverteilte Zufallsvariable liegen 95 % aller Werte innerhalb von $\mu \pm 1.96\sigma$ (siehe Seite 91). Mit einer Wahrscheinlichkeit von 95 % liegt also der Wert von $\bar{X}$, mindestens genähert, zwischen $\mu - 1.96\sigma/\sqrt{n}$ und $\mu + 1.96\sigma/\sqrt{n}$. Drehen wir den Spiess wie vorher wieder um, dann ist mit 95 % Wahrscheinlichkeit $\bar{X} - 1.96\sigma/\sqrt{n} \leq \mu \leq \bar{X} + 1.96\sigma/\sqrt{n}$.

Wenn σ bekannt ist, kann man also eine Stichprobe ziehen, $\bar{x}$ berechnen, zusammen mit σ in den letzten zwei Ungleichungen einsetzen und dann erhält man ein 95 %-*Vertrauensintervall* für den unbekannten Parameter μ:

$$\bar{x} \pm 1.96\sigma/\sqrt{n} \tag{7.1}$$

In der Praxis kennt man natürlich σ meistens nicht, wenn schon μ unbekannt ist. Für n grösser als 30 kann man σ schätzen mit der Formel (2.5) für die Standardabweichung s der Stichprobe und dann s in der obigen Formel einsetzen. Wie man bei kleinerem n und unbekanntem σ vorgeht, wird im nächsten Kapitel behandelt.

Beispiel 7.2
Der Mittelwert der Cholesterinwerte der 30 Kontrollpersonen war $\bar{x} = 193.1$. Das ergibt: $\bar{x} \pm 1.96\sigma/\sqrt{n} = 193.1 \pm 7.16$. Das Intervall $(185.9, 200.3)$ ist also ein 95 %-Vertrauensintervall für μ. Aber was heisst das genau? ■

Man kann nicht sagen, dass μ mit einer Wahrscheinlichkeit von 95 % im berechneten Intervall liegt. Der Parameter μ ist eine Konstante und nicht zufällig. Aus einer Stichprobe berechnet man den Mittelwert $\bar{x}$ und daraus die Intervallgrenzen. Entweder liegt μ im Intervall oder nicht. Jede Stichprobe liefert ein etwas anderes $\bar{x}$ und damit ein etwas anderes Intervall $\bar{x} \pm 1.96\sigma/\sqrt{n}$. 95 % der so erzeugten Intervalle enthalten tatsächlich μ, die restlichen 5 % nicht. Zu welcher Gruppe unser Intervall $(185.9, 200.3)$ gehört, wissen wir aber leider nicht.

Die Abbildung 7.5 zeigt 100 simulierte 95 %-Vertrauensintervalle für $\mu = 0$ und $\sigma_{\bar{x}} = 1$. Die Mittelpunkte der Intervalle schwanken um μ herum. Insgesamt sieben Intervalle enthalten μ nicht. Die Länge des Intervalls hängt ab von σ, n und dem Vertrauensniveau. Für die Berechnung eines Intervalls mit einem andern Vertrauensniveau als 95 % muss man den entsprechenden kritischen Wert kennen und anstelle von 1.96 in der Formel 7.1 einsetzen. Sei $z_{1-\alpha/2}$ das $(1-\alpha/2)$-Quantil der Standardnormalverteilung, d. h. es ist $\Phi(z_{1-\alpha/2}) = 1 - \alpha/2$.

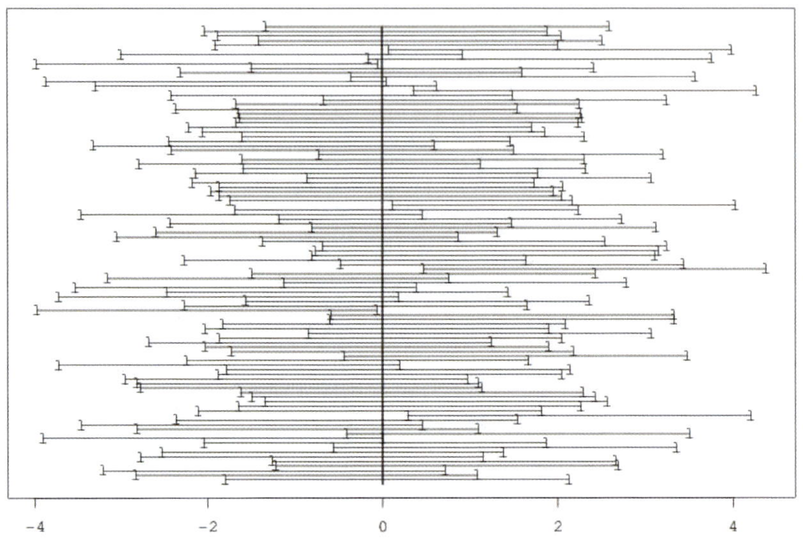

Abbildung 7.5: Simulation von 100 Vertrauensintervallen um $\mu = 0$

Zwischen $-z_{1-\alpha/2}$ und $+z_{1-\alpha/2}$ liegt dann ein Anteil der Fläche von $1-\alpha$. Die Grösse $z_{1-\alpha/2}$ nennt man in diesem Kontext *kritischer Wert*. Die Abbildung 7.6 illustriert die Situation.

Ein $(1-\alpha)100\,\%$- Vertrauensintervall für μ ist dann:

$$\bar{x} \pm z_{1-\alpha/2} \cdot \sigma/\sqrt{n} \qquad (7.2)$$

Für die üblichen Vertrauensniveaus von 90 %, 95 % und 99 % sind die kritischen Werte in der folgenden Tabelle enthalten.

$\alpha/2$	**Vertrauensniveau**	$z_{1-\alpha/2}$
0.05	90 %	1.645
0.025	95 %	1.96
0.005	99 %	2.57

Eine Warnung:

Ein Vertrauensintervall berücksichtigt nur eine Art von Fehler, nämlich zufällige Schwankungen auf Grund der Stichprobenvariabilität. Andere Faktoren, die zu systematischen Fehlern führen können, werden nicht erfasst. Die tatsächliche Ungenauigkeit kann also sehr viel grösser sein als die obige Berechnung suggeriert. Die Berechnung basiert auf der Normalverteilung. Wenn die Approximation schlecht ist, wenn Ausreisser vorhanden sind, stimmt das Vertrauensniveau unter Umständen nicht mehr. Der berechnete Mittelwert muss aus einer einfachen Zufallsstichprobe stammen. Wenn ein anderer Stichprobenplan vorliegt, müssen kompliziertere Formeln zur Berechnung von Vertrauensintervallen verwendet werden.

Vertrauensintervall als Verrat! Viel turnen!

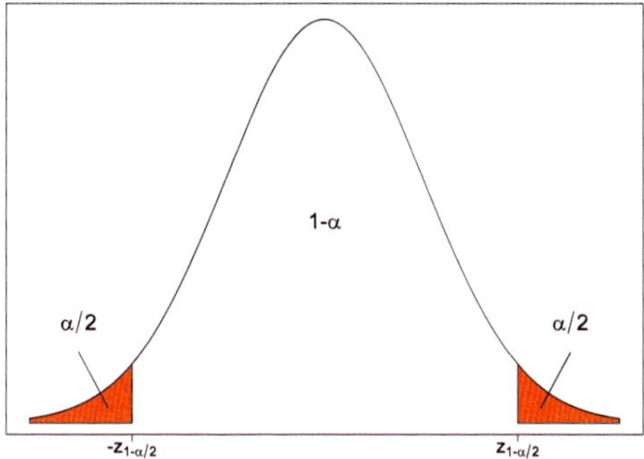

Abbildung 7.6: Flächenanteile unter der Normalverteilungskurve

7.4 Kontrollfragen und Aufgaben

1. Wie viele Male erwarten Sie „Kopf“ unter 10 Münzwürfen?
2. Sie gewinnen, wenn Sie eine Münze eine vorgegebene Anzahl Mal werfen und zwischen 40 % und 60 % „Kopf“ erhalten. Ist es besser, 10 oder 100 Mal zu werfen, oder ist es egal?
3. Sie gewinnen, wenn Sie exakt 50 % „Kopf“ werfen. Ist es besser, 10 oder 100 Mal zu werfen, oder ist es egal?
4. Bei 8 DiabetikerInnen wurde das Plasma-Glukose-Niveau in mmol/l vor und eine Stunde nach Verabreichung von 100 g Glukose gemessen.
   a) Berechnen Sie ein 95 %-Vertrauensintervall für die mittlere Differenz im Glukoseniveau.
   b) Wieviele PatientInnen würden für ein 95 %-Vertrauensintervall der Länge 0.5 mmol/l für den Erwartungswert der Differenz benötigt? (Annahme: σ ist bekannt und gleich s.)

	Plasma-Glukose		
Pat.	**vorher**	**nachher**	**Differenz**
1	4.67	5.44	0.77
2	4.97	10.11	5.14
3	5.11	8.49	3.38
4	5.17	6.61	1.44
5	5.33	10.67	5.34
6	6.22	5.67	-0.55
7	6.50	5.78	-0.72
8	7.00	9.89	2.89

7.5 Glossar

Punktschätzung Ein einzelner Zahlenwert, Statistik genannt, mit der ein unbekannter Parameter einer Population geschätzt wird.

Vertrauensintervall Intervall, innerhalb dessen Grenzen der unbekannte Parameter mit einer bestimmten Wahrscheinlichkeit, dem Sicherheitslevel, vermutet wird.

8. Konzept eines statistischen Tests

- Was bedeutet statistisch signifikant?
- Was genau haben wir bewiesen?

8.1 Einführung

In einem Spital in Den Haag in Holland gab es innert kürzerer Zeit acht unerwartete Todesfälle und Reanimationen. Als bekannt wurde, dass jedes Mal die Pflegefachfrau Lucia de Berk Schicht gehabt hatte, wurde sie verhaftet und des mehrfachen Mordes angeklagt.

Das Gericht beauftragte einen Statistiker damit, die Wahrscheinlichkeit zu berechnen, dass Lucia zufällig bei allen Zwischenfällen anwesend gewesen war. Unter der Voraussetzung, dass pro Schicht höchstens ein Zwischenfall mit konstanter Wahrscheinlichkeit passieren kann und dass die Zwischenfälle unabhängig voneinander passieren, errechnete der Statistiker eine Wahrscheinlichkeit 1 zu 342 Millionen, dass Lucia bei allen 8 Zwischenfällen zufällig dabei war. Diese Wahrscheinlichkeit war so klein, dass das Gericht davon ausging, dass die Präsenz von Lucia bei allen acht Zwischenfällen kein blosser Zufall sein konnte. Sie wurde im März 2003 für schuldig befunden und zu lebenslanger Haft und unbegrenzter psychiatrischer Verwahrung verurteilt.

Das Gericht hat sich bei seiner Urteilsfindung neben toxikologischen Fakten auf einen statistischen Test abgestützt. Die Anfangshypothese besagt, dass Lucia unschuldig ist. Dann wird die Wahrscheinlichkeit berechnet, dass Lucia bei allen acht Vorfällen anwesend war, unter der Annahme, dass die Hypothese stimmt. Diese Wahrscheinlichkeit ist extrem klein. Entweder akzeptiert man nun, dass ein derart extrem unwahrscheinliches Ereignis eingetreten ist, oder man verwirft die Anfangshypothese. Das Gericht hat das Letztere getan und geschlossen, dass Lucia schuldig ist. Das Urteil wurde ans Appelationsgericht und ans höchste Gericht in Holland weitergereicht und 2004 bestätigt.

Es gibt fast keine Publikationen über empirische Studien ohne statistische Tests. Die Beliebtheit von Signifikanztests liegt zu einem grossen Teil daran, dass sie eine Ja/Nein-Antwort liefern auf die Frage, ob eine Veränderung, ein Effekt, eingetreten ist oder nicht. Scheinbar definitive Entscheidungen sind attraktiv. Deshalb werden so oft statistische Tests durchgeführt und nicht weil sie irgendwie „objektiver“ wären als andere statistische Methoden.

8.2 Begriffe und Vorgehensweise

Statistische Tests sind alle nach dem genau gleichen Prinzip aufgebaut. Die Vorgehensweise wird am Beispiel des *z-Tests* erläutert.

In einer Herzinfarktstudie wurden Cholesterinwerte von 28 etwa gleichaltrigen Herzinfarktpatienten mit 30 Kontrollpersonen verglichen. Die Kontrollpersonen wurden aus dem Pflegepersonal passenden Alters rekrutiert und hatten einen mittleren Cholesterinwert von $\bar{x} = 193.1$. Aus nationalen Erhebungen sind Mittelwert und Standardabweichung der Population gesunder Männer dieses Alters bekannt: $\mu = 200$ mg/100 ml und $\sigma = 20$ mg/100 ml. Der Mittelwert der Kontrollgruppe ist etwas tiefer als der Populationsmittelwert. Kann diese Differenz durch den Zufall erklärt werden, oder muss man stattdessen davon ausgehen, dass die Pfleger generell tiefere Cholesterinwerte haben als Normalbürger? Vielleicht sind sie überdurchschnittlich gesundheitsbewusst. In diesem Fall wäre der Vergleich für die Herzinfarktpatienten zu streng.

8.2.1 Vorgehensweise beim z-Test

1. *Nullhypothese* formulieren:
   Wir nehmen an, dass kein Effekt oder Unterschied vorhanden ist, d. h. der mittlere Cholesterinwert der Population männlicher Pflegefachpersonen ist identisch mit dem Mittelwert der Normalpopulation.
   Die Nullhypothese H_0 beinhaltet also, dass die Cholesterinmessungen aus einer Population mit Erwartungswert $\mu = \mu_0 = 200$ mg/100 ml stammen. Zudem ist $\sigma = 20$ mg/100 ml, und die Messungen sind unabhängig und normalverteilt.
2. Alternative bestimmen:
   Die *Alternativhypothese* H_A besagt, dass die Cholesterinmessungen aus einer Population mit Erwartungswert $\mu \neq 200$ mg/100 ml stammen. Wieder ist $\sigma = 20$ mg/100 ml und die Messungen sind unabhängig und normalverteilt. Das ergibt einen zweiseitigen Test. Eine einseitige Alternative wäre die Annahme, dass $\mu < 200$ mg/100 ml. Wenn Abweichungen vom Sollwert gegen unten auf jeden Fall entdeckt werden sollen, dann wählt man einen einseitigen Test. Wenn Abweichungen auf beide Seiten auftreten können, wählt man eher einen zweiseitigen Test. Die Entscheidung ein- oder zweiseitig sollte aber auf jeden Fall vorher und aufgrund prinzipieller Überlegungen getroffen werden und nicht auf Grund der beobachteten Werte.
   Statistische Tests funktionieren als „Widerspruchsbeweise", d.h. man versucht zu zeigen, dass die Daten gegen die Nullhypothese H_0 sprechen. Deshalb entspricht die Alternativhypothese H_A der *Arbeitshypothese* („Es besteht ein Unterschied", „Die neue Behandlung ist besser").
3. *Teststatistik* festlegen:
   Die Teststatistik ist die zu beobachtende Grösse, mit Hilfe derer über die Hypothesen entschieden wird. Bei den Cholesterinmessungen soll die Teststatistik auf dem Stichprobenmittel $\bar{X}$ basieren, einer naheliegenden Schätzung für μ.
4. Wahrscheinlichkeitsverteilung der Teststatistik unter H_0 bestimmen:
   $\bar{X}$ hat unter H_0 eine Normalverteilung $\mathcal{N}(\mu_0, \sigma^2/n)$, wobei n die Stichprobengrösse ist, und in unserem Beispiel ist $\mu_0 = 200$. Als Teststatistik wählt man die standardisierte Grösse
   $$Z = \frac{\bar{X} - \mu_0}{\sigma/\sqrt{n}}. \tag{8.1}$$
   Unter H_0 ist Z standardnormalverteilt.
5. *Verwerfungsbereich* definieren:
   Das ist die Menge aller „extremen" Beobachtungen, also solche, die stark gegen H_0 sprechen. Extrem sind Beobachtungen, die unter H_0 eine genügend kleine Wahrscheinlichkeit haben. Diese Wahrscheinlichkeit heisst *Signifikanzniveau* und wird üblicherweise auf 5% oder 1% festgesetzt. Das Komplement zum Verwerfungsbereich heisst *Annahmebereich*.

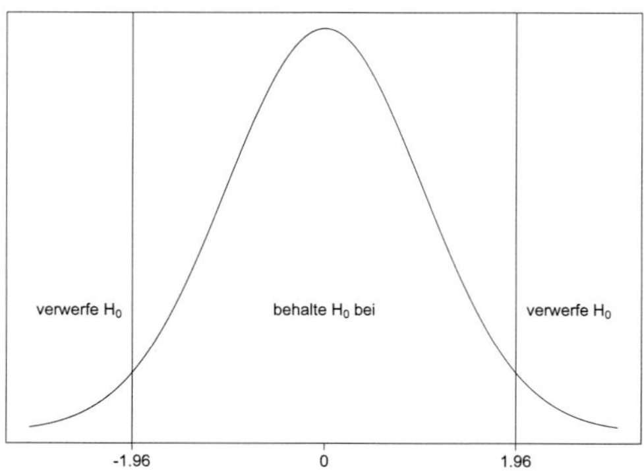

Abbildung 8.1: Annahme- und Verwerfungsbereich für $\alpha = 5\%$

Bei einem Signifikanzniveau von $\alpha = 5\%$ ist der Verwerfungsbereich für den zweiseitigen z-Test $Z \leq -1.96$ und $Z \geq 1.96$. Die Abbildung 8.1 zeigt Annahme- und Verwerfungsbereich. Der kritische Wert ± 1.96 trennt Annahme- und Verwerfungsbereich. Bei einem Signifikanzniveau von $\alpha = 1\%$ wäre der kritische Wert ± 2.576.

6. Daten erheben und den Wert der Teststatistik berechnen:
   Die Daten liefern folgenden Wert der Teststatistik:
   $$z = \frac{\bar{x} - \mu_0}{\sigma/\sqrt{n}} = \frac{193.1 - 200}{3.65} = -1.89$$
7. Entscheidung:
   Wenn der Wert der Teststatistik im Verwerfungsbereich liegt, kann H_0 verworfen werden. Der Test ist signifikant. Bei einem Ergebnis im Annahmebereich, kann H_0 nicht verworfen werden, der Test ist nicht signifikant.
   Die Teststatistik der Cholesterinmessungen liegt im 95%-Annahmebereich, denn $|z| = 1.89 < 1.96$. Auf dem 5%-Niveau kann H_0 nicht verworfen werden. Die Abweichung des beobachteten Cholesterinmittelwerts vom Sollwert von 200 scheint zu wenig gross, um auf einen realen Unterschied zwischen der Normalpopulation und dem Pflegepersonal hinzuweisen.

Statt nur zu sagen, ob ein Test signifikant ausgefallen ist oder nicht, gibt man heutzutage meist den *P-Wert* an. Das ist die Wahrscheinlichkeit, dass in einem neuen Versuch ein mindestens so extremes Resultat wie das Beobachtete herauskommt, unter der Annahme, dass H_0 richtig ist. Der P-Wert ist also die Wahrscheinlichkeit für einen Z-Wert, der mindestens 1.89 von 0 entfernt ist:

$$\begin{aligned} P\text{-Wert} &= P(Z \leq -1.89) + P(Z \geq 1.89) \\ &= 2 \cdot 0.0294 = 0.0588. \end{aligned}$$

In rund 6% aller Fälle würde eine Zufallsstichprobe vom Umfang 30 aus der Zielpopulation gesunder Männer einen mindestens so extremen mittleren Cholesterinwert liefern wie die 30 Kontrollpersonen in der Herzinfarktstudie. Die Abbildung 8.2 illustriert die Situation.

Der Wert der Teststatistik ist genau dann im Verwerfungsbereich, wenn der P-Wert kleiner ist als das Signifikanzniveau α. In diesem Fall wird H_0 verworfen. Wenn der P-Wert grösser ist als α, dann liegt der Wert der Teststatistik im Annahmebereich, und die Daten sprechen zu wenig gegen H_0. Die Nullhypothese kann dann nicht verworfen werden.

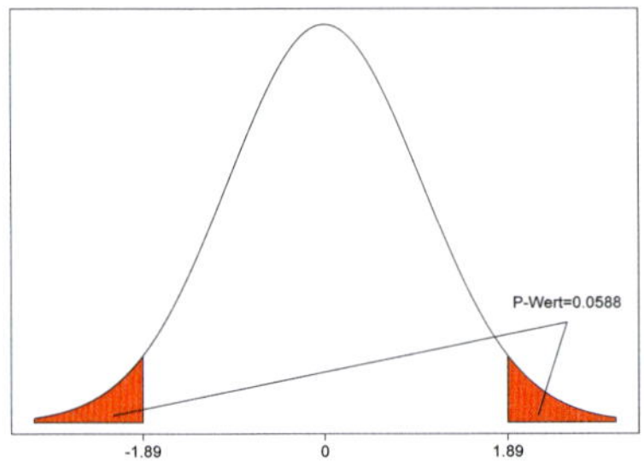

Abbildung 8.2: P-Wert für den z-Test im Cholesterinbeispiel

Die Nullhypothese ist das zu überprüfende Modell und besteht meistens aus einer Aussage über einen Populationsparameter und einer Verteilungsannahme, die es für die Testkonstruktion braucht. Beim z-Test setzen wir Normalverteilung und bekannte Varianz voraus. Im nächsten Kapitel werden andere Tests besprochen, die weniger Voraussetzungen brauchen.

Der z-Test ist nicht signifikant. Das heisst aber nicht, dass H_0 bewiesen ist. Die Daten sind bloss mit H_0 vereinbar. Aber sie sind auch mit vielen andern Hypothesen vereinbar, z. B. mit der Hypothese, dass der Populationsmittelwert von männlichen Pflegefachpersonen 193 mg/100 ml ist. Wenn H_0 normalerweise beibehalten wird, hängt das von nichtstatistischen Gründen ab.

Wenn der Test signifikant ist, wird H_0 als statistisch widerlegt betrachtet. Meistens wird daraus geschlossen, dass H_A richtig ist. Aber H_A könnte ebenfalls falsch sein, zum Beispiel wenn σ nicht gleich 20 mg/100 ml ist. Eigentlich kann man nur H_0 mit einer gewissen Sicherheit ausschliessen.

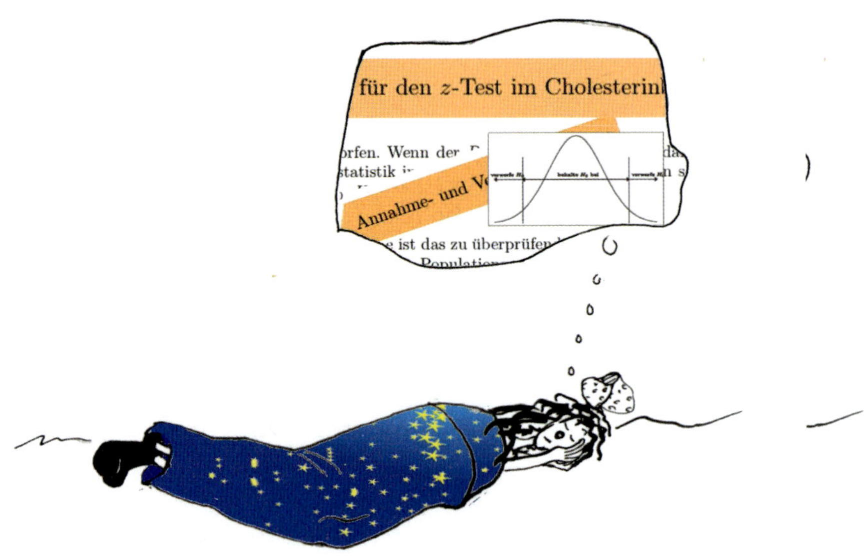

Der P-Wert ist informativer als die blosse Angabe, ob ein Unterschied signifikant ist oder nicht. Er kann aber in der Regel nicht in Tabellen abgelesen werden wie ein kritischer Wert, sondern muss mit dem Computer, manchmal genügt auch ein Taschenrechner, berechnet werden.

Wir haben ein Signifikanzniveau von 5% gewählt. Der P-Wert ist knapp darüber. Aber die 5% sind keine magische Schranke. Es ist unsinnig, Unterschiede mit einem P-Wert von 0.045 als real zu betrachten, hingegen solche mit einem P-Wert von 0.055 als zufällig abzutun. Und aufgepasst, der P-Wert ist nicht die Wahrscheinlichkeit, dass H_0 richtig ist. Einer Hypothese kann keine Wahrscheinlichkeit zugeordnet werden, sie ist entweder richtig oder falsch.

8.2.2 *Dualität zwischen Tests und Vertrauensintervallen

Die Berechnungen für den z-Test und die Konstruktion eines Vertrauensintervalls für μ sind ziemlich ähnlich, weil Tests und Vertrauensintervalle eng miteinander verwandt sind. Bei einem Test lautet die Frage: „Welche Beobachtungen sind vereinbar mit H_0, bzw. mit einem Parameterwert μ_0?“ Der Annahmebereich liefert die Antwort. Umgekehrt wird bei einem Vertrauensintervall gefragt: „Welche Parameter sind vereinbar mit den Beobachtungen?“ Alle diese Parameterwerte bilden dann das Vertrauensintervall. Das kann mathematisch so formuliert werden:

Satz 8.2.1 — Dualitätssatz. Ein Test mit Signifikanzniveau α verwirft $H_0 : \mu = \mu_0$ genau dann nicht, wenn μ_0 innerhalb des $(1-\alpha)100\%$-Vertrauensintervalls liegt.

Im Prinzip kann damit zu jedem Test ein Vertrauensintervall konstruiert werden, indem die Menge aller μ_0 bestimmt wird, für die der Test nicht signifikant wird. Im Beispiel des z-Tests sind die Berechnungen besonders einfach. Der 95%-Annahmebereich für $H_0 : \mu = \mu_0$ ist

$$-1.96 \leq \frac{\bar{x}-\mu_0}{\sigma/\sqrt{n}} \leq 1.96.$$

Der Test ist also genau dann nicht signifikant, wenn:

$$-1.96 \cdot \sigma/\sqrt{n} \leq \bar{x}-\mu_0 \leq 1.96 \cdot \sigma/\sqrt{n}.$$

Betrachtet man jetzt $\bar{x}$ als fest und sucht alle μ_0, für die die obigen Ungleichungen stimmen, dann sind das alle μ_0, für die gilt:

$$\bar{x}-1.96 \cdot \sigma/\sqrt{n} \leq \mu_0 \leq \bar{x}+1.96 \cdot \sigma/\sqrt{n}.$$

Das ist identisch mit dem in Kapitel 7 berechneten Vertrauensintervall.

8.2.3 Überprüfung der Testvoraussetzungen

Für die Interpretation eines signifikanten Testergebnisses gibt es mehrere Möglichkeiten:

1. Unterschied ist nachgewiesen, H_A ist richtig
2. kein Unterschied, aber trotzdem ist H_0 falsch
3. zufällige Signifikanz

Die dritte Möglichkeit kann nie ganz ausgeschlossen werden, ihre Wahrscheinlichkeit wird aber mit der Wahl von α kontrolliert. Die Variante (2) ist immer dann möglich, wenn H_0 aus verschiedenen Aussagen besteht, z. B. einer Verteilungsannahme und einer Aussage über einen Parameter. Die vollständige Nullhypothese des z-Tests besagt, dass n unabhängige Beobachtungen vorliegen, die aus einer Normalverteilung stammen mit Erwartungswert $\mu = \mu_0$ und bekanntem σ^2. Der Test kann nun signifikant werden, weil eine der Aussagen, die sich nicht auf μ beziehen, falsch ist. Natürlich möchte man (2) vermeiden, um (1) als plausibelste Erklärung zu haben.

Im nächsten Kapitel werden weitere Tests für Lageparameter besprochen, die weniger Voraussetzungen benötigen als der z-Test. Bei allen Tests und Vertrauensintervallen, die normalverteilte Beobachtungen voraussetzen, sollte das zuerst überprüft werden. Genau genommen muss für den z-Test nur der Mittelwert $\bar{X}$ normalverteilt sein, nicht die Einzelmessungen, und wegen dem Zentralen Grenzwertsatz ist das bei genügend grossem n mindestens näherungsweise erfüllt. Der z-Test verliert aber viel an Effizienz im Vergleich zu den Tests, die im Kapitel 9 besprochen werden. Zudem ist die Standardabweichung σ selten bekannt und damit der z-Test für die Praxis nicht oft brauchbar.

Normalplot

Es gibt eine ganze Reihe von statistischen Tests, mit denen die Normalverteilung überprüft werden kann. Die Nullhypothese besagt, dass die Daten normalverteilt sind, die Alternative, dass sie das nicht sind. Dann braucht man eine Grösse, die die Normalverteilung charakterisiert, als Teststatistik, leitet deren Verteilung unter H_0 her und berechnet den P-Wert aus den beobachteten Daten. Das Problem liegt darin, dass das Testergebnis stark von der gewählten Grösse abhängt. Jeder der Tests ist sensitiv für gewisse Abweichungen von der Normalverteilung und für andere nicht. Da hier mit einem nichtsignifikanten Ergebnis die Nullhypothese bestätigt werden soll, bewegt man sich ausser bei sehr grossen Stichproben auf Glatteis.

Eine andere Möglichkeit besteht darin, Verteilungsannahmen grafisch zu überprüfen. In einem *Normalplot* werden die Beobachtungen einer Stichprobe mit den theoretischen Quantilen einer Normalverteilung verglichen. In einem Streudiagramm wird für jede Beobachtung ein Punkt eingezeichnet. Der Wert auf der x-Achse entspricht dem beobachteten Quantil in der Stichprobe, das entsprechende theoretische Quantil der Normalverteilung ergibt den Wert auf der y-Achse. Wenn die Stichprobe aus einer Normalverteilung kommt, sollten die Punkte ungefähr auf einer Geraden liegen.

Der Normalplot wird auch *QQ-Plot* genannt. Zur Überprüfung von andern Verteilungen nimmt man die theoretischen Quantile der entsprechenden Verteilung und plottet sie gegen die empirischen Quantile der Stichprobe.

Beispiel 8.1
Die 30 Cholesterinmessungen der Kontrollgruppe sind der Grösse nach geordnet:

160 162 164 166 170 176 178 178 182 182 182 182 182 184 186 188 196 198 198 198 200 200 204 206 212 218 230 232 238 242.

Die kleinste Messung ist 160. Ein Anteil von $1/30 = 0.033$ der Stichprobe ist also höchstens so gross wie 160. Dieser Wert ist deshalb das 0.033-Quantil der Stichprobe. Das 0.03-Quantil der Standardnormalverteilung ist $z = -1.84$, weil $P(Z \leq -1.84) = 0.033$. Der erste Punkt im Normalplot ist deshalb $(160, -1.84)$. Der zweitkleinste Wert in der Stichprobe ist 162 und ein Anteil von $2/30 = 0.067$ sind kleiner oder gleich dieser Messung. Also ist 162 das 0.067-Quantil der Stichprobe. Das theoretische 0.067-Quantil der Standardnormalverteilung ist $z = -1.50$. Der zweite Punkt im Streudiagramm ist also $(162, -1.50)$. ■

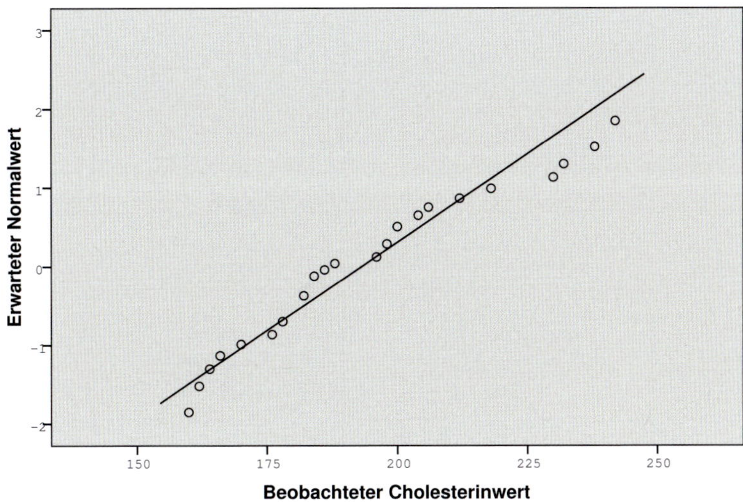

Abbildung 8.3: Normalplot der 30 Cholesterinwerte

Alle grösseren Statistikprogramme machen Normalplots. Dabei wird zusätzlich eine Kontinuitätskorrektur verwendet. Die Details der Berechnung sind nicht interessant, viel wichtiger ist die Interpretation der Grafik.

Im Normalplot der Cholesterinmessungen (siehe Abbildung 8.3) liegen die 30 Punkte nicht exakt auf einer Geraden. Die Frage stellt sich, bei welchen Abweichungen auf eine nichtnormale Verteilung geschlossen werden soll. Die Abbildung 8.4 zeigt ein paar Simulationen von normalverteilten Stichproben. Allzu kritisch darf man die Normalplots nicht anschauen. Auch wenn die Normalverteilung für die Population stimmt, kann durchaus eine zufällig recht abweichende Stichprobe resultieren. Die Abbildung 8.5 zeigt typische Abweichungen von einer Normalverteilung.

Wert zernarrt es. Lenz zagt: Zentraler Grenzwertsatz

8.2.4 Mögliche Fehler und die Macht eines Tests

Eine Hypothese kann mit Hilfe eines statistischen Tests weder mit absoluter Sicherheit bewiesen noch widerlegt werden. Die Situation ist ähnlich wie bei einem diagnostischen Test.

Ein *Fehler 1. Art* passiert, wenn H_0 verworfen wird, obschon H_0 richtig wäre. Die Wahrscheinlichkeit eines Fehlers 1. Art ist α und wird auf 5% oder 1% festgelegt. Umgekehrt kann es auch sein, dass H_0 beibehalten wird, obschon H_A stimmt. Das ist ein *Fehler 2. Art*. Die Wahrscheinlichkeit eines Fehlers 2. Art wird meist mit β bezeichnet. Natürlich sollte β möglichst klein, d. h. $1-\beta$ sollte möglichst gross sein. $1-\beta$ ist die Wahrscheinlichkeit, eine wahre Alternativhypothese zu erkennen, und heisst die *Macht* (power) des Tests. Wählt man nun ein kleines α, um möglichst einen Fehler 1. Art zu vermeiden, dann wird der Verwerfungsbereich entsprechend klein, und ein Fehler 2. Art wird wahrscheinlicher. α und β können also nicht beide gleichzeitig beliebig klein gehalten werden. Ein kleineres α führt so zu einer geringeren Macht. Die Macht, die in der Regel mindestens 80% betragen sollte, kann zusätzlich beeinflusst werden durch die Messgenauigkeit (Streuung der Beobachtungen), die Alternativhypothese, die Teststatistik und den Stichprobenumfang (siehe auch Kapitel 9.3).

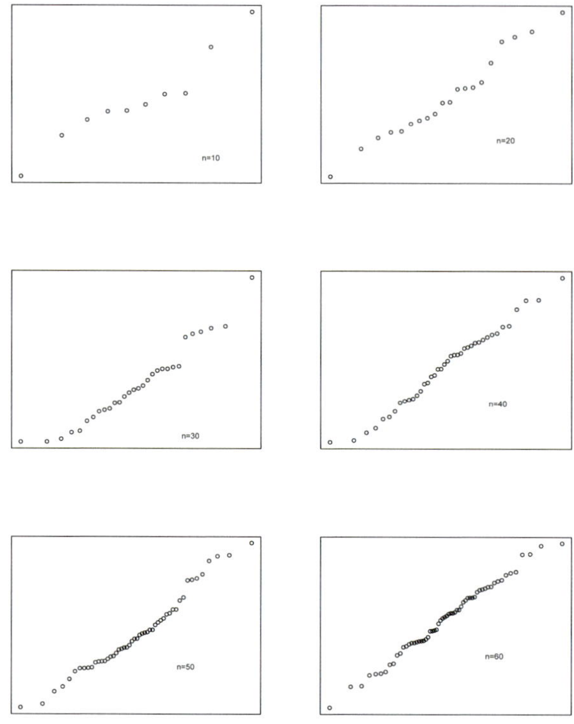

Abbildung 8.4: Simulationen normalverteilter Zufallszahlen

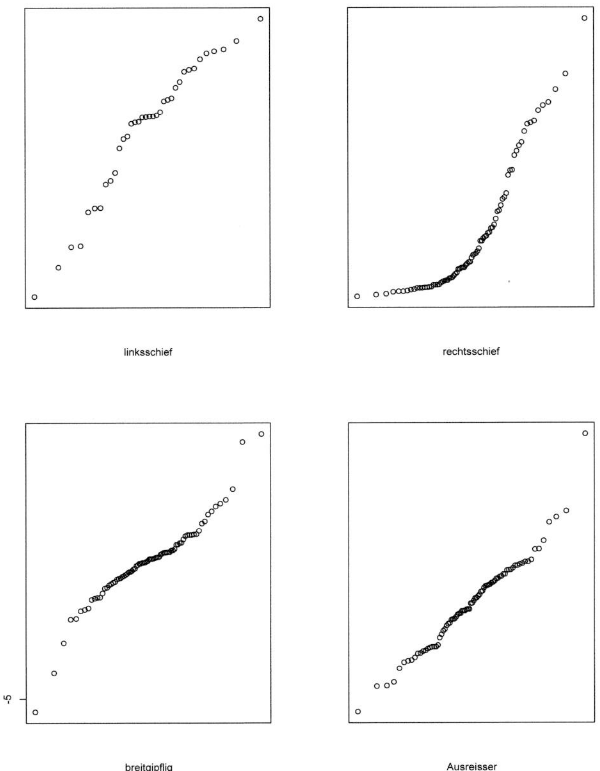

Abbildung 8.5: Typische Abweichungen von der Normalverteilung

Abschliessende Bemerkung

Signifikanz und Relevanz sind zwei verschiedene Dinge. Wenn in einer Studie eine zu kleine Stichprobe untersucht wird, dann sind die zufälligen Schwankungen gross und auch grosse Effekte können nicht als statistisch signifikant nachgewiesen werden. Genauso gibt es auch zu grosse Stichproben. Dann werden Bagatelleffekte hoch signifikant. Kein Modell ist wahr, und mit genügend Beobachtungen findet man immer eine signifikante Abweichung.

In einer Studie über rheumatische Arthritis wurde zwischen einer behandelten und einer unbehandelten PatientInnengruppe ein hoch signifikanter Unterschied (P-Wert < 0.01) in der benötigten Zeit für das Gehen einer Distanz von 15 m gefunden: 0.56 Sekunden. Dieses Ergebnis ist vermutlich nicht einmal für die Verkehrsplaner relevant. Wenn zum P-Wert auch ein Vertrauensintervall für den geschätzten Effekt angegeben wird, kann die Relevanz besser beurteilt werden.

Ronald Fisher hat 1925 das Signifikanzniveau willkürlich auf 5% gesetzt, zu einer Zeit als viel weniger Leute viel weniger statistische Tests durchgeführt haben. In Anbetracht der steigenden Zahl von nichtreproduzierbaren signifikanten Ergebnissen in der heutigen Forschung haben 72 renommierte WissenschaftlerInnen dazu aufgefordert, für neue Effekte das Signifikanzniveau von 5% auf 0.5% zu senken (Benjamin et al., 2018). Für Wiederholungen bzw. bestätigende Tests soll nach wie vor $\alpha = 5\%$ gelten.

Nachtrag zum Fall Lucie de Berk

Weil die Berechnung des P-Werts und die zugrundeliegenden Voraussetzungen so stark kritisiert worden waren, behauptete das oberste Gericht in seinem neuen Urteilsspruch 2004, dass statistische Argumente absolut keine Rolle mehr gespielt hätten. Die Wahrscheinlichkeitsberechnung tauchte in der fast hundertseitigen Urteilsbegründung wirklich nicht mehr auf, aber ansonsten war diese Aussage blanker Unsinn. Wie hätte eine auf empirische Fakten abgestützte Begründung ohne statistische Argumentation funktionieren sollen?

Der Prozess wurde im Herbst 2009 wieder aufgenommen, nachdem immer mehr Mängel in der Datenbeschaffung und den medizinischen Gutachten aufgetaucht waren. Bei der Beantwortung der Frage, ob es Zufall gewesen sein konnte, dass Lucia de Berk bei allen Todesfällen auf Schicht gewesen war, hatte sich zudem ein folgenschwerer Denkfehler eingenistet. Man war von Mord ausgegangen, und die Frage war nur noch, ob Lucie de Berk die Mörderin gewesen war oder jemand anders. Jetzt stellte sich heraus, dass alle Lucie angelasteten Todesfälle auf medizinische Fehldiagnosen, Behandlungsfehler oder Missmanagement des Spitals zurückzuführen waren. Lucie de Berk wurde am 14. April 2010 freigesprochen. Es ist zu hoffen, dass es ihr besser ergehen wird als Sally Clark, auch ein Opfer falscher Wahrscheinlichkeitsberechnungen. Vier Jahre nach ihrer Freilassung wurde die als Kindsmörderin Verurteilte in ihrer Wohnung tot aufgefunden mit einer Alkoholvergiftung.

8.3 Kontrollfragen und Aufgaben

1. Die folgenden Fragen sind Multiple-Choice-Fragen. Jeweils eine Antwort ist richtig. Welche?

   a) Wenn die Nullhypothese verworfen wird,
      i) ist nur ein Fehler 1. Art möglich,
      ii) ist nur ein Fehler 2. Art möglich,
      iii) sind Fehler 1. Art und 2. Art möglich,
      iv) ist weder ein Fehler 1. Art noch ein Fehler 2. Art möglich.

   b) Wenn α die Wahrscheinlichkeit eines Fehlers 1. Art ist, dann ist die Wahrscheinlichkeit eines Fehlers 2. Art
      i) auch α
      ii) $1-\alpha$
      iii) 0
      iv) unbekannt.

   c) Mit einem statistischen Test
      i) ist es möglich, die Alternativhypothese zu beweisen,
      ii) kann Evidenz zugunsten der Alternativhypothese gefunden werden,
      iii) ist es nicht möglich, Evidenz zugunsten der Alternativhypothese, zu finden.
      iv) Keine der Aussagen ist richtig.

2. In einer Studie wurde der Effekt von Übungsstunden auf das Abschneiden in der Statistikprüfung untersucht. Der P-Wert war 0.86.

   a) Formulieren Sie mögliche Null- und Alternativhypothesen für diese Studie.
   b) Verwerfen Sie die Nullhypothese?
   c) Wie sieht Ihre Schlussfolgerung aus?
   d) Was möchten Sie noch über die Studie wissen, um zuverlässige Schlüsse ziehen zu können?

3. Das Calciumniveau im Blut von jungen, gesunden Erwachsenen variiert einigermassen normalverteilt mit Mittelwert 9.5 mg/dl und Standardabweichung $\sigma = 0.4$. In einer Studie mit 180 schwangeren Frauen ergibt sich ein Mittelwert von $\bar{x} = 9.58$. Ist das Evidenz dafür, dass das Calciumniveau von schwangeren Frauen von 9.5 abweicht?

   a) Formulieren Sie Null- und Alternativhypothese.

b) Führen Sie den Test aus und geben Sie den P-Wert an.
c) Was ist Ihre Schlussfolgerung?
d) Berechnen Sie ein 95%-Vertrauensintervall für den Mittelwert dieser Population.

8.4 Glossar

Alternativhypothese Hypothese, dass ein Unterschied, ein Effekt existiert.

Fehler 1. Art Die Nullhypothese wird verworfen, obschon sie richtig ist.

Fehler 2. Art Die Nullhypothese wird beibehalten, obschon sie falsch ist.

Macht eines Tests Wahrscheinlichkeit, die Nullhpothese richtigerweise zu verwerfen.

Nullhypothese Hypothese, dass kein Unterschied, kein Effekt existiert.

Signifikanz Der statistische Test liefert ein Ergebnis, aufgrund dessen die Nullhypothese verworfen wird.

Signifikanzniveau Wahrscheinlichkeit α eines Fehlers 1. Art, üblicherweise 5% oder 1%, aber siehe Benjamin et al. (2018).

Statistischer Test Methode, um mit Hilfe von Daten zu entscheiden, ob eine Nullhypothese zutrifft oder nicht.

9. Tests für Lageparameter

- Was sind 1- und 2-Stichprobentests?
- Wie wird der „richtige“ Test ausgewählt?
- Ist der t-Test sinnvoll?

Im letzten Kapitel ist mit dem z-Test untersucht worden, ob sich ein Stichprobenmittelwert signifikant von einem vorgegebenen Populationsmittelwert unterscheidet. Der z-Test setzt voraus, dass die Standardabweichung bekannt ist, was in der Praxis eher selten der Fall ist. Zudem müssen die Daten selbst oder zumindest der Mittelwert normalverteilt sein. Bei grossen Stichproben ist die Normalverteilung meistens eine gute Näherung. Aber bei kleinen Stichproben können deutliche Abweichungen von der Normalverteilung auftreten. Es braucht deshalb Alternativen zum z-Test.

9.1 Tests für eine Stichprobe

9.1.1 t-Test

Betrachten wir nochmals das Beispiel aus dem letzten Kapitel. Die 30 untersuchten Kontrollpersonen hatten einen mittleren Cholesterinwert von $\bar{x} = 193.1$ mg/100 ml, und wir möchten wissen, ob das gegen einen Populationsmittelwert von $\mu_0 = 200$ mg/100 ml spricht. Null- und Alternativhypothese sind also:

H_0: Messungen sind normalverteilt, $\mu = \mu_0$
H_A: Messungen sind normalverteilt, $\mu \neq \mu_0$

Die Teststatistik

$$Z = \frac{\bar{X} - \mu_0}{\sigma/\sqrt{n}}$$

ist standardnormalverteilt. Die Standardabweichung σ ist in der Regel unbekannt und muss durch die Standardabweichung s der Stichprobe geschätzt werden.

Definition 9.1.1 — Standardfehler. Die geschätzte Standardabweichung von $\bar{X}$ ist $s/\sqrt{n}$ und heisst Standardfehler (standard error, abgekürzt se).

Der Begriff Standardfehler taucht auch in anderen Zusammenhängen auf, z. B. im Computeroutput einer Regressionsanalyse. Standardfehler ist die allgemeine Bezeichnung für die geschätzte Standardabweichung einer Statistik.

Ersetzen wir in der obigen Teststatistik σ durch S, dann erhalten wir die Teststatistik

$$T = \frac{\bar{X} - \mu_0}{S/\sqrt{n}}. \tag{9.1}$$

Diese Teststatistik ist nicht mehr normalverteilt, sondern sie hat eine *t-Verteilung* mit $n-1$ *Freiheitsgraden* (degrees of freedom, kurz: df).

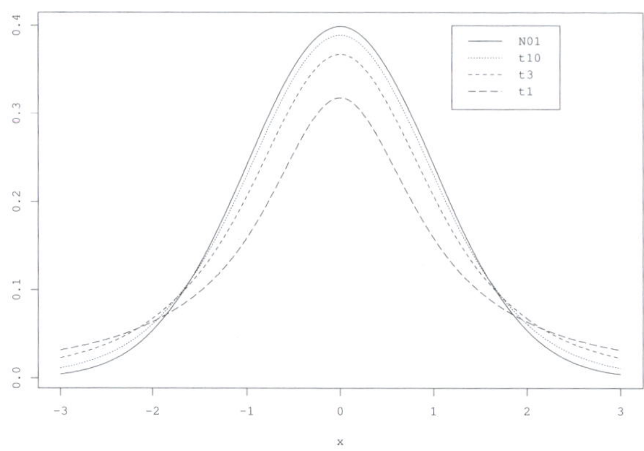

Abbildung 9.1: Dichten verschiedener t-Verteilungen und von $\mathcal{N}(0,1)$

In der Formel (9.1) ist die Standardabweichung S grossgeschrieben. S ist hier eine Zufallsvariable genauso wie $\bar{X}$ und die Teststatistik T. Wenn eine Stichprobe gezogen wird und Mittelwert, Standardabweichung und Wert der Teststatistik berechnet werden, erhält man $\bar{x}$, s und t. Die Abbildung 9.1 zeigt Dichten von t-Verteilungen mit verschiedenen Freiheitsgraden. Die Kurven sind ähnlich der Standardnormalverteilungskurve. Für kleines n sind die Verteilungen etwas breitgipfliger, aber je grösser n, desto kleiner werden die Abweichungen. Wie bei der Standardnormalverteilung erhält man bestimmte Werte der t-Verteilung entweder aus entsprechenden Tabellen oder mit einem Statistikprogramm. Auf Seite 271 ist eine Tabelle mit Perzentilen von t-Verteilungen für verschiedene Freiheitsgrade. Die Durchführung eines t-Tests und die Berechnung des entsprechenden Vertrauensintervalls geschieht ähnlich wie beim z-Test.

Beispiel 9.1
Für $n = 30$ ist der kritische Wert $t_{0.975} = 2.045$ ($df = 29$). Die Standardabweichung der Stichprobe ist $s = 22.3$, also etwas grösser als die beim z-Test festgesetzte Standardabweichung. Das ergibt folgenden Wert der Teststatistik:

$$t = \frac{193.1 - 200}{4.07} = -1.7.$$

Das liegt im 95%-Annahmebereich, denn $|t| = 1.7 < 2.045$. Auf dem 5%- Signifikanzniveau kann also H_0 nicht verworfen werden. Mit einem Statistikprogramm kann der exakte P-Wert bestimmt werden: P-Wert$= P(|T| \geq 1.7) = 0.10$. ▪

Um ein Vertrauensintervall zu berechnen, ersetzt man in der Formel (7.4) σ durch s und den kritischen Wert der Normalverteilung durch den kritischen Wert der t-Verteilung. Ein $(1-\alpha)100\%$-Vertrauensintervall für μ ist dann:

$$\bar{x} \pm t_{1-\alpha/2} \cdot s/\sqrt{n} \qquad (9.2)$$

Beispiel 9.2
$193.1 \pm 2.045 \cdot 4.07 = (184.8, 201.4)$. Dieses Vertrauensintervall ist etwas länger als das früher Berechnete. ▪

t-Test für verbundene Stichproben

In der Praxis ist es eigentlich eher selten, dass ein Test auf einen vorgegebenen Wert durchgeführt wird. Statt mit einer Konstanten werden häufiger zwei Messreihen in einem vergleichenden Experiment miteinander verglichen. In diesem Fall ist es wichtig, zu unterscheiden zwischen unabhängigen und verbundenen Stichproben. Wir betrachten zuerst die Situation von verbundenen Stichproben.

In einer klinischen Studie soll die Wirksamkeit eines Antihypertensivums getestet werden. 15 Hypertoniker erhielten zu diesem Zweck vier Wochen lang ein Placebomedikament und vier Wochen lang das Antihypertensivum. Die Reihenfolge der beiden Behandlungen wurde zufällig festgelegt. Alle zwei Wochen wurde den 15 Patienten der Blutdruck (liegend) gemessen. Das ergab folgende gemittelte Messungen für den systolischen Blutdruck:

Pat	Placebo	Antihyper.	Differenz
1	154	145	9
2	164	162	2
3	198	156	42
4	168	152	16
5	180	168	12
6	172	157	15
7	142	155	-13
8	165	140	25
9	172	145	27
10	158	160	-2
11	170	165	5
12	148	174	-26
13	188	138	50
14	145	142	3
15	146	149	-3

Es liegen zwei Beobachtungen pro Patient vor, d. h. wir haben zwei verbundene Stichproben. Um die Wirksamkeit zu untersuchen, bilden wir die Differenzen zwischen den Messungen mit Placebo und mit Antihypertensivum. Dann liegt pro Person nur noch eine Beobachtung vor und wir können den vorher besprochenen t-Test auf die Differenzen anwenden. Null- und Alternativhypothese sind:

H_0: Differenzen sind normalverteilt, $\mu = 0$
H_A: Differenzen sind normalverteilt, $\mu \neq 0$

Beispiel 9.3
Der kritische Wert für ein Signifikanzniveau von 5% ist $t_{14,0.975} = 2.145$. Der Wert der Teststatistik ist

$$t = \frac{10.8}{19.77/\sqrt{15}} = 2.12, \text{ also } |t| < t_{0.975}.$$

H_0 kann also nicht verworfen werden. Der Effekt des Antihypertensivums kann statistisch nicht nachgewiesen werden.

> Der P-Wert ist $P = P(|T| \geq 2.12) = 0.053$. Das 95%-Vertrauensintervall für μ ist $10.8 \pm 2.145 \cdot 19.77/\sqrt{15} = (-0.15, 21.75)$. ▪

Der P-Wert ist nur knapp über 0.05 und die Studie mit 15 Personen klein. Vermutlich war die Macht der Studie nicht besonders gross. Das zeigt sich auch im ziemlich breiten Vertrauensintervall. Da Werte von 20 und grösser noch im Vertrauensintervall enthalten sind und ein Unterschied von 20 mmHg durchaus relevant wäre, lohnt es sich vermutlich das Antihypertensivum in einer grösseren Studie nochmals zu untersuchen.

Viel Unrast. Real nervt Vertrauensintervall

9.1.2 Vorzeichentest

Der t-Test prüft, ob das arithmetische Mittel genügend stark von einem vorgegebenen Wert abweicht. Statt des Mittelwerts kann man auch den Median als entscheidendes Lagemass wählen. Der einfachste Test für den Median ist der *Vorzeichentest* (sign test), bei dem die Anzahl Beobachtungen bestimmt wird, die grösser (oder kleiner) als der Median sind. Null- und Alternativhypothese sind:

$$H_0\text{: Median der Differenzen ist } m = \mu_0$$
$$H_A\text{: Median der Differenzen ist } m \neq \mu_0$$

Zuerst subtrahiert man von allen Beobachtungen μ_0 und berechnet als Teststatistik T die Anzahl positiver (oder negativer) Beobachtungen. Unter H_0 ist die Wahrscheinlichkeit einer positiven Beobachtung genau 50% und T ist binomialverteilt mit $n =$ Stichprobenumfang und $p = 0.5$. Der Verwerfungsbereich besteht aus ganz kleinen und ganz grossen Werten von T. Man kann ihn mit Hilfe der Wahrscheinlichkeitsfunktion der Binomialverteilung berechnen oder die Tabelle der Binomialverteilung benutzen. In Abbildung 9.2 ist die Verteilung der Teststatistik unter H_0 für $n = 15$ dargestellt. Der 95%-Annahmebereich geht von 4 bis 11.

Für $n > 10$ kann man die Normalapproximation der Binomialverteilung benutzen. Für $n = 15$ erhalten wir einen Annahmebereich von $3.6 \leq T \leq 11.4$.

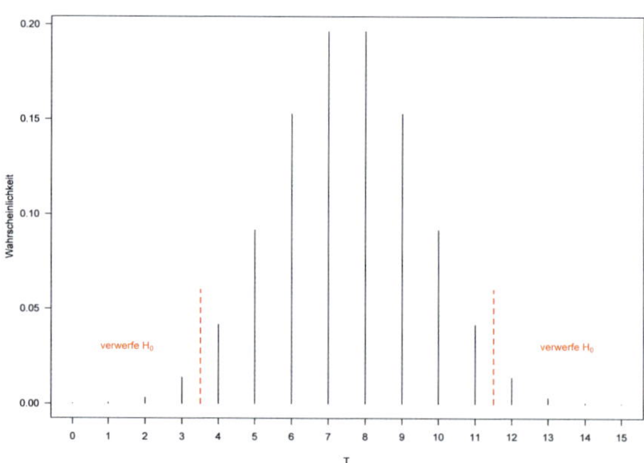

Abbildung 9.2: Teststatistik T mit Verwerfungsbereich

Beispiel 9.4
In der Blutdruckstudie testen wir auf einen Median von 0 und zählen die negativen Vorzeichen. Wir erhalten $T = 4$. Das liegt im Annahmebereich. Der P-Wert kann mit der Binomialverteilung exakt bestimmt werden: $P(T \leq 4) + P(T \geq 11) = 0.12$. Auch der Vorzeichentest ist also nicht signifikant. ▪

* Wegen der Dualität zwischen Tests und Vertrauensintervallen (siehe Abschnitt 8.2.2) kann man basierend auf dem Vorzeichentest ein Vertrauensintervall für den Median konstruieren. Der Annahmebereich für $n = 15$ ist:

$$4 \leq \text{ Anzahl Beobachtungen grösser als } \mu_0 \leq 11$$

Gesucht sind alle μ_0, für die der Test nicht signifikant wird, d. h. alle μ_0, für die die obigen Ungleichungen erfüllt sind. Wir ordnen die Daten der Grösse nach:

$$\begin{array}{ccccccccc} -26 & -13 & -3 & -2 & 2 & 3 & 5 & 9 & 12 \\ 15 & 16 & 25 & 27 & 42 & 50 & & & \end{array}$$

Wenn $\mu_0 = -2$, dann sind 11 Werte grösser als μ_0, also liegt -2 im Vertrauensintervall. Für $\mu_0 < -2$ wird die Anzahl Werte, die grösser als μ_0 sind, 12 und mehr. Alle Werte kleiner als -2 liegen also ausserhalb des Vertrauensintervalls. Analog kann man die obere Grenze des Intervalls bestimmen. Das 95%-Vertrauensintervall ist dann $(-2, 25)$.

Der Vorzeichentest berücksichtigt nicht die absolute Grösse der positiven und negativen Werte. Damit wird Information verschenkt. Der nächste Test versucht, das zu vermeiden.

9.1.3 Wilcoxontest

Dieser Test heisst auch Rangsummentest für verbundene Stichproben (signed rank test). Null- und Alternativhypothese sind hier:

H_0: Differenzen sind symmetrisch verteilt mit Median $m = \mu_0$
H_A: Differenzen sind symmetrisch verteilt mit Median $m \neq \mu_0$

Zuerst wird wieder von allen Beobachtungen μ_0 subtrahiert. Dann werden die Werte dem Absolutbetrag nach geordnet und die zugehörigen Ränge bestimmt. Sind mehrere Werte gleich gross, werden die Ränge gemittelt. Die Teststatistik ist die Rangsumme aller positiven (oder negativen) Werte T^+ (oder T^-). H_0 wird verworfen, wenn T^+ (oder T^-) zu gross oder zu klein ist.

Für n grösser als 30 kann man eine Normalapproximation benutzen. Ist die Stichprobe nicht genügend gross, so muss der kritische Wert in einer Tabelle nachgeschlagen oder ein Statistikprogramm benutzt werden. Im SPSS wird die asymptotische und die exakte Signifikanz angegeben.

Beispiel 9.5
In der Blutdruckstudie erhalten wir folgende Rangsummen:

Ränge

		N	Mittlerer Rang	Rangsumme
Placebo - Antihyp	Negative Ränge	4[a]	6.25	25.00
	Positive Ränge	11[b]	8.64	95.00
	Bindungen	0[c]		
	Gesamt	15		

a. Placebo < Antihyp
b. Placebo > Antihyp
c. Placebo = Antihyp

Die Summe der negativen Ränge ist $T^- = 25$. Das ist knapp signifikant. H_0 wird also verworfen.

Statistik für Test[a]

	Placebo - Antihyp
Z	-1.989[b]
Asymptotische Signifikanz (2-seitig)	.047
Exakte Signifikanz (2-seitig)	.046
Exakte Signifikanz (1-seitig)	.023
Punkt-Wahrscheinlichkeit	.002

a. Wilcoxon-Test
b. Basiert auf negativen Rängen.

▪

9.1.4 Welcher Test soll benutzt werden?

Von den drei Tests auf Lageparameter war einer signifikant und zwei nicht. Was nun? Nehmen wir das für uns günstigste Ergebnis und vergessen den Rest? Die verschiedenen Tests haben ganz unterschiedliche Voraussetzungen und das sollte bei der Wahl des Tests ausschlaggebend sein.

z-Test: Normalverteilung, σ^2 bekannt, unabhängige Messungen.
t-Test: Normalverteilung, unabhängige Messungen.
Wilcoxontest: symmetrische Verteilung, unabhängige Messungen.
Vorzeichentest: unabhängige Messungen.

Der Wilcoxon- und der Vorzeichentest setzen keine spezielle Wahrscheinlichkeitsverteilung voraus. Solche Tests heissen *nichtparametrisch*. Im Gegensatz dazu sind z- und t-Test parametrische Tests.

Der z-Test ist praktisch kaum je benutzbar, weil σ^2 fast immer unbekannt ist. Der t-Test reagiert auf Ausreisser sehr empfindlich, weil $\bar{x}$ und s empfindlich sind. Er ist hingegen relativ robust gegen kleinere Abweichungen von der Normalverteilung, insbesondere für grösseres n. Die Robustheit bezieht sich aber nur auf das Signifikanzniveau. Die Macht des t-Tests kann ziemlich drastisch abnehmen. Der Wilcoxontest hat unter exakter Normalverteilung eine etwas kleinere Macht als der t-Test, bei Abweichungen von der Normalverteilung ist er aber deutlich effizienter, d. h. mächtiger als der t-Test. Der Vorzeichentest ist eher ineffizient. Ein Beispiel für eine Machtberechnung folgt in Kapitel 9.3.

Empfehlung:
Falls die Daten symmetrisch sind, den Wilcoxontest benutzen, sonst den Vorzeichentest. Falls der t-Test benutzt wird, unbedingt den Normalplot anschauen.

9.2 Tests für zwei unabhängige Stichproben

Von den 30 in einer Blutdruckstudie teilnehmenden Personen wurden 15 zufällig der Kontrollgruppe (P) und 15 der Antihypertensivumgruppe (A) zugeteilt. Es ergaben sich folgende gemittelten Messwerte des systolischen Blutdrucks in mmHg.

P (x)		**A (y)**	
146	164	140	140
156	150	157	155
190	162	151	160
160	127	147	130
182	180	163	133
164	137	152	137
134	130	150	140
157		135	

Mittelwerte und Standardabweichungen der beiden Gruppen sind: $\bar{x} = 155.93, s_x = 19.06$ und $\bar{y} = 146, s_y = 10.35$.

Hier werden in einem *parallelen Design* zwei unabhängige Gruppen von Versuchspersonen miteinander verglichen. Falls zwischen den Versuchspersonen grosse Variabilität besteht, sind viele Beobachtungen nötig. In der vorherigen Studie auf Seite 117 bekam jede Versuchsperson beide Behandlungen und der Vergleich wurde innerhalb derselben Person gemacht. Meistens sind weniger Beobachtungen nötig in einem Crossover-Design als beim parallelen Design. Aber die Studie dauert dafür in der Regel länger und vor der zweiten Messung muss der Ausgangswert wieder erreicht werden.

9.2.1 2-Stichproben-t-Test

Gegeben seien zwei unabhängige Stichproben $x_1, x_2, \ldots, x_n$ und $y_1, y_2, \ldots, y_m$ aus zwei normalverteilten Populationen mit gleicher Varianz. Es soll ein Unterschied im Mittelwert getestet werden. Null- und Alternativhypothese sind:

H_0: Messungen sind normalverteilt mit Varianz σ^2 und $\mu_X = \mu_Y$
H_A: Messungen sind normalverteilt mit Varianz σ^2 und $\mu_X \neq \mu_Y$

Die Teststatistik basiert auf der Differenz der beiden Mittelwerte. Da $\bar{X}$ und $\bar{Y}$ normalverteilt sind, ist auch die Differenz normalverteilt und Erwartungswert und Varianz von $\bar{X} - \bar{Y}$ unter H_0 können mit den Rechenregeln (6.12) und (6.14) berechnet werden. Die Teststatistik

$$\frac{\bar{X} - \bar{Y}}{\sigma\sqrt{\frac{1}{n} + \frac{1}{m}}}$$

ist unter H_0 standardnormalverteilt. Wir ersetzen σ durch die Schätzung

$$s_p = \sqrt{\frac{\sum(x_i - \bar{x})^2 + \sum(y_i - \bar{y})^2}{n+m-2}}.$$

s_p^2 ist die bestmögliche Schätzung von σ^2 aus beiden Stichproben zusammen. Der Index p steht für „pooled". Wenn beide Stichproben gleich gross sind, ist s_p^2 der Mittelwert der beiden Varianzen s_x^2 und s_y^2. Die resultierende Teststatistik

$$T = \frac{\bar{X} - \bar{Y}}{S_p\sqrt{\frac{1}{n} + \frac{1}{m}}} \qquad (9.3)$$

ist t-verteilt mit $n+m-2$ Freiheitsgraden.

Beispiel 9.6
$s_p = 15.34$,
$t = \dfrac{155.93 - 146}{15.34\sqrt{2/15}} = 1.77$, $t_{28,0.975} = 2.05$
Wegen $|t| < t_{28,0.975}$ wird H_0 nicht verworfen, der Unterschied zwischen den zwei Gruppen ist nicht signifikant. Die Wirkung des Antihypertensivums ist also nicht nachgewiesen. Mit einem Statistikprogramm kann der exakte P-Wert berechnet werden: P-Wert$= P(|T| \geq 1.77) = 0.088$. ▪

Das 95%-Vertrauensintervall für $\mu_X - \mu_Y$ ist gegeben durch

$$\bar{x} - \bar{y} \pm t_{n+m-2,0.975} \cdot s_p\sqrt{1/n + 1/m} \quad (9.4)$$

Beispiel 9.7
$9.93 \pm 2.05 \cdot 15.34\sqrt{2/15} = (-1.5, 21.4)$.

9.2.2 Mann-Whitney-Test

Auch bei zwei unabhängigen Stichproben gibt es eine Alternative zum t-Test, die keine Normalverteilung voraussetzt. Der Mann-Whitney-Test (rank sum test) verwendet Ränge wie der Wilcoxontest. Null- und Alternativhypothese sind hier:

H_0: Beide Populationen haben die gleiche Verteilung
H_A: Beide Populationen haben bis auf eine Lageverschiebung die gleiche Verteilung

Die Bestimmung der Teststatistik ist am einfachsten an einem Beispiel erklärt. Die systolischen Blutdruckmessungen der zwei unabhängigen Stichproben werden zuerst der Grösse nach geordnet. Dann werden den Messungen gemeinsam Ränge zugeordnet. Wenn Messungen identisch sind, werden die zugehörigen Ränge gemittelt (siehe Tabelle 9.1). $T^{(1)}$ und $T^{(2)}$ sind die Rangsummen der beiden Gruppen. Die Testgrösse U ist das Minimum von $U^{(1)}$ und $U^{(2)}$, wobei

$$U^{(1)} = T^{(1)} - \frac{n(n+1)}{2} \quad \text{und}$$
$$U^{(2)} = T^{(2)} - \frac{m(m+1)}{2}.$$

H_0 wird verworfen, wenn U zu klein ist. Für grössere n und m kann man eine Normalapproximation benutzen. Für n und m kleiner als 20 muss der kritische Wert in einer Tabelle nachgeschlagen werden oder ein Statistikprogramm wie SPSS benutzt werden.
In unserem Beispiel ist $U^{(1)} = 148.5$ und $U^{(2)} = 76.5$, also $U = 76.5$. H_0 kann nicht verworfen werden.

Der t-Test sollte nur nach Überprüfung der Normalverteilung benutzt werden. Die Testempfehlung ist im 2-Stichprobenfall aber nicht ganz so eindeutig zugunsten des nichtparametrischen Mann-Whitney-Tests. Wenn die Varianzen der beiden Populationen nicht identisch sind, ist der t-Test robuster bezüglich des Signifikanzniveaus als der Mann-Whitney-Test. Es gibt sogar noch eine weitere Variante des t-Tests für zwei unabhängige Stichproben mit ungleichen Varianzen, der Welchtest. In den meisten konkreten Situationen ist es aber nicht besonders sinnvoll, auf gleiche Mittelwerte zu testen unter Berücksichtigung ungleicher Varianzen, sondern man müsste stattdessen herausfinden, wieso die Varianzen verschieden sind, welcher zusätzliche Faktor in einer Gruppe zu Heterogenität führt. Dazu benutzt man dann Methoden für multifaktorielle Situationen wie sie ab Kapitel 12 besprochen werden.

Messungen		Ränge	
P	A	P	A
127		1	
130	130	2.5	2.5
	133		4
134		5	
	135		6
137	137	7.5	7.5
	140		9
	140		10
	140		11
146		12	
	147		13
150	150	14.5	14.5
	151		16
	152		17
	155		18
156		19	
157	157	20.5	20.5
160	160	22.5	22.5
162		24	
	163		25
164		26	
164		27	
180		28	
182		29	
190		30	
		$T^{(1)} = 268.5$	$T^{(2)} = 196.5$

Tabelle 9.1: Berechnungen für den Mann-Whitney-Test

9.3 Die Macht eines Tests

Die Macht ist definiert als die Wahrscheinlichkeit, einen Unterschied bzw. Effekt zu entdecken, wenn tatsächlich einer vorhanden ist. Je grösser die vorhandenen Effekte sind, je kleiner die Variabilität der Beobachtungen und je grösser die Stichprobe, desto grösser wird die Macht. Die Macht kann prospektiv oder retrospektiv berechnet werden. Prospektiv wird die Macht auf zum Beispiel 80% festgelegt und die dafür benötigte Stichprobengrösse berechnet. Wenn ein Test nicht signifikant herausgekommen ist, stellt sich rückblickend die Frage, ob kein Effekt vorhanden ist, die Studie zu klein war oder man einfach Pech gehabt hat. Die Angabe über die Grösse der Macht oder ein Vertrauensintervall für den untersuchten Effekt hilft bei der Beantwortung dieser Frage.

In einer Studie wird eine neue Pflegemassnahme mit einer bisherigen Intervention verglichen. Die Nullhypothese besagt, dass kein Unterschied besteht zwischen den beiden Interventionen. Wenn nun die Studie eine Macht von 90% hat, ist die Chance gross, dass eine tatsächliche Verbesserung, sofern sie denn existiert, entdeckt wird. Wenn die Untersuchung hingegen so klein war, dass die Macht nur 30% betragen hat, dann wird man mit grosser Wahrscheinlichkeit keinen Unterschied entdecken, auch wenn die neue Pflegemassnahme eigentlich besser wäre. Ein Fehler 2. Art hat dann eine Wahrscheinlichkeit von 70%. Studien mit nichtsignifikanten Ergebnissen haben oft eine zu kleine Macht.

Machtberechnungen sind oft schwierig, weil die Verteilung der Teststatistik unter der Alternativhypothese bekannt sein muss. Für die häufigsten Testsituationen gibt es Tabellen für die benötigte Stichprobengrösse bei vorgegebener Macht (Lemeshow et al., 1990).

*Machtberechnung für den t-Test für verbundene Stichproben

Die Macht ist die Wahrscheinlichkeit unter der Alternativhypothese, ein signifikantes Ergebnis zu bekommen (siehe Abbildung 9.3). Es ist die Gegenwahrscheinlichkeit zur Wahrscheinlichkeit eines Fehlers 2. Art. Unter H_0 sind die betrachteten Differenzen normalverteilt mit Erwartungswert $\mu = 0$, unter H_A ist der Erwartungswert δ. Unter H_A ist

$$\frac{\bar{D} - \delta}{S/\sqrt{n}} \qquad t - \text{verteilt mit } n-1 \text{ df.}$$

Der Verwerfungsbereich ist gegeben durch:

$$\frac{\bar{D}}{S/\sqrt{n}} > t^* = t_{1-\alpha/2} \quad \text{und} \quad \frac{\bar{D}}{S/\sqrt{n}} < -t^* = t_{\alpha/2}.$$

Das kann man umformen zu

$$\frac{\bar{D} - \delta}{S/\sqrt{n}} > t_{1-\alpha/2} - \frac{\delta}{S}\sqrt{n} \quad \text{und}$$

$$\frac{\bar{D} - \delta}{S/\sqrt{n}} < t_{\alpha/2} - \frac{\delta}{S}\sqrt{n}.$$

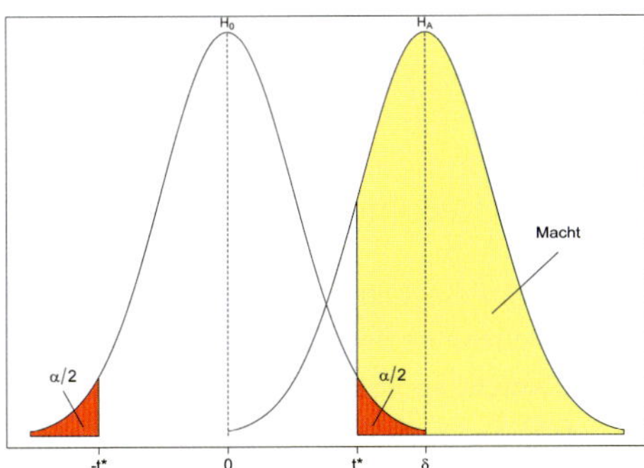

Abbildung 9.3: Verteilung der Testgrösse unter H_0 und H_A

Für $\delta > 0$ ist die Wahrscheinlichkeit für die 2. Ungleichung praktisch gleich Null. Die Macht $1-\beta$ ist also gleich

$$P_{H_A}\left(\frac{\bar{D}-\delta}{S/\sqrt{n}} > t_{1-\alpha/2} - \frac{\delta}{S}\sqrt{n}\right),$$

d. h. $c = t_{1-\alpha/2} - \frac{\delta}{S}\sqrt{n}$ entspricht dem β-Quantil der entsprechenden t-Verteilung. Das β-Quantil bezeichnen wir mit t_β.

Für beliebiges $\delta \neq 0$ gilt die folgende Formel:

$$t_\beta = t_{1-\alpha/2} - \frac{|\delta|}{s}\sqrt{n} \qquad (9.5)$$

$$n = (t_{1-\alpha/2} - t_\beta)^2 \cdot \frac{s^2}{\delta^2} \qquad (9.6)$$

Zu vorgegebenem α, δ, s und n kann man also t_β und daraus die Macht $1-\beta$ bestimmen, oder umgekehrt die Macht festlegen und das n berechnen.

9.4 Kontrollfragen und Aufgaben

1. Der Wert der Teststatistik eines 1-Stichproben-t-Tests für $H_0 : \mu = 20$ und $H_A : \mu < 20$ mit 12 Beobachtungen ist $t = -2.45$.
   a) Wie gross ist die Anzahl Freiheitsgrade?
   b) Wie gross ist der P-Wert?
   c) Schlussfolgerung?
2. Bei einer bestimmten Sorte Diätmargarine wurde der Anteil ungesättigter Fettsäuren (in Prozent) bestimmt. Eine Stichprobe ergab folgende Werte:

   $$16.8, 17.2, 17.4, 16.9, 16.5, 17.1$$

   Wir nehmen an, dass die Daten genähert normalverteilt sind.
   a) Testen Sie die Nullhypothese $H_0 : \mu = 17.0$ gegen $H_A : \mu \neq 17.0$ mit $\alpha = 0.01$. Schlussfolgerung?
   b) Berechnen Sie ein 99%- Vertrauensintervall für μ.
   c) * Angenommen, der wahre mittlere Fettsäureanteil ist $\mu = 17.5$. Wie gross ist ungefähr die Macht, diese Abweichung von der Nullhypothese mit $n = 6$ Messungen zu entdecken?
3. In einem randomisierten, kontrollierten Experiment erhielten 10 schwarze Männer während 12 Wochen eine Calciumzugabe, 11 schwarze Männer bildeten die Kontrollgruppe und erhielten ein Placebo. Es wurden ausschliesslich schwarze Männer rekrutiert, weil aufgrund einer Pilotstudie vermutet wurde, dass Calcium bei Weissen nicht wirkt. Die Studie war doppelblind. Vor und nach der Studie wurde bei allen 21 Versuchspersonen der systolische Blutdruck (sitzend, in mmHg) gemessen:

Calcium		**Kontrolle**	
vorher	nachher	vorher	nachher
107	100	123	124
110	114	109	97
123	105	112	113
129	112	102	105
112	115	98	95
111	116	114	119
107	106	119	114
112	102	112	114
136	125	110	121
102	104	117	118
		130	133

Analysieren Sie die Daten mit und ohne Annahme der Normalverteilung.

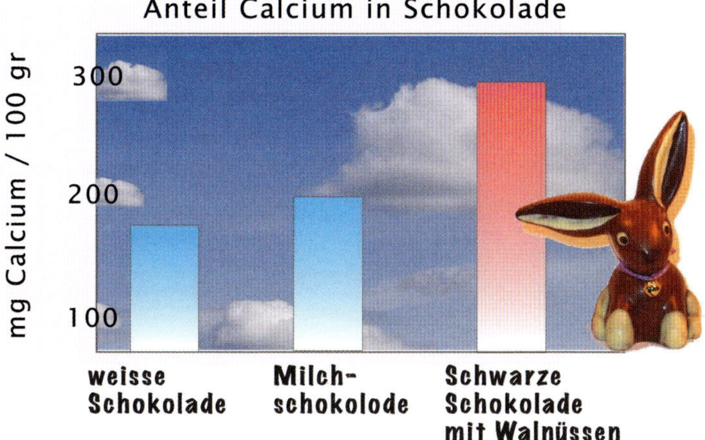

9.5 Glossar

Ein- und Zwei-Stichprobentests Wenn nur eine Messreihe vorliegt, haben wir ein Ein-Stichprobenproblem. Komplizierter wird es bei zwei Messreihen. Hier muss man abklären, ob je zwei Messungen zusammengehören, z. B. weil es Beobachtungen an der gleichen Person sind. In diesem Fall schaut man die Differenz oder das Verhältnis der beiden Messungen an und reduziert so die Daten auf eine Messreihe. Man spricht hier auch von verbundenen oder gepaarten Daten. Nur wenn die beiden Messreihen von zwei unabhängigen Stichproben stammen, nimmt man einen Zwei-Stichprobentest.

Machtberechnung Meist im voraus bestimmte Stichprobengrösse, die es braucht, um mit einer vorgegebenen Wahrscheinlichkeit (oft 80%), einen ebenfalls vorgegebenen Effekt oder Unterschied zu entdecken. Eine Machtberechnung (Poweranalyse) wird häufig bei einer Projekteingabe verlangt, um zu kleine oder zu grosse Studien zu verhindern.

Nichtparametrischer Test Statistischer Test, der keine Verteilungsannahme macht. Prinzipiell sollte man Tests wählen, die möglichst wenig Voraussetzungen haben.

Standardfehler Geschätzte Standardabweichung einer Parameterschätzung. Der Standardfehler wird vor allem benötigt, um Vertrauensintervalle zu konstruieren.

10. Kategorielle Daten

- Ist die Dekubitusrate wirklich gesunken?
- Was sind Odds ratios?
- Ist der Chiquadrat-Test eine Konkurrenz zum t-Test?

10.1 Einführung

In vielen Untersuchungen kommen kategorielle Daten vor, die nur zwei Ausprägungen besitzen, also *Binärdaten*:

- Medizin: gestorben/überlebt oder geheilt/nicht geheilt
- Prüfung: bestanden/nicht bestanden
- Abstimmung: ja/nein
- Qualitätssicherung in der Produktion: defekt/in Ordnung.

Den Anteil Einheiten mit einer bestimmten Eigenschaft, z. B. überlebende PatientInnen oder Spitex-KlientInnen mit einer bestimmten Pflegediagnose, nennt man *Proportion*. Oft treten auch nominale oder ordinale Daten auf mit mehr als zwei verschiedenen Kategorien: Zivilstand, Dekubitusstufe, Zustimmung zu einer Aussage in einem Fragebogen mit den Antwortkategorien „nein, gar nicht“, „eher nein“, „teils, teils“, „eher ja“ und „ja, genau“.

Wir möchten Vertrauensintervalle für Proportionen berechnen, um eine Genauigkeitsaussage für den beobachteten Prozentsatz zu erhalten. Wir möchten Unterschiede in den Häufigkeitsverteilungen zwischen verschiedenen Untergruppen auf Signifikanz testen und herausfinden, ob gewisse Kombinationen von Merkmalen gehäuft zusammen auftreten.

10.2 Binärdaten

Die zwei möglichen Ausprägungen einer Binärvariablen werden „Erfolg“ und „Misserfolg“ genannt und mit 1 und 0 kodiert. Basierend auf dem Anteil der Erfolge in der Stichprobe möchte man eine Aussage machen über den Anteil Erfolge in der Population.

Die Zufallsvariable X bezeichne die Anzahl Erfolge in einer Zufallsstichprobe vom Umfang n. Ein naheliegendes Modell für X ist die Binomialverteilung $\mathscr{B}(n,p)$. Der Anteil der Erfolge in der Stichprobe $\hat{p} = x/n$ liefert eine Schätzung für den unbekannten Parameter p.

Die Schätzung des unbekannten Parameters p bezeichnen wir mit $\hat{p}$. Analog wird eine Schätzung von z. B. μ mit $\hat{\mu}$ bezeichnet.

Wenn $np(1-p)$ grösser ist als 9, kann die Binomialverteilung von X genügend genau durch eine Normalverteilung mit Erwartungswert np und Varianz $np(1-p)$ approximiert werden. Dann ist auch der Anteil X/n genähert normalverteilt mit Erwartungswert p und Varianz $p(1-p)/n$.

10.2.1 Test und Vertrauensintervall für eine Proportion

In einem Experiment keimen sieben von zwölf Samen, d. h. 58.3%. Der Hersteller behauptet, dass 80% keimen. Liefert das Experiment genügend Evidenz gegen die Behauptung des Herstellers? Die Antwort gibt der *Binomialtest*. Die Null- und Alternativhypothese sind:

$$\begin{aligned} H_0: &\quad p = p_0 = 0.8 \\ H_A: &\quad p < p_0 = 0.8 \quad \text{(einseitig)} \end{aligned}$$

Als Teststatistik nehmen wir die Anzahl keimender Samen X. Die Wahrscheinlichkeitsverteilung von X unter H_0 ist $\mathscr{B}(n, p_0)$. H_0 wird auf dem 5%-Signifikanzniveau verworfen, wenn $X < c$, wobei der kritische Wert c die grösstmögliche Zahl mit $P(X < c) \leq 0.05$ ist. Das von Hand auszurechnen ist etwas mühsam. Mit SPSS erhält man das Ergebnis mühelos. Allerdings muss man den Binomialtest zuerst mal im SPSS finden. Er ist bei den „nichtparametrischen Tests“ eingereiht, was auf Anhieb etwas verblüfft. Schliesslich setzen wir ja sehr wohl eine Verteilung voraus. Allerdings ist der nichtparametrische Vorzeichentest nichts anderes als ein Binomialtest mit $p_0 = 0.5$. Der P-Wert wird mit 0.073 angegeben. H_0 kann also nicht verworfen werden, das Garantieversprechen des Herstellers kann nicht statistisch widerlegt werden.

Beispiel 10.1

H_0 wird verworfen, wenn die Anzahl keimender Samen kleiner als c ist. Leider haben wir keine Binomialtabellen für $p = 0.8$, aber statt der keimenden können wir auch die nichtkeimenden Samen betrachten.

Es ist $Y = 12 - X$ und die Erfolgswahrscheinlichkeit unter H_0 ist 20%. H_0 wird verworfen, wenn die Anzahl nichtkeimender Samen grösser als $c' = 12 - c$ ist. In der Binomialtabelle finden wir für den kritischen Wert $c' = 5$, der Annahmebereich ist also $Y \geq 5$.

Die beobachtete Anzahl von 5 nichtkeimenden Samen liegt gerade noch knapp im Annahmebereich, der P-Wert ist $P(Y \geq 5) = 1 - P(Y \leq 4) = 0.073$.

■

Eine schweizweite Erhebung von Spitexdiensten hat eine Dekubitusprävalenz von 25% bei den KlientInnen ergeben. In der vorliegenden Untersuchung der Spitex ist bei 20 der 118 (17%) besuchten Personen ein Hautdefekt festgestellt worden. Kann man daraus schliessen, dass sich das Vorkommen von Dekubitus im Einzugsgebiet des betrachteten Dienstes von demjenigen in der übrigen Schweiz unterscheidet? Die Null- und Alternativhypothese sind:

$$\begin{aligned} H_0: &\quad p = p_0 = 0.25 \\ H_A: &\quad p \neq p_0 \quad \text{(zweiseitig)} \end{aligned}$$

Bei einem zweiseitigen Test wird der Annahmebereich $c_u \leq X \leq c_o$ so gewählt, dass $P(X < c_u) \leq 0.025$ und $P(X > c_o) \leq 0.025$. Für die Berechnung des zweiseitigen P-Werts addiert man alle Wahrscheinlichkeiten, die höchstens so gross sind wie diejenige des beobachteten Ergebnisses. Für die exakte Rechnung braucht man einen guten Taschenrechner oder ein Statistikprogramm.

Wenn n genügend gross ist, kann die Normalapproximation benutzt werden. Die Teststatistik X ist dann unter H_0 genähert $\mathscr{N}(np_0, np_0(1-p_0))$-verteilt. Daraus lässt sich die transformierte Teststatistik Z berechnen und dann kann man einen z-Test durchführen. Der Annahmebereich ist

$$-1.96 \leq Z = \frac{X - np_0}{\sqrt{np_0(1-p_0)}} \leq 1.96$$

Beispiel 10.2

Wegen $np_0(1-p_0) = 118 \cdot 0.25 \cdot 0.75 = 22.125$ kann die Normalapproximation verwendet werden. Das gibt

$$Z = \frac{20 - 29.5}{\sqrt{22.125}} = -2.02, \; P\text{-Wert} = 0.043.$$

■

* Für ein exaktes Vertrauensintervall für p müssen alle p bestimmt werden, für die der Binomialtest nicht signifikant wird. Im Samenbeispiel sind also alle p gesucht, für die $X = 7$ im Annahmebereich liegt. Mit Ausprobieren findet man das grösste p, das noch zu einem nichtsignifikanten Resultat führt: 0.819; der Test auf 0.82 wird signifikant. Also ergibt sich hier ein einseitiges Vertrauensintervall von (0,0.819).

Falls $np > 10$ und $n(1-p) > 10$, kann man mit dem beobachteten Anteil in der Stichprobe $\hat{p}$ ein genähertes zweiseitiges 95%-Vertrauensintervall für p berechnen:

$$\hat{p} \pm 1.96\sqrt{\frac{\hat{p}(1-\hat{p})}{n}}. \qquad (10.1)$$

Beispiel 10.3

Das genäherte 95%-Vertrauensintervall für den Anteil Personen mit Hautdefekten ist:

$$0.17 \pm 1.96\sqrt{\frac{0.17 \cdot 0.83}{118}} =$$
$$0.17 \pm 1.96 \cdot 0.035 = (0.10, 0.24)$$

■

Stichprobengrösse

Wie gross muss eine Stichprobe sein, damit ein Anteil mit einer Genauigkeit von ±3% geschätzt werden kann? Wir wählen n so, dass

$$1.96\sqrt{\frac{\hat{p}(1-\hat{p})}{n}} \leq 0.03, \quad \text{d. h.}$$

$$n \geq \frac{1.96^2 \hat{p}(1-\hat{p})}{0.03^2}.$$

Die Funktion $\hat{p}(1-\hat{p})$ wird maximal für $\hat{p} = 0.5$ mit einem Höchstwert von 0.25. Wenn wir von diesem ungünstigsten Fall ausgehen, erhalten wir $n \geq 1067$. Für eine Prozentschätzung mit einer sogenannten *Fehlertoleranz* von 3% braucht es also etwas mehr als 1000 Beobachtungen.

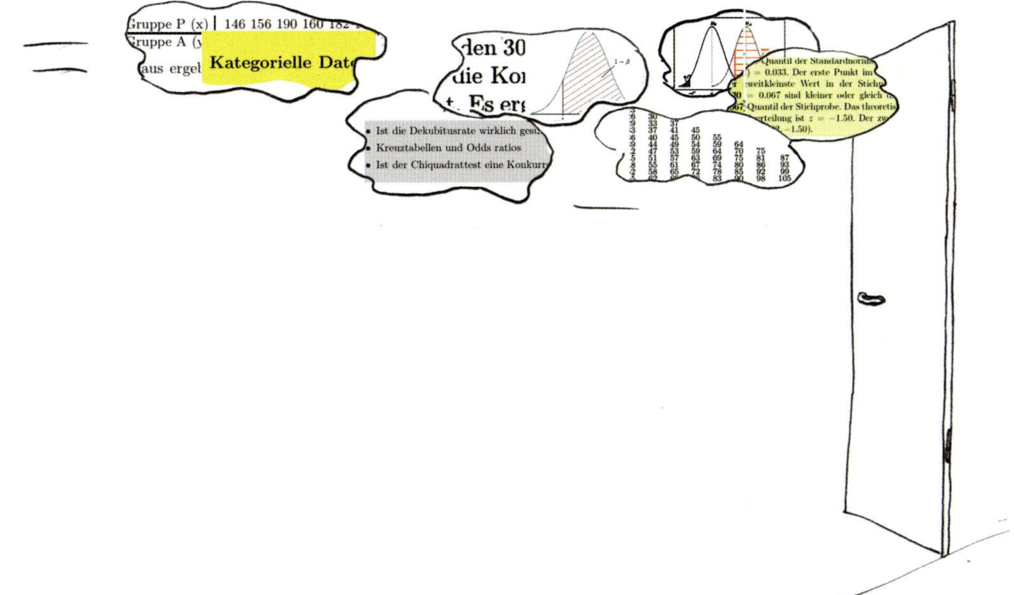

10.2.2 Proportionen von zwei unabhängigen Stichproben

In einer andern Studie zur Dekubitusprävalenz hatten von 198 Patientinnen 51 (26%) einen Dekubitus, bei den männlichen Patienten waren es nur 26 von 145 (18%). Haben Frauen tatsächlich ein höheres Dekubitus-Risiko als Männer, oder ist der gefundene Unterschied rein zufallsbedingt?

Wir betrachten die Anzahl Erfolge X_1 und X_2 in zwei unabhängigen Stichproben vom Umfang n_1 und n_2. Wir nehmen an, dass die Stichprobenumfänge so gross sind, dass eine Normalapproximation zulässig ist. Die Proportionen in den zwei Stichproben seien $\hat{p}_1$ und $\hat{p}_2$. Die Teststatistik basiert auf der Differenz $\hat{p}_1 - \hat{p}_2$. Da X_1/n_1 und X_2/n_2 genähert normalverteilt sind, ist auch die Differenz dieser beiden Zufallsvariablen genähert normalverteilt. Für einen Test oder ein Vertrauensintervall brauchen wir noch die Varianz bzw. den Standardfehler dieser Differenz. Mit den Rechenregeln (6.14) bekommt man folgendes:

$$\begin{aligned} Var(\frac{X_1}{n_1} - \frac{X_2}{n_2}) &= Var(\frac{X_1}{n_1}) + Var(\frac{X_2}{n_2}) \\ &= \frac{p_1(1-p_1)}{n_1} + \frac{p_2(1-p_2)}{n_2}. \end{aligned}$$

Die zu testende Null- und Alternativhypothese sind:

$$\begin{aligned} H_0 &: \quad p_1 = p_2 \ (= p) \\ H_A &: \quad p_1 \neq p_2 \end{aligned}$$

Unter H_0 ist $Var(\frac{X_1}{n_1} - \frac{X_2}{n_2}) = p(1-p)(\frac{1}{n_1} + \frac{1}{n_2})$. Die transformierte Teststatistik

$$Z = \frac{\hat{p}_1 - \hat{p}_2}{\sqrt{\hat{p}(1-\hat{p})(\frac{1}{n_1} + \frac{1}{n_2})}} \tag{10.2}$$

ist dann unter H_0 standardnormalverteilt, mit dem üblichen Annahmebereich von $-1.96 \leq Z \leq 1.96$. In der obigen Formel (10.2) ist $\hat{p}$ der gesamte Anteil in beiden Stichproben zusammen.

Ein (genähertes) 95%-Vertrauensintervall für $p_1 - p_2$ ist

$$\hat{p}_1 - \hat{p}_2 \pm 1.96 \cdot \sqrt{\frac{\hat{p}_1(1-\hat{p}_1)}{n_1} + \frac{\hat{p}_2(1-\hat{p}_2)}{n_2}} \tag{10.3}$$

Beispiel 10.4
Einsetzen in Formel (10.2) gibt $Z = 1.76, H_0$ wird nicht verworfen, P-Wert= 0.078. Der Unterschied in der Dekubitusrate zwischen Frauen und Männern ist auf dem 5%-Niveau nicht signifikant. Ein Vertrauensintervall für den Unterschied ist $0.08 \pm 1.96\sqrt{0.002} = (-0.01, 0.17)$.

Die Dekubitusrate von Frauen ist zwar nicht signifikant höher als diejenige von Männern, aufgrund der Länge des Vertrauensintervalls könnte die Rate der Frauen aber trotzdem deutlich höher liegen als die Rate der Männer. Um das genauer zu wissen, bräuchte es eine grössere Studie. ▪

Im Kapitel 10.4 wird ein anderer, äquivalenter Test für dieselbe Fragestellung vorgestellt und dann auch untersucht, was bei kleineren Stichproben, wenn die Normalapproximation nicht zulässig ist, gemacht werden kann.

10.3 Odds Ratios

Joseph Lister, ein britischer Arzt im späten 19. Jahrhundert, experimentierte mit Karbolsäure, um die hohe Todesrate durch postoperative Infektionen nach Amputationen zu senken. Von 40 Amputationen mit Desinfektion überlebten 34, bei den 35 Amputationen ohne Desinfektion nur 19 PatientInnen. Die 2×2-Kreuztabelle für diese Daten sieht so aus:

		überlebt		**Total**
		nein	ja	
Desinfektion	nein	16	19	35
	ja	6	34	40
Total		22	53	75

Das geschätzte *Risiko*, ohne Desinfektion zu sterben, ist 46% (16/35). Mit Desinfektion ist das geschätzte Risiko nur 15% (6/40). Das Risiko ist also um 31% kleiner mit Desinfektion.

Eine absolute Differenz ist aber nicht unbedingt das optimale Mass. Ein Unterschied von 5% zwischen 1% und 6% ist ja wahrscheinlich bedeutender als der Unterschied zwischen 86% und 91%. Deshalb betrachtet man eher das geschätzte *relative Risiko RR* zu sterben: $RR = 0.46/0.15 = 3.05$. Das gibt an, um wieviel das Risiko, ohne Desinfektion zu sterben, erhöht ist im Vergleich zu einer Amputation mit Desinfektion. Das relative Risiko ist eine Zahl grösser oder gleich 0. Wenn kein Unterschied besteht in der Überlebenschance mit oder ohne Desinfektion, ist das relative Risiko gleich 1.

Statt Risiken berechnet man oft auch *Odds* und *Odds Ratios*. Die Odds werden vor allem bei Wetten benutzt, um Wahrscheinlichkeiten auszudrücken. Die Odds, mit einem Würfel eine Sechs zu werfen, sind 1:5 oder 1/5=0.2. Die Odds für „Kopf" bei einem Münzwurf sind 1:1 oder 1/1=1.

Definition 10.3.1 — Odds. Sei A ein Ereignis mit Wahrscheinlichkeit $P(A)$. Dann sind die Odds von A definiert durch

$$Odds(A) = \frac{P(A)}{1 - P(A)}$$

Odds kleiner als 1 entsprechen einer Wahrscheinlichkeit kleiner als 50%, Odds grösser als 1 einer Wahrscheinlichkeit grösser als 50%. Eine Wahrscheinlichkeit von 0 ergibt Odds von 0, eine Wahrscheinlichkeit von 1 ergibt Odds von ∞. Die Odds können geschätzt werden, indem die Anzahl Fälle, bei denen das Ereignis A auftritt, dividiert wird durch die Anzahl Fälle, in denen es nicht auftritt.

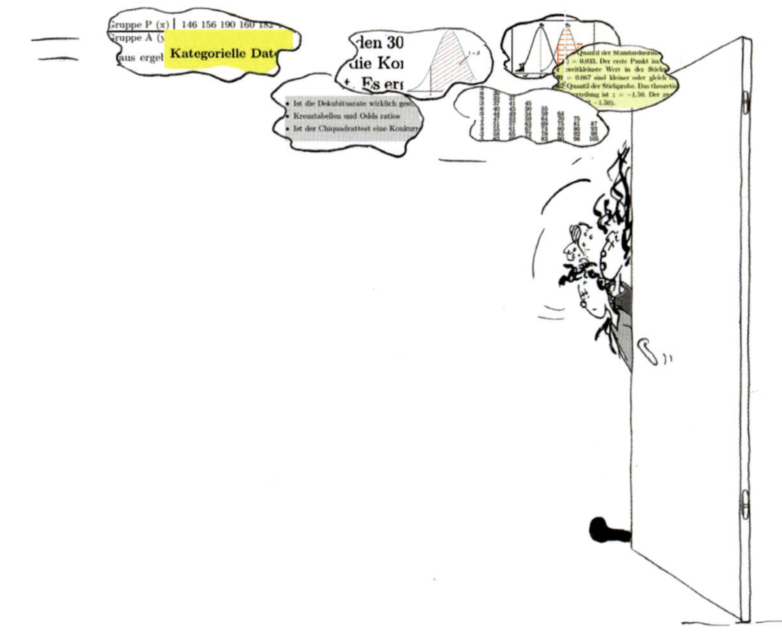

Die geschätzten Odds, ohne Desinfektion zu sterben, sind $(16/35)/(19/35) = 16/19 = 0.84$. Die geschätzten Odds, mit Desinfektion zu sterben, sind $(6/40)/(34/40) = 0.18$.

Das geschätzte Odds Ratio OR ist das Verhältnis der beiden Odds:

$$OR = \frac{16/19}{6/34} = \frac{16 \cdot 34}{6 \cdot 19} = 4.77.$$

Das Odds Ratio ist eine Zahl grösser oder gleich 0. Wenn die Desinfektion nichts nützen würde, d. h. die Odds zu sterben mit und ohne Desinfektion gleich gross wären, dann wäre $OR = 1$. Im vorliegenden Fall sind aber die Odds, ohne Desinfektion zu sterben, fast fünfmal so gross wie die Odds, mit Desinfektion zu sterben.

Mit der folgenden Notation für eine 2×2-Kreuztabelle können relatives Risiko und Odds Ratio allgemein definiert werden.

		Y		Total
		1	2	
X	1	n_{11}	n_{12}	$n_{1.}$
	2	n_{21}	n_{22}	$n_{2.}$
Total		$n_{.1}$	$n_{.2}$	$n_{..}$

Definition 10.3.2 — Relatives Risiko und Odds Ratio. Das geschätzte relative Risiko ist gegeben durch:

$$RR = \frac{n_{11}/n_{1.}}{n_{21}/n_{2.}} = \frac{n_{11}(n_{21}+n_{22})}{(n_{11}+n_{12})n_{21}}$$

Das geschätzte Odds Ratio ist gegeben durch:

$$OR = \frac{n_{11}/n_{12}}{n_{21}/n_{22}} = \frac{n_{11}n_{22}}{n_{12}n_{21}}$$

Wenn n_{11} und n_{21} klein sind, also seltene Ereignisse mit kleinen Wahrscheinlichkeiten untersucht werden, besteht kein grosser Unterschied zwischen RR und OR. Sonst können die beiden Masse sehr verschieden herauskommen. Wenn Spalten und Zeilen in einer Kreuztabelle miteinander vertauscht werden, bleibt OR im Gegensatz zu RR unverändert.

Ist der Unterschied in den Überlebensraten zwischen den zwei Gruppen durch den Zufall erklärbar oder besteht tatsächlich ein Zusammenhang zwischen Desinfektion und Überleben?

10.4 Chiquadrat-Test auf Unabhängigkeit

Gesucht ist ein Test für die Null- und Alternativhypothese:

H_0: Es besteht kein Zusammenhang zw. Desinfektion und Überleben

H_A: Es besteht ein Zusammenhang zw. Desinfektion und Überleben

Für die Teststatistik berechnet man zuerst die unter H_0 erwarteten Häufigkeiten in den vier Zellen der Kreuztabelle. Die Überlebensrate für alle Operierten ist $53/75 = 0.707$. Wenn kein Zusammenhang mit der Desinfektion besteht, sollte dies dem Anteil Überlebender in beiden Gruppen entsprechen. Wir erwarten also in der Gruppe mit Desinfektion $0.707 \cdot 40 = 28.27$ Überlebende, in der Gruppe ohne Desinfektion $0.707 \cdot 35 = 24.73$ Überlebende. Das gibt folgende Tabelle mit den unter H_0 erwarteten Häufigkeiten:

		überlebt		Total
		nein	ja	
Desinfektion	ja	11.73	28.27	40
	nein	10.27	24.73	35
Total		22	53	75

Allgemein können die erwarteten Häufigkeiten mit den folgenden Formeln berechnet werden:

		Y		Total
		1	2	
X	1	$\frac{n_{1.}n_{.1}}{n_{..}}$	$\frac{n_{1.}n_{.2}}{n_{..}}$	$n_{1.}$
	2	$\frac{n_{2.}n_{.1}}{n_{..}}$	$\frac{n_{2.}n_{.2}}{n_{..}}$	$n_{2.}$
Total		$n_{.1}$	$n_{.2}$	$n_{..}$

Die Testgrösse basiert auf den Abweichungen zwischen den beobachteten (O_k) und den erwarteten Häufigkeiten (E_k), wobei k der Index für die Zelle bezeichnet, $k = 1, \ldots, 4$.

$$X^2 = \sum_{k=1}^{4} \frac{(O_k - E_k)^2}{E_k} = \sum_{i,j} \frac{(n_{ij} - n_{i.}n_{.j}/n_{..})^2}{n_{i.}n_{.j}/n_{..}} \qquad (10.4)$$

Die Grösse X^2 hat unter H_0 genähert eine *Chiquadrat-Verteilung* mit einem Freiheitsgrad. Die Näherung ist genügend gut, wenn $n_{..} \geq 30$ und alle erwarteten Häufigkeiten mindestens gleich 4 sind. Da grosse Werte von X^2 gegen H_0 sprechen, macht man einen einseitigen Test. Auf Seite 272 ist eine Tabelle mit Perzentilen $\chi^2_{\alpha \cdot 100\%}$ der Chiquadrat-Verteilung für verschiedene Freiheitsgrade enthalten. Das 95. Perzentil der Chiquadrat-Verteilung mit einem Freiheitsgrad ist 3.84. H_0 wird also verworfen, wenn $X^2 > 3.84$.

Beispiel 10.5

$$X^2 = \frac{(34 - 28.27)^2}{28.27} + \frac{(6 - 11.73)^2}{11.73} + \frac{(19 - 24.73)^2}{24.73} + \frac{(16 - 10.27)^2}{10.27} = 8.485$$

$X^2 = 8.485$ ist deutlich grösser als $\chi^2_{95\%,1} = 3.84$, also wird H_0 verworfen. Ein Statistikprogramm berechnet auch den P-Wert: P-Wert=0.0036. ■

Verallgemeinerung für r × s - Tabellen

Die oben besprochene Methode kann leicht auf grössere Kontingenztafeln verallgemeinert werden. In der Umfrage beim Pflegepersonal eines Spitals zur Arbeitstätigkeit (siehe Seite 13) soll getestet werden, ob ein Zusammenhang besteht zwischen der Einschätzung der Vollständigkeit der Tätigkeit und dem Stationstyp. Vollständige Tätigkeiten bieten Möglichkeiten zur Kooperation, selbständige Zielfindungs- und Entscheidungsmöglichkeiten und genügend kognitive Anforderungen.

	Stationstyp				Total
Vollst	Med	Chir	Geb	Not	
tief	10	9	11	1	31
eher tief	15	9	6	2	32
eher hoch	10	7	5	8	30
hoch	15	2	1	7	25
Total	50	27	23	18	118

Quersicht tat da Chiquadrattest

Personen, die auf einer Notfallstation arbeiten, scheinen ihre Tätigkeit als vollständiger einzuschätzen als beispielsweise Pflegende auf einer chirurgischen Station. Aber die Anzahl Befragter ist relativ klein. Kann also ein solcher Unterschied zufällig zustandekommen?

Die Nullhypothese lautet: „Es gibt keinen Zusammenhang zwischen Vollständigkeit und Stationstyp". Die unter H_0 erwarteten Häufigkeiten sind:

	Stationstyp				Total
Vollst	Med	Chir	Geb	Not	
tief	13.1	7.1	6.0	4.7	31
eher tief	13.6	7.3	6.2	4.9	32
eher hoch	12.7	6.9	5.8	4.6	30
hoch	10.6	5.7	4.9	3.8	25
Total	50	27	23	18	118

Die Berechnungen sind ganz analog zur 2×2-Kontingenztafel. Für die Zelle in der 1. Zeile und 1. Spalte ist z. B. die erwartete Häufigkeit $50 \cdot 31/118 = 13.1$.

Die Teststatistik besteht jetzt aus $4 \cdot 4 = 16$ Summanden

$$X^2 = \sum_{k=1}^{16} \frac{(O_k - E_k)^2}{E_k}.$$

X^2 hat unter H_0 genähert eine Chiquadrat-Verteilung mit $(4-1)(4-1) = 9$ Freiheitsgraden. Allgemein hat die Chiquadrat-Teststatistik für eine $r \times s$-Kontingenztafel unter H_0 genähert eine Chiquadrat-Verteilung mit $(r-1)(s-1)$ Freiheitsgraden. Die Näherung ist genügend gut, falls $n_{..} \geq 30$ und die meisten erwarteten Häufigkeiten grösser als 4 und höchstens 20 % aller erwarteten Häufigkeiten zwischen 1 und 4 sind. Die übliche Faustregel, die auch für grössere Kreuztabellen erwartete Häufigkeiten über 5 fordert, ist zu streng, wie Simulationen gezeigt haben (persönliche Mitteilung von Frank Hampel).

Beispiel 10.6
Es ist $X^2 = 23.8 > 16.92 = \chi^2_{95\%,9}$. Der P-Wert ist $P = 0.005$. Die Nullhypothese wird also verworfen. ■

Die Einschätzung der Vollständigkeit der Tätigkeit ist auf verschiedenen Stationen unterschiedlich. Wie das allerdings zu interpretieren ist, ist eine andere Frage. Statistischer Zusammenhang bedeutet jedenfalls nicht Kausalität. Vielleicht unterscheiden sich die Pflegenden, die auf verschiedenen Stationen arbeiten, grundsätzlich, und es könnten diese unterschiedlichen Persönlichkeitsmerkmale sein, die die unterschiedliche Beurteilung der Tätigkeit ausmachen und nicht strukturelle oder sonstige Unterschiede zwischen Stationstypen.

In einem Mosaicplot kann dargestellt werden, in welchen Zellen die grössten beobachteten Abweichungen von den erwarteten Anzahlen vorkommen. Dazu berechnet man die *Pearson-Residuen* $\frac{O_k - E_k}{\sqrt{E_k}}$. Für eine einzelne Zelle ist diese Grösse genähert normalverteilt unter der Annahme, dass O_k poissonverteilt ist mit $\lambda = E_k$. Im Mosaicplot werden die Zellen mit positiven Residuen grösser als 2 blau, negative Residuen kleiner als -2 rot eingefärbt. Im unten stehenden Mosaicplot (Abbildung 10.1) gibt es nur eine Zelle mit grösserer positiver Abweichung. Auf Geburtshilfe-Stationen wird die Vollständigkeit der Tätigkeit überdurchschnittlich häufig als tief eingestuft.

Chiquadrattest: das Ich-Quartett

Bemerkungen zum Chiquadrat-Test

- Es müssen immer Absolutzahlen verwendet werden. Der Chiquadrat-Test darf nicht auf die Prozentzahlen oder sonst irgendwie standardisierte Zahlen angewendet werden.
- Die Beobachtungen müssen unabhängig sein. Bei gepaarten Daten ist *McNemars Test* statt dem Chiquadrat-Test durchzuführen (siehe Kapitel 10.4.1).
- Wenn die Kategorien eine Rangordnung enthalten wie in unserem Beispiel, kann auch ein *Chiquadrat-Test auf Trend* gemacht werden.
- Bei zu kleinen Anzahlen ist *Fishers exakter Test* durchzuführen (siehe Kapitel 10.4.2).
- Die Chiquadrat-Teststatistik kann nicht als Mass für die Stärke des Zusammenhangs benutzt werden, weil X^2 abhängig ist vom Stichprobenumfang. Eine Verdoppelung der einzelnen Anzahlen führt z. B. zu einer Verdoppelung von X^2.
- Der Chiquadrat-Test hat eine sehr eingeschränkte Aussagekraft. Er beantwortet nur die Frage nach einem Zusammenhang mit ja oder nein, und das genügt meistens nicht. Um die Art und Weise des Zusammenhangs zu studieren, sind Methoden nötig, wie sie in den folgenden Kapiteln dargestellt werden.

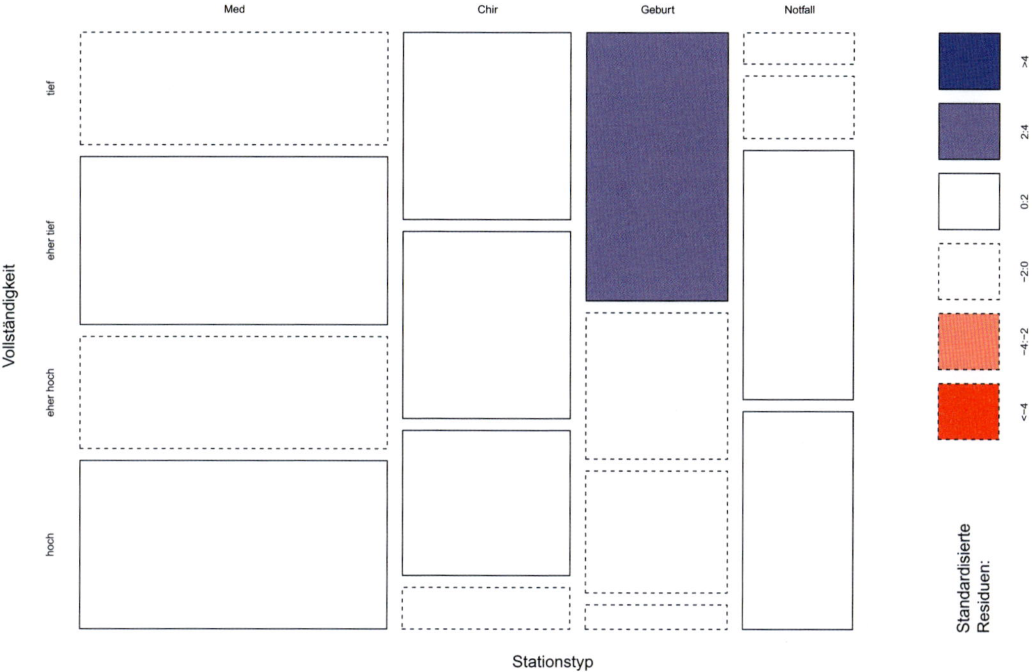

Abbildung 10.1: Abweichungen von den erwarteten Anzahlen unter Unabhängigkeit

* Assoziationsmasse

Phi-Koeffizient $\varphi = \sqrt{\frac{X^2}{n_{..}}}$

Faustregel: Ein $\varphi > 0.3$ weist auf einen Zusammenhang von Bedeutung hin.

Kontingenzkoeffizient $CC = \sqrt{\frac{X^2}{X^2+n_{..}}}$

In Kontingenztafeln grösser als 2×2 kann $\varphi > 1$ werden. Deshalb wird CC dem φ vorgezogen. Für CC gilt immer $0 \leq CC < 1$. Bei vollständiger Abhängigkeit ist die maximale obere Grenze von CC in einer $r \times s$ -Kreuztabelle gleich $\sqrt{(R-1)/R}$ mit R=min(r,s). Kontingenzkoeffizienten verschieden grosser Kontingenztafeln lassen sich also nicht miteinander vergleichen.

Cramers's V $V = \sqrt{\frac{X^2}{n_{..}(R-1)}}$

Cramer's V ist das am häufigsten benutzte Assoziationsmass. Es liegt zwischen 0 und 1 und ist unabhängig von r und s. Wenn eine Variable binär ist, so gilt $V = \varphi$.

Weitere Masse, die nicht auf X^2 basieren, sind die τ- und λ-Masse von Goodman und Kruskal. Sie werden u.a. dann verwendet, wenn eine Prognose der Ausprägung einer Variablen bei Kenntnis der andern Variablen gemacht werden soll. Der Gammakoeffizient ist ein Zusammenhangsmass für zwei ordinale Variablen. Er liegt zwischen -1 und $+1$.

Assoziationen:
Anna isst Zoo-Ei

10.4.1 McNemars Test für gepaarte Daten

Die Befragung beim Pflegepersonal zur Arbeitstätigkeit wurde im Jahre 2003 und dann nochmals 2005 durchgeführt. Der Aussage „Bei seiner Arbeit auf dieser Station weiss man, wozu sie dient" stimmten 2003 60% von 174 Befragten völlig zu, zwei Jahre später waren es nur noch 53%. Hat sich die Einschätzung dieses Aspekts signifikant verschlechtert?

Da dieselben Personen zweimal befragt worden sind, ist ein direkter Vergleich der zwei Prozentzahlen wie in Kapitel 10.1.2. oder ein Chiquadrat-Test nicht zulässig. Stattdessen muss genau angeschaut werden, wer seine Meinung in welche Richtung geändert hat. Die Angaben sind in der folgenden Tabelle zu finden.

		2005		**Total**
		stimme zu		
2003	**stimme zu**	ja	nein	
	ja	74	31	105
	nein	19	50	69
	Total	93	81	174

Die Nullhypothese lautet: „Es besteht kein Zusammenhang zwischen Jahr und Zustimmung" oder „Zwischen 2003 und 2005 änderten gleich viele Personen ihre Einstellung von positiv zu negativ wie umgekehrt". Die Alternativhypothese ist: „Es gibt eine Änderungstendenz in eine Richtung".

Für die entsprechende Testgrösse betrachtet man nur diejenigen Personen, die in den beiden Jahren eine unterschiedliche Meinung hatten. Es gab $r = 31$ Pflegende, die 2003 noch positiv eingestellt waren, die 2005 aber eine negative Meinung zur Aussage hatten. $s = 19$ Pflegende verbesserten ihre Meinung im Verlaufe der zwei Jahre. Die Teststatistik

$$X^2 = \frac{(|r-s|-1)^2}{r+s}$$

ist chiquadrat-verteilt mit einem Freiheitsgrad. Wir haben $X^2 = 2.42 < 3.84$, H_0 kann nicht verworfen werden.

10.4.2 Fishers exakter Test

Für Kreuztabellen mit sehr kleinen Anzahlen ist Fishers exakter Test geeignet, den Zusammenhang zwischen zwei kategoriellen Variablen zu überprüfen. Im Prinzip werden die Wahrscheinlichkeiten für alle möglichen Tabellen bei gegebenem Spalten- und Zeilentotal und unter der Nullhypothese, dass kein Zusammenhang besteht zwischen den beiden Variablen, berechnet.

Wird die Sturzgefahr von über 85-jährigen Männern und Frauen, die von der Spitex betreut werden, unterschiedlich eingeschätzt? In der Spitexstudie befinden sich Daten zu 38 KlientInnen.

		Sturzgefahr		Total
		nein	ja	
Geschlecht	Frau	23	6	29
	Mann	5	4	9
Total		28	10	38

Von den betagten Frauen sind also 21% sturzgefährdet, bei den betagten Männern sind es 44%. Der Fishertest liefert einen P-Wert von P=0.205. Der Unterschied zwischen Männern und Frauen ist also nicht signifikant.

*** Herleitung des Fishertests**

Für die gegebenen Zeilen- und Spaltentotale gibt es zehn verschiedene Tabellen:

(i)

28	1
0	9

(ii)

27	2
1	8

(iii)

26	3
2	7

(iv)

25	4
3	6

(v)

24	5
4	5

(vi)

23	6
5	4

(vii)

22	7
6	3

(viii)

21	8
7	2

(ix)

20	9
8	1

(x)

19	10
9	0

Die beobachteten Daten entsprechen Tabelle (vi). Jetzt muss für jede Tabelle ihre Wahrscheinlichkeit unter H_0 berechnet werden. Daraus kann dann die Wahrscheinlichkeit berechnet werden, ein mindestens so extremes Resultat zu erhalten wie das beobachtete. Die Wahrscheinlichkeit für eine bestimmte Tabelle kann mit der folgenden Formel berechnet werden:

$$P\left(\begin{array}{|cc|} a & b \\ c & d \end{array}\right) = \frac{(a+b)!(a+c)!(b+d)!(c+d)!}{N!a!b!c!d!},$$

wobei N=Gesamttotal.

Im Beispiel erhalten wir folgende Wahrscheinlichkeiten:

	a	**b**	**c**	**d**	**P**
(i)	28	1	0	9	0.0000
(ii)	27	2	1	8	0.0000
(iii)	26	3	2	7	0.0003
(iv)	25	4	3	6	0.0042
(v)	24	5	4	5	0.0317
(vi)	23	6	5	4	0.1266
(vii)	22	7	6	3	0.2773
(viii)	21	8	7	2	0.3269
(ix)	20	9	8	1	0.1907
(x)	19	10	9	0	0.0424

Für den P-Wert addiert man alle Wahrscheinlichkeiten, die höchstens so gross sind wie diejenige des beobachteten Resultats: P-Wert $= 0.0003 + 0.0042 + 0.0317 + 0.1266 + 0.0424 = 0.205$.

10.5 Chiquadrat-Anpassungstest

Bei einem Kreuzungsversuch werden Nachkommen mit drei verschiedenen Phänotypen mit den Wahrscheinlichkeiten $\frac{1}{4}, \frac{1}{2}$ und $\frac{1}{4}$ auftreten. Unter 150 Nachkommen fand man 29 mit dem ersten, 77 mit dem zweiten und 44 mit dem dritten Phänotyp. Sind diese Häufigkeiten mit dem Erbgesetz vereinbar?

Wie vorher werden beobachtete mit erwarteten Häufigkeiten verglichen. Die erwarteten Häufigkeiten werden jetzt aber aufgrund einer Theorie berechnet. Wir erhalten die folgenden Anzahlen:

Phänotyp	**beobachtet** (O_k)	**erwartet** (E_k)
I	29	37.5
II	77	75
III	44	37.5
Total	150	150

Die Testgrösse

$$X^2 = \sum_{k=1}^{3} \frac{(O_k - E_k)^2}{E_k}$$

ist chiquadrat-verteilt mit 2 Freiheitsgraden. Beim Anpassungstest ist die Anzahl Freiheitsgrade gleich der Anzahl Klassen minus 1. Wir erhalten:

$$\begin{aligned} X^2 =& \frac{(29-37.5)^2}{37.5} + \frac{(77-75)^2}{75} \\ &+ \frac{(44-37.5)^2}{37.5} = 3.11 < 5.99 = \chi^2_{95\%,2}. \end{aligned}$$

Die Nullhypothese wird also nicht abgelehnt, die beobachteten Häufigkeiten sind mit dem Erbgesetz vereinbar.

* Mit dem Chiquadrat-Test kann auch überprüft werden, ob eine beobachtete Häufigkeitsverteilung mit einer theoretischen Verteilung übereinstimmt. Die nachstehende Tabelle zeigt die beobachtete Anzahl Bakterien pro Flächeneinheit. Es soll überprüft werden, ob die Verteilung der Häufigkeiten mit einer Poissonverteilung übereinstimmt. Im Durchschnitt gab es 2.5 Organismen pro Fläche. Wir setzen also $\lambda = 2.5$. Für die Berechnung der erwarteten Häufigkeiten benutzt man (siehe Seite 84):

$$\begin{aligned} E_k =& 400 \cdot P(X = k) = 400 \cdot \frac{e^{-2.5} 2.5^k}{k!} \\ & \text{für } k = 0, \ldots, 6 \\ E_7 =& 400 \cdot P(X \geq 7) \end{aligned}$$

Phänotyp	beobachtet (O_k)	erwartet (E_k)
I	29	37.5
II	77	75
III	44	37.5
Total	150	150

Anz. Bakterien pro Fläche	Anzahl Flächen beobachtet	erwartet
0	34	32.8
1	68	82.1
2	112	102.6
3	94	85.5
4	55	53.4
5	21	26.7
6	12	11.1
7+	4	5.7
Total	400	399.9

Die Testgrösse

$$X^2 = \sum_{k=0}^{7} \frac{(O_k - E_k)^2}{E_k}$$

ist chiquadrat-verteilt mit 6 Freiheitsgraden. Hier ist die Anzahl Freiheitsgrade gleich der Anzahl Klassen minus 1 minus Anzahl geschätzter Parameter. Wir erhalten $X^2 = 6.02 < 12.59 = \chi^2_{95\%,6}$. Die Poissonverteilung scheint also ein vernünftiges Modell zu sein.

Der Chiquadrat-Anpassungstest ist ein Allzwecktest, der auf verschiedenste Abweichungen von einem postulierten Modell reagiert. Wenn man sich vor allem für eine bestimmte Form von Abweichung interessiert, ist der Chiquadrat-Test vielleicht nicht geeignet und man sollte einen massgeschneiderten Test verwenden.

10.6 Kontrollfragen und Aufgaben

1. Von einer Zufallsstichprobe von 50 Motorradhelmen zeigten 18 in einem Aufpralltest ernsthafte Schäden.

a) Bestimmen Sie ein 95%-Vertrauensintervall für den wahren Anteil von Helmen (p), die in einem solchen Test beschädigt werden.

b) Wieviele Helme müssen getestet werden, um mit 95% Wahrscheinlichkeit einen Fehler von höchstens 2% bei der Schätzung zu machen? Benutzen Sie zur Beantwortung dieser Frage ihre Schätzung für p aus a).

c) Wieviele Helme müssen getestet werden, um mit 95% Wahrscheinlichkeit einen Fehler von höchstens 2% bei der Schätzung zu machen, unabhängig vom wahren Anteil p?

2. Bei 1711 tödlich verunfallten VelofahrerInnen wurde der Alkoholgehalt im Blut bestimmt. Von 191 Frauen hatten 27 eine Blutalkoholkonzentration von mehr als 0.5 ‰, bei den Männern waren es 515 von 1520.

a) Schätzen Sie den Anteil „betrunkener" Velofahrerinnen und Velofahrer.

b) Bestimmen Sie ein 95%-Vertrauensintervall für den Unterschied der beiden Proportionen.

c) Der Standardfehler dieses Unterschieds setzt sich aus zwei Komponenten zusammen. Welche ist grösser und warum?

3. In einer Studie wurde der Einfluss von Haustieren auf die Überlebenschancen nach einem Herzinfarkt untersucht. Bei insgesamt 92 Patienten wurde festgestellt, ob sie ein Haustier besitzen und ob sie ein Jahr nach dem Infarkt noch lebten oder nicht. Die Resultate sind die folgenden:

	Haustierbesitzer nein	ja
überlebt	28	50
gestorben	11	3

a) Berechnen Sie geeignete Prozentzahlen, um die Daten zu beschreiben. Hat das Haustier einen positiven Effekt?

b) Was sind H_0 und H_A für einen geeigneten Test für die obige Fragestellung?

c) Wie gross sind die Chiquadrat-Teststatistik und der P-Wert?

d) Welche Schlussfolgerungen ziehen Sie?

4. Gehen Richter von Strafgerichten für Erwachsene härter mit rückfälligen, jugendlichen Straftätern um als Jugendstrafrichter? Um diese Frage beantworten zu können, wurde eine Stichprobe von 18-jährigen Wiederholungstätern in den USA untersucht. Aus den Jugendlichen wurden Paare gebildet, die bezüglich Geschlecht, Anzahl und Art der früheren Straftaten und zu beurteilendem Delikt gleich oder möglichst ähnlich waren, sogenannte „matched pairs“. Je einer der Jugendlichen eines Paares war vor ein Erwachsenengericht, der andere Jugendliche vor ein Jugendstrafgericht gestellt worden. In der folgenden Tabelle ist ersichtlich, wieviele Jugendliche zu einer erneuten Haftstrafe verurteilt wurden, in Abhängigkeit vom zuständigen Gericht.

Erwachsenen-	**Jugendgericht**	
gericht	Haft	keine Haft
Haft	158	515
keine Haft	290	1134

Werden Jugendliche von einem Erwachsenengericht eher zu einer Haftstrafe verurteilt, als wenn sie vor ein Jugendgericht kommen?

10.7 Glossar

Chiquadrat-Test Mit diesem Test wird untersucht, ob Daten mit einem postulierten Modell übereinstimmen. Beim Test auf Unabhängigkeit, wird der Zusammenhang zwischen zwei kategoriellen Variablen geprüft. Der Chiquadrat-Test kann aber auch benutzt werden, um die Verteilung einer Variablen, z. B. die Normalverteilung zu überprüfen.

Odds Ratio Das ist das Verhältnis von zwei Odds. Die Odds (Wettverhältnis) sind ein Unsicherheitsmass wie die Wahrscheinlichkeit.

11. Ein-Weg-Varianzanalyse

- Wie werden mehr als zwei Gruppen miteinander verglichen?
- Warum ist eine Varianzanalyse besser als einzelne t-Tests?
- Wie untersucht man den Effekt eines Faktors?

11.1 Einführung

Eine Anaesthesistin untersuchte in einer Doppel-Blind-Studie die Wirksamkeit von vier verschiedenen Behandlungen gegen Zahnschmerzen nach einem chirurgischen Eingriff. Die vier Behandlungen waren: I = Codein und Akupunktur, II = nur Akupunktur (und Zuckerkapsel), III = nur Codein (und „Scheinakupunktur") und IV = Placebo (Zuckerkapsel und „Scheinakupunktur".

40 Männer im Alter zwischen 18 und 30 Jahren wurden randomisiert den vier Gruppen zugeteilt. Für jede Person wurde ein Schmerz-Intensitäts-Index erhoben, sowohl vor der Zahnbehandlung als auch 2 Stunden danach. Zielvariable ist die Differenz zwischen Vorher- und Nachhermessung. Die Daten sind:

Behandlung			
I	II	III	IV
3.1	0.6	2.1	1.8
2.7	1.3	1.6	0.0
1.6	0.3	0.8	−1.8
1.3	1.5	0.5	−1.6
1.0	0.0	0.3	1.7
0.8	0.4	0.0	−1.6
2.5	2.0	1.0	1.2
1.7	1.3	1.4	0.3
1.1	0.2	−0.2	0.0
0.9	0.8	0.6	−0.7

Wir beginnen mit einer grafischen Darstellung der Beobachtungen mit Hilfe von Boxplots (siehe Abbildung 11.1). Die Variabilität in der Placebo-Gruppe ist deutlich grösser als in den anderen Gruppen. Die Gruppe I (Codein und Akupunktur) weist eine etwas grössere Schmerzreduktion auf als II (nur Akupunktur) und III (nur Codein), die sich kaum voneinander unterscheiden. Spezielle Ausreisser gibt es keine. Die Mittelwerte der vier Gruppen sind $1.67, 0.84, 0.81$ und -0.07. Sind diese Unterschiede so gross, dass sie nicht mehr durch den Zufall erklärt werden können?

Die einfachste und immer noch oft verwendete Methode für den Vergleich von mehr als zwei Gruppen, sind mehrere t-Tests. Dabei werden Gruppenpaare mit dem t-Test auf Mittelwertsunterschiede getestet. Wenn man auf die Normalverteilungsannahme verzichten möchte, nimmt man stattdessen den Mann-Whitney-Test. Dieses naive Vorgehen ist aber gefährlich. Bei vier Gruppen haben wir sechs Paare, d.h. wir machen dann sechs einzelne Tests, auf einem Signifikanzniveau von z. B. 5%. Wenn die Tests unabhängig voneinander wären, dann würde die Wahrscheinlichkeit, kein signifikantes Ergebnis zu erhalten, vorausgesetzt, dass keine Unterschiede bestehen, gleich $(1-0.05)^6 = 0.74$.

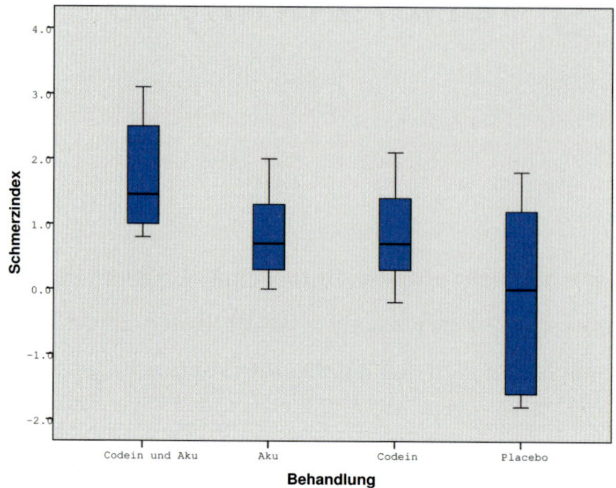

Abbildung 11.1: Abnahme der Schmerzintensität nach Behandlung

Die Wahrscheinlichkeit, mindestens einen signifikanten Test zu bekommen, ist 0.26. Das für einen einzelnen Test festgelegte Signifikanzniveau von 0.05 wird also bei Mehrfachtests deutlich überschritten. Bei sechs Gruppen und 15 paarweisen t-Tests ist die Wahrscheinlichkeit, ein oder mehrere signifikante Resultate zu bekommen, obschon keine Unterschiede vorhanden sind, bereits 54%. Nun sind die Tests natürlich nicht unabhängig voneinander, z. B. geht der Mittelwert der ersten Gruppe in alle Tests ein, die I mit einer anderen Gruppe vergleichen. Die oben angegebenen Wahrscheinlichkeiten sind deshalb nicht ganz richtig. Wenn man das korrekt ausrechnet, erhält man bei vier Gruppen eine Wahrscheinlichkeit von 0.21, bei sechs Gruppen von 0.39 für mindestens einen signifikanten Unterschied. Auch das ist immer noch viel zu gross für die Wahrscheinlichkeit eines Fehlers 1. Art.

Ein erster Ausweg besteht darin, das einzelne Signifikanzniveau α so herabzusetzen, dass die Irrtumswahrscheinlichkeit insgesamt korrekt wird. Bei der *Bonferroni-Regel* dividiert man α durch die Anzahl Tests, die gemacht werden. Statt auf dem 5%-Niveau, testet man also bei vier Gruppen auf einem Niveau von $0.05/6 = 0.008$; bei sechs Gruppen und damit 15 Tests, muss man ein Signifikanzniveau von 0.3% wählen. Gegen die Bonferroni-Regel spricht, dass sie eine Approximation an die Situation unabhängiger Tests ist und damit nur wenig Macht hat, mit anderen Worten die Korrektur ist zu stark. Eine bessere Methode zur Analyse von mehr als zwei Gruppen ist die Varianzanalyse und anschliessende Post-hoc-Tests, die das Mehrfachtestproblem berücksichtigen, d. h. das gesamte Signifikanzniveau wie festgesetzt einhalten.

11.2 Vollständige Randomisierung

Wir wollen genauer anschauen, wie eine randomisierte Zuteilung von Versuchspersonen praktisch durchgeführt wird. Wenn keine zusätzliche Information über die Personen benutzt werden soll, macht man eine *vollständige Randomisierung*. Dazu braucht man ein Computerprogramm bzw. einen Taschenrechner, der Pseudo-Zufallszahlen erzeugt. Die Zufallszahlen werden von einem Rechenalgorithmus erzeugt, sind also nicht wirklich zufällig. Sie sehen aber zufällig aus, enthalten so wenig erkennbare Struktur, dass sie für die Praxis gut brauchbar sind. Bei einem Programm kann ein zufälliger Startpunkt gewählt werden, damit die Sequenz der Zufallszahlen reproduziert werden kann.

Die 40 Personen werden durchnummeriert. Für eine *einfache Randomisierung* werden dann 40 zufällige ganze Zahlen zwischen 1 und 4 erzeugt. Bei kleinen Anzahlen ist die Chance gross, dass die Gruppen nicht gleich gross werden. Bei zwei Behandlungsgruppen und 20 Personen ist z. B. die Wahrscheinlichkeit, in einer Gruppe 4 und in der andern 16 Personen zu erhalten, rund 1%. Eine solche Verteilung würde natürlich den Behandlungsvergleich sehr erschweren. In der Praxis macht man in diesem Fall meist eine neue Randomisierung. Allerdings sollte das Kriterium, wann eine Randomisierung inakzeptabel ist, im Voraus festgelegt sein.

Mit der *Biased-Coin-Methode* kann man krasse Unterschiede in den Gruppengrössen vermeiden. Man beginnt mit einfacher Randomisierung. Sobald die Unterschiede eine vorgegebene Schranke übersteigen, erhöht man für die nächste zuzuteilende Person die Wahrscheinlichkeit, der bis jetzt kleinsten Gruppe zugeteilt zu werden.

Es gibt auch Verfahren, die gleich grosse Gruppen liefern. Eine *Zufallspermutation* ist eine zufällige Reihenfolge der Zahlen 1 bis beispielsweise 40. Viele Statistikprogramme erzeugen Zufallspermutationen für beliebige n. Der Nachteil von fest vorgegebenen Gruppengrössen besteht darin, dass im Verlauf der Prozedur die Anzahl freier Plätze in den verschiedenen Gruppen oft variiert und damit die Chance, dass der nächste Patient einer bereits gut besetzten Gruppe zugeordnet wird, sinkt. Beim letzten Patienten ist dann die Gruppenzuteilung schon im Voraus bekannt. Bei der einfachen Randomisierung hingegen hat jede Patientin immer gleich grosse Wahrscheinlichkeiten, einer bestimmten Gruppe zugeteilt zu werden.

In vielen Studien entscheidet man sich aber für ein noch restriktiveres Vorgehen, die *Blockrandomisierung*. Dabei unterteilt man die Versuchspersonen in Blocks zum Beispiel der Länge 8 und teilt dann innerhalb eines Blocks je 2 Personen zufällig einer Gruppe zu. Diese Randomisierung ist vorteilhaft, wenn nicht alle Versuchspersonen zur gleichen Zeit in die Studie eintreten oder ungewiss ist, wieviele Personen teilnehmen werden. Die Zuteilung ist hier auch in Teilabschnitten ausgeglichen.

11.3 Grundidee der Varianzanalyse

Mit einer Varianzanalyse kann der Einfluss einer oder mehrerer kategorieller Variablen, *Faktoren* genannt, auf eine stetige Zielvariable untersucht werden.

Die Gesamtvariabilität der Zielvariable zwischen den Versuchspersonen wird in verschiedene, den Variationsursachen entsprechende, Komponenten zerlegt. Die Grösse der Komponenten wird dann miteinander verglichen. In unserem Beispiel haben wir zwei Komponenten: die Variabilität zwischen Personen, die gleich behandelt worden sind, und die Variabilität zwischen Personen, die verschieden behandelt worden sind. Wenn die zweite Komponente deutlich grösser ist als die erste, schliesst man daraus, dass ein Behandlungseffekt vorhanden ist.

Bevor wir das genauer anschauen können, brauchen wir ein paar Begriffe. Die *Levels* eines Faktors sind die verschiedenen Werte, die der Faktor annimmt. In der Zahnschmerzstudie ist die Behandlungsart der Schmerzen der einzige zu untersuchende Faktor. Die Studie ist ein *1-Faktor-Experiment*. Der Faktor hat 4 Levels. Wenn auf jedem Level gleichviele Beobachtungen vorliegen, heisst das Design *balanciert*. Eine Varianzanalyse, bei der der Effekt eines einzelnen Faktors untersucht wird, heisst *Ein-Weg-Varianzanalyse*. Werden die Personen aufgrund von zwei Faktoren klassifiziert, so braucht es eine *Zwei-Weg-Varianzanalyse*. In einer Studie, in der drei verschiedene Medikamente in je zwei Dosierungen untersucht werden sollen, liegen zwei Faktoren vor, der Faktor Medikament mit drei Levels und der Faktor Dosis mit 2 Levels. Eine Kombination von Faktorlevels bzw. ein Level, wenn nur ein Faktor vorliegt, nennt man *Treatment*. Das Medikament A, in niedriger Dosierung, am Morgen eingenommen ist ein Treatment in einer Studie mit den drei Faktoren Medikament, Dosierung und Tageszeit der Verabreichung.

Die *experimentelle Einheit* ist die kleinste Einheit, die einem Treatment zugeteilt werden kann. Das ist oft eine Person oder ein Tier. Wenn aber zum Beispiel bei einer Interventionsstudie Spitalstationen verschiedenen Versuchsbedingungen zugeteilt werden, dann sind die Stationen die experimentellen Einheiten und nicht die einzelnen PatientInnen oder Mitarbeitenden. Wenn die Zuteilung randomisiert erfolgt, haben wir ein cluster-randomisiertes Design. Für die Analyse muss man entweder die Beobachtungen aller Elemente eines Clusters in eine Beobachtung zusammenfassen oder die Korrelation zwischen Elementen innerhalb eines Clusters berücksichtigen (siehe Kapitel 15).

11.3.1 Modell und Anova-Tabelle für einen Faktor

Eine Beobachtung setzt sich zusammen aus einem Treatmenteffekt und einem Wert, der für die Versuchseinheit spezifisch ist. Das kann so geschrieben werden:

$$Y_{ij} = \mu_i + \varepsilon_{ij}, \quad i = 1, \ldots, I; \quad j = 1, \ldots, n_i. \tag{11.1}$$

Y_{ij} ist eine Zufallsvariable. Sie modelliert die $j$te Messung in der Gruppe i. Der Erwartungswert in der Gruppe i ist μ_i und ε_{ij} ist ein zufälliger „Fehler" oder Rest. Eine Beobachtung besteht also aus einem festen, systematischen und einem zufälligen Teil. Der zufällige Teil ε_{ij} umfasst alle individuellen Einflüsse und Messfehler, die eine einzelne Messung vom Gruppenmittelwert abweichen lassen. ε_{ij} ist eine Zufallsvariable, für die wir folgende Voraussetzungen machen:

1. der Erwartungswert der ε_{ij} ist 0 für alle i und j,
2. die ε_{ij} sind unabhängig und haben alle die gleiche Varianz σ^2,
3. die ε_{ij} sind normalverteilt.

Wir gehen also davon aus, dass die Messungen unabhängige Stichproben aus normalverteilten Populationen mit gleicher Varianz sind. Die Abbildung 11.2 illustriert dieses Modell.

Wasche doch Ekel stiller hin im Wahrscheinlichkeitsmodelle

Die Abweichung einer einzelnen Beobachtung y_{ij} vom Gesamtmittel $\bar{y}$ kann in zwei Komponenten zerlegt werden:

$$y_{ij} - \bar{y} = \underbrace{\bar{y}_i - \bar{y}}_{\text{Abweichung des Gruppenmittels}} + \underbrace{y_{ij} - \bar{y}_i}_{\text{Abweichung vom Gruppenmittel}} \tag{11.2}$$

Dabei ist $\bar{y}_i = \frac{1}{n_i}\sum_j y_{ij}$ das Gruppenmittel der Gruppe i und $\bar{y} = \frac{1}{N}\sum_i\sum_j y_{ij}$ das Gesamtmittel aller Beobachtungen mit $N = \sum n_i$.

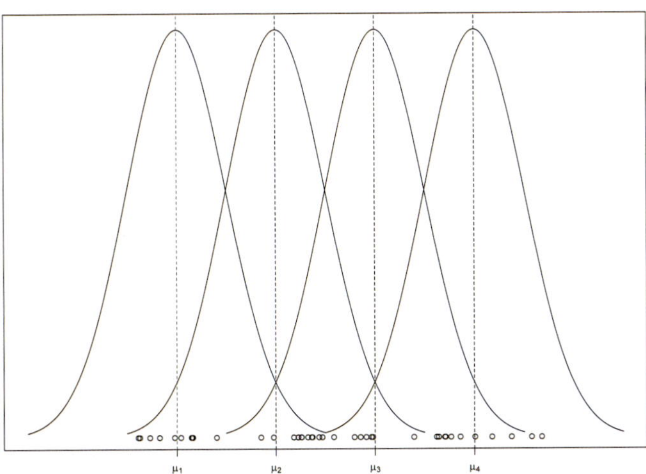

Abbildung 11.2: Modell mit einem Faktor

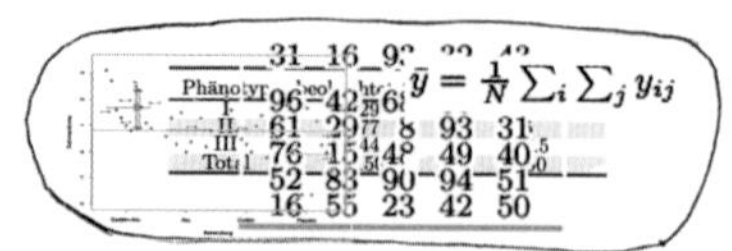

Durch Quadrieren und Aufaddieren über alle Beobachtungen erhält man aus dieser Zerlegung die *Varianzanalyse-Grundgleichung*:

$$\sum_i \sum_j (y_{ij} - \bar{y})^2 = \sum_i \sum_j (\bar{y}_i - \bar{y})^2 + \sum_i \sum_j (y_{ij} - \bar{y}_i)^2 \qquad (11.3)$$

Die drei Terme in dieser Gleichung repräsentieren von links nach rechts: die Gesamtvariabilität (Total Sum of Squares, SST), die Variabilität zwischen den Gruppenmitteln (Treatment Sum of Squares, SS_{treat}) und die Summe der Variabilität innerhalb der Gruppen (Sum of Squares of Errors, SSE).

Dividiert man SST durch $N-1$, dann erhält man die Stichprobenvarianz aller Beobachtungen. Diese heisst hier *Total Mean Square*, abgekürzt MST, also

$$MST = SST/(N-1).$$

Die Stichprobenvarianz s_i^2 der Gruppe i ist eine Schätzung für $\sigma^2 = Var(Y_{ij})$. Wenn die Varianz in allen Gruppen gleich ist, können wir aus den einzelnen s_i^2 eine gepoolte Varianzschätzung machen, genauso wie man das beim 2-Stichproben-t-Test macht.

$$\hat{\sigma}^2 = \frac{\sum_i (n_i - 1)s_i^2}{N - I} = \frac{SSE}{N - I} = MSE \qquad (11.4)$$

MSE heisst *Mean Square of Errors*.

Je grösser die Unterschiede zwischen den Gruppenmitteln sind, desto grösser wird SS_{treat}. Um einen direkten Vergleich mit MSE machen zu können, muss auch diese Quadratsumme durch ihre Anzahl Freiheitsgrade dividiert werden:

$$MS_{treat} = SS_{treat}/(I-1)$$

MS_{treat} heisst *Treatment Mean Square*. Allgemein gilt: $MS = SS/df$. Die Freiheitsgrade (df) sind die Anzahl unabhängiger Elemente in der Quadratsumme.

Die Resultate dieser Berechnungen werden nun in einer *Anova-Tabelle* (analysis of variance) zusammengefasst (siehe Tabelle 11.1).

Source	SS	df	MS	F	P-Wert
Treatment	$\sum_i \sum_j (\bar{y}_i - \bar{y})^2$	$I-1$	MS_{treat}	MS_{treat}/MSE	...
Error	$\sum_i \sum_j (y_{ij} - \bar{y}_i)^2$	$N-I$	MSE		
Total	$\sum_i \sum_j (y_{ij} - \bar{y})^2$	$N-1$			

Tabelle 11.1: Anova-Tabelle

Falls keine Treatmenteffekte bestehen, müsste $F = MS_{treat}/MSE$ ungefähr gleich 1 sein. Je grösser hingegen die Behandlungsunterschiede sind, desto grösser wird F. Der *F-Test*, zu dem der P-Wert in der letzten Spalte der Tabelle gehört, wird im nächsten Abschnitt behandelt.

Für die Schmerzdaten liefert SPSS (Menu „Allgemeines lineares Modell/Univariat") die Tabelle 11.2. Die Zeilen „Behandlung", „Fehler" und „Korrigierte Gesamtvariation" entsprechen dem Treatment, Error und Total. Die übrigen Zeilen sind überflüssig. Die Zeile „Korrigiertes Modell" fasst alle Faktoren zusammen. Da hier nur ein Faktor untersucht wird, ist die Zeile identisch mit der Zeile „Behandlung". Die Quadratsumme in der Zeile „Gesamt" ist $\sum_i \sum_j y_{ij}^2$, das sind die quadrierten Beobachtungen selbst und nicht die Abweichungen vom Gesamtmittel. Die Quadratsumme in der Zeile „Konstanter Term" ist gleich $N\bar{y}^2$. Wegen $\sum_i \sum_j (y_{ij} - \bar{y})^2 = \sum y_{ij}^2 - N\bar{y}^2$, ist $46.284 = 72.69 - 26.406$.

Es ist also $SST = 46.284$, $SS_{treat} = 15.149$ und $SSE = 31.135$. In der Spalte „Mittel der Quadrate" stehen die MS. Der F-Test in der Zeile „Konstanter Term" testet, ob das Gesamtmittel von Null verschieden ist. Das ist in den meisten Anwendungen keine sinnvolle Fragestellung. Die einzige interessante Testgrösse ist $F = MS_{treat}/MSE = 5.839$. Dazu mehr im nächsten Abschnitt.

Tests der Zwischensubjekteffekte

Abhängige Variable:Schmerz

Quelle	Quadratsumme vom Typ III	df	Mittel der Quadrate	F	Sig.
Korrigiertes Modell	15.149[a]	3	5.050	5.839	.002
Konstanter Term	26.406	1	26.406	30.532	.000
Behandlung	15.149	3	5.050	5.839	.002
Fehler	31.135	36	.865		
Gesamt	72.690	40			
Korrigierte Gesamtvariation	46.284	39			

a. R-Quadrat = .327 (korrigiertes R-Quadrat = .271)

Tabelle 11.2: Anova-Tabelle für Schmerzdaten aus SPSS

11.4 Tests und Schätzungen

11.4.1 F-Test

Um zu entscheiden, ob der Faktor Schmerzbehandlung tatsächlich eine Wirkung hat, brauchen wir einen formalen Test für die Null- und Alternativhypothese:

H_0: $\mu_1 = \mu_2 = \ldots = \mu_I$
H_A: nicht alle μ_i sind gleich

Falls die ε_{ij} normalverteilt sind, hat der Quotient $F = MS_{treat}/MSE$ unter H_0 eine *F-Verteilung* mit $n_1 = I - 1$ und $n_2 = N - I$ Freiheitsgraden. Da nur grosse Werte von F gegen H_0 sprechen, macht man einen einseitigen Test und verwirft H_0, falls F grösser ist als das 95. Perzentil der F-Verteilung mit den entsprechenden Freiheitsgraden. Ab Seite 274 sind Tabellen mit den kritischen Werten der F-Verteilung für verschiedene Signifikanzniveaus und Freiheitsgrade zu finden. Der kritische Wert ist nach dieser Tabelle ungefähr 2.9. Mit einem Statistikprogramm erhält man zudem den P-Wert. Im Schmerzbeispiel ist der P-Wert $= 0.002$, d. h. die Behandlungsunterschiede sind hochsignifikant.

Für den Vergleich von $I = 2$ Gruppen ist der F-Test äquivalent zum t-Test für zwei unabhängige Stichproben.

11.4.2 Modellüberprüfung

Abweichungen von der Normalverteilungsannahme sind nicht sehr gravierend. Das Signifikanzniveau wird, ausser bei extremen Ausreissern, einigermassen eingehalten, die Macht des Tests kann allerdings stark abnehmen. Der *Kruskal-Wallis-Test* ist eine Verallgemeinerung des Mann-Whitney-Tests auf mehr als zwei Gruppen und setzt wie dieser gleiche Varianzen voraus. Man bildet Ränge (für alle Beobachtungen gemeinsam) und prüft, wie stark sich diese im Mittel unterscheiden. Auch dieser nichtparametrische Test liefert in unserem Fall ein signifikantes Ergebnis, der P-Wert ist 0.017.

Ungleiche Varianzen sind etwas gefährlicher. In einem einigermassen balancierten Design muss aber die grösste Varianz fast zehnmal so gross sein wie die kleinste Varianz, damit das Signifikanzniveau eindeutig nicht mehr eingehalten wird. In der Zahnschmerzstudie haben schon die Boxplots gezeigt, dass die Placebogruppe eine grössere Streuung hat als die anderen Gruppen. Die geschätzten Varianzen sind: $\hat{\sigma}_I^2 = 0.67, \hat{\sigma}_{II}^2 = 0.43, \hat{\sigma}_{III}^2 = 0.53$ und $\hat{\sigma}_{IV}^2 = 1.83$. Die grösste Schätzung ist also rund viermal so gross wie die kleinste.

Für die Modellüberprüfung benutzt man die Residuen, also die Abweichungen der beobachteten (y_{ij}) von den prognostizierten Werten ($\bar{y}_i$). Mit verschiedenen graphischen Darstellungen kann man die einzelnen Voraussetzungen überprüfen.

Normalverteilung: Normalplot der Residuen. Auch Ausreisser werden hier sichtbar.

Gleiche Varianzen: Streudiagramm der Residuen gegen die vorausgesagten Werte oder den Faktor. Nehmen z. B. die Residuen mit wachsendem $\bar{y}_i$ zu?

Unabhängigkeit: Streudiagramm der Residuen gegen die Reihenfolge der Beobachtungen.

Es gibt auch formale Tests zur Überprüfung der Voraussetzungen. Diese sind aber meist nur auf eine Art von Abweichung empfindlich und deshalb weniger empfehlenswert als eine sorgfältige graphische Analyse. Die Abbildungen 11.3 und 11.4 zeigen die Residuenplots für die Schmerzdaten. Es sieht in Ordnung aus.

Wenn die Residuenanalyse zu grosse Abweichungen von den Voraussetzungen aufzeigt, hilft vielleicht eine Transformation der Zielvariablen (log, $\sqrt{}$). Gefährlich wird es, wenn die Unabhängigkeitsannahme verletzt ist, beispielsweise, wenn mehrere Messungen an der gleichen Person durchgeführt werden oder Personen aus demselben Haushalt befragt werden. In diesem Fall muss ein komplizierteres Design mit entsprechender Analyse benutzt werden. Wir kommen später darauf zurück (siehe Kapitel 15, Repeated Measures).

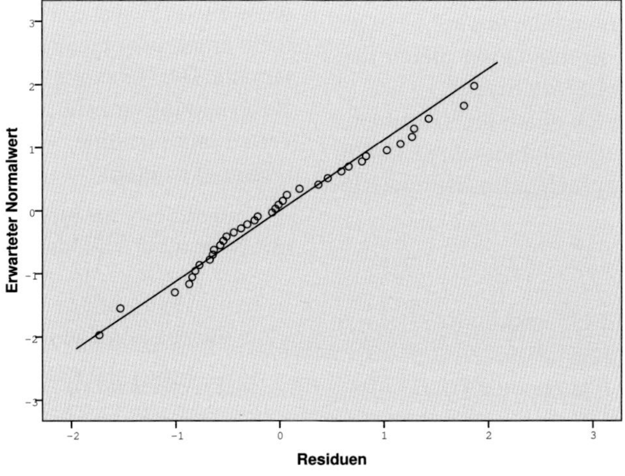

Abbildung 11.3: Normalplot der Residuen

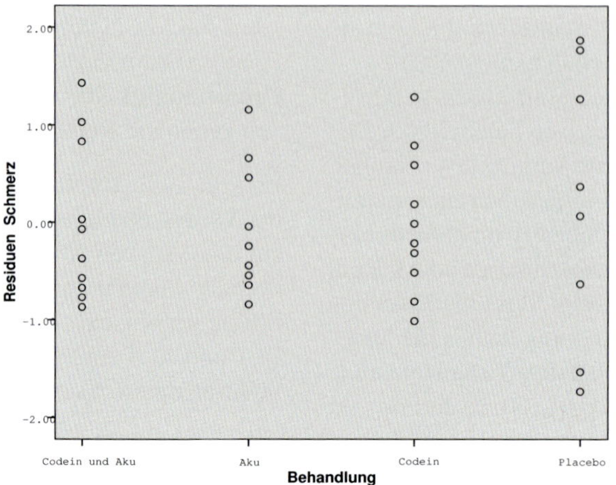

Abbildung 11.4: Residuen gegen Treatment

11.4.3 Gruppenvergleiche und Vertrauensintervalle

Ein signifikanter F-Test bedeutet erst, dass ein Faktor einen signifikanten Effekt hat. Natürlich möchte man aber wissen, welche Gruppen sich vor allem unterscheiden. Bei der Schmerzbehandlungsstudie sind die nächsten Fragen, die sich aufdrängen:

- Ist der Unterschied zwischen Akupunktur und Placebo bzw. zwischen Codein und Placebo signifikant?
- Bringt nur die Kombination etwas?
- Ist der Effekt der Kombination gleich der Summe der beiden Einzeleffekte?

Die Parameter μ_i werden durch die Treatmentmittelwerte, ein Treatmentunterschied durch die Differenz der entsprechenden Mittelwerte geschätzt.

Beispiel 11.1
Unterschied Codein - Placebo:
$0.81-(-0.07)=0.88$
Unterschied Aku - Placebo:
$0.84-(-0.07)=0.91$
Unterschied Codein - Aku:
$0.81-0.84=-0.03$
Unterschied Codein/Aku - Placebo:
$1.67+0.07=1.74$ ▪

Eine Schätzung ohne Genauigkeitsangabe sagt nicht sehr viel aus, besser sind Vertrauensintervalle. Ein Gruppenmittel $\bar{Y}_i = \sum Y_{ij}/n_i$ hat eine Standardabweichung von $\sqrt{\sigma^2/n_i}$. Die Standardabweichung einer Differenz von zwei Treatmentmitteln, dem Treatmentunterschied, ist $\sqrt{\sigma^2(1/n_i+1/n_{i'})}$. Die Varianz σ^2 einer Einzelbeobachtung Y_{ij} wird geschätzt durch MSE. Die geschätzte Standardabweichung, der Standardfehler des Treatmentunterschieds, ist also $\sqrt{MSE(1/n_i+1/n_{i'})}$. Wird zu den Treatmentunterschieden $\pm 2\cdot$ Standardfehler addiert, dann erhält man genäherte 95%- Vertrauensintervalle. Die Näherung ist bei genügend grosser Beobachtungsanzahl gut, auch ohne Normalverteilungsannahme, sofern keine groben Ausreisser existieren.

Ein 95%-Vertrauensintervall für $\mu_i - \mu_{i'}$ mit Normalverteilungsannahme ist:

$$\bar{y}_i - \bar{y}_{i'} \pm t_{97.5\%,N-I} \cdot \sqrt{MSE(\frac{1}{n_i}+\frac{1}{n_{i'}})} \tag{11.5}$$

Die Freiheitsgrade der t-Verteilung ergeben sich aus der Anzahl Freiheitsgrade von MSE.

Beispiel 11.2
Der Standardfehler für die Differenz zweier Treatmentmittel ist $\sqrt{2 \cdot 0.865/10} = 0.416$. 95%-Vertrauensintervalle für Treatmentunterschiede sind:

Codein - Placebo: $(0.036, 1.72)$
Aku - Placebo: (0.067, 1.75)
Codein - Aku: $(-0.87, 0.81)$
Codein/Aku - Placebo: (0.896, 2.58) ▪

Der Unterschied zwischen Codein bzw. Akupunktur und Placebo ist also nur knapp signifikant (da 0 nur knapp ausserhalb des Vertrauensintervalls liegt). Eindeutig ist nur der Unterschied zwischen Codein/Akupunktur und Placebo.

Ein Forscher will ebenfalls die schmerzreduzierende Wirkung von Akupunktur und Codein untersuchen. 20 Personen stehen zur Verfügung. Da man über Codein schon ziemlich viel weiss, behandelt er 19 Personen mit Akupunktur und nur eine Person mit Codein. Anschliessend vergleicht er die beiden Treatmentmittel. Der Standardfehler der Differenz der beiden Gruppenmittel ist in diesem Fall:

$$\sigma\sqrt{1+1/19} = 1.026 \cdot \sigma.$$

In einem balancierten Design ist der Standardfehler nur

$$\sigma\sqrt{1/10+1/10} = 0.447 \cdot \sigma,$$

d. h. weniger als halb so gross. Eine gleichmässige Verteilung auf die interessierenden Treatments liefert die präzisesten Schätzungen.

Mit der Normalverteilungsannahme können wir auch testen, ob Gruppenunterschiede signifikant von Null verschieden sind. Unter $H_0 : \mu_i = \mu_{i'}$ ist

$$T = \frac{\bar{Y}_{i\cdot} - \bar{Y}_{i'\cdot}}{\sqrt{MSE(1/n_i + 1/n_{i'})}}$$

t-verteilt mit df $= N - I$. H_0 wird also verworfen, wenn $|T| > t_{97.5\%, N-I}$.

Wenn mehrere Gruppenvergleiche gemacht werden, stellt sich erneut das Problem des multiplen Testens, d.h. das gewählte Signifikationsniveau wird nicht mehr eingehalten. Es sollte deshalb eine Methode benutzt werden, die das Signifikanzniveau gesamthaft einhält. Einige solche Prozeduren werden im nächsten Abschnitt beschrieben.

Multiple Vergleiche

Die Gefahr zu vieler Einzeltests besteht auch dann, wenn nur wenige Gruppen vorliegen wie in unserem Beispiel. Neben den sechs paarweisen Vergleichen gibt es weitere, komplexe Vergleiche, die von Interesse sind, z. B:

- Bringt die Kombinationsbehandlung etwas?
- Unterscheiden sich die 3 Schmerzbehandlungen vom Placebo?

Wir betrachten also

$$\bar{y}_1 - \frac{\bar{y}_2 + \bar{y}_3}{2} \quad \text{und} \quad \frac{\bar{y}_1 + \bar{y}_2 + \bar{y}_3}{3} - \bar{y}_4.$$

Die zu testenden Nullhypothesen sind :

$$H_0 : \mu_1 - \frac{\mu_2 + \mu_3}{2} = 0 \quad \text{und}$$
$$H_0 : \frac{\mu_1 + \mu_2 + \mu_3}{3} - \mu_4 = 0.$$

Im Prinzip gibt es unendlich viele solche Linearkombinationen von Effekten, bzw. Gruppenmitteln, die getestet werden könnten. Allerdings sind nur ein paar wenige davon in einer konkreten Studie von Interesse.

Definition 11.4.1 — Kontrast. Ein Kontrast ist eine Linearkombination der Parameter, deren Koeffizienten die Summe Null haben:

$$C = \sum_{i=1}^{I} a_i \mu_i \quad \text{mit} \quad \sum_{i=1}^{I} a_i = 0$$

Geschätzt wird C durch Einsetzen der entsprechenden Gruppenmittel:

$$\hat{C} = \sum a_i \hat{\mu}_i = \sum a_i \bar{y}_i.$$

Die Nullhypothese $H_0 : C = 0$ kann getestet werden mit

$$T = \frac{\hat{C}}{\sqrt{MSE \sum \lambda_i^2 / n_i}}.$$

T ist unter H_0 t-verteilt mit df $= N - I$.

Beispiel 11.3

$$C_1 = \mu_1 - \frac{\mu_2 + \mu_3}{2}$$

ist ein Kontrast mit $a_1 = 1, a_2 = -\frac{1}{2}, a_3 = -\frac{1}{2}, a_4 = 0$ und $\sum a_i = 1 - \frac{1}{2} - \frac{1}{2} = 0$.

$$C_2 = \frac{\mu_1 + \mu_2 + \mu_3}{3} - \mu_4$$

ist auch ein Kontrast mit $a_1 = a_2 = a_3 = \frac{1}{3}, a_4 = -1$ und $\sum a_i = \frac{1}{3} + \frac{1}{3} + \frac{1}{3} - 1 = 0$. ■

Auch Kontraste gibt es unendlich viele, aber selbst wenn alle einer interessanten Fragestellung entsprechen würden, wäre es unökonomisch, alle zu schätzen. Wenn wir z. B. bereits Schätzungen für den Unterschied zwischen der ersten und dritten Gruppe und für den Unterschied zwischen der ersten und zweiten Gruppe haben, gibt uns das auch eine Schätzung für den Unterschied zwischen der zweiten und der dritten Gruppe:

$$\bar{y}_2 - \bar{y}_3 = (\bar{y}_1 - \bar{y}_3) - (\bar{y}_1 - \bar{y}_2)$$

Es ist also sinnvoll, sich auf eine Auswahl von Kontrasten zu beschränken, die nicht redundant sind. Solche Kontraste heissen *linear unabhängig*, und es kann mathematisch bewiesen werden, dass maximal $I-1$ Kontraste ausgewählt werden können, die nicht redundant sind und passend kombiniert alle anderen Kontraste ergeben. Zudem kann man die Auswahl so treffen, dass die $I-1$ Schätzungen unkorreliert sind. Dazu müssen die Kontraste orthogonal sein.

Definition 11.4.2 — Orthogonale Kontraste. Zwei Kontraste $C_1 = \sum a_i \mu_i$ und $C_2 = \sum b_i \mu_i$ heissen orthogonal, wenn $\sum a_i b_i = 0$.

Beispiel 11.4
Die Kontraste C_1 und C_2 sind orthogonal, denn $1 \cdot \frac{1}{3} - \frac{1}{2} \cdot \frac{1}{3} - \frac{1}{2} \cdot \frac{1}{3} + 0 \cdot (-1) = 0$. Aber $\mu_1 - \mu_3$ und $\mu_1 - \mu_2$ sind nicht orthogonal, denn $1 \cdot 1 + 0 \cdot (-1) - 1 \cdot 0 = 1$. ▪

Eine Beschränkung auf orthogonale Kontraste ist deshalb von Vorteil, weil die entsprechenden t-Tests annähernd unabhängig sind. Sie sind nicht strikt unabhängig, weil in allen Tests dasselbe MSE benutzt wird. Wenn jedoch die n_i nicht zu klein sind, ist die Näherung gut. Das gesamthafte Signifikanzniveau für alle Tests zusammen ist dann, wie wir schon früher gesehen haben, $1-(1-\alpha)^n$, wobei n die Anzahl der Tests ist.

Welche multiple Prozedur optimal ist, hängt davon ab, welche Art von Vergleichen gemacht werden sollen. Für die meisten Situationen ist eine der folgenden vier Methoden angemessen.

Bonferroni: für n im voraus festgelegte, orthogonale Kontraste. Das Signifikanzniveau für einen einzelnen Test wird auf α/n gesetzt.

Tukey: für alle paarweisen Vergleiche. Wenn man nach einer Analyse der Daten statt der vorgesehenen Vergleiche (z.B. Aku - Codein), erfolgversprechendere Unterschiede testet (z.B. Codein und Aku - Placebo), stimmt das Signifikanzniveau nicht mehr. $\bar{y}_{max} - \bar{y}_{min}$ hat nämlich eine andere Verteilung, bzw. Varianz als $\bar{y}_i - \bar{y}_{i'}$. Statt der t-Verteilung benutzt diese Methode die korrekte Verteilung von $\bar{y}_{max} - \bar{y}_{min}$.

Dunnett: für Vergleiche von $I-1$ Gruppen mit einer Kontrollgruppe. Der Wert der t-Teststatistik aus dem Paarvergleich wird mit speziell berechneten kritischen Werten verglichen. Die Irrtumswahrscheinlichkeit bleibt bei 5%.

Scheffé: für komplexe nichtorthogonale oder komplexe post-hoc Vergleiche. Das gesamte Signifikanzniveau bleibt kleiner als α, selbst wenn Tausende von Tests gemacht werden. Der Preis dafür ist allerdings eine geringe Macht. Wenn irgendwie möglich, sollte man sich deshalb auf Vergleiche beschränken, die mit Tukey, Bonferroni oder Dunnett getestet werden können.

Daneben gibt es weitere Verfahren, wie *Fisher's Least Significance Difference* oder *Duncan's Multiple Range Test*. Diese Methoden sind aber weniger empfehlenswert, weil sie das Gesamtsignifikanzniveau nicht kontrollieren.

11.5 Kontrollfragen und Aufgaben

1. Eine Psychologin untersuchte den Einfluss von Musik auf Chirurgen bei der Arbeit unter simuliertem Stress. Fünfzig männliche Chirurgen wurden zufällig auf drei Gruppen verteilt: 1. Musik, die sie selbst ausgewählt hatten, 2. die Musikwahl der Psychologin: Pachelbels Canon in D, 3. keine Musik. Mit ihrer eigenen Musik blieben die Ärzte entspannt, mit Pachelbels Canon gab es im Durchschnitt einen leichten Blutdruckanstieg und ohne Musik stieg der Blutdruck massiv an.

a) Was ist die Zielvariable?
b) Formulieren Sie die Nullhypothese in Worten.
c) Wie analysieren Sie die Daten und was für Voraussetzungen müssen dafür erfüllt sein?
d) Was für eine Verteilung hat die Teststatistik unter der Nullhypothese?

2. Die Anova-Tabelle eines 1-Faktor-Experiments gibt Folgendes an:

Source	**SS**	**df**
Treatment	33.163	2
Error	16.537	15
Total	..	..

a) Wie viele Beobachtungen umfasst das Experiment?
b) Formulieren Sie das Modell und eine passende Nullhypothese.
c) Wie gross ist der F-Wert?
d) Kann die Nullhypothese auf dem 5%-Niveau verworfen werden?
e) Wie gross ist $\hat{\sigma}$?
f) Wie gross ist der Standardfehler eines Treatmentunterschieds?

3. In einer Studie wurden drei neue Behandlungen mit der Standardbehandlung verglichen. Jeder Gruppe wurden 6 Personen zugeteilt.

Beh 1	**Beh 2**	**Beh 3**	**Kontr**
9	7	5	4
8	8	7	5
7	7	6	2
10	4	7	7
5	5	4	5
9	5	7	7

Sind die neuen Behandlungen generell besser als der Standard?

a) Wir fassen die drei neuen Behandlungsgruppen zusammen und vergleichen sie mit der Kontrollgruppe. Testen Sie mit einem t-Test, ob ein Unterschied besteht zwischen den 18 Neubehandelten und den 6 Kontrollpersonen. Führen Sie auch eine 1-Weg-Varianzanalyse für die zwei Gruppen Behandlung 1 - 3 und Kontrolle durch.
b) Dieselbe Frage kann auch mit einer 1-Weg-Varianzanalyse für vier Gruppen und anschliessendem Test für H_0 : $(\mu_1 + \mu_2 + \mu_3)/3 - \mu_4 = 0$ beantwortet werden. Was kommt heraus?
c) Warum unterscheiden sich die Ergebnisse von a) und b), wo doch beide Male Neubehandelte mit Kontrollpersonen verglichen werden? Vergleichen Sie Modelle und Anova-Tabellen (Sums of Squares).
d) Welche Variante ist vorzuziehen?

4. Eine Ärztin hat Messungen an drei Behandlungsgruppen gemacht. Die Treatmentmittel sind $\bar{y}_1 = 12, \bar{y}_2 = 10$ und $\bar{y}_3 = 6$. In jeder Gruppe waren 10 Personen und $MSE = 25$. Die wichtigste Frage ist, ob sich Gruppe 3 von den anderen beiden unterscheidet. Bilden Sie den entsprechenden Kontrast, bzw. die interessierende Nullhypothese und testen Sie sie. Zudem möchte die Ärztin wissen, ob sich Gruppe 1 und Gruppe 2 unterscheiden. Welches Vorgehen garantiert ein gemeinsames Signifikanzniveau von $\alpha = 5\%$ für beide Tests? Wenn der zweite Vergleich im Voraus geplant war (wie der erste auch)? Wenn der zweite Vergleich erst nach einer Dateninspektion interessant geworden ist?

11.6 Glossar

Bonferroni-Regel Einfache Möglichkeit, das Mehrfach-Testproblem (s.u.) zu umgehen. Dabei wird das Signifikanzniveau durch die Anzahl durchgeführter Tests dividiert.

Kontrast Spezifischer Effekt, der in einem Experiment getestet werden soll.

Multiples Testen Sobald mehr als ein statistischer Test gemacht wird, steigt das Signifikanzniveau, das für einen Test gewählt wird (üblicherweise 5%) an. Insgesamt wird die Wahrscheinlichkeit eines Fehlers 1. Art, dass also die Nullhypothese fälschlicherweise verworfen wird, grösser und grösser, je mehr Tests durchgeführt werden. Das muss auf irgendeine Art und Weise kontrolliert bzw. verhindert werden.

Treatment Kombination von Faktorausprägungen, die in einem Experiment untersucht wird.

Treatmentvergleich Vergleich zwischen zwei Treatmentgruppen.

12. Mehr-Weg-Varianzanalyse

- Wie können mehrere Faktoren gleichzeitig studiert werden?
- Was sind Wechselwirkungen?
- Gibt es eine Varianzanalyse in beobachtenden Studien?

12.1 Einführung

In einer klinischen Studie sollen zwei Medikamente, in Tabletten à 0.5, 1 und 3 mg Wirkstoff miteinander verglichen werden. Mit einer Ein-Weg-Varianzanalyse könnten wir untersuchen, ob Treatmentunterschiede zwischen den maximal $2 \cdot 3 = 6$ Gruppen vorhanden sind. Eigentlich haben wir aber nicht bloss einen, sondern zwei Faktoren: Medikament und Dosis. Wenn wir diese faktorielle Struktur der Treatments berücksichtigen wollen, müssen wir eine 2-Weg-Varianzanalyse machen.

Wenn genügend Versuchspersonen zur Verfügung stehen, können wir alle 6 Faktorkombinationen untersuchen, indem jeder der 6 Gruppen gleich viele Personen zugeteilt werden. Ein solches *faktorielles Design* liefert am meisten Informationen über die separaten und gemeinsamen Einflüsse aller Faktoren.

12.2 2-Faktor-Experiment

In einer Blutdruckstudie soll die Wirksamkeit von Biofeedback-Training einerseits und medikamentöser Behandlung andererseits untersucht werden. Zwanzig Personen mit hohem Blutdruck werden vier Treatments zugeteilt, Biofeedback und Medikament, nur Biofeedback, nur Medikament, Kontrolle. Nach der Behandlung wurden die folgenden mittleren systolischen Blutdruck-Werte in mmHg gemessen:

Biofeedback/ Medikament	**Biofeedback**	**Medikament**	**Kontrolle**
158	188	186	185
163	183	191	190
173	198	196	195
178	178	181	200
168	193	176	180

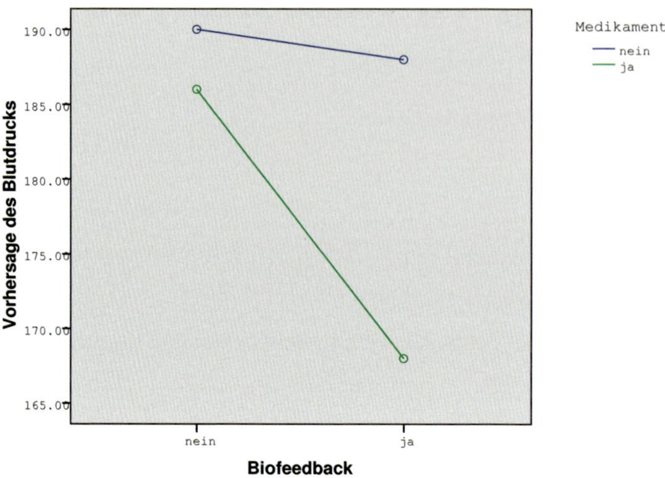

Abbildung 12.1: Interaktionsplot

Fassen wir die Treatmentmittel in einer 2×2-Kreuztabelle zusammen:

		Biofeedback nein	Biofeedback ja	Total
Medikament	nein	190	188	189
	ja	186	168	177
Total		188	178	183

Die medikamentöse Behandlung reduziert also den Blutdruck im Durchschnitt um 12 mmHg. Der über beide Gruppen mit/ohne Biofeedback gemittelte Effekt des Medikaments heisst *Haupteffekt*. Der Haupteffekt des Medikaments ist also 12 mmHg, der Haupteffekt von Biofeedback ist 10 mmHg. Die Wirkung des Medikaments hängt ziemlich stark davon ab, ob zusätzlich Biofeedback-Training vorhanden war oder nicht. Dasselbe gilt für Biofeedback. Der Biofeedback-Haupteffekt von 10 mmHg beschreibt die Situation nur ungenau, weil die Effekte in den Untergruppen mit/ohne Medikament sehr unterschiedlich sind, 2 und 18 mmHg. Man nennt dies eine *Wechselwirkung* oder *Interaktion* zwischen zwei Faktoren. Die Abbildung 12.1 veranschaulicht die Wechselwirkung. Wenn die beiden Geraden parallel wären, würde das heissen, dass der Effekt von Biofeedback gleich ist, egal ob auch ein Medikament genommen wird oder nicht.

Kreuztabellen: Zellkraut eben

12.2.1 Modell für zwei Faktoren

Für zwei Faktoren A und B mit I bzw. J Levels und n Beobachtungen pro Treatment nehmen wir folgendes Modell an:

$$Y_{ijk} = \mu + A_i + B_j + (AB)_{ij} + \varepsilon_{ijk}, \quad (12.1)$$

mit $i = 1, \ldots, I;\quad j = 1, \ldots, J$ und $k = 1, \ldots, n$. Y_{ijk} ist die Zufallsvariable für die $k$te Beobachtung mit Faktor A auf Level i und Faktor B auf Level j. μ ist das Gesamtmittel, A_i der Effekt des $i$ten Levels des Faktors A und B_j der Effekt des $j$ten Levels des Faktors B. $(AB)_{ij}$ ist die Interaktion des $i$ten Levels von A mit dem $j$ten Level von B. ε_{ijk} schliesslich ist der zufällige

Rest mit Erwartungswert 0 und Varianz σ^2 für alle i, j, k, und wir nehmen an, dass die ε_{ijk} alle unabhängig voneinander und normalverteilt sind.
Der Effekt A_i ist die mittlere Abweichung der Beobachtungen mit Faktor A auf Level i vom Gesamtmittel. Ähnlich kann der Effekt B_j interpretiert werden. $\mu + A_i + B_j$ ist also gleich dem Gesamtmittel plus mittlere Wirkung von A auf Level i plus mittlere Wirkung von B auf Level j. Diese additive Wirkung von A und B genügt als Modellbeschreibung nicht, sobald eine Wechselwirkung vorhanden ist. Der zusätzliche Term $(AB)_{ij}$ modelliert die systematische mittlere Abweichung der Beobachtungen von einem rein additiven Modell.

Mit dieser Interpretation von Effekten und Interaktion vor Augen ist klar, wie diese Parameter geschätzt werden:

$$\hat{\mu} = \bar{y},\ \hat{A}_i = \bar{y}_{i.} - \bar{y} \text{ und } \hat{B}_j = \bar{y}_{.j} - \bar{y},$$

wobei $\bar{y}$ das Mittel über alle Messungen, $\bar{y}_{i.}$ das Mittel über die Messungen mit Faktor A auf Level i und $\bar{y}_{.j}$ das Mittel über die Messungen mit Faktor B auf Level j ist.

Beispiel 12.1
A sei der Faktor Medikament, B der Faktor Biofeedback. Dann ist $\bar{y} = 183$, $\bar{y}_{1.} = 189$, $\bar{y}_{2.} = 177$, $\bar{y}_{.1} = 188$ und $\bar{y}_{.2} = 178$. Das gibt $\hat{\mu} = 183$, $\hat{A}_1 = -\hat{A}_2 = 6$, $\hat{B}_1 = -\hat{B}_2 = 5$. ■

Das additive Modell ergibt $\hat{\mu} + \hat{A}_i + \hat{B}_j$ als Prognose für eine Faktorkombination. Die Abweichung dieser vorhergesagten Werte von den beobachteten Treatmentmitteln ist eine Schätzung für die Interaktion:

$$\widehat{AB}_{ij} = \bar{y}_{ij} - (\hat{\mu} + \hat{A}_i + \hat{B}_j) = \bar{y}_{ij} - \bar{y}_{i.} - \bar{y}_{.j} + \bar{y},$$

wobei $\bar{y}_{ij}$ das Mittel aller Beobachtungen mit Faktor A auf Level i und Faktor B auf Level j ist.

Beispiel 12.2
Prognose mit dem additiven Modell:

		Biofeedback	
		nein	ja
Medikament	nein	194	184
	ja	182	172

Das gibt $\widehat{AB}_{11} = \widehat{AB}_{22} = -\widehat{AB}_{12} = -\widehat{AB}_{21} = -4$. ■

Die Abweichung der Einzelbeobachtungen vom Treatmentmittel schliesslich wird als zufällig betrachtet und mit dem letzten Term ε_{ijk} im Modell erfasst.

Anova-Tabelle für zwei Faktoren

Die Gesamtvariabilität der Zielvariable wird in vier Komponenten zerlegt: Variabilität, die auf den Faktor A zurückzuführen ist, Variabilität, die auf den Faktor B zurückzuführen ist, Variabilität, die auf die Interaktion von A und B zurückzuführen ist, und Restvariabilität.

$$SST = SS_A + SS_B + SS_{AB} + SSE \quad (12.2)$$

Die Definitionen der Sum of Squares sind:

$$\begin{aligned} SST &= \sum\sum\sum(y_{ijk} - \bar{y})^2 \\ SS_A &= \sum\sum\sum(\bar{y}_{i.} - \bar{y})^2 \\ SS_B &= \sum\sum\sum(\bar{y}_{.j} - \bar{y})^2 \\ SS_{AB} &= \sum\sum\sum(\bar{y}_{ij} - \bar{y}_{i.} - \bar{y}_{.j} + \bar{y})^2 \\ SSE &= \text{«Differenz» zu } SST \end{aligned}$$

Für die Mean Squares brauchen wir noch die entsprechenden Freiheitsgrade: SS für einen Haupteffekt mit I Levels hat $I - 1$ Freiheitsgrade, SS für eine Interaktion zwischen zwei Faktoren mit I und J Levels hat $(I-1)(J-1)$ Freiheitsgrade. Die Resultate werden wieder in einer Anova-Tabelle zusammengefasst. SPSS liefert u.a. den Output, der in Tabelle 12.1 steht.

Tests der Zwischensubjekteffekte

Abhängige Variable:y

Quelle	Quadratsumme vom Typ III	df	Mittel der Quadrate	F	Sig.
Korrigiertes Modell	1540.000[a]	3	513.333	8.213	.002
Konstanter Term	669780.000	1	669780.000	10716.480	.000
Bio	500.000	1	500.000	8.000	.012
Medi	720.000	1	720.000	11.520	.004
Bio * Medi	320.000	1	320.000	5.120	.038
Fehler	1000.000	16	62.500		
Gesamt	672320.000	20			
Korrigierte Gesamtvariation	2540.000	19			

a. R-Quadrat = .606 (korrigiertes R-Quadrat = .532)

Tabelle 12.1: Anova-Tabellle für Biofeedback-Studie

Die Zeilen „Konstanter Term" und „Gesamt" sind überflüssig. Die Zeilen „Medi" , „Bio" und „Bio * Medi" entsprechen den beiden Haupteffekten und der Wechselwirkung. „Korrigierte Gesamtvariation" und „Fehler" entsprechen dem Total und Error. In der Zeile „Korrigiertes Modell" sind *SS* und df die Summen der jeweiligen Grössen der Haupteffekte und Wechselwirkung.

Um zu entscheiden, welche Faktoren einen signifikanten Effekt haben, werden die entsprechenden MS mit MSE, der Schätzung für σ^2, verglichen. Es sind drei solche Vergleiche bzw. F-Tests möglich. Zuerst schaut man das Resultat für die Interaktion AB an. Wenn die Interaktion nicht signifikant ist, kann man die Haupteffekte unabhängig voneinander betrachten. Einfache und multiple Vergleiche der Mittel auf den verschiedenen Levels von A bzw. B werden genau gleich wie im 1-Faktor-Experiment gemacht.

Wenn MS_{AB} sehr klein ist, kann man diesen Term im Modell ganz streichen und nochmals eine Varianzanalyse für ein rein additives Modell rechnen. Das Problem dabei ist, dass ein nichtsignifikantes Ergebnis für AB nicht beweist, dass die Interaktion tatsächlich nicht existiert. Falls jedoch das additive Modell korrekt ist, erhöht sich die Macht der anderen Tests, wenn man den überflüssigen Term für AB weglässt. Das liegt daran, dass man in diesem Fall mehr Freiheitsgrade für die Schätzung von σ^2 zur Verfügung hat. Wenn die Interaktion signifikant ist, sind Haupteffekte allein nicht sehr aussagekräftig. Stattdessen sollte man Vergleiche innerhalb des einen Faktors für jedes Level des anderen Faktors einzeln machen. F-Tests für die Haupteffekte sind bei einer signifikanten Wechselwirkung nur noch von beschränktem Interesse. Auf keinen Fall darf man einen nichtsignifikanten Haupteffekt aus dem Modell streichen. Da die Interaktion als Abweichung vom additiven Modell definiert ist, würde das keinen Sinn ergeben.

Die Wechselwirkung zwischen Biofeedback und Medikament ist signifikant, ein additives Modell beschreibt also die Daten nicht genügend. Ohne Biofeedback ist der geschätzte Effekt des Medikamentes auf den Blutdruck $\bar{y}_{21} - \bar{y}_{11} = 186 - 190 = -4$. Der Standardfehler für diese Differenz ist $\sqrt{2MSE/5} = 5$. Das gibt ein grob genähertes 95%-Vertrauensintervall von $(-14, 6)$. Mit Biofeedback ist der geschätzte Effekt des Medikamentes auf den Blutdruck -20, das Vertrauensintervall ist $(-30, -10)$. Ohne Medikament ist der geschätzte Effekt von Biofeedback -2, das Vertrauensintervall ist $(-12, 8)$. Mit Medikament ist der geschätzte Effekt von Biofeedback -18, das Vertrauensintervall ist $(-28, -8)$.

Vorteile von mehreren Faktoren

Statt eines 2×2-Designs hätten wir auch zwei separate Studien, eine für Biofeedback und eine für medikamentöse Behandlung durchführen können. Mit 24 Versuchspersonen sieht eine gleichmässige Verteilung so aus:

2×2-Design

		Biofeedback	
		nein	ja
Medikament	nein	6	6
	ja	6	6

Zwei Einzelstudien

Medikament	
nein	ja
6	6

Biofeedback	
nein	ja
6	6

Ein faktorieller Versuchsplan hat zwei grundsätzliche Vorteile: Interaktionen können entdeckt werden und die Schätzungen sind effizienter. Auch wenn wir nur an medikamentösen Behandlungen interessiert sind, ist es wichtig zu wissen, ob diese Behandlungen immer gleich gut wirken, z. B. mit oder ohne Biofeedback. Die Verallgemeinerung der Ergebnisse auf andere Rahmenbedingungen wird damit unterstützt.

In den zwei separaten Studien haben wir je 6 Personen in einer Treatmentgruppe. Die Schätzung eines Treatmentunterschieds hat deshalb eine Varianz von $2\sigma^2/6$. Nun könnte man ja eigentlich die zwei Kontrollgruppen zusammenlegen. Es ist sicher eine Verschwendung, wenn die Hälfte der Personen der Kontrollgruppe zugeteilt werden. Man macht dann also ein 1-Faktor-Design mit je 8 Personen:

Kontrolle	**Medikament**	**Biofeedback**
8	8	8

Die Varianz der geschätzten Differenz Medikament ja – Medikament nein ist nun $2\sigma^2/8$. Die gleiche Verbesserung erhalten wir für Biofeedback. In einem faktoriellen Design aber haben wir je 12 Personen für den Biofeedback und den Medikamentenvergleich. Die betrachteten Varianzen sind nur noch $2\sigma^2/12$. Mit halb so viel PatientInnen erreicht ein faktorielles Design also die gleiche Genauigkeit wie zwei Einzelstudien.

	Biofeedback/ Medikament	**Biofeedback**	**Medikament**	**Kontrolle**
ohne Diät	158	188	186	185
	163	183	191	190
	173	198	196	195
	178	178	181	200
	168	193	176	180
mit Diät	162	162	164	205
	158	184	190	199
	153	183	169	171
	182	156	165	161
	190	180	177	179

Tabelle 12.2: Daten der Blutdruckstudie mit/ohne Diät

12.3 Versuchspläne mit mehr als zwei Faktoren

In der Blutdruckstudie soll auch der Einfluss einer Diät untersucht werden. Von den insgesamt 40 Versuchspersonen sollen die Hälfte eine spezielle Diät einhalten, die andere Hälfte nicht. Wir haben drei Faktoren mit je 2 Levels: Medikament (A), Biofeedback (B) und Diät (C). Jedem der 8 Treatments werden 5 Personen zufällig zugeteilt werden. Die mittleren Blutdruckwerte stehen in Tabelle 12.2. Die Daten für die Personen ohne Diät sind identisch mit den Daten von vorher, um die Ergebnisse vergleichen zu können. Fassen wir zusammen:

Treatmentmittel ohne Diät(C)

		Bio (B) nein	ja	**Total**
Medi (A)	nein	190	188	189
	ja	186	168	177
Total		188	178	183

Treatmentmittel mit Diät (C)

		Bio (B) nein	ja	**Total**
Medi (A)	nein	183	173	178
	ja	173	169	171
Total		178	171	174.5

12.3.1 Modell für das 3-Faktor-Design

Für drei Faktoren A, B und C mit I, J und K Levels und n Beobachtungen pro Treatment nehmen wir folgendes Modell an:

$$Y_{ijkl} = \mu + A_i + B_j + C_k + (AB)_{ij} + (AC)_{ik} + (BC)_{jk} + (ABC)_{ijk} + \varepsilon_{ijkl} \qquad (12.3)$$

mit $i = 1, \ldots, I$; $j = 1, \ldots, J$; $k = 1, \ldots, K$ und $l = 1, \ldots, n$. Die Bedeutung der Parameter in diesem Modell ist analog zum 2×2-Design. Statt nur drei haben wir jetzt aber sieben verschiedene Effekte.

Beispiel 12.3
Um den Haupteffekt für das Medikament zu berechnen, vergleicht man das Mittel aller Beobachtungen mit Medikament mit dem Mittel aller Beobachtungen ohne Medikament. Das Mittel der Medikamentgruppe ist (177+171)/2=174, dasjenige der Nichtmedikamentgruppe (189+178)/2=183.5, der Haupteffekt des Medikaments also 9.5. Der geschätzte Haupteffekt von Biofeedback ist 183-174.5=8.5. Der Haupteffekt für Diät ist ebenfalls 8.5. ■

In einem 3-Faktor-Design gibt es drei zweifache Interaktionen: AB, AC und BC. Für die AB-Interaktion vergleichen wir, wie früher beim 2-Faktor-Design, die Levels von A innerhalb der einzelnen Levels von B. Aber zuerst mittelt man über den Faktor C. Die Treatmentmittel für die Faktoren Medikament und Biofeedback, gemittelt über Diät, sind:

		Bio (B)		Total
		nein	ja	
Medi (A)	nein	186.5	180.5	183
	ja	179.5	168.5	174.5
Total		183.5	174	178.75

Der Unterschied zwischen den Messungen mit und ohne Medikament ist, wie wir bereits gesehen haben, $183.5 - 174 = 9.5$. In der Biofeedbackgruppe ist dieser Unterschied $180.5 - 168.5 = 12$, in der Nicht-Biofeedbackgruppe nur 7. Das Medikament hat also eine unterschiedliche Wirkung, je nachdem, ob Biofeedback-Training vorhanden ist oder nicht. Ob die Wirkungen von 12 und 7 sich signifikant unterscheiden, können wir jetzt natürlich noch nicht sagen. Analog untersucht man die Wechselwirkungen zwischen Medikament und Diät bzw. Biofeedback und Diät.

Eine ABC-Interaktion bedeutet, dass die 2-fache AB-Interaktion verschieden gross ist je nach Level von C, oder dass die AC-Interaktion verschieden ist je nach Level von B, oder dass die BC-Interaktion verschieden ist je nach Level von A. Was so etwas anschaulich bedeutet, ist schwierig nachzuvollziehen. Höhere Wechselwirkungen berücksichtigt man deshalb nur selten in einem Modell.

Beispiel 12.4
Betrachten wir zunächst die Treatmentmittel für die Personen ohne Diät. Der Medikamenteffekt für die Nichtbiofeedbackgruppe ist 4, für die Biofeedbackgruppe 20. Das gibt eine Differenz des Medikamenteffekts von 16. Nun machen wir dasselbe mit Diät. Die beiden Medikamenteffekte sind 10 und 4, also ein Unterschied von 6. Die 2-fache Interaktion AB ist also je nach Level von C unterschiedlich. In der Varianzanalyse werden wir dann sehen, ob dieser Unterschied so gross ist, dass die ABC-Interaktion signifikant wird. ▪

12.3.2 Anova-Tabelle für das 3-Faktor-Design

Die Gesamtvariabilität der Zielvariable wird in acht Komponenten zerlegt. Das „Skelett" der Anova-Tabelle ist in Tabelle 12.3 zu sehen.

Source	SS	df	MS=SS/df	F
A		$I-1$		MS_A/MSE
B		$J-1$		MS_B/MSE
C		$K-1$		MS_C/MSE
AB		$(I-1)(J-1)$		MS_{AB}/MSE
AC		$(I-1)(K-1)$		MS_{AC}/MSE
BC		$(J-1)(K-1)$		MS_{BC}/MSE
ABC		$(I-1)(J-1)(K-1)$		MS_{ABC}/MSE
Error		«Differenz»	$MSE = \hat{\sigma}^2$	
Total		$IJKn-1$		

Tabelle 12.3: Anova-Tabelle für 3 Faktoren

Source	SS	df	MS	F	P-Wert
medi	902.5	1	902.5	6.33	0.017
bio	722.5	1	722.5	5.06	0.031
diät	722.5	1	722.5	5.06	0.031
medi∗bio	62.5	1	62.5	0.44	0.51
medi∗diät	62.5	1	62.5	0.44	0.51
bio∗diät	22.5	1	22.5	0.16	0.69
medi∗bio∗diät	302.5	1	302.5	2.12	0.15
Error	4566.0	32	142.7		
Total	7363.5	39			

Tabelle 12.4: Anova-Tabelle der Blutdruckstudie mit Diät

Bei der Interpretation beginnt man wieder bei der Interaktion höchster Ordnung, hier ABC. Wenn diese Wechselwirkung nicht signifikant ist, geht man weiter zu den 2-fachen Wechselwirkungen. Andernfalls müssen die 2-fachen Interaktionen auf den verschiedenen Levels von C einzeln studiert werden.

In der Blutdruckstudie ergibt sich die Anova-Tabelle 12.4. Alle Wechselwirkungen sind nicht signifikant. Ein reines Haupteffektmodell beschreibt also die Daten genügend gut. Der Residuenplot zeigt nichts Auffälliges. Die Schlussfolgerung ist, dass Medikament, Biofeedback und Diät alle einen signifikanten Effekt auf den Blutdruck haben. Eine genauere Betrachtung der Treatmentmittel zeigt, dass eine Kombination von zwei Behandlungsmethoden die beste Wirkung erzielt.

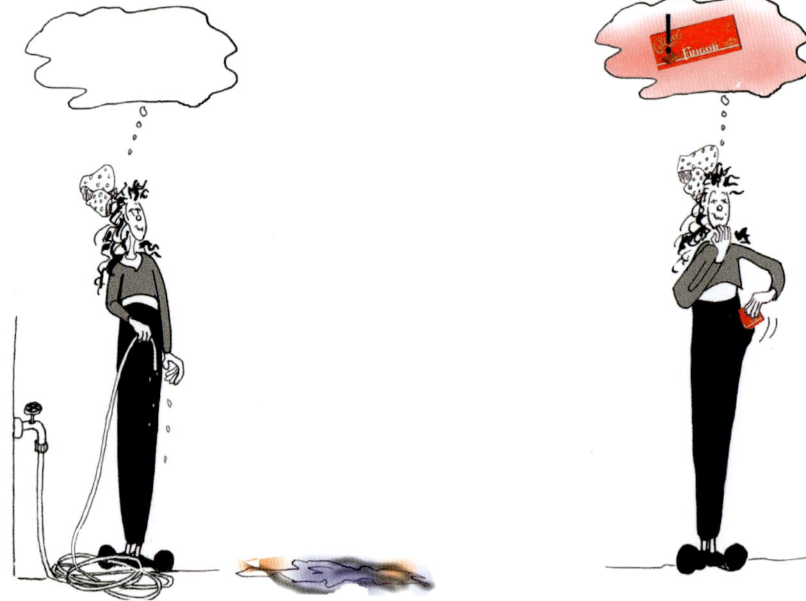

12.3.3 Verallgemeinerung auf mehr als drei Faktoren

Die Verallgemeinerung auf Designs mit mehr als drei Faktoren ist nicht weiter schwierig. Allerdings nimmt die Anzahl Haupteffekte und Interaktionen rasant zu. Mit fünf Faktoren haben wir insgesamt fünf Haupteffekte, zehn 2-fache Wechselwirkungen, zehn 3-fache Wechselwirkungen, fünf 4-fache Wechselwirkungen und eine 5-fache Wechselwirkung. Es sind also 31 F-Tests möglich für die 31 Effekte. Meistens geht man aber davon aus, dass alle Wechselwirkungen höherer Ordnung (meist ab 3-facher) vernachlässigbar sind und nicht ins Modell aufgenommen werden. Einerseits wird sonst die Interpretation der Resultate zu kompliziert, andererseits nimmt die Anzahl F-Tests bedrohlich zu (siehe Problem des multiplen Testens).

12.4 Varianzanalyse bei verschieden grossen Gruppen

Bis jetzt haben wir nur Versuchspläne angeschaut, in denen für jede Faktorkombination gleich viele Beobachtungen vorhanden waren. In der Praxis ist das aber sehr oft nicht der Fall. Wenn z. B. einer der Faktoren eine Klassifikationsvariable wie Geschlecht ist, sind ungleiche Anzahlen oft unvermeidbar. Auch „drop-outs" können zu Gleichgewichtsverschiebungen führen. In diesem Fall ist es wichtig zu wissen, ob gewisse Treatments fehlende Werte verursacht haben, oder ob die „drop-outs" unabhängig von den Treatments entstanden sind.

Falls ein Zusammenhang mit dem Treatment besteht, ist eine zuverlässige Analyse nicht mehr möglich. In einer Medikamentenstudie werden PatientInnen zufällig und in gleicher Anzahl auf die Standardbehandlung und ein neues Präparat verteilt. Im Laufe der Behandlung steigen etliche Personen der neubehandelten Gruppe wegen unangenehmen Nebenwirkungen aus. Übrig bleiben besonders robuste PatientInnen. Ein Vergleich mit den (fast) vollzähligen StandardpatientInnen ist nicht mehr fair.

Wenn kein Zusammenhang zwischen Treatment und Ausfall besteht, ist eine Varianzanalyse möglich, aber numerisch komplizierter und die Ergebnisse sind etwas schwieriger interpretierbar. Das liegt daran, dass in unbalancierten Versuchsplänen die Schätzungen für Haupteffekte und Wechselwirkungen nicht mehr unkorreliert sind. Angenommen wir haben in einem balancierten Design die Faktoren A und B modelliert, d.h. $SST = SS_A + SS_B + SS_{AB} + SSE$. Wenn wir jetzt einen weiteren Faktor C einbauen, dann bleiben SS_A, SS_B und SS_{AB} unverändert. SS_C und allenfalls SS für Interaktionen werden vom alten SSE abgezogen. Anders ist es beim unbalancierten Versuchsplan. SS_A, SS_B und SS_{AB} werden neu berechnet, wenn C berücksichtigt wird, d.h. alle Schätzungen hängen davon ab, ob der Faktor C mitberücksichtigt wird oder nicht. Die Beantwortung der Frage, welche Faktoren einen wie starken Einfluss auf die Zielvariable haben, wird dadurch natürlich erschwert. Manche Statistikprogramme berechnen verschiedene Typen von Sums of Squares:

SS Typ I: SS_A berücksichtigt alle Faktoren, die in der Modellformel vorher vorkommen.

SS Typ II: SS_A berücksichtigt alle anderen Haupteffekte, ignoriert alle Interaktionen.

SS Typ III: SS_A berücksichtigt alle anderen Effekte.

In beobachtenden Studien sind die Anzahl Beobachtungen pro Faktorkombination fast zwangsläufig ungleich. Auch hier stellt sich das Problem, dass die Signifikanz eines Faktors davon abhängen kann, welche andern Variablen ins Modell aufgenommen worden sind.

In der Spitexstudie interessiert vor allem, von welchen Faktoren der Pflegeaufwand, gemessen in Stunden pro Woche, abhängt. Da der Pflegeaufwand stark rechtsschief verteilt ist (es gibt einige sehr grosse Werte), muss die Zielvariable zuerst logarithmiert werden.

Source	SS	df	MS	F	P-Wert
nd1	6.147	1	6.147	9.397	0.003
nd3	5.475	1	5.475	8.368	0.005
nd10	9.005	1	9.005	13.764	0.000
nd15	6.777	1	6.777	10.360	0.002
nd24	7.354	1	7.354	11.241	0.001
sex	0.799	1	0.799	1.221	0.272
allein	1.463	1	1.463	2.237	0.138
sex*allein	2.010	1	2.010	3.073	0.083
Error	63.459	97	0.654		
Total	106.929	105			

Tabelle 12.5: Anova-Tabelle für Pflegeaufwand

Alle Personen, die gar keinen Pflegeaufwand verursacht haben, wurden in der Varianzanalyse weggelassen. Die Anova-Tabelle 12.5 zeigt die wichtigsten erklärenden Variablen. nd1 bis nd24 sind die Pflegediagnosen eingeschränkte Mobilität, bestehender Hautdefekt, Selbstpflegedefizit Waschen/Sauberhalten, Versorgungsdefizit, Ernährung, und fehlende Kooperationsbereitschaft. Die Variable allein gibt an, ob die Person alleinstehend ist oder nicht. Die geschätzten Haupteffekte der Pflegediagnosen sind:

nd1	**nd3**	**nd10**	**nd15**	**nd24**
0.60	0.62	0.63	0.99	1.46

Das Vorhandensein der Diagnose führt jeweils zum höheren Wert der Zielgrösse. Fehlende Kooperationsbereitschaft (nd24) ist mit einem stark erhöhten mittleren Pflegeaufwand verbunden. Der geschätzte Unterschied zwischen Personen mit und ohne diese Diagnose beträgt 1.46 für die logarithmierte Zielvariable. Für die Interpretation muss man das zurücktransformieren. Das ergibt einen Unterschied von $e^{1.46} = 4.3$ Stunden Pflegeaufwand.

Die Interpretation der Faktoren Geschlecht und alleinstehend ja/nein ist etwas komplizierter, weil hier eine Interaktion, obschon knapp nicht signifikant, mitberücksichtigt worden ist. Die Abbildung 12.2 zeigt das Zusammenspiel von Geschlecht und Haushaltsituation. Vor allem die alleinstehenden Frauen haben einen erhöhten Bedarf an Pflege, bei den Männern spielt die Haushaltsituation keine Rolle. Das ist übrigens nicht einfach durch das höhere Alter der Frauen zu erklären, wie eine genauere Analyse zeigt. Insgesamt ist es aber mit einem solchen Datensatz schwierig, den Einfluss der verschiedenen Variablen unabhängig voneinander zu untersuchen. Gewisse Pflegediagnosen kommen gehäuft zusammen vor, und die Anzahl Beobachtungen für Untergruppen, wie z.B. hochbetagte, alleinstehende Frauen ohne Kooperationsbereitschaft, ist klein.

Die Frage, welche Variablen in ein Modell aufgenommen und welche weggelassen werden, wird im Rahmen der multiplen Regression im Kapitel 14 genauer angeschaut.

12.5 Weiterführende Literatur

Über Varianzanalyse und Experimental Design gibt es Hunderte von Büchern, exzellente Klassiker, geschrieben von den Leuten, die das Gebiet aufgebaut haben, und viele modernere Bü-

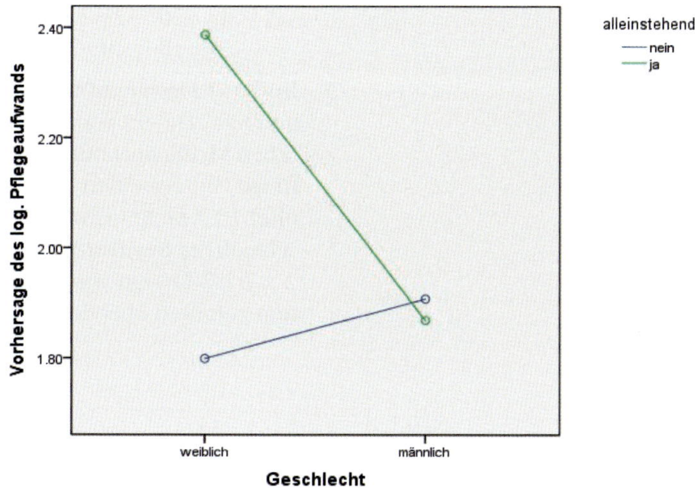

Abbildung 12.2: Interaktionsplot Geschlecht vs. alleinstehend

cher mit Weiterentwicklungen und Anwendungen. Zum Verständnis braucht es immer solide Mathematik- und Statistikkenntnisse. Sehr empfehlenswert auch für NichtstatistikerInnen ist das Buch von Montgomery (2017). Der Autor ist zwar Ingenieur, und so stammen seine Beispiele vor allem aus dem technischen und industriellen Bereich, das Buch ist aber sehr lesbar geschrieben. Viele Beispiele und gute Erklärungen der Analysemethoden enthält auch Kutner et al. (2005). Allerdings ist das Buch ein echter Wälzer, es umfasst 1396 Seiten.

12.6 Kontrollfragen und Aufgaben

1. Ein Arzt möchte die Wirkung von zwei verschiedenen Medikamenten und den Einfluss einer Diät auf den Blutdruck untersuchen. 60 Versuchspersonen sind verfügbar. Der Arzt schwankt zwischen zwei verschiedenen Versuchsplänen:

   I) je 20 Personen in den Gruppen Medikament A, Medikament B und Medikament B + Diät,

   II) je 15 Personen in den Gruppen Medikament A, Medikament B, Medikament A + Diät, Medikament B + Diät.

   Er neigt eher zum ersten Design, weil er glaubt, dass dieses einen effizienteren Vergleich zwischen Medikament A und B ermöglicht.

   a) Worin besteht der Hauptunterschied zwischen Versuchsplan I und II?
   b) Vergleichen Sie die Varianz des geschätzten Unterschieds zwischen Medikament A und B in den Designs I und II. Welches Design liefert den effizienteren Vergleich?

2. Schätzen Sie in den folgenden 2×2-Designs alle Effekte. Wo gibt es eventuell Interaktionen?

a)

		B	
		1	2
A	1	10	15
	2	10	15

b)

		B	
		1	2
A	1	26	22
	2	23	19

c)

		B	
		1	2
A	1	26	23
	2	18	19

3. Im 2×2-Design im Kapitel 12.2 (nur „ohne Diät“-Daten) war die Interaktion zwischen Medikament und Biofeedback signifikant, im erweiterten Experiment in Kapitel 12.3 nicht mehr. Wieso dieses unterschiedliche Resultat? (Zur Erinnerung: Im $2 \times 2 \times 2$-Design wird die 2-fache Interaktion gemittelt über den dritten Faktor).

12.7 Glossar

Faktorielles Design Versuchsplan, in dem mehrere Faktoren gleichzeitig kontrolliert und untersucht werden. Das ist effizienter als mehrere einzelne Studien und liefert Information über die Wirkung eines Faktors unter verschiedenen Bedingungen.

Interaktion Wenn ein Faktor unterschiedlich wirkt je nach Ausprägung eines zweiten Faktors, liegt eine Interaktion, auch Wechselwirkung genannt, vor. Zum Beispiel könnte eine Behandlung verschieden wirken in verschiedenen Altersgruppen.

13. Einfache lineare Regression

- Was ist die Methode der kleinsten Quadrate?
- Wie wird ein Zusammenhang zwischen zwei stetigen Grössen getestet?
- Wie wird das Modell überprüft?

13.1 Einführung

Eine einfache lineare Regression ist das einfachste Modell für die Beschreibung des Zusammenhangs zwischen zwei stetigen Grössen x und y. Im Kapitel 3 ist die einfache lineare Regression rein deskriptiv behandelt worden. Jetzt gehen wir über die blosse Beschreibung, d. h. die Berechnung von Achsenabschnitt und Steigung der „bestangepassten" Geraden, hinaus und testen, ob der Zusammenhang zwischen x und y signifikant ist, berechnen Vertrauensintervalle für die Steigung der Regressionsgeraden und Prognosebereiche für die Zielvariable.

13.2 Das Modell

Der Zusammenhang zwischen einer erklärenden Variablen x und der Zielvariablen Y wird folgendermassen beschrieben:

$$Y_i = \beta_0 + \beta_1 x_i + \varepsilon_i \qquad i = 1, \ldots, n \quad (13.1)$$

Y_i ist die Zielvariable der $i$ten Beobachtung, x_i ist die erklärende Variable der $i$ten Beobachtung. Die Variable x_i wird als feste, nicht zufällige Grösse betrachtet. β_0, β_1 sind unbekannte Parameter, die sogenannten *Regressionskoeffizienten*. Diese sollen mit Hilfe der vorhandenen Daten geschätzt werden. ε_i ist der zufällige Rest oder Fehler, d. h. die zufällige Abweichung von Y_i von der Geraden. Es wird vorausgesetzt, dass der Erwartungswert von ε_i gleich 0 und die Varianz von ε_i gleich σ^2 ist und dass die ε_i unabhängig voneinander sind.

Das Modell (13.1) heisst *einfach*, weil nur eine erklärende Variable im Modell enthalten ist. Es heisst nicht linear, weil eine Gerade angepasst werden soll. Das Wort *linear* bezieht sich auf die Regressionskoeffizienten, d. h. die Gleichung (13.1) ist linear in β_0 und β_1. Das bedeutet, dass zum Beispiel auch $Y = \beta_0 + \beta_1 x^2 + \varepsilon$ ein einfaches lineares Modell ist.

Die Zielgrösse Y_i ist wegen der Rechenregeln für Erwartungswerte und Varianzen (6.12 und 6.14) eine Zufallsvariable mit

$$\begin{aligned} E(Y_i) &= E(\beta_0 + \beta_1 x_i + \varepsilon_i) = \beta_0 + \beta_1 x_i \\ Var(Y_i) &= Var(\beta_0 + \beta_1 x_i + \varepsilon_i) = \sigma^2. \end{aligned}$$

Y_i und Y_j sind unabhängig für $i \neq j$.

13.2.1 Kleinste-Quadrate-Methode

Welche Gerade beschreibt die n Wertepaare am besten? Für jeden Punkt (x_i, y_i) betrachten wir die vertikale Abweichung von der Geraden $\beta_0 + \beta_1 x$:

$$r_i = y_i - (\beta_0 + \beta_1 x_i)$$

Die r_i heissen *Residuen* und sollen möglichst klein sein.

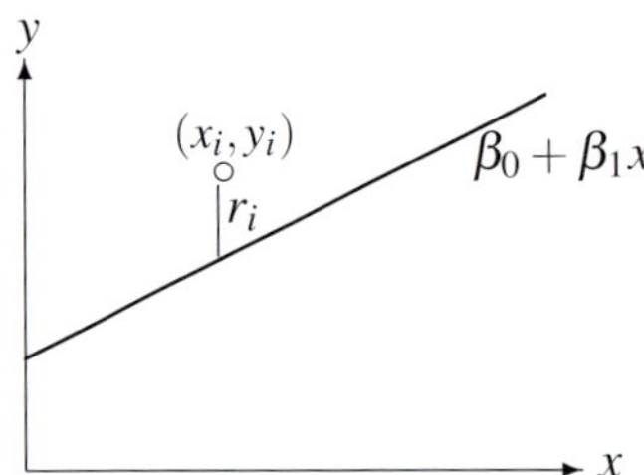

Wir bestimmen nun diejenige Gerade, für die die Quadratsumme der Residuen

$$\sum_{i=1}^{n} r_i^2 = \sum_{i=1}^{n} (y_i - (\beta_0 + \beta_1 x_i))^2$$

minimal wird. Dieses Verfahren heisst *Methode der kleinsten Quadrate*.

Die Lösung ist:

$$\hat{\beta}_1 = \frac{\sum_{i=1}^{n} (x_i - \bar{x})(y_i - \bar{y})}{\sum_{i=1}^{n} (x_i - \bar{x})^2}$$

$$\hat{\beta}_0 = \bar{y} - \hat{\beta}_1 \bar{x} \qquad (13.2)$$

Wir erhalten damit die Regressionsgerade $\hat{y} = \hat{\beta}_0 + \hat{\beta}_1 x$. Dabei ist $\hat{y}$ der vom Modell geschätzte Wert der Zielgrösse zu einem gegebenen x. Die Residuen r_i sind die Differenzen zwischen beobachtetem und geschätztem Wert von y, $r_i = y_i - \hat{y}_i$.

Neben den Regressionskoeffizienten ist auch die Varianz der zufälligen Fehler σ^2 zu schätzen. Eine solche Schätzung wird für die Tests und Vertrauensintervalle benötigt. Eine erwartungstreue Schätzung basiert auf der Quadratsumme der Residuen $SSE = \sum r_i^2 = \sum (y_i - \hat{y}_i)^2$. Als Schätzung für σ^2 verwendet man

$$\hat{\sigma}^2 = \frac{1}{n-2} \sum (y_i - \hat{y}_i)^2 = \frac{SSE}{n-2} = MSE \qquad (13.3)$$

SSE und *MSE* sind schon bei der Varianzanalyse im Kapitel 11 vorgekommen, der Zusammenhang wird bald klar werden.

13.2.2 Tests und Vertrauensintervalle

Bis jetzt haben wir keinerlei Verteilungsannahmen für die zufälligen Fehler ε_i gemacht. Um zu testen, ob die Variable x einen signifikanten Einfluss auf die Zielvariable Y hat, und um Vertrauensintervalle bzw. Prognoseintervalle zu konstruieren, setzen wir nun voraus, dass die ε_i normalverteilt und unabhängig sind.

Um zu entscheiden, ob ein linearer Zusammenhang besteht zwischen x und Y, testet man die Nullhypothese $H_0 : \beta_1 = 0$ gegen die Alternativhypothese $H_A : \beta_1 \neq 0$. Die Teststatistik ist

$$T = \frac{\hat{\beta}_1}{se(\hat{\beta}_1)} = \frac{\hat{\beta}_1}{\sqrt{\hat{\sigma}^2 / \sum(x_i - \bar{x})^2}} \qquad (13.4)$$

T hat eine t-Verteilung mit $n-2$ Freiheitsgraden. Die Grösse $se(\hat{\beta}_1)$ ist die geschätzte Standardabweichung von $\hat{\beta}_1$, der Standardfehler.

Ein 95%-Vertrauensintervall für β_1 ist:

$$\hat{\beta}_1 \pm t_{97.5\%,n-2} \cdot \sqrt{\hat{\sigma}^2 / \sum(x_i - \bar{x})^2} \qquad (13.5)$$

* Wieso taucht denn jetzt hier der t-Test wieder auf? Die Zufallsvariable $\hat{\beta}_1$ wird als Linearkombination der Y_i berechnet, wie man der Formel (13.2) entnehmen kann. Die Y_i sind normalverteilt und deshalb ist auch $\hat{\beta}_1$ normalverteilt. Wird nun bei der standardisierten Grösse für die unbekannte Varianz eine Schätzung eingesetzt, resultiert eine t-verteilte Teststatistik. Auf diese Art kommt der t-Test sehr häufig vor. Die Herleitung der Formel für $se(\hat{\beta}_1)$ benötigt mathematisch-statistische Kenntnisse, die den Rahmen dieses Buchs sprengen.

Tests und Vertrauensintervalle für β_0 sind meistens weniger interessant, werden aber analog konstruiert.

Anova-Tabelle

Der Computer-Output einer Regressionsanalyse enthält in der Regel neben den geschätzten Koeffizienten (inkl. Standardfehlern und t-Tests) eine Anova-Tabelle. Diese Tabelle basiert auf der Zerlegung der Quadratsummen:

$$\sum_{i=1}^{n}(y_i - \bar{y})^2 = \sum_{i=1}^{n}(\hat{y}_i - \bar{y})^2 + \sum_{i=1}^{n}(y_i - \hat{y}_i)^2 \qquad (13.6)$$

$$SST = SSR + SSE$$

SST heisst *Total Sum of Squares*, *SSR Regression Sum of Squares* und *SSE Sum of Squares of Errors*. Dividiert man die Sum of Squares durch die entsprechende Anzahl Freiheitsgrade, dann erhält man die *Mean Squares* und daraus den F-Test mit der Teststatistik:

$$F = \frac{SSR/1}{SSE/(n-2)} = \frac{MSR}{MSE} \qquad (13.7)$$

F hat unter $H_0 : \beta_1 = 0$ eine F-Verteilung mit 1 und $n-2$ Freiheitsgraden. Nur grosse Werte von F sprechen gegen H_0, d. h. der Test ist einseitig. Der F-Test ist im Falle einer einfachen linearen Regression äquivalent zum zweiseitigen t-Test vom vorherigen Abschnitt. Es gilt $F = t^2$. Sobald mehr als eine erklärende Variable ins Regressionsmodell aufgenommen wird, sind die beiden Tests verschieden. Die Berechnungen werden in einer Anova-Tabelle zusammengefasst (siehe Tabelle 13.1).

Source	Sum of Squares	df	Mean Square	*F*
Regression	SSR	1	MSR	MSR/MSE
Error	SSE	$n-2$	MSE	
Total	SST	$n-1$		

Tabelle 13.1: Anova-Tabelle für eine einfache lineare Regression

Der Unterschied zwischen einer Anova-Tabelle für eine Regression und einer Anova-Tabelle bei einer Varianzanalyse wird im Kapitel zur multiplen Regression klarwerden.

Neben dem Wert der F- oder t-Teststatistik wird auch oft das Bestimmtheitsmass R^2 angegeben.

Definition 13.2.1 — Bestimmtheitsmass. Das Bestimmtheitsmass R^2 ist definiert durch:

$$R^2 = \frac{SSR}{SST} = 1 - \frac{SSE}{SST} \tag{13.8}$$

Das entspricht dem Anteil an der Gesamtvariabilität, der „durch die Regression erklärt wird". Es gilt $R^2 = r^2$, wobei r die Korrelation zwischen x und y ist. Bei der Interpretation von R^2 ist deshalb die gleiche Vorsicht geboten wie bei der Interpretation von r.
Im Kapitel 3.4 haben wir den Zusammenhang zwischen Pflegeaufwand (y) und Anzahl Pflegediagnosen (x) mit einer Regressionsgeraden beschrieben. Die Regressionskoeffizienten waren $\hat{\beta}_0 = 0.559$ und $\hat{\beta}_1 = 0.884$. Alle anderen Grössen bekommt man am einfachsten mit Hilfe eines Statistikprogramms. Der Standardfehler von $\hat{\beta}_1$ ist 0.137. Der t-Test liefert also einen Wert von 6.47. Der lineare Zusammenhang ist hochsignifikant (siehe Anova-Tabelle 13.2).

Im Kapitel 12 haben wir mit einer Varianzanalyse den Zusammenhang zwischen Pflegeaufwand und mehreren Faktoren untersucht. Mit dem Hinweis auf die rechtsschiefe Verteilung des Pflegeaufwands haben wir dort die Zielvariable logarithmiert. Ist das hier nicht nötig? Bei der Modellüberprüfung im Abschnitt (13.3) werden wir sehen, dass das jetzige Regressionsmodell gravierende Mängel aufweist und eine Transformation sehr wohl nötig ist. Alle Schätzungen und Prognosen müssen dann wiederholt werden.

13.2.3 Prognosebereiche

Den mittleren Pflegeaufwand für eine Person mit 5 Pflegediagnosen haben wir auf $0.559 + 0.884 \cdot 5 = 4.98$ Stunden geschätzt. Wie gut ist diese Schätzung?

Das Vertrauensintervall für $\beta_0 + \beta_1 x_0$ ist

$$\hat{\beta}_0 + \hat{\beta}_1 x_0 \pm t_{97.5\%, n-2} \cdot \hat{\sigma} \sqrt{\frac{1}{n} + \frac{(x_0 - \bar{x})^2}{\sum (x_i - \bar{x})^2}} \tag{13.9}$$

Auch diese (und die nächste) Formel übernehmen wir ohne Beweis. Da das für alle x_0 gilt, können wir um die Regressionsgerade $\hat{y} = \hat{\beta}_0 + \hat{\beta}_1 x$ ein Band einzeichnen und dann das Vertrauensintervall für beliebige x direkt ablesen. Dieses Band ist in der Mitte der x-Achse schmaler als an den Rändern, wie man aus der Formel (13.9) erkennen kann. Die Frage, in welchem Bereich eine neue Beobachtung y_0 liegt, ist damit allerdings noch nicht beantwortet. Wir haben ja erst ein Vertrauensintervall für den erwarteten Wert von Y an der Stelle x_0 berechnet, d. h. wir haben ein Band für die Regressionsgerade.

Source	SS	df	MS	F	P-Wert
Regression	219.47	1	219.47	41.89	0.000
Error	602.55	115	5.24		
Total	822.02	116			

Tabelle 13.2: Anova-Tabelle für den Pflegeaufwand

Die einzelnen Beobachtungen streuen noch zusätzlich um die Gerade herum. Das *Prognoseintervall* für Y an der Stelle x_0 ist

$$\hat{\beta}_0 + \hat{\beta}_1 x_0 \pm t_{97.5\%,n-2} \cdot \hat{\sigma} \sqrt{1 + \frac{1}{n} + \frac{(x_0 - \bar{x})^2}{\sum(x_i - \bar{x})^2}} \quad (13.10)$$

Zur Bezeichnung: Ein Vertrauensintervall gibt einen Bereich für einen Parameter an, ein Prognoseintervall einen Bereich für eine Zufallsvariable. Prognose- und Vertrauensbereich sind in Abbildung 13.1 eingezeichnet. Die Gerade ist relativ gut bestimmt, aber das Prognoseintervall ist riesig. Aufgrund der grossen Streuung der Punkte um die Regressionsgerade herum war das zu erwarten. Eine Prognose ausserhalb des x-Bereichs, für den Beobachtungen vorliegen, ist generell gefährlich.

Lernst viel. Vertrau an Vertrauensintervall

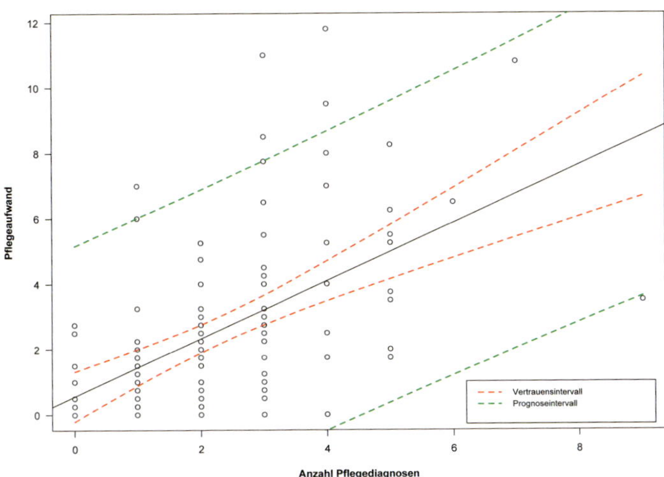

Abbildung 13.1: Vertrauens- und Prognosebereich

13.3 Residuenanalyse

In jeder Regressionsanalyse müssen nach der Schätzung die Modellannahmen überprüft werden. Diese sind hier:

- der Zusammenhang zwischen Y und x ist genähert linear,
- die Fehler ε_i haben Erwartungswert 0,
- die Fehler ε_i haben konstante Varianz σ^2,
- die Fehler ε_i sind unkorreliert,
- die Fehler ε_i sind normalverteilt.

Die Überprüfung geschieht am besten mit Hilfe von Residuenplots. Dabei werden die Residuen $r_i = y_i - \hat{y}_i$ gegen verschiedene andere Variablen grafisch dargestellt. Wenn Abweichungen von den Annahmen gefunden werden, so führt das im Idealfall zu einer Verbesserung des Modells. Danach folgt wieder die Koeffizientenschätzung, die Modellüberprüfung usw. Meist sind mehrere Durchgänge nötig, bis man ein befriedigendes Resultat hat.

In der einfachen linearen Regression werden die meisten Verletzungen von Modellannahmen schon im Streudiagramm y gegen x sichtbar. Die verschiedenen Plots sind deshalb vor allem in der multiplen Regression (siehe Kapitel 14) nützlich.

13.3.1 Normalplot

Mit einem Normalplot der Residuen kann man die Normalverteilungsannahme überprüfen. Dabei plottet man die geordneten Residuen gegen die entsprechenden Quantile der Normalverteilung. Wenn die Fehler ε_i normalverteilt sind, dann sind das auch die Residuen r_i. Die Punkte im Normalplot sollten demnach ungefähr auf einer Geraden liegen (siehe Kapitel 8.2.3). Die Residuen haben im Gegensatz zu den Fehlern aber nicht konstante Varianz und sie sind korreliert. Wenn n klein ist, arbeitet man deshalb oft mit auf gleiche Varianzen standardisierte Residuen, sogenannte *studentisierte Residuen*.

Wenn der Normalplot eine schiefe Verteilung aufzeigt, hilft meist eine Transformation der Zielgrösse. Am häufigsten verwendet werden Logarithmus- und Wurzeltransformation. Relativ oft zeigt der Plot auch ein paar Beobachtungen mit extrem grossen oder kleinen Residuen. Bei solchen Ausreissern sollte abgeklärt werden, ob es sich um grobe Fehler handelt, z. B. Abschreibfehler. Schmalgipfligkeit (kleinere Residuen als erwartet) ist nicht besonders schlimm, aber wenn die Residuen auf einer umgekehrten S-Kurve liegen, also eine breitgipflige Verteilung haben, nützt eine Transformation kaum etwas und es braucht robuste Schätzmethoden. Das geht allerdings über den Rahmen dieses Buches hinaus.

13.3.2 Plot von r_i gegen $\hat{y}_i$, x_i oder i

Mit diesen Plots können verschiedene Verletzungen von Modellannahmen entdeckt werden. Im Idealfall befinden sich alle Residuen in einem horizontalen Band konstanter Breite wie das in Abbildung 13.2 a) illustriert ist.

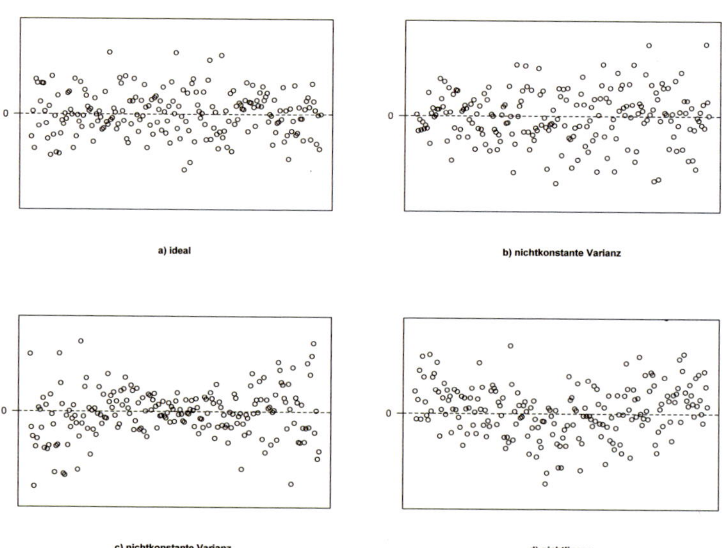

Abbildung 13.2: Plot von r_i gegen $\hat{y}_i$

Bei ungleichen Varianzen wie in Abbildung 13.2 b) und c) hilft entweder eine Transformation oder es muss eine *gewichtete Regression* durchgeführt werden. Auch bei Nichtlinearität ist eine Transformation vielleicht hilfreich oder das Modell muss durch quadratische Terme oder andere Variablen verbessert werden. Beim Plot von r_i gegen x_i zeigen sich ebenfalls ungleiche Varianzen, hier in Abhängigkeit von der Grösse von x, und Nichtlinearität. Ist letzteres der Fall, hilft vielleicht ein quadratischer Term. Wenn der Index zum Beispiel der zeitlichen Reihenfolge entspricht, in der die Beobachtungen gemacht worden sind, dann kann das Streudiagramm r_i gegen i korrelierte Fehler aufzeigen. In diesem Fall sind spezielle Methoden notwendig.

Residuenanalyse beim Pflegeaufwand

Im Normalplot ist eine klare Krümmung erkennbar, die Residuen sind rechtsschief verteilt (siehe Abbildung 13.3). Deshalb ist eine Logarithmustransformation der Zielgrösse angezeigt. Die Regressionsanalyse für den logarithmierten Pflegeaufwand liefert die Regressionsgleichung $\widehat{log(y)} = -0.142 + 0.335 \cdot x$, $R^2 = 0.29$ und $MSE = 0.683$. Die Residuenplots sehen jetzt besser aus, wie Abbildung 13.4 zeigt.

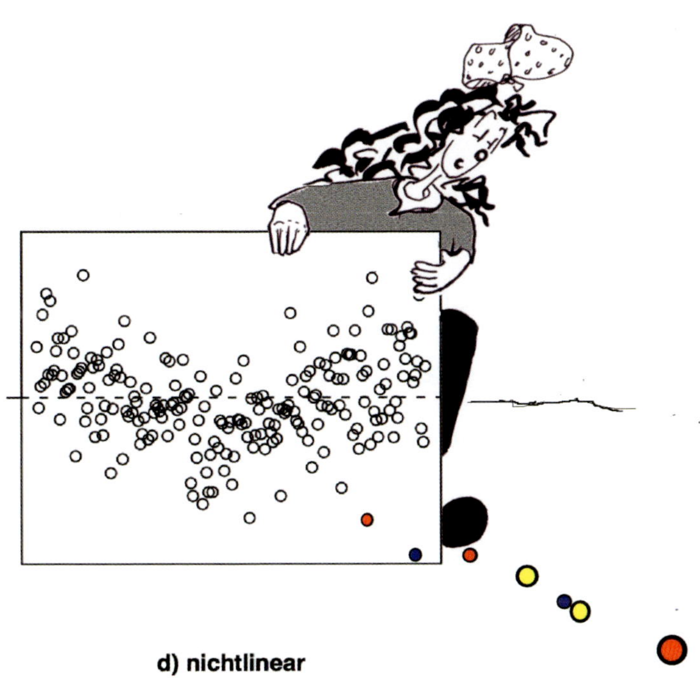

d) nichtlinear

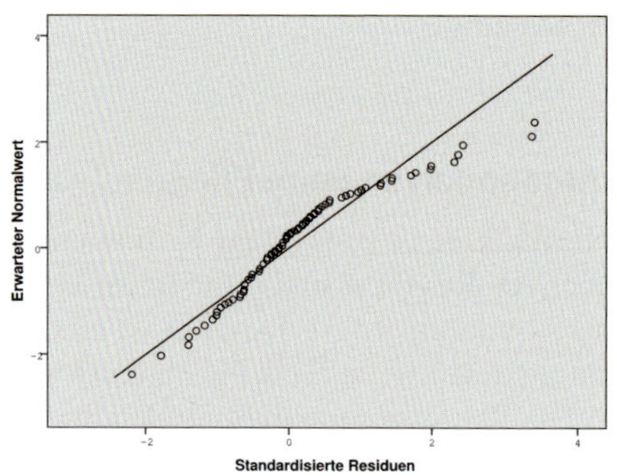

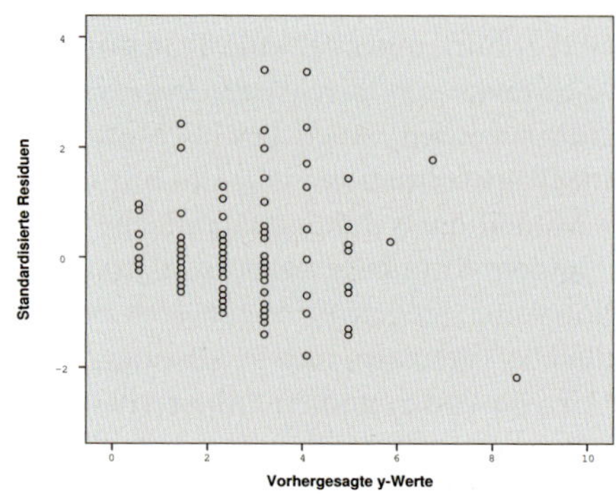

Abbildung 13.3: Residuenplots für den Pflegeaufwand

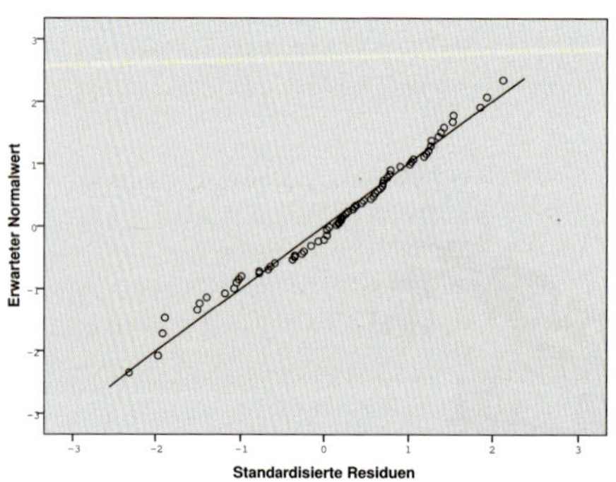

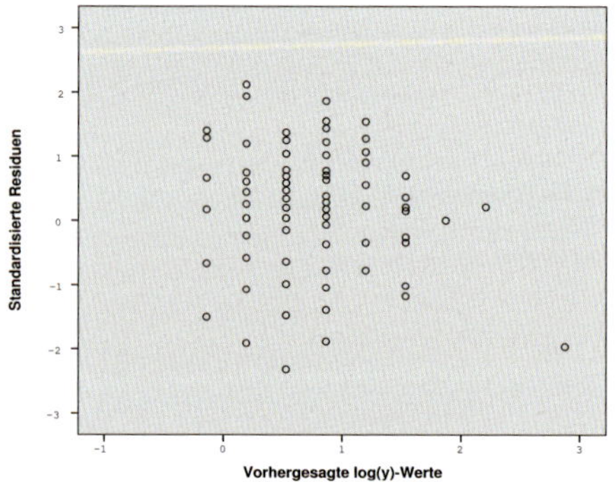

Abbildung 13.4: Residuenplots für den logarithmierten Pflegeaufwand

13.4 Kontrollfragen und Aufgaben

1. In einem Experiment mit 15 Hühnern werden 5 verschiedene Mengen an Nahrungszusatzstoffen getestet (0, 0.2, 0.4, 0.8 und 1 mg/kg). Es gibt 3 Hühner pro Dosis. Die Zielgrösse ist der gemessene Gewichtszuwachs. Eine graphische Darstellung zeigt eine lineare Beziehung zwischen Dosis und Gewichtszuwachs. Der Computeroutput einer Regressionsanalyse gibt folgendes:

	Koeff.	Standardfehler (se)	t-Test	P-Wert
Konstante	3.78	1.17	3.23	...
Dosis	4.04	1.42	...	...

Source	SS	df	MS
Dosis	78.41	1	78.41
Error	125.74	13	...

a) Wie gross ist der Wert des F-Tests?
b) Ist der Effekt des Nahrungsmittelzusatzes signifikant?
c) Wie sieht die Gleichung der Regressionsgeraden aus?
d) Wie gross ist R^2?

2. In einer Studie wurde die Aktivität der Creatin-Phospho-Kinase (CPK) im Serum von Fussballspielern untersucht. Interessant ist der Zusammenhang zwischen der Einsatzdauer eines Spielers in Minuten und der maximalen CPK-Aktivität. In der nachfolgenden Tabelle stehen die Messungen.

Dauer (Min.)	CPK-Aktivität [IU/l]
55	862
45	812
45	542
45	526
60	504
40	338
25	255
40	169
25	179
25	122
20	95

Der Computeroutput für eine Regression von CKP auf die Einsatzdauer enthält die Tabelle 13.3.

a) Wie sieht die Gleichung der Regressionsgeraden aus?
b) Wie gross ist der Wert der t-Teststatistik für $H_0 : \beta_1 = 0$?
c) Wieviele Freiheitsgrade hat t?
d) Wie gross ist die erwartete Zunahme der CPK-Aktivität pro 10 Minuten Einsatzdauer?
e) Wie hoch schätzen Sie die mittlere CPK-Aktivität bei einer Einsatzdauer von 45 Minuten?
f) Die Genauigkeit der Schätzung $\hat{\beta}_1$ hängt von den x-Werten ab. Welche Wahl von x-Werten gibt die effizienteste Schätzung? Konkret: Wenn Sie 11 Fussballer mit beliebiger Einsatzdauer untersuchen können, welche Verteilung der Einsatzdauern wählen Sie?

3. Richtig oder falsch?

Die Gleichung einer Regressionsgeraden

a) bleibt unverändert bei einer Skalentransformation,
b) minimiert die Summe der Differenzen zwischen beobachteten und angepassten Werten,
c) kann benutzt werden für eine Prognose.

Wenn ein t-Test benutzt wird, um die Steigung der Regressionsgeraden zu testen

d) müssen die erklärende und die Zielvariable normalverteilt sein,
e) muss die y-Variable logarithmiert werden,
f) müssen erklärende Variable und Zielvariable unabhängig sein.

	Koeffizienten	Standardfehler	t	P-Wert
Konstante	–220.080	169.620	–1.297	0.227
Dauer	16.059	4.173	...	0.004

Tabelle 13.3: CPK und Einsatzdauer von Fussballspielern

13.5 Glossar

Lineare Regression Modell zur Beschreibung und Überprüfung des Zusammenhangs einer (oder mehrere) erklärenden Variablen (x) und einer Zielvariablen (y).

Prognose Eine Regressionsanalyse kann dazu verwendet werden, den Wert der Zielgrösse vorherzusagen, auf der Basis einer erklärenden Variablen.

Residuenplots Graphische Darstellungen zur Überprüfung der Modellannahmen.

Standardfehler Standardabweichung einer Schätzung, z. B. eines Regressionskoeffizienten. Der Standardfehler wird benötigt um zu testen, ob ein Parameter von Null verschieden ist.

14. Multiple lineare Regression

- Wie wird der Einfluss von mehreren Variablen gleichzeitig untersucht?
- Welche Tests sind sinnvoll?
- Was sind Ausreisser und einflussreiche Beobachtungen?

14.1 Einführung

Um den Einfluss der Luftverschmutzung auf die allgemeine Mortalität zu untersuchen, wurden in einer von General Motors finanzierten Studie in den USA Daten aus 60 verschiedenen Regionen zusammengetragen. Neben der altersstandardisierten Mortalität und der Belastung durch CO, NOx und SO_2 wurden verschiedene demographische und meteorologische Variablen erfasst. Eine einfache lineare Regression von Mortalität auf SO_2 zeigt, dass mit zunehmender SO_2-Konzentration die allgemeine Sterblichkeit signifikant ansteigt. Aber auch der Zusammenhang zwischen Mortalität und allgemeinem Bildungsstand, Bevölkerungsdichte, Anteil der nichtweissen Bevölkerung, Einkommen und Niederschlagsmenge ist jeweils signifikant. Statt viele einzelne einfache Regressionen zu rechnen, ist es besser, den Zusammenhang mit mehreren erklärenden Variablen gleichzeitig zu untersuchen.

14.2 Das Modell

Das multiple lineare Regressionsmodell beschreibt den Zusammenhang zwischen einer Zielvariablen Y und p erklärenden Variablen $x_1, \dots, x_p$.

$$Y_i = \beta_0 + \beta_1 x_{i1} + \beta_2 x_{i2} + \cdots + \beta_p x_{ip} + \varepsilon_i \quad (14.1)$$

$$i = 1, \dots, n.$$

Y_i ist die Zielvariable, $x_{i1}, \dots, x_{ip}$ sind die erklärenden Variablen der $i$ten Beobachtung. Die x-Variablen werden als feste, nicht zufällige Grössen betrachtet. $\beta_0, \dots, \beta_p$ sind die unbekannten Regressionskoeffizienten. Diese sollen mit Hilfe der vorhandenen Daten geschätzt werden. ε_i ist der zufällige Rest oder Fehler. Es wird vorausgesetzt, dass der Erwartungswert von ε_i gleich 0 und die Varianz von ε_i gleich σ^2 ist und dass die ε_i unabhängig voneinander sind. Für Tests und Vertrauensintervalle wird zudem angenommen, dass die ε_i normalverteilt sind.

Wir beginnen in der Luftverschmutzungsstudie mit drei erklärenden Variablen, je eine pro Bereich.

Y_i altersstandardisierte Mortalität (Anzahl Todesfälle pro 100'000 EinwohnerInnen) in Region i,

x_{i1} mittlere SO_2-Konzentration in Region i,

x_{i2} Anteil der nichtweissen Population in Region i (%-NW),

x_{i3} mittlere jährliche Niederschlagsmenge (in inches) in Region i (rain).

Die Altersstandardisierung ist nötig, um den Effekt der unterschiedlichen Altersstruktur in den verschiedenen Regionen zu neutralisieren. Dabei werden in jeder Region die Mortalitätsraten pro Altersgruppe berechnet und dann für die Berechnung der gesamten Mortalitätsrate pro Region eine Referenz-Altersverteilung, z. B. diejenige der USA, verwendet.

Die Abbildung 14.1 zeigt den Zusammenhang zwischen y und den erklärenden Variablen in Streudiagrammen. Die SO_2-Werte sind ziemlich schief verteilt und der Zusammenhang mit y sieht nicht gerade linear aus. Eine Logarithmus-Transformation nützt.

Die Regressionsgleichungen der drei einfachen Regressionen und der multiplen Regression sind:

$$\hat{y} = 886.85 + 16.73 \cdot \log SO_2$$
$$\hat{y} = 887.06 + 4.49 \cdot \text{%-NW}$$
$$\hat{y} = 849.53 + 2.37 \cdot \text{rain}$$
$$\hat{y} = 776.22 + 16.9 \cdot \log SO_2 + 3.66 \cdot \text{%-NW} + 1.73 \cdot \text{rain}$$

Zunächst fällt auf, dass die Koeffizientenschätzungen für dieselbe Variable in der einfachen und in der multiplen Regression nicht identisch sind. Wie sind die geschätzten Regressionskoeffizienten $\hat{\beta}_j$ in der multiplen Regression zu interpretieren?

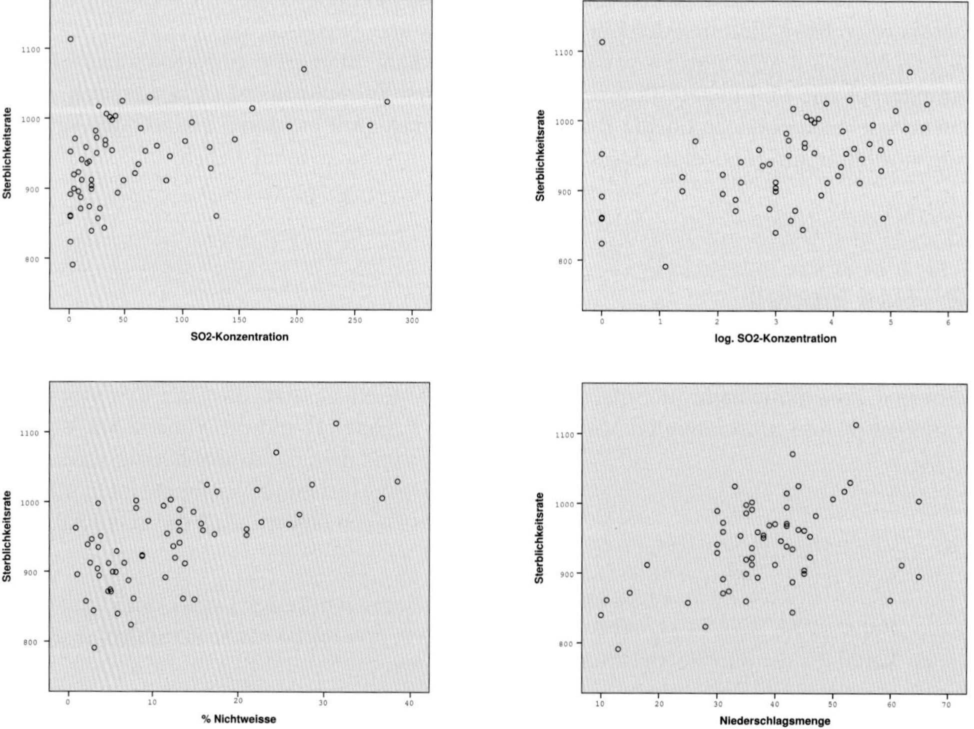

Abbildung 14.1: Luftverschmutzung und Mortalität

Hat eine Zunahme der nichtweissen Bevölkerung um 10% etwa dieselbe Auswirkung auf die Sterblichkeit (+36.6) wie eine Zunahme der nichtweissen Bevölkerung um nur 5%, zusammen mit 10 inches mehr Regen (+35.6)?

Nein, eine solche Kombination von Effekten ist nicht zulässig. Der Regressionskoeffizient gibt die Veränderung in Y an bei einem Anstieg von x_j um eine Einheit, vorausgesetzt alle anderen Variablen bleiben konstant. Der letzte Nebensatz schafft ein Problem. In vielen nichtexperimentellen Situationen ist es gar nicht möglich, nur eine Variable zu variieren, und alles andere bleibt konstant. Wenn z. B. die nichtweisse Bevölkerung eher in regenreichen Regionen wohnt, also eine positive Korrelation zwischen dem Anteil Nichtweisser und der Niederschlagsmenge besteht, dann ist die Prognose für eine Region mit mehr Nichtweissen, aber konstantem Niederschlag nicht sehr sinnvoll. Wir kommen auf dieses Problem später nochmals zurück. Zuerst betrachten wir nun aber die rein technischen Aspekte einer multiplen Regression.

Die Methode der kleinsten Quadrate kann verallgemeinert werden für mehrere erklärende Variablen. Gesucht sind $\hat{\beta}_0, \hat{\beta}_1, \ldots, \hat{\beta}_p$ so, dass die Quadratsumme der Residuen

$$\sum_{i=1}^{n} r_i^2 = \sum_{i=1}^{n} (y_i - (\beta_0 + \beta_1 x_{i1} + \cdots + \beta_p x_{ip}))^2$$

minimal wird. Man erhält die Lösung, indem man die Quadratsumme nach $\beta_0, \beta_1, \ldots, \beta_p$ ableitet, die Ableitungen gleich Null setzt und das resultierende lineare Gleichungssystem löst. Wegen der Doppelindices wird jetzt aber alles viel komplizierter als bei der einfachen linearen Regression und man benutzt am besten Matrixalgebra für das Lösen des Gleichungssystems und die Notation des Ergebnisses. Da man eine multiple Regression in der Praxis sowieso mit einem Statistikprogramm durchführt, lassen wir die Formeln für die $\hat{\beta}_j$ weg.

14.3 Tests und Vertrauensintervalle

Für alle Tests und Vertrauensintervalle setzen wir normalverteilte Fehler voraus. Die Resultate werden wie bei der einfachen linearen Regression in einer Anova-Tabelle zusammengefasst, ergänzt mit den einzelnen Koeffizientenschätzungen inkl. Standardfehlern (siehe Tabelle 14.1).

Der durch das Modell vorhergesagte Wert von Y für die $i$te Beobachtung ist $\hat{y}_i = \hat{\beta}_0 + \hat{\beta}_1 x_{i1} + \cdots + \hat{\beta}_p x_{ip}$. Im Gegensatz zur Varianzanalyse wird bei der multiplen Regression die Variabilität nur in zwei Komponenten zerlegt: Variabilität, die auf die erklärenden Variablen zurückzuführen ist, und der Rest. Die Anova-Tabelle enthält nur einen F-Wert und das Hauptinteresse gilt meist den Koeffizientenschätzungen. Bei der Varianzanalyse konzentriert man sich stärker auf die feiner unterteilte Anova-Tabelle und betrachtet die Schätzungen von Haupteffekten usw. erst später.

Source	**Sum of Squares**	**df**	**Mean Square**	***F***
Regression	$SSR = \sum(\hat{y}_i - \bar{y})^2$	p	MSR	MSR/MSE
Error	$SSE = \sum(y_i - \hat{y}_i)^2$	$n-1-p$	MSE	
Total	$SST = \sum(y_i - \bar{y})^2$	$n-1$		

Tabelle 14.1: Anova-Tabelle für eine multiple lineare Regression

Das ist sinnvoll in einer Situation, wo noch nicht bekannt ist, welche Variablen überhaupt einen Einfluss auf die Zielgrösse haben könnten. In einer multiplen Regression wird hingegen versucht, den funktionalen Zusammenhang zwischen Zielgrösse und erklärenden Variablen zu modellieren, deshalb sind jetzt vor allem die Regressionskoeffizienten interessant. Mehr zum Vergleich von Regression, Varianzanalyse und anderer statistischer Modelle findet sich in Kapitel 15.

14.3.1 Globaler F-Test

Als erstes soll geprüft werden, ob insgesamt ein Zusammenhang besteht mit den erklärenden Variablen. Die entsprechende Teststatistik steht in der letzten Spalte der obigen Anova-Tabelle. Mit $F = MSR/MSE$ wird die Nullhypothese

$$H_0 : \beta_1 = \beta_2 = \ldots = \beta_p = 0$$

gegen die Alternativhypothese

$$H_A : \text{ mindestens ein } \beta_j \neq 0$$

getestet. F hat unter H_0 eine F-Verteilung mit p und $n-1-p$ Freiheitsgraden. H_0 wird verworfen, wenn der Wert von F grösser ist als das 95%-Perzentil der entsprechenden F-Verteilung.

14.3.2 Multiples Bestimmtheitsmass R^2

Das *multiple Bestimmtheitsmass* ist gleich definiert wie das Bestimmtheitsmass bei der einfachen linearen Regression:

$$R^2 = \frac{SSR}{SST} = 1 - \frac{SSE}{SST}$$

Es ist der Anteil der Variabilität der y-Werte, der durch die Regression erklärt wird. Die Zahl R^2 liegt zwischen 0 und 1, wobei $R^2 = 0$, wenn alle $\hat{\beta}_j$ gleich 0 sind, und $R^2 = 1$, wenn alle Residuen gleich 0 sind („perfekter Fit"). Auch im multiplen Fall entspricht R^2 einer quadrierten Korrelation, nämlich der quadrierten Korrelation zwischen y und $\hat{y}$.

Wenn mehr erklärende Variablen ins Modell aufgenommen werden, kann R^2 nur grösser werden, niemals kleiner. Entweder verbessern zusätzliche Variable den vorhergesagten Wert oder, wenn sie nichts bringen, werden ihre Koeffizienten einfach auf Null gesetzt. Deshalb betrachtet man oft eine korrigierte Version von R^2, die grössere Modelle mit mehr erklärenden Variablen etwas bestraft.

Definition 14.3.1 — Korrigiertes Bestimmtheitsmass. Das korrigierte Bestimmtheitsmass (adjusted R-squared) ist definiert als

$$adjR^2 = 1 - \left(\frac{n-1}{n-p-1}\right)\frac{SSE}{SST} \qquad (14.2)$$

14.3.3 Tests von einzelnen Parametern

Da die $\hat{\beta}_j$ normalverteilt sind, kann

$$H_0 : \beta_j = 0 \quad \text{gegen} \quad H_A : \beta_j \neq 0$$

mit einem t-Test getestet werden. Die Teststatistik

$$T = \frac{\hat{\beta}_j}{se(\hat{\beta}_j)}$$

hat eine t-Verteilung mit $n-p-1$ Freiheitsgraden. Die Frage, die mit diesem Test beantwortet wird, lautet, ob die erklärende Variable x_j einen signifikanten Zusammenhang mit y hat, gegeben alle anderen Variablen. Ob x_j für sich allein einen Zusammenhang mit y hat, wird in einer einfachen Regression untersucht.

14.3.4 Vertrauens- und Prognosebereiche

Ein 95%-Vertrauensintervall für β_j ist gegeben durch:

$$\hat{\beta}_j \pm t_{97.5\%,n-p-1} \cdot se(\hat{\beta}_j) \qquad (14.3)$$

	Koeffizienten	Standardfehler	t	P-Wert
Konstante	776.225	21.248	36.532	< 0.0001
$\log(SO_2)$	16.939	3.348	5.060	< 0.0001
nonwhite	3.665	0.587	6.248	< 0.0001
Niederschlag	1.732	0.456	3.796	0.0002

Tabelle 14.2: Regression mit drei x-Variablen

Die Wahrscheinlichkeit, dass alle so berechneten Intervalle die Regressionsparameter gleichzeitig umfassen, ist aber nicht mehr 95%, sondern wird mit zunehmender Parameterzahl immer kleiner. Man kann zwar einen *gemeinsamen 95%-Vertrauensbereich* für alle Parameter β_i bestimmen, aber die Rechnung ist nicht ganz einfach. Einen Ausweg bietet die Bonferroni-Regel. Für einen Vertrauensbereich für p Parameter nimmt man in (14.3) das $100(1-\alpha'/2)$. Perzentil der t-Verteilung mit $\alpha' = \alpha/p$.

Man kann auch ein Vertrauensintervall für den erwarteten Wert von Y oder ein Prognoseintervall für eine zukünftige Beobachtung zu gegebenen $x_{01}, \ldots, x_{0p}$ berechnen. Die Formeln lassen wir weg, da man das kaum je von Hand ausrechnet.

Rechnen wir nun in der Luftverschmutzungsstudie eine multiple Regression mit den erklärenden Variablen $\log(SO_2)$, %-Nichtweisse und Niederschlagsmenge. Die Tabelle 14.2 enthält die Schätzungen und Tests, die SPSS liefert.

Die F-Teststatistik nimmt den Wert 33.6 an, bei 3 und 56 Freiheitsgraden, P-Wert< 0.0001, und $R^2 = 0.643$. Der globale F-Test und alle drei t-Tests sind signifikant, insbesondere ist auch der Koeffizient von $\log(SO_2)$ signifikant von Null verschieden. Ob Schwefeldioxid eine erhöhte Sterblichkeit verursacht, ist damit natürlich noch nicht entschieden. Je mehr andere erklärende Variablen, die einen Einfluss auf die Sterblichkeit haben, ins Modell einbezogen sind, desto stärker werden aber die Argumente für eine kausale Wirkung der Luftverschmutzung, weil dann die Signifikanz gilt unter Berücksichtigung aller anderen erklärenden Variablen.

Die verfügbaren demographischen und meteorologischen erklärenden Variablen sind:

jantemp	mittlere Januartemperatur in Fahrenheit
julytemp	mittlere Julitemperatur in Fahrenheit
relhum	mittlere relative Luftfeuchtigkeit um 13 Uhr
rain	mittlere jährliche Niederschlagsmenge in inches
educ	Median der absolvierten Schuljahre aller über 25-Jährigen
dens	Bevölkerungsdichte pro Quadratmeile
nonwhite	Anteil der nichtweissen Bevölkerung in %
wc	Anteil Angestellte in %
pop	Bevölkerung in 1000 Einwohnern
house	mittlere Anzahl Personen pro Haushalt
income	Median des Einkommens in 1000$

Die Regressionskoeffizienten und Tests für das Modell mit all diesen Variablen sind in der Tabelle 14.3 enthalten. Die F-Teststatistik nimmt den Wert 10.54 an bei 12 und 46 Freiheitsgraden, P-Wert< 0.0001, und $R^2 = 0.733$.

Zunächst fällt auf, dass nur noch 59 Regionen in die Analyse aufgenommen worden sind. Offenbar fehlen bei einer Region einzelne x-Werte. Die grosse Enttäuschung aber kommt weiter unten: der Zusammenhang mit $log(SO_2)$ ist nicht mehr signifikant, der P-Wert ist 0.214.

	Koeffizienten	Standardfehler	t	P-Wert
Konstante	1163.915	293.944	3.960	0.000
jantemp	-1.669	0.793	-2.105	0.041
julytemp	-1.167	1.939	-0.602	0.550
relhum	0.702	1.105	0.635	0.529
rain	1.224	0.549	2.229	0.031
educ	-11.080	9.449	-1.173	0.247
dens	0.006	0.004	1.255	0.216
nonwhite	5.080	1.012	5.019	0.000
wc	-1.925	1.264	-1.523	0.135
pop	0.002	0.004	0.511	0.612
house	-22.155	40.400	-0.548	0.586
income	0.243	1.328	0.183	0.856
$\log(SO_2)$	6.833	5.426	1.259	0.214

Tabelle 14.3: Regression mit 12 x-Variablen

Heisst das nun, dass die Luftverschmutzung, repräsentiert durch SO_2, doch keine Auswirkung auf die Mortalität hat?

Bevor man irgendwelche voreiligen Schlüsse zieht, sollte man die Modellannahmen überprüfen (siehe Abschnitt 14.5). Zudem ist die relative Bedeutung einzelner erklärender Variablen schwierig zu beurteilen, wenn die x-Variablen untereinander, oder mit Variablen, die im Modell fehlen, korreliert sind. Man spricht in diesem Zusammenhang von *Multikollinearität* der erklärenden Variablen. Sind die Variablen x_1 und x_2 unkorreliert, dann sind die Schätzungen für β_1 und β_2 unbeeinflusst davon, ob die jeweils andere Variable im Modell ist. Bei korrelierten x-Variablen ändern sich die geschätzten Koeffizienten, je nachdem welche Variablen im Modell sind. Auch die Testergebnisse sind manchmal etwas verblüffend. Es kann vorkommen, dass der globale F-Test signifikant und alle einzelnen t-Tests nicht signifikant sind, weil eine einzelne Variable nicht mehr viel zusätzlich bringt, wenn die andern Variablen schon im Modell sind. In einem kontrollierten Experiment wird man die Versuchsbedingungen so wählen, dass die erklärenden Variablen unkorreliert sind, bei beobachtenden Studien muss man mit den Korrelationen leben.

Okkasion treffe in Zielort Korrelationskoeffizient

Um das Ausmass der Kollinearität abzuschätzen, berechnet man eine Regression von x_j auf alle übrigen erklärenden Variablen. R_j^2 ist das Mass für die Stärke dieses Zusammenhangs. Grosse R_j^2 sind also gefährlich. Statt direkt R_j^2 betrachtet man oft den *Varianzinflationsfaktor*

$$VIF_j = \frac{1}{1 - R_j^2}.$$

Faktoren grösser als 10 gelten als gefährlich, das entspricht $R_j^2 > 0.9$ (Montgomery et al., 2012). In der Luftverschmutzungsstudie sind alle VIFs kleiner als 4. Die Streudiagramme 14.2 zeigen die Variablenpaare mit den höchsten Korrelationen. Die Korrelationen sind hier nicht besonders gross.

Wenn hohe Korrelationen aufgetreten wären, könnte man aus den betreffenden Variablengruppen den aus theoretischer Sicht wichtigsten Repräsentanten als erklärende Variable auswählen und die andern Variablen weglassen, oder eine neue, zusammenfassende Variable erzeugen (z. B. mit Hauptkomponentenanalyse, siehe Kapitel 17) und ins Modell einschliessen.

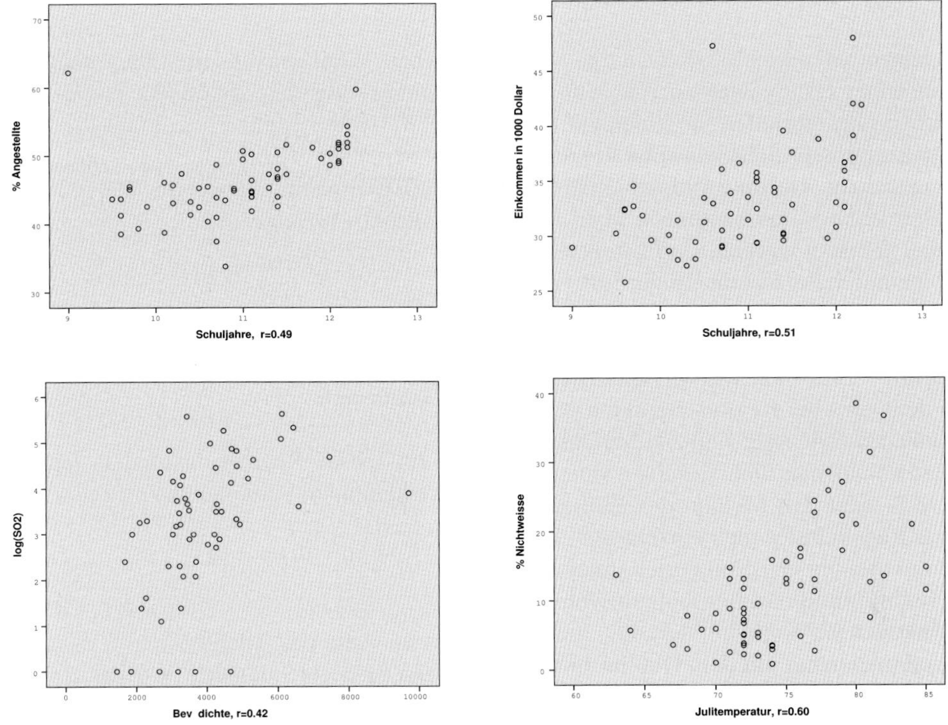

Abbildung 14.2: Variablenpaare mit den grössten Korrelationen

14.3.5 Partielle F-Tests

Statt auf einzelne Regressionskoeffizienten zu testen, kann man auch eine Gruppe von x-Variablen gemeinsam betrachten. In der Luftverschmutzungsstudie kann man zum Beispiel fragen, ob die meteorologischen Variablen insgesamt einen signifikanten Effekt haben, wenn die übrigen Variablen schon im Modell sind. Von den 12 erklärenden Variablen soll der Effekt von 4 Variablen gemeinsam getestet werden. Im Modell (14.1)

$$Y_i = \beta_0 + \beta_1 x_{i1} + \beta_2 x_{i2} + \cdots + \beta_{12} x_{i12} + \varepsilon_i \qquad i = 1, \ldots, 60.$$

testen wir

H_0: $\beta_1 = \beta_2 = \beta_3 = \beta_4 = 0$
H_A: mindestens eines der $\beta_j \neq 0$

Wenn man zwei multiple Regressionen rechnet, einmal mit allen 12 Variablen und nachher mit der reduzierten Auswahl von 8 Variablen, so erhält man zwei verschiedene Regressions-Summenquadrate, SSR_{H_A} für das volle Modell und SSR_{H_0} für das reduzierte Modell. Intuitiv ist klar, dass die Nullhypothese nicht verworfen werden kann, wenn die Differenz zwischen diesen beiden Sum of Squares klein ist. Die entsprechende F-Statistik ist gleich

$$F = \frac{(SSR_{H_A} - SSR_{H_0})/(p-q)}{SSE_{H_A}/(n-p-1)}, \qquad (14.4)$$

wobei $p = 12, q = 8, n = 60$. Die Hypothese H_0 wird verworfen, wenn F grösser ist als der kritische Wert der F-Verteilung mit $p-q$ und $n-p-1$ Freiheitsgraden.

Für den Test auf die vier meteorologischen Variablen erhält man eine Teststatistik von $F = 2.92$, P-Wert$= 0.031$, d. h. H_0 wird verworfen, die meteorologischen Variablen haben zusätzlich zu den übrigen Variablen einen signifikanten Effekt auf die Mortalität.

14.4 Regression mit Dummy-Variablen

Bis jetzt haben wir ausschliesslich stetige Variablen betrachtet. Häufig interessiert aber auch der Effekt von kategoriellen Variablen auf eine stetige Zielgrösse, beispielsweise Region oder Sozialschicht. Da im multiplen Regressionsmodell keine Voraussetzungen über die x-Variablen gemacht werden, sind kategorielle Variablen durchaus erlaubt. In der Luftverschmutzungsstudie könnte die geographische Region (Nord, Süd, Ost, West) eine Rolle spielen oder eine Variable, die die wirtschaftliche und soziale Potenz der Region charakterisiert. Im vorhandenen Datensatz sind alle Variablen stetig. Man könnte natürlich Variablen kategorisieren, z. B. statt den Median des Einkommens einer Region ins Modell einzubauen, die Regionen in drei bis vier Kategorien unterteilen mit tiefem, mittlerem und hohem Durchschnittseinkommen. Wenn die Mortalität nicht linear zusammenhängt mit dem Durchschnitteinkommen, ergäbe das sogar das bessere Modell, weil jetzt nur auf Mortalitätsunterschiede zwischen verschieden kategorisierten Regionen getestet wird. Der Unterschied zwischen aufeinanderfolgenden Durchschnittseinkommensstufen muss hingegen nicht gleich gross sein. Auf der andern Seite ist die Kategorisierung ausgehend vom Median natürlich ein Informationsverlust, den man nur in Kauf nimmt, wenn sich z. B. in einem Streudiagramm klar zeigt, dass Linearität nicht gegeben ist. Weil sich in der Luftverschmutzungsstudie keine kategorielle erklärende Variable aufdrängt, betrachten wir zwischenzeitlich ein anderes Beispiel.

Ist die Arbeit in der cadmiumverabeitenden Industrie für die angestellten Arbeiter gesundheitsschädigend? Bei 40 Industriearbeitern, die unterschiedlich lange Cadmiumdämpfen ausgesetzt waren, und bei 44 Kontrollpersonen (Industriearbeiter, die keinen Cadmiumdämpfen ausgesetzt waren) wurden Lungenfunktionsmessungen durchgeführt. Eine Reihe weiterer Variablen wie Alter, Rauchverhalten, sportliche Betätigung, usw. wurde ebenfalls erhoben. Wir interessieren uns nur für den Zusammenhang zwischen Vitalkapazität (in Liter) und Alter (in Jahren) sowie Exposition. Die zweite erklärende Variable ist binär, sie nimmt die Werte „nicht exponiert" (Kontrollgruppe) und „exponiert" (Experimentalgruppe) an. Wir definieren eine *Dummy-Variable*

$$x_2 = \begin{cases} 0 & : \quad \text{nicht exponiert} \\ 1 & : \quad \text{exponiert} \end{cases}$$

Dummy-Variablen werden auch *Indikatorvariablen* genannt.

Das einfachste Regressionsmodell mit den zwei erklärenden Variablen ist:

$$Y_i = \beta_0 + \beta_1 x_{i1} + \beta_2 x_{i2} + \varepsilon_i \qquad (14.5)$$

$$i = 1, \ldots, n.$$

x_{i1} ist das Alter des Arbeiters i.
Das gibt für nichtexponierte Arbeiter ($x_2 = 0$):
$Y_i = \beta_0 + \beta_1 x_{1i} + \varepsilon_i$
und für exponierte Arbeiter ($x_2 = 1$):
$Y_i = \beta_0 + \beta_1 x_{1i} + \beta_2 + \varepsilon_i$.

Wir haben also zwei parallele Regressionsgeraden mit Steigung β_1. Der Unterschied im Achsenabschnitt ist β_2. Mit einem solchen Modell nehmen wir an, dass die Exposition die Lungenfunktion um eine konstante Grösse verändert, unabhängig vom Alter. Umgekehrt hat das Alter in beiden Arbeitergruppen denselben Effekt. Ob eine solche Annahme vernünftig ist, wird die Analyse zeigen.

Rechnen wir das Modell (14.5) mit den Daten der 84 Cadmiumarbeiter, dann erhalten wir die folgende Regressionsgleichung:

$$\hat{y} = 6.0208 - 0.0402 \cdot x_1 - 0.0835 \cdot x_2$$

Die Regressionsgerade für die nicht exponierten Arbeiter ist also $\hat{y} = 6.0208 - 0.0402x_1$, für die exponierten Arbeiter $\hat{y} = 5.9373 - 0.0402 \cdot x_1$. Der Koeffizient der Variablen x_2 ist nicht signifikant (P-Wert $= 0.57$). Die Abbildung 14.3 zeigt die 84 Beobachtungen mit den parallelen Regressionsgeraden.

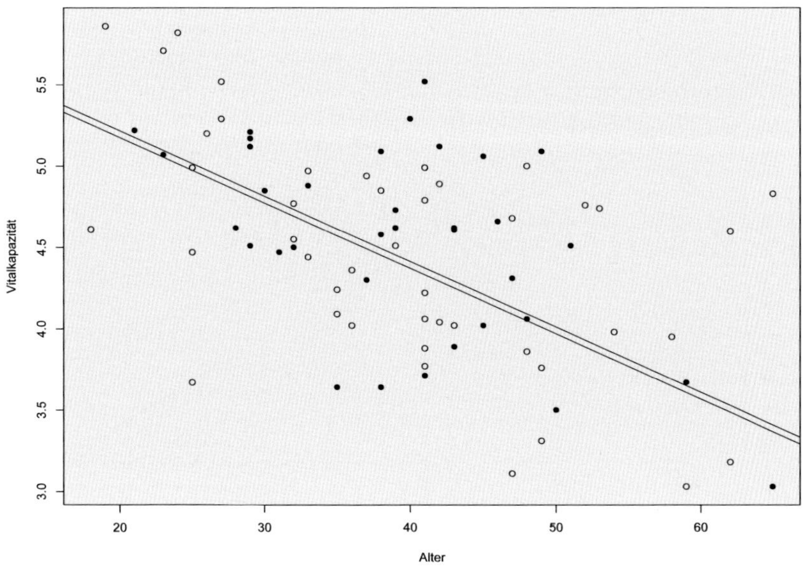

Abbildung 14.3: o Nichtexponierte, • Exponierte

14.4.1 Modelle mit Interaktionen

Im nächst komplizierteren Modell nimmt man an, dass neben dem Achsenabschnitt auch die Steigungen der Regressionsgeraden für die beiden Gruppen verschieden sind. Das Modell sieht dann so aus:

$$Y_i = \beta_0 + \beta_1 x_{i1} + \beta_2 x_{i2} + \beta_3 x_{i1} x_{i2} + \varepsilon_i \quad (14.6)$$
$$i = 1, \ldots, n.$$

Der zusätzliche Term $\beta_3 x_1 x_2$ modelliert eine Interaktion oder Wechselwirkung zwischen x_1 und x_2. Der Effekt von x_1 (Alter) ist jetzt verschieden in den beiden durch x_2 definierten Gruppen (Exposition ja/nein). Der Computer-Output für das Regressionsmodell (14.6) ist in der Tabelle 14.4.

Die F-Teststatistik nimmt den Wert 17.64 an bei 3 und 80 Freiheitsgraden, P-Wert$<$ 0.0001 und $R^2 = 0.398$. Die Interaktion ist knapp nicht signifikant. Die Schätzungen für die Regressionskoeffizienten β_2 und β_3 sind 0.859 und -0.023.

	Koeffizienten	**Standardfehler**	**t**	**P-Wert**
Konstante	5.680	0.316	17.99	< 0.001
Alter	-0.031	0.008	-4.02	< 0.001
(Exp=1)	0.859	0.498	1.72	0.089
(Exp=1)*Alter	-0.023	0.012	-1.96	0.053

Tabelle 14.4: Anova-Tabelle für Modell mit Interaktion

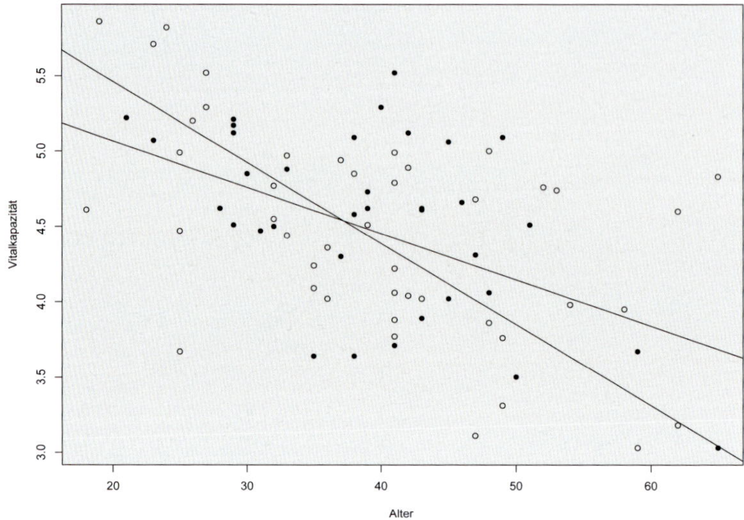

Abbildung 14.4: o Nichtexponierte, • Exponierte

Diese beiden Koeffizienten werden bei den Exponierten mitberücksichtigt, bei den Nichtexponierten fallen sie weg, weil $x_2 = 0$ ist. Die beiden Regressionsgleichungen sind $5.68 - 0.0307 \cdot$ Alter für die Nichtexponierten und $6.539 - 0.0538 \cdot$ Alter für die Exponierten. Die Abbildung 14.4 zeigt die beiden Geraden, die sich nur wenig unterscheiden.

14.4.2 Variablen mit mehr als zwei Kategorien

Bei den Cadmiumarbeitern ist erfasst worden, ob sie schon länger als 10 Jahre exponiert waren oder nicht. Man kann also eine erklärende Variable mit drei Kategorien bilden: keine Exposition, höchstens 10 Jahre und mehr als 10 Jahre Exposition. Um diese Variable in ein Regressionsmodell aufzunehmen, braucht es zwei Indikatorvariablen x_2 und x_3.

$$x_2 = \begin{cases} 1 & : \text{ höchstens 10 Jahre exponiert} \\ 0 & : \text{ sonst} \end{cases}$$

$$x_3 = \begin{cases} 1 & : \text{ mehr als 10 Jahre exponiert} \\ 0 & : \text{ sonst} \end{cases}$$

Das ergibt:
$x_2 = 0, x_3 = 0$ für die Gruppe „keine Exposition", $x_2 = 1, x_3 = 0$ für die Gruppe „höchstens 10 Jahre exponiert" und $x_2 = 0, x_3 = 1$ für die Gruppe „mehr als 10 Jahre exponiert". Für eine Variable mit k Kategorien braucht es $k - 1$ Indikatorvariablen.

Ein Modell, das auch noch die Interaktionen berücksichtigt, sieht so aus:

$$\begin{aligned} Y_i = & \beta_0 + \beta_1 x_{i1} + \beta_2 x_{i2} + \beta_3 x_{i3} + \beta_4 x_{i1} x_{i2} \\ & + \beta_5 x_{i1} x_{i3} + \varepsilon_i \qquad (14.7) \\ & \qquad i = 1, \ldots, n. \end{aligned}$$

Für die Regressionsanalyse mit dem Computer kann man bei den meisten Statistikprogrammen entweder die Dummy-Variablen selber generieren oder die kategorielle Variable explizit als Faktor deklarieren. Dann generiert das Programm die benötigten Dummy-Variablen selbst.

Die Regressionsanalyse mit dem Faktor Exposition mit den Levels 0 = „keine Exposition", 1 = „höchstens 10 Jahre exponiert" und 2 = „mehr als 10 Jahre exponiert" liefert eine F-Teststatistik mit einem Wert von 11.39 bei 5

	Koeffizienten	Standardfehler	t	P-Wert
Konstante	5.680	0.313	18.12	< 0.001
Alter	-0.031	0.008	-4.06	< 0.001
(Exp=1)	0.550	0.576	0.95	0.343
(Exp=2)	2.503	1.042	2.40	0.019
(Exp=1)*Alter	-0.016	0.015	-1.09	0.277
(Exp=2)*Alter	-0.054	0.021	-2.59	0.012

Tabelle 14.5: Regressionsmodell mit 3 Gruppen

und 78 Freiheitsgraden, P-Wert< 0.0001. Das Bestimmtheitsmass ist $R^2 = 0.422$. Die Regressionskoeffizienten sind in der Tabelle 14.5 zu finden. Der Effekt einer kategoriellen Variablen mit mehr als zwei Klassen sollte nun nicht auf Grund der P-Werte für die einzelnen Koeffizienten beurteilt werden. Es wäre falsch zu schliessen, dass Exposition = 2 signifikant ist (P-Wert = 0.019), man aber auf die Zwischenkategorie „Exp = 1“ verzichten kann, weil der P-Wert = 0.34 ist, und man deshalb x_2 aus dem Modell entfernen kann. Die Beurteilung sollte sich auf eine Anova-Tabelle wie in der Varianzanalyse abstützen (siehe Tabelle 14.6). Dabei wird die Regression Sum of Squares weiter unterteilt in drei Summen entsprechend den drei erklärenden Variablen. Ein Vergleich der Mean Squares mit MSE ergibt drei partielle F-Tests. Der F-Test in der dritten Zeile, der die Wechselwirkung untersucht, testet die Nullhypothese $H_0 : \beta_4 = \beta_5 = 0$. Es wird bestätigt, dass die Exposition je nach Alter unterschiedlich wirkt.

Abbildung 14.5 zeigt die drei Regressionsgeraden. Vor allem die länger andauernde Exposition hat einen negativen Effekt auf die Lungenfunktion.

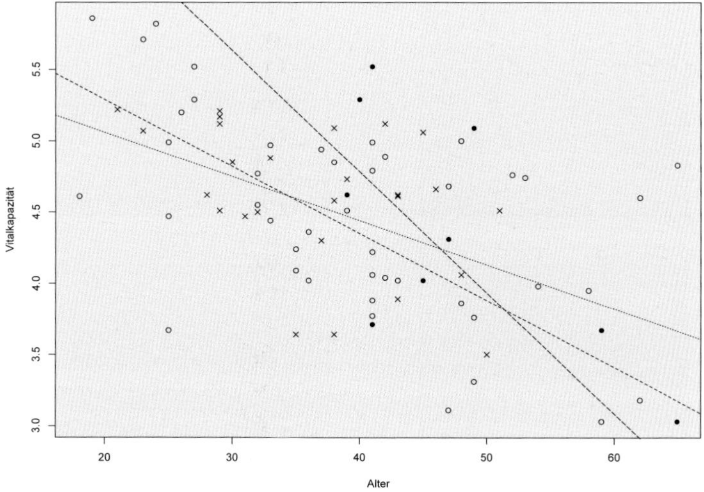

Abbildung 14.5: o (···) Nichtexponierte, × (- - -) weniger als 10 Jahre, • (— — —) mehr als 10 Jahre Exposition

Source	Sum of Squares	df	Mean Square	F	P-Wert
Alter	17.445	1	17.445	49.42	< 0.001
Exp	0.162	2	0.081	0.23	0.796
Exp*Alter	2.450	2	1.250	3.54	0.034
Error	27.535	78	0.353		
Total	47.592	83			

Tabelle 14.6: Anova-Tabelle für Regression mit 3 Gruppen

14.5 Modelldiagnostik

Für die Überprüfung der Modellannahmen sehr nützlich sind die bereits bei der einfachen linearen Regression besprochenen Residuenplots (siehe Seite 173).

14.5.1 Ausreisser und einflussreiche Beobachtungen

Manchmal werden die Schätzungen der Koeffizienten in einer Regressionsanalyse von ein paar wenigen Beobachtungen stark beeinflusst. Falls das so ist, möchte man natürlich diese Beobachtungen identifizieren. In den Residuenplots erkennt man aber die einflussreichen Beobachtungen nur, wenn sie gleichzeitig auch Ausreisser sind.

Eine wichtige Kategorie in diesem Zusammenhang sind die *Hebelpunkte* (leverage points). Das sind Beobachtungen mit extremen x-Werten. Die Abbildung 14.6 illustriert ein paar verschiedenen Situationen. In (a) ist nichts besonderes los, in (b) gibt es einen Hebelpunkt ohne Einfluss, (c) enthält einen Hebelpunkt mit Einfluss und in (d) hat es einen Ausreisser ohne Einfluss. In den letzten beiden Grafiken sind zwei Regressionsgeraden eingezeichnet, mit (gestrichelt) und ohne Hebelpunkt bzw. Ausreisser (durchgezogen).

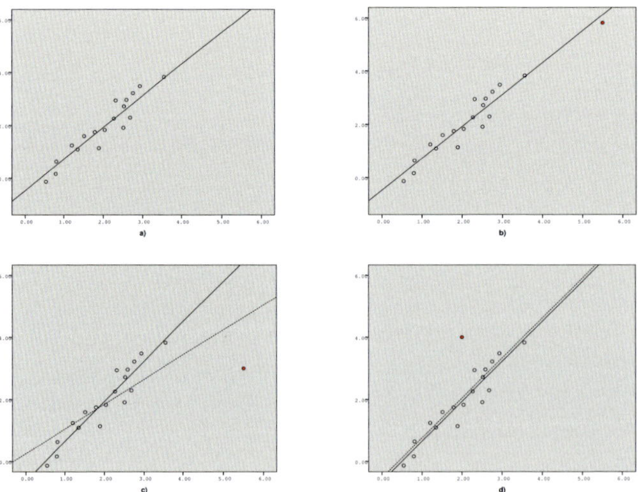

Abbildung 14.6: Ausreisser, einflussreiche Beobachtungen und Hebelpunkte

Der Einfluss einer Beobachtung auf Schätzungen und Tests kann im Prinzip festgestellt werden, indem die Analyse ohne die fragliche Beobachtung gemacht wird. In der Praxis ist es aber nicht nötig, die Analyse n-mal zu wiederholen. Mit ein paar rechnerischen Kniffs können die benötigten Grössen ohne viel Rechenaufwand bestimmt werden. Neben Parameterschätzungen, vorhergesagten y-Werten und Residuen, berechnet jeweils ohne die $i$te Beobachtung, betrachtet man vor allem zwei Grössen: leverages und Cooks Distanzen.

Die *leverages* h_i (Hebelwerte) sind ein Mass dafür, wie extrem Beobachtungen bezüglich der erklärenden Variablen sind. Leverages liegen zwischen 0 und 1. Beobachtungen mit Werten grösser als $2(p+1)/n$ werden als Hebelpunkte angesehen. Punkte mit grossem Residuum r_i und grossem h_i sind gefährlich. Man betrachtet deshalb den Plot von r_i gegen h_i.

Die *Cooks Distanz* für eine Beobachtung i ist ein Mass dafür, wie stark die prognostizierten Werte für y mit und ohne die $i$te Beobachtung auseinanderklaffen. Cooks Distanzen grösser als 1 und einzelne Distanzen, die deutlich grösser sind als die Masse der Werte, sollten genauer untersucht werden.

Wir wollen das Modell von Seite 184 überprüfen. Ein Normalplot der Residuen und die Grafik mit den Residuen gegen den Index i (Abbildung 14.7) zeigen zwei klare Ausreisser New Orleans und Albany. Ein Blick in die Originaldaten zeigt, dass New Orleans eine sehr hohe Mortalität hat. Die Plots in Abbildung 14.8 zeigen mögliche Hebelpunkte. Los Angeles und York haben grosse h_i-Werte. Gefährlich ist York, weil es Hebelpunkt und (leichter) Ausreisser zugleich ist.

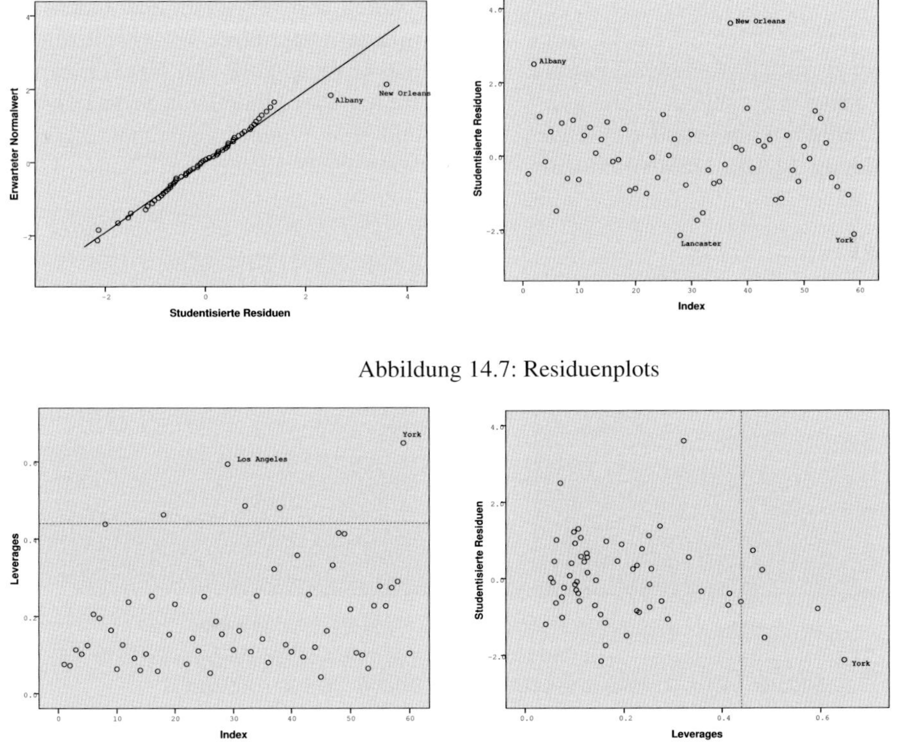

Abbildung 14.7: Residuenplots

Abbildung 14.8: Leverage Plots

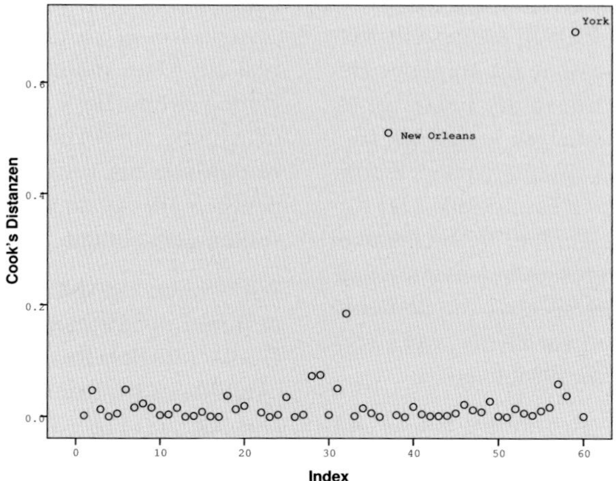

Abbildung 14.9: Cooks Distanzen vs. Index

In der Grafik 14.9 entpuppt sich York auch als der einflussreichste Punkt, obschon alle Cooks Distanzen, auch diejenige von York, ziemlich klein sind.

Wenn man York genauer untersucht, dann entdeckt man zwei Auffälligkeiten: die extrem hohe Bevölkerungsdichte und ein Bildungsdefizit bei gleichzeitig hohem Anteil von Angestellten (Abbildung 14.10). Die extreme Bevölkerungsdichte folgt aus einer fehlerhaften Distriktdefinition, wie eine Nachkontrolle ergeben hat. Das Bildungsdefizit wird mit dem hohen Anteil von Amischen und andern Sektenmitgliedern begründet. Es scheint sinnvoll, die Analyse ohne York und New Orleans zu wiederholen. Das Modell von Seite 184, ohne York und New Orleans gerechnet, ergibt die Regressionskoeffizienten von Tabelle 14.7.

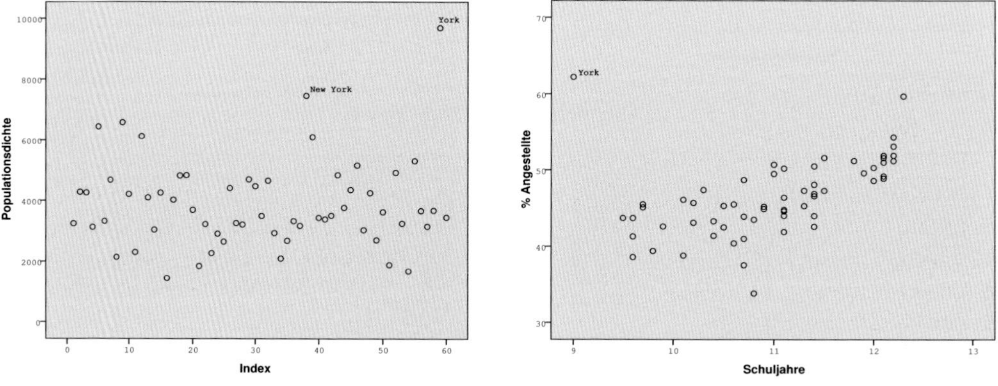

Abbildung 14.10: Bevölkerungsdichte, bzw. Bildung und % Angestellte

	Koeffizienten	Standardfehler	t	P-Wert
Konstante	902.540	256.365	3.521	0.001
jantemp	-1.246	0.671	-1.856	0.070
julytemp	-0.132	1.693	-0.078	0.938
relhum	0.398	0.929	0.429	0.670
rain	1.399	0.463	3.022	0.004
educ	-5.788	9.571	-0.605	0.548
dens	0.009	0.004	2.223	0.031
nonwhite	3.651	0.902	4.048	0.000
wc	-1.046	1.371	-0.763	0.450
pop	-0.001	0.003	-0.338	0.737
house	1.390	34.300	0.041	0.968
income	-0.096	1.118	-0.086	0.932
$\log(SO_2)$	13.883	5.151	2.695	0.010

Tabelle 14.7: Regression ohne York und New Orleans

Die F-Teststatistik nimmt den Wert 14.04 an bei 12 und 44 Freiheitsgraden, P-Wert< 0.0001 und $R^2 = 0.793$.

Eine erneute Residuenanalyse weist Lancaster als deutlichen Ausreisser aus. Das ist eine häufige Situation: ein paar Ausreisser werden weggelassen, und dann rutschen andere Punkte im Normalplot gegen aussen. Man lässt auch diese Beobachtungen weg, und wieder entstehen neue Ausreisser usw., bis kaum mehr Beobachtungen in der Analyse verbleiben. Das ist natürlich keine Lösung. Der Ausschluss von Beobachtungen sollte wenn möglich inhaltlich begründet sein. Wir müssten also herauszufinden versuchen, was Lancaster von den andern Regionen unterscheidet, ob Datenfehler vorliegen oder nichtberücksichtigte Faktoren die Mortalität in Lancaster beeinflussen. Wir gehen dem aber nicht nach. Zuerst stellt sich noch das Problem der Variablenselektion, im Modell sind vermutlich noch einige überflüssige Variablen vorhanden. Erst wenn ein Modell gefunden ist, das die Daten gut abbildet, wird die Residuenanalyse nochmals wiederholt.

14.6 Modellwahl

In der Luftverschmutzungsstudie sind mehrere potentielle Einflussfaktoren gemessen worden und eine der Forschungsfragen ist, welche Variablen einen signifikanten Zusammenhang mit der Zielvariablen haben.

Das einfachste Vorgehen könnte darin bestehen, ein Regressionsmodell mit allen verfügbaren Variablen zu rechnen und dann alle erklärenden Variablen zu entfernen, deren zugehöriger P-Wert grösser als 0.05 ist. Das volle Modell mit allen erklärenden Variablen ist in Tabelle 14.8. Die F-Teststatistik nimmt den Wert 12.7 an bei 14 und 42 Freiheitsgraden, P-Wert< 0.0001, $R^2 = 0.809$ und $adjR^2 = 0.745$.

Streichen wir alle „nicht signifikanten“ Variablen und rechnen wir nochmals eine Regression. Das Ergebnis ist in Tabelle 14.9 zu sehen. Die F-Teststatistik nimmt jetzt den Wert 24.37 an bei 3 und 54 Freiheitsgraden, P-Wert< 0.0001, $R^2 = 0.575$ und $adjR^2 = 0.551$.

	Koeffizienten	Standardfehler	t	P-Wert
Konstante	1052.610	270.502	3.89	< 0.001
jantemp	-1.212	0.815	-1.49	0.144
julytemp	-1.384	1.810	-0.76	0.449
relhum	0.382	0.927	0.41	0.683
rain	1.272	0.518	2.45	0.018
educ	-5.652	9.771	-0.58	0.566
dens	0.009	0.004	2.24	0.030
nonwhite	4.046	0.911	4.44	< 0.001
wc	-0.770	1.369	-0.56	0.580
pop	-0.001	0.004	-0.19	0.850
house	-9.125	35.469	-0.26	0.798
income	-0.428	1.145	-0.37	0.710
$\log(CO)$	-24.256	13.255	-1.83	0.074
$\log(NOx)$	21.367	13.235	1.61	0.114
$\log(SO_2)$	11.368	8.384	1.36	0.182

Tabelle 14.8: Regression mit allen erklärenden Variablen

	Koeffizienten	Standardfehler	t	P-Wert
Konstante	771.143	24.797	31.099	< 0.001
rain	1.646	0.497	3.315	0.002
dens	0.018	0.004	4.222	< 0.001
nonwhite	3.244	0.638	5.088	< 0.001

Tabelle 14.9: Regression mit signifikanten Variablen

Dieses Vorgehen ist besonders in nichtexperimentellen Situationen nicht empfehlenswert, weil ja die t-Tests den jeweiligen Regressionskoeffizienten testen, gegeben alle andern Variablen im Modell. So werden miteinander korrelierte erklärende Variablen aus dem Modell entfernt, die sehr wohl wichtig sein können, aber einzeln betrachtet nichts zusätzlich bringen. Zudem stellt sich auch wieder das Mehrfachtestproblem. Fehlen in einem Regressionsmodell wichtige Variablen, dann haben die Schätzungen für die Regressionskoeffizienten der vorhandenen erklärenden Variablen einen Bias. Sind andererseits zu viele, unnötige Variablen im Modell, dann führt das zu grösseren Standardfehlern der Schätzungen. Es ist also wichtig, weder ein zu grosses noch ein zu kleines Modell zu wählen. Dazu braucht es eine Strategie, um das „beste" Modell zu finden und ein Kriterium, um zu entscheiden, welches das „beste" Modell ist.

In vielen Statistikprogrammen, z. B. auch in SPSS, ist folgendes Vorgehen mit verschiedenen Strategien implementiert.

Rückwärts-Elimination: Bei der Rückwärts-Elimination (backward elimination) beginnt man mit dem vollen Modell mit allen erklärenden Variablen. Man eliminiert diejenige Variable mit dem kleinsten t-Wert, sofern dieser kleiner als eine vorgegebene Schranke ist, z. B. einem P-Wert von 0.05 entsprechend. Dann berechnet man eine neue Regression und eliminiert die nächst unwichtigste Variable im Modell, bis keine Variable mehr einen t-Wert unterhalb der Schranke besitzt. Diese Strategie ist nur durchführbar, wenn die Anzahl vorhandener erklärender Variablen deutlich kleiner ist als die Anzahl Beobachtungen.

Vorwärts-Selektion: Bei der Vorwärts-Selektion (forward selection) beginnt man mit dem „leeren“ Modell (keine erklärende Variablen) und nimmt schrittweise jeweils die Variable mit dem grössten t-Wert in das Modell auf, solange dicser eine vorgegebene Schranke überschreitet. Die Vorwärtsselektion braucht weniger Rechenaufwand als die Rückwärtsmethode.

Schrittweise Regression: Die schrittweise Regression (stepwise regression) ist eine Kombination von Vorwärts- und Rückwärtsstrategie. Man beginnt vorwärts, überprüft nach jeder Aufnahme einer neuen Variablen aber die t-Werte der anderen Variablen. Es ist also möglich, dass einmal aufgenommene Variablen wieder eliminiert werden, oder dass eliminierte Variablen später wieder aufgenommen werden. Der P-Wert für den Ausschluss wird höher angesetzt als derjenige für den Einschluss, z. B. 0.10 für Ausschluss und 0.05 für Einschluss.

Nichts gegen die Strategien, aber das Kriterium „t-Test“ ist schlecht, weil nicht eine beliebige Variable getestet wird, sondern diejenige mit dem grössten bzw. kleinsten t-Wert. Die Teststatistik ist deshalb gar nicht t-verteilt und die P-Werte unzuverlässig. Zudem liefern die verschiedenen Strategien meist unterschiedliche Ergebnisse und dann bleibt unklar, ob eines der Modelle vorzuziehen ist. Das Resultat in SPSS mit den drei oben erwähnten Strategien ist in Tabelle 14.10 zu sehen.

Rückwärts-Elimination:

	Koeffizienten	**Standardfehler**	**t**	**P-Wert**
Konstante	883.126	49.022	18.015	< 0.001
jantemp	-1.282	0.475	-2.698	0.009
rain	1.506	0.388	3.881	< 0.001
dens	0.009	0.004	2.358	0.022
nonwhite	3.628	0.550	6.592	< 0.001
wc	-1.779	0.883	-2.014	0.049
$\log(SO_2)$	14.764	3.492	4.228	< 0.001

Vorwärts-Selektion/Schrittweise Regression:

	Koeffizienten	**Standardfehler**	**t**	**P-Wert**
Konstante	787.888	25.993	30.312	< 0.001
rain	1.107	0.489	2.265	0.028
dens	0.008	0.004	2.028	0.048
nonwhite	3.188	0.518	6.149	< 0.001
$\log(CO)$	-16.420	5.903	-2.782	0.008
$\log(SO_2)$	26.928	4.253	6.332	< 0.001

Tabelle 14.10: Variablenselektion in SPSS

Mit der Rückwärtselimination nimmt die F-Teststatistik den Wert 31.06 an bei 6 und 50 Freiheitsgraden, der P-Wert ist < 0.0001, $R^2 = 0.788$ und $adjR^2 = 0.763$. Bei der Vorwärtsselektion nimmt die F-Teststatistik den Wert 33.11 an bei 5 und 51 Freiheitsgraden, der P-Wert ist < 0.0001, $R^2 = 0.765$ und $adjR^2 = 0.741$. Schrittweise Regression gibt das gleiche Modell wie die Vorwärtsselektion, da keine einmal aufgenommene Variable wieder entfernt wird.

14.6.1 Mögliche Kriterien

Als Kriterien, mit denen das ganze Modell beurteilt werden kann und nicht bloss einzelne Variablen wie mit dem t-Test, bieten sich das korrigierte Bestimmtheitsmass $adjR^2$, der Mean Square Error MSE oder die Teststatistik des globalen F-Tests an. Das $adjR^2$ und die F-Teststatistik sind zu maximieren, MSE zu minimieren. In Verbindung mit einer der oben beschriebenen Strategien wird in jedem Schritt untersucht, welche Variable das Kriterium am stärksten verbessert. Der Prozess stoppt, wenn keine Verbesserung mehr möglich ist.

Das korrigierte Bestimmtheitsmass korrigiert etwas zu wenig für die Anzahl Variablen im Modell und nimmt so häufig zu viele Variablen auf. Besser sind Kriterien wie das *Akaike Informationskriterium AIC* oder das *Bayes Informationskriterium BIC*, die *SSE* minimieren, die Anzahl Variablen aber stärker bestrafen, wobei das BIC noch kleinere Modelle liefert als das AIC.

Für eine feste Anzahl von Variablen im Modell führen diese Kriterien zum gleichen Ergebnis. Wenn hingegen Modelle miteinander verglichen werden mit einer unterschiedlichen Anzahl Variablen, dann können verschiedene „beste“ Modelle herauskommen. Welches Kriterium man wählt, hängt von der Zielsetzung ab. Sind alle einigermassen wichtigen Variablen gesucht oder nur die klar dominanten?

In der Luftverschmutzungsstudie ergibt eine schrittweise Regression mit dem AIC-Kriterium (zufälligerweise) das gleiche Modell wie die Rückwärts-Elimination von SPSS basierend auf dem t-Test.

Strategie „Alle Gleichungen“

Mit den heutigen Computerressourcen kann man oft sämtliche möglichen Regressionsmodelle mit den vorhandenen erklärenden Variablen berechnen und miteinander vergleichen. Damit vermeidet man, in einer Sackgasse mit einem Suboptimum zu landen. Die Zahl der Modelle wächst mit der Anzahl Variablen allerdings ziemlich schnell an, mit 10 Variablen gibt es schon $2^{10} = 1024$ Modelle. Intelligente Algorithmen ersparen es sich, alle Modelle durchzurechnen.

Meist gibt es nicht ein einzelnes „bestes“ oder gar „richtiges“ Modell, das alle andern in den Schatten stellt, sondern mehrere ähnlich gute Kandidaten, die genauer angeschaut werden sollten. In der Luftverschmutzungsstudie erweisen sich als mögliche Kandidaten (1) das Modell mit *jantemp*, *rain*, *dens*, *nonwhite*, $log(SO_2)$ und *wc*, (2) das gleiche Modell mit *educ* statt *wc* und (3) das Modell von (1) mit *log(CO)*. Modell (1) ist der Favorit, aber die andern Modelle sind nicht viel schlechter.

14.7 Schlussfolgerung

Hat nun die Luftverschmutzung einen signifikanten Effekt auf die Mortalität? Und wenn ja, wie gross ist dieser Effekt? Ist er z. B. grösser als Sozialschichteffekte? Da in der Regel nicht ein Modell am Schluss als das einzig richtige dasteht, ist die erste Frage oft nicht so einfach zu beantworten. Wir können aber hier ziemlich sicher sein über den Effekt der Luftverschmutzung, weil alle in Frage kommenden Modelle Luftverschmutzungsvariablen enthalten.

Bei der Frage nach der Grösse des Effekts gibt es verschiedene Ansätze. Die Grösse der Regressionskoeffizienten kann nicht benutzt werden, um wichtige von weniger wichtigen Einflussgrössen zu trennen. Auch *standardisierte Koeffizienten*, die angeben, um wieviele Standardabweichungen sich y verändert bei einer Veränderung von x um eine Standardabweichung, sind problematisch. Die Streuung der x-Werte hängt ja vom Design und der vorhandenen Stichprobe ab. Auch ist eine Standardisierung nur sinnvoll für stetige erklärende Variablen mit vergleichbaren Skaleneinheiten.

Für eine grobe Klassifikation in kleine, mittlere und grosse Effekte können Effektstärken nach Cohen (1988) berechnet werden.

Manchmal wird das R^2 in Einzelkomponenten zerlegt, die angeben sollen, wieviel an Variabilität von y eine x-Variable erklärt. Die Antwort hängt aber in der Regel davon ab, in welcher Reihenfolge die Variablen ins Modell aufgenommen worden sind.

Eine kompliziertere, aber bessere Vorgehensweise ist, für sämtliche Reihenfolgen von Variablen im Modell die einzelnen R^2 zu berechnen und dann die Mittelwerte zu nehmen.

14.8 Weiterführende Literatur

Wie bei der Varianzanalyse fällt es schwer, eine Auswahl zu treffen. Unbedingt empfehlenswert ist Montgomery et al. (2012). Einigermassen anwendungsorientiert sind auch Fahrmeir et al. (2009) und Harrell Jr (2015). Das zuletzt erwähnte Buch setzt aber mehr mathematische Vorkenntnisse voraus als die andern zwei.

14.9 Kontrollfragen und Aufgaben

1. Richtig oder falsch? In einer multiplen Regression ist R^2

   a) das Verhältnis von SSE und SST,
   b) grösser, je mehr erklärende Variablen im Modell sind,
   c) der Prozentsatz des Zusammenhangs, der erklärt wird,
   d) immer zwischen 0 und 1,
   e) unverändert, wenn die Zielvariable und eine erklärende Variable vertauscht werden.

2. Die Gesundheitskosten (Fr./Jahr) einer Person sollen in einem Regressionsmodell durch die Anzahl Ärzte pro 1000 Einwohner an ihrem Wohnort und durch ihr Alter erklärt werden.

$$\text{Kosten}_i = \beta_0 + \beta_1 \cdot \text{AnzÄrzte}_i + \beta_2 \cdot \text{Alter}_i + \varepsilon_i, \quad \varepsilon_i \sim \mathcal{N}(0, \sigma^2)$$

Ein Teil des Regressionsoutputs ist in Tabelle 14.11 zu sehen.

   a) Mit wie vielen Beobachtungen wurde diese Regression gerechnet?
   b) Wie gross ist *SSE*?
   c) Ist es statistisch gesichert, dass ein Zusammenhang zwischen dem Alter einer Person und der Höhe der Gesundheitskosten besteht?
   d) Wie hoch sind die prognostizierten Gesundheitskosten für eine Person im Alter von 50 Jahren, die an einem Ort mit Ärztedichte 1.0 pro 1000 EinwohnerInnen zuhause ist?

Coefficients[a]

Model		Unstandardized Coefficients B	Std.Error	t	Sig.
1	(Constant)	36.43	193.22	0.189	0.855
	Ärzte	310.26	128.38	2.417	0.039
	Alter	19.00	4.13	4.600	...

a. Dependent Variable: Kosten

ANOVA[b]

Model		Sum of Squares	df	Mean Square	F	Sig.
1	Regression	...	...	...	...	...
	Residual	...	9	22'470	...	...
	Total	...	...			

a. Predictors: (Constant), Ärzte, Alter

b. Dependent Variable: Kosten

Tabelle 14.11: Regressionsoutput von SPSS

e) Wie gross ist das 95%-Vertrauensintervall für β_2?

f) Kann man aufgrund des P-Wertes für die Variable Ärztedichte entscheiden, ob das zweiseitige 95%-Vertrauensintervall für den Koeffizienten der Ärztedichte den Wert 0 enthält?

g) Es wird eine einfache lineare Regression mit nur noch der Ärztedichte als erklärender Variable durchgeführt. Können Sie angeben, ob der Einfluss der Ärztedichte weiterhin signifikant ist?

3. Lassen sich in den Plots 14.11 Abweichungen von den Modellannahmen feststellen? Richtig oder falsch?

a) Die Normalitätsannahme der Fehler ε_i ist verletzt.

b) Die Annahme der konstanten Varianz der Fehler ε_i ist verletzt.

c) Die Annahmen der Normalität und der konstanten Varianz der Fehler ε_i sind verletzt.

d) Es gibt mindestens 4 Ausreisser.

e) Die Annahmen über die Fehler ε_i treffen gut zu.

f) Kann mit den vorhandenen Angaben nicht entschieden werden.

4. Um den Einfluss der Luftverschmutzung auf die allgemeine Mortalität zu untersuchen, wurden Angaben aus verschiedenen Regionen zur altersstandardisierten Mortalität (y) und der Stickstoff-Belastung (NOx) zusammengetragen. Als erstes wurde eine einfache lineare Regression gerechnet mit `log(NOx)` als erklärender Variablen. Die folgenden Fragen sind mit Hilfe des SPSS-Outputs in Tabelle 14.12 zu beantworten.

a) Wie viele Beobachtungen liegen vor?

b) Wie viel regionale Variabilität in der altersstandardisierten Mortalität wird durch die einfache lineare Regression erklärt?

c) Um wie viel ändert sich gemäss SPSS-Output die altersstandardisierte Mortalität bei einem Anstieg von log(NOx) um 1?

d) Ist der Zusammenhang zwischen altersstandardisierter Mortalität und log(NOx) positiv?

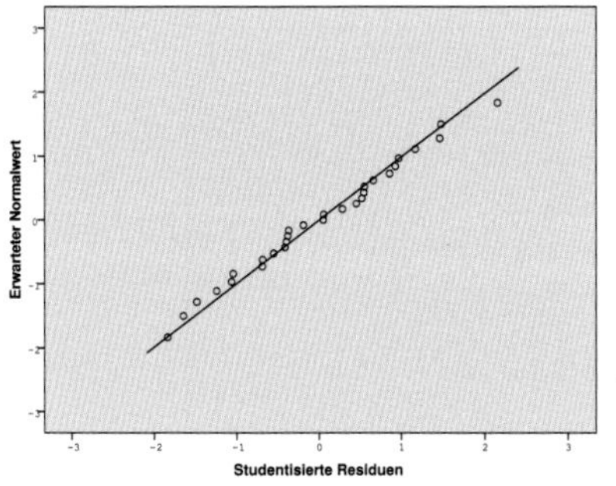

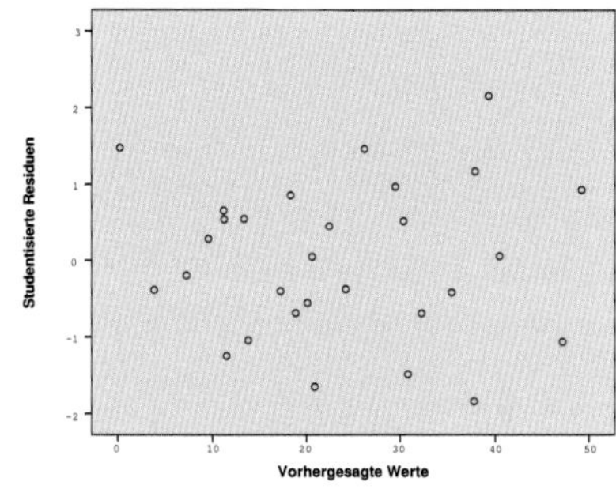

Abbildung 14.11: Plots für Residuenanalyse

Modellzusammenfassung

Modell	R	R-Quadrat	Korrigiertes R-Quadrat	Standardfehler des Schätzers
1	.295[a]	.087	.071	59.95772

a. Einflußvariablen : (Konstante), lognox

ANOVA[a]

Modell		Quadratsumme	df	Mittel der Quadrate	F	Sig.
1	Regression	19892.487	1	19892.487	5.533	.022[b]
	Nicht standardisierte Residuen	208505.855	58	3594.929		
	Gesamt	228398.342	59			

a. Abhängige Variable: mort

b. Einflußvariablen : (Konstante), lognox

Koeffizienten[a]

Modell		Nicht standardisierte Koeffizienten: Regressionskoeffizient B	Nicht standardisierte Koeffizienten: Standardfehler	Standardisierte Koeffizienten: Beta	T	Sig.
1	(Konstante)	905.613	16.672		54.319	.000
	lognox	15.099	6.419	.295	2.352	.022

a. Abhängige Variable: mort

Abbildung 14.12: Output zu Aufgabe 4

e) Wird aufgrund der einfachen linearen Regression die Nullhypothese, dass kein linearer Zusammenhang besteht zwischen altersstandardisierter Mortalität und log(NOx), auf dem 5% Signifikanzniveau verworfen?

5. Städte mit weniger Niederschlag weisen tendenziell eine höhere Verschmutzung mit NOx auf (siehe Abbildung 14.13). Regen beeinflusst die Luftqualität und damit die Mortalität aber auch noch auf andere Weise. Es ist deshalb sinnvoll, eine multiple Regression zu rechnen mit der jährlichen Niederschlagsmenge in inches (rain) als weiterer erklärenden Variablen und einer Wechselwirkung zwischen rain und log(NOx). Ein Teil des SPSS-Outputs ist in der Tabelle 14.14 zu sehen.

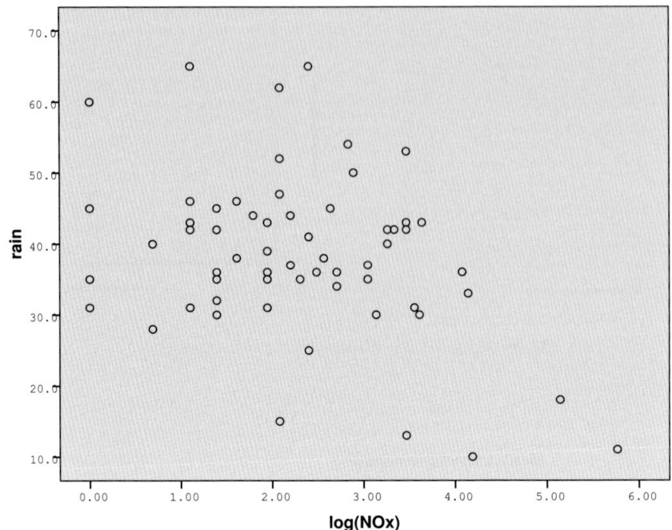

Abbildung 14.13: Zusammenhang Log(NOx) und Niederschlag

Modellzusammenfassung

Modell	R	R-Quadrat	Korrigiertes R-Quadrat	Standardfehler des Schätzers
1	.762[a]	.580	.558	41.37909

a. Einflußvariablen : (Konstante), lognoxrain, rain, lognox

ANOVA[b]

Modell		Quadratsumme	df	Mittel der Quadrate	F	Sig.
1	Regression	132513.517	3	44171.172	25.797	.000[a]
	Nicht standardisierte Residuen	95884.825	56	1712.229		
	Gesamt	228398.342	59			

a. Einflußvariablen : (Konstante), lognoxrain, rain, lognox

b. Abhängige Variable: mort

Koeffizienten[a]

Modell		Nicht standardisierte Koeffizienten		Standardisierte Koeffizienten		
		Regressionskoeffizient B	Standardfehler	Beta	T	Sig.
1	(Konstante)	888.909	39.710		22.385	.000
	lognox	-22.699	11.742	-.444	-1.933	.058
	rain	-.479	.977	-.089	-.490	.626
	lognox*rain	1.463	.320	1.047	4.566	.000

a. Abhängige Variable: mort

Abbildung 14.14: Output zu Aufgabe 5

a) Schreiben Sie die Regressionsgleichung mit den geschätzten Koeffizienten auf.

b) Können Sie aus dem negativen Koeffizienten (–22.7) für log(NOx) schliessen, dass unter Berücksichtigung des Niederschlags höhere Levels von log(NOx) mit tieferen altersstandardisierten Mortalitätsraten assoziert sind?

c) Kann aufgrund der multiplen Regression geschlossen werden, dass die altersstandardisierte Mortalität unter Berücksichtigung von log(NOx) auch von der jährlichen Niederschlagsmenge beeinflusst wird?
d) Wie sieht der Zusammenhang zwischen altersstandardisierter Mortalität und log(NOx) aus für Städte wie Seattle, die ungefähr 35 inches Regen haben?
e) Angenommen für Seattle ist log(NOx)=2 und rain=35. Wie hoch ist dann die geschätzte altersstandardisierte Mortalität für Seattle?
f) Welches Modell beschreibt die Daten besser, die einfache lineare Regression aus Aufgabe 4 oder das multiple Modell aus Aufgabe 5?

14.10 Glossar

Dummy Variablen 0-1-Variablen, mit deren Hilfe kategorielle Variablen in eine Regression eingebaut werden können.

Multikollinearität Wenn erklärende Variablen untereinander stark korreliert sind, kann das zu Problemen führen. Jede einzelne Variable trägt dann nicht viel zur Varianzerklärung bei, aber wenn alle zusammen weggelassen würden, fehlt trotzdem etwas Wichtiges.

Variablenselektion Wenn viele potentielle erklärende Variablen zur Verfügung stehen, muss ein Modell gefunden werden, dass alle wichtigen, aber keine überflüssigen Variablen enthält.

15. Weitere Regressionsmodelle

- Ist Regression nur für stetige Grössen möglich?
- Was macht man, wenn mehrere Beobachtungen pro Person vorliegen?

15.1 Einführung

In den letzten drei Kapiteln sind Regression und Varianzanalyse besprochen worden. Das Gemeinsame und die Unterschiede zwischen den beiden Modelltypen wollen wir jetzt noch etwas genauer anschauen. Zudem gibt es Verallgemeinerungen in verschiedene Richtungen: Modelle für nichtstetige Zielgrössen, Modelle für Longitudinaldaten, Modelle für mehrere Zielgrössen, nichtlineare Modelle, gemischte Modelle und Mehrebenenmodelle. Die wichtigsten weiteren Modelltypen sollen zumindest an Beispielen diskutiert werden, die technischen Details dieser Regressionsmodelle sprengen den Rahmen dieses Buches. Welches Modell benutzt werden soll, hängt zuerst einmal von der Datensorte der vorhandenen Daten ab. Die Tabelle 15.1 gibt eine Übersicht.

Die ersten vier Modelle bilden zusammen das *allgemeine lineare Modell* (general linear model). Die letzten drei Modelle gehören zu den *verallgemeinerten linearen Modellen* (generalized linear model).

Einfache lineare Regression

Untersucht wird der lineare Zusammenhang zwischen zwei stetigen Variablen y und x. Die folgende Figur auf Seite 204 zeigt ein Streudiagramm mit angepasster Gerade $\hat{y} = \hat{\beta}_0 + \hat{\beta}_1 x$, wobei $\hat{\beta}_0$ den Achsenabschnitt und $\hat{\beta}_1$ die Steigung bezeichnet.

Modelle	**y**	**x**
einfache lineare Regression	stetig	stetig (eine Variable)
multiple lineare Regression	stetig	stetig (kategoriell)
Varianzanalyse	stetig	kategoriell
Kovarianzanalyse	stetig	kategoriell und stetig
logistische Regression	binär	kategoriell, stetig
loglineares Modell	diskret, kategoriell	kategoriell, stetig
Cox Regression	Zeit (stetig)	kategoriell, stetig

Tabelle 15.1: Regressionsmodelle

Wenn also x um eine Einheit wächst, nimmt y um $\hat{\beta}_1$ zu. Beispiel: Pflegeaufwand y in Abhängigkeit der Anzahl Pflegediagnosen x.

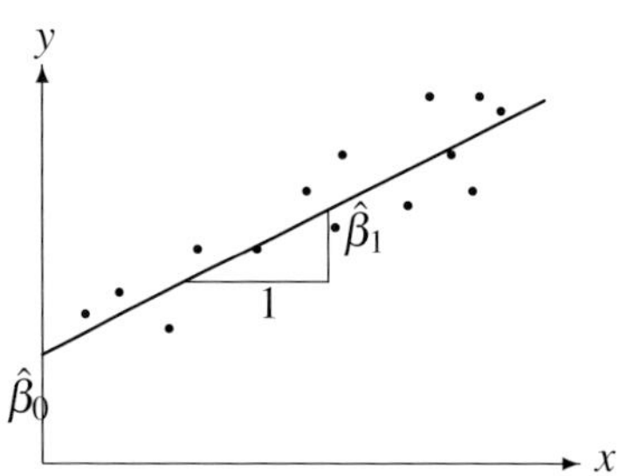

Multiple Regression

Es werden mehrere stetige erklärende Variablen betrachtet. Das einfachste Beispiel einer multiplen Regression enthält zwei erklärende Variablen x_1 und x_2. Das Modell ist dann $Y = \beta_0 + \beta_1 x_1 + \beta_2 x_2 + \varepsilon$. Auch einzelne kategorielle Variablen können als sogenannte *Dummy-Variablen* ins Modell aufgenommen werden. Die Interpretation der Regressionskoeffizienten ist ähnlich wie zuvor. Wenn x_1 um eine Einheit zunimmt, verändert sich y um β_1, vorausgesetzt x_2 bleibt konstant. Beispiel: Pflegeaufwand y in Abhängigkeit von der Anzahl Pflegediagnosen x_1 und dem Alter x_2.

Varianzanalyse

Alle erklärenden Variablen sind kategoriell, sogenannte *Faktoren*. Wenn nur ein Faktor untersucht wird, spricht man von *Ein-Weg-Varianzanalyse*, sonst von *Mehr-Weg-Varianzanalyse*. Beispiel: Pflegeaufwand in Abhängigkeit von Geschlecht, Haushaltsituation und Pflegediagnose.

Das Modell der Varianzanalyse kann in ein lineares Regressionsmodell umformuliert werden, d. h. die Varianzanalyse kann als Spezialfall der multiplen Regression betrachtet werden. Statistikprogramme behandeln das auch tatsächlich so und machen eine Regressionsanalyse des umformulierten Modells. Die Berechnungen sind dann einiges komplizierter, als das eigentlich für eine Varianzanalyse nötig wäre und wie es früher von Hand gemacht worden ist. In der Regressionsanalyse müssen grosse lineare Gleichungssysteme gelöst werden, um die Kleinste-Quadrate-Schätzungen zu bekommen. Eine Varianzanalyse beschränkt sich auf die Berechnung von einigen Mittelwerten und Quadratsummen. Auch wenn die Statistikprogramme die Regressionsalgorithmen für die Varianzanalyse benutzen, wird die Modellschreibweise wie in (12.1) vorgezogen, weil sie das Zusammenwirken der Faktoren anschaulich darstellt.

Unterschiede gibt es auch beim Computeroutput einer Varianzanalyse und einer Regression. Bei einer Varianzanalyse wird eine detaillierte Anova-Tabelle geliefert, die Angabe der Regressionskoeffizienten kommt erst an zweiter Stelle. Das korrespondiert mit einem prinzipiellen Unterschied im Einsatzzweck von Varianzanalyse und Regression. Eine Varianzanalyse sucht nach potentiellen Einflussfaktoren, wird eher in Pilotphasen angewendet. In der Regression ist schon mehr bekannt über die wichtigsten erklärenden Variablen und es soll mit einem guten Modell der funktionale Zusammenhang zwischen Zielvariable und erklärenden Variablen gefunden werden.

Kovarianzanalyse

Es liegen stetige und kategorielle erklärende Variablen vor. Das Hauptinteresse liegt bei den kategoriellen erklärenden Variablen. Die stetigen erklärenden Variablen werden vor allem berücksichtigt, um präzisere Aussagen zu erhalten. Typische Beispiele sind der Zusammenhang zwischen einem Testscore und verschiedenen Interventionen, wobei der Testscore vor Trainingsbeginn berücksichtigt werden soll. Oder mehrere kategorielle Einflussfaktoren sollen untersucht werden, unter Berücksichtigung des Alters. Die Mittelwerte der verschiedenen Treatmentgruppen werden also verglichen nach einer Korrektur basierend auf dem Ausgangswert oder dem Alter.

Es wird vermutet, dass die Kovariable mit der Zielvariablen korreliert ist, sie soll aber vor dem Treatment gemessen werden oder jedenfalls unabhängig vom Treatment sein. Wenn die Kovariable nämlich ebenfalls hochkorreliert ist mit den Treatments, genügt diese Variable im Modell und Treatmentunterschiede können nicht mehr nachgewiesen werden. In einer Studie soll beispielsweise der Lernerfolg in Abhängigkeit von zwei Unterrichtsmethoden und dem Lernaufwand untersucht werden. Wenn der Lernaufwand ebenfalls von der Methode beeinflusst wird, kann der Effekt der Methode selbst, unabhängig vom Aufwand, nicht mehr nachgewiesen werden. Das gleiche Problem zeigt sich auch, wenn der Pflegeaufwand im Akutspital in Abhängigkeit von Aufenthaltsdauer und Pflegediagnosen untersucht werden soll.

Die Sum of Squares vom Typ III addieren sich wie in einer Varianzanalyse mit ungleicher Anzahl Beobachtungen pro Treatment nicht mehr immer auf das Total (vgl. Seite 165). Sum of Squares vom Typ I sind sequentiell, messen den Einfluss, gegeben alle vorgängigen Variablen im Modell und addieren sich aufs Total. Die Grössen hängen demnach von der Reihenfolge der Variablen im Modell ab. Es ist empfehlenswert, Sum of Squares vom Typ I mit der Kovariablen als erster Variablen im Modell zu wählen.

Logistische Regression

Die Zielvariable ist in diesem Modell binär. Die erklärenden Variablen können stetig oder kategoriell sein. In der medizinischen und Pflegeforschung werden diese Modelle sehr häufig benutzt, da sehr oft Binärvariablen untersucht werden. Beispiel: Zufriedenheit (ja oder nein) in Abhängigkeit von Stationstyp, Funktion und Anstellungsgrad. In Kapitel 15.2 werden wir die logistische Regression genauer anschauen.

Loglineares Modell

Die Zielvariable ist eine Anzahl oder Rate. Die erklärenden Variablen können stetig oder kategoriell sein. Wenn für die Zielvariable eine Poissonverteilung angenommen wird, spricht man auch von *Poissonregression*. Loglineare Modelle werden zudem für die Analyse von mehrdimensionalen Kontingenztafeln verwendet. Beispiel: Zusammenhang zwischen Spitalkosten („hoch/mittel/tief") und Ärztedichte („hoch/mittel/tief"), einem Faktor „Patientenmix" und dem Faktor Kanton.

Cox Regression

Die Zielvariable ist eine Zeitdauer (stetig). Die erklärenden Variablen können stetig oder kategoriell sein. Beispiel: Überlebenszeit nach einem Herzinfarkt in Abhängigkeit von der Behandlung (Timolol oder Placebo), Alter und Geschlecht. Bei Studienabschluss liegen vermutlich nicht alle Beobachtungen vor. Einige Patienten sind noch am Leben, andere sind aus einem Grund gestorben, der nichts mit der Fragestellung der Studie zu tun hat. Eine multiple Regression ist deshalb für solche Daten nicht brauchbar.

15.2 Logistische Regression

Das Vorgehen bei einer logistischen Regression soll anhand von zwei Beispielen erläutert werden. In einer Umfrage bei Eltern von ambulant operierten Kindern soll herausgefunden werden, unter welchen Bedingungen Eltern speziellen Stress erleben. Die Ergebnisse sollen dazu dienen, die Vorbereitung von Eltern und Kindern auf die Operation und die Zeit danach zu verbessern. Neben den üblichen soziodemographischen Angaben wurden Fragen zum Ablauf der Operation und der Situation danach gestellt, sowie die Ja/Nein-Schlüsselfrage, ob die Eltern sich besonders gestresst gefühlt hatten oder nicht. Gesucht ist ein statistisches Modell, das den Zusammenhang zwischen der Wahrscheinlichkeit für Stress und erklärenden Variablen wie Nationalität, Alter, Geschlecht des Kindes, der Wartezeit unmittelbar vor der Operation, dem vom Kind erlebten Schmerz usw. beschreibt. Die Struktur der Daten ist wie in Tabelle 15.2 dargestellt.

Eltern-Nr.	Geschlecht des Kindes	Alter des Kindes	Deutsch-sprachig	unerwarteter Schmerz	Stress (y_i)
1	m	6	ja	ja	nein
2	m	8	nein	ja	nein
...	...	...	...	...	...

Tabelle 15.2: Stressumfrage

Die Zielgrösse Y_i ist binär, es ist

$$Y_i = \begin{cases} 0 & \text{„Stress nein“} \\ 1 & \text{„Stress ja“} \end{cases}$$

Ein naheliegendes Wahrscheinlichkeitsmodell für Y_i ist eine Binomialverteilung $\mathscr{B}(1, p_i)$. Dabei bezeichnet p_i die Wahrscheinlichkeit Stress zu erleben für Elternpaar i.

Wahrscheinlichkeitsmodelle
wahres Stilmodell, he, ich nicke

Im zweiten Beispiel geht es um Pflanzenschutz. Rotenon ist ein organisches Insektizid. Um die geeignete Dosierung zu bestimmen, wurden in einem Experiment jeweils ungefähr 50 Insekten einer bestimmten Dosis ausgesetzt und dann die getöteten Tiere gezählt. Für eine gegebene Dosis soll die Wahrscheinlichkeit, dass ein Insekt getötet wird, geschätzt werden (Finney, 1947).

Konzentration (log von mg/l)	Anzahl Insekten (n_i)	Anzahl Getötete (y_i)
0.96	50	6
1.33	48	16
1.63	46	24
2.04	49	42
2.32	50	44

Wenn wir für jedes individuelle Insekt schauen würden, welcher Dosis es ausgesetzt war und ob es gestorben ist oder nicht, hätten wir dieselbe Datenstruktur wie im Stressbeispiel, ausser dass nur eine erklärende Variable vorhanden ist. Die Daten hier sind gruppiert, für einen Wert der erklärenden Variablen (oder allgemeiner für eine Kombination von mehreren erklärenden Variablen) liegen mehrere Beobachtungen vor. Die Zielgrösse Y_i ist binomial. Sie kann Werte zwischen 0 und n_i annehmen. Wir nehmen an, dass Y_i binomialverteilt ist gemäss $\mathscr{B}(n_i, p_i)$. Dabei sind n_i die Anzahl Insekten mit der gleichen Konzentration, p_i die Wahrscheinlichkeit getötet zu werden, $i = 1, \ldots, 5$.

In beiden Situationen ist ein Modell gesucht, das den Zusammenhang zwischen $p_i = E(Y_i/n_i)$ und erklärenden Variablen $x_1, x_2, x_3, \ldots$ beschreibt. Ein multiples, lineares Regressionsmodell

$$p_i = \beta_0 + \beta_1 x_{i1} + \beta_2 x_{i2} + \ldots + \varepsilon_i$$

ist aber nicht vernünftig, weil die geschätzten Werte $\hat{p}_i$ ausserhalb des Intervalls $(0, 1)$ liegen können. Eine solche Prognose ist wenig sinnvoll. Zudem ist die Varianz der Zielvariablen Y_i/n_i nicht konstant, sondern gleich $p_i(1 - p_i)/n_i$. Eine einfache lineare Regression liefert im Insektizidbeispiel die Regressionsgerade $\hat{p} = -0.451 + 0.5999 \cdot \text{Konz.}$

Die Anpassung ist für grössere Konzentrationen schlecht, wie Abbildung 15.1 zeigt. Der Zusammenhang sieht eher leicht gekrümmt als linear aus. Für Konzentrationen über 2.42 wird die geschätzte Wahrscheinlichkeit $\hat{p}$ grösser als 1 und für sehr kleine Konzentrationen gibt es negative Wahrscheinlichkeiten, was natürlich Unsinn ist.

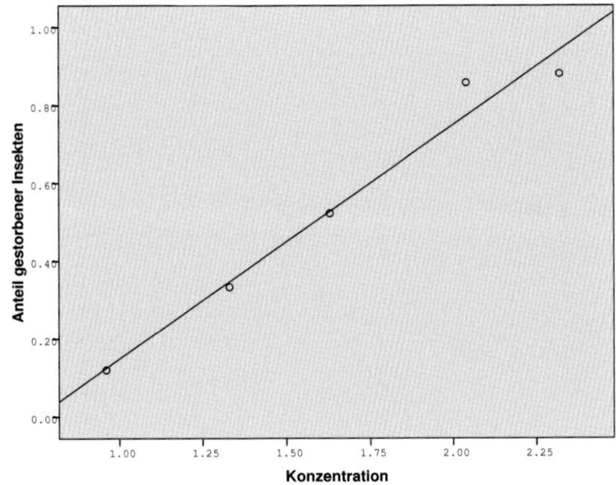

Abbildung 15.1: Konzentration und Anteil getöteter Insekten

Es ist eher anzunehmen, dass der Zusammenhang zwischen der x-Variablen und der Wahrscheinlichkeit p aussieht wie in Abbildung 15.2. Einen S-förmigen Zusammenhang zwischen x und p bekommt man, wenn man die *Logit-Transformation* auf p anwendet und dann ein Regressionsmodell für die transformierte Grösse aufstellt. Die Logit-Transformation ist definiert als:

$$logit(p) = \log(\frac{p}{1-p}) = \eta. \qquad (15.1)$$

Ein paar transformierte Werte sind:

p	logit(p)
0	$\log(0) = -\infty$
0.5	$\log(1) = 0$
1	$\log(\infty) = \infty$

Um die Resultate am Schluss wieder in Wahrscheinlichkeiten auszudrücken, braucht es die Retourtransformation. Das ist die sogenannte *logistische Funktion*

$$p = \frac{e^{\eta}}{1+e^{\eta}}. \qquad (15.2)$$

Definition 15.2.1 — Lineares logistisches Modell. Gegeben sind n unabhängige binomialverteilte Zielgrössen Y_i mit Erfolgswahrscheinlichkeiten $p_i = E(Y_i/n_i)$. p_i hängt von erklärenden Variablen $x_1, x_2, \ldots$ in der folgenden Form ab:

$$\log(\frac{p_i}{1-p_i}) = \beta_0 + \beta_1 x_{i1} + \beta_2 x_{i2} + \ldots \qquad (15.3)$$

Die Koeffizienten β_j werden hier nicht mit der Kleinste-Quadrate-Methode, sondern mit der sogenannten *Maximum Likelihood-Methode* geschätzt. Das führt auf ein nichtlineares Gleichungssystem, das iterativ gelöst werden muss. Mit den technischen Details beschäftigen wir uns aber nicht, alle grösseren Statistikprogramme berechnen logistische Regressionen. Das Resultat einer solchen Berechnung ist die folgende Gleichung, die den Zusammenhang zwischen Insektizid-Konzentration und dem Anteil getöteter Insekten quantifiziert.

$$\log(\frac{\hat{p}}{1-\hat{p}}) = -4.892 + 3.109 \cdot \text{Konz}$$

Das Modell der logistischen Regression beschreibt die Daten eindeutig besser, wie die Abbildung 15.3 zeigt.

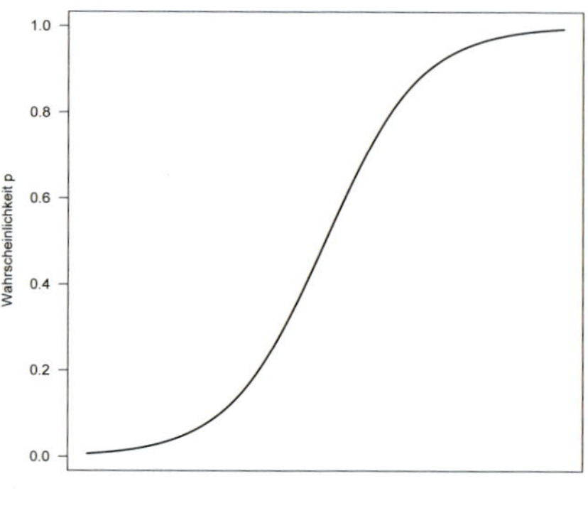

Abbildung 15.2: Zusammenhang zwischen x und p

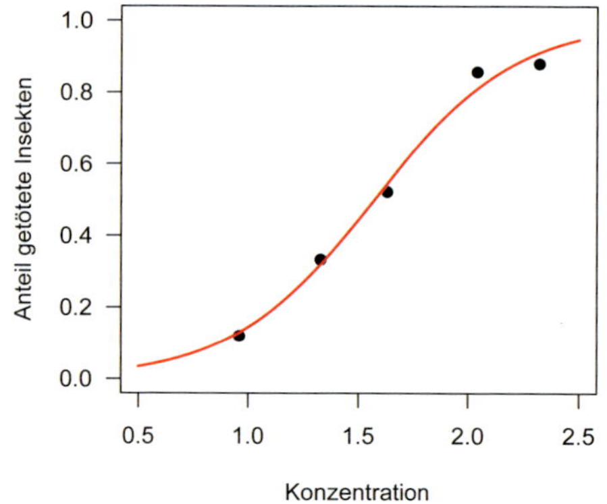

Abbildung 15.3: Logistische Regressionskurve im Insektizidbeispiel

15.2.1 Interpretation mit Odds Ratios

Die direkte Interpretation von $\hat{\beta}_1 = 3.109$ in der Regressionsgleichung im Insektizidbeispiel ist schwierig. Eine Erhöhung der Konzentration um eine Einheit erhöht $\log(p/(1-p))$ um 3.109 Einheiten. Was soll denn das heissen? Mit der logistischen Funktion könnten wir die obige Gleichung retourtransformieren auf eine Wahrscheinlichkeit. Stattdessen betrachtet man aber meistens die geschätzten Odds, dass ein Insekt getötet wird, $\hat{p}/(1-\hat{p})$ (siehe Seite 131). Es gilt:

$$\frac{\hat{p}}{1-\hat{p}} = e^{-4.892 + 3.109 \cdot \text{Konz}}$$

Sei nun $\hat{p}_0$ die geschätzte Wahrscheinlichkeit, dass ein Insekt getötet wird bei einer Konzentration von Konz_0 und $\hat{p}_1$ die geschätzte Wahrscheinlichkeit, dass ein Insekt getötet wird bei einer Konzentration von $\text{Konz}_0 + 1$. Das Odds Ratio OR ist dann

$$OR = \frac{\frac{\hat{p}_1}{1-\hat{p}_1}}{\frac{\hat{p}_0}{1-\hat{p}_0}} = \frac{e^{-4.892+3.109\cdot(\text{Konz}_0+1)}}{e^{-4.892+3.109\cdot\text{Konz}_0}}$$
$$= e^{3.109} = 22.39.$$

Die Odds, dass ein Insekt getötet wird, sind also rund 22 mal so gross, wenn die Konzentration um 1 erhöht wird. $e^{\hat{\beta}_1}$ hat damit eine sehr anschauliche Interpretation.

Im Stressbeispiel zeigt sich, dass das Geschlecht des Kindes, die Wartezeit vor der Narkose (0 = „kürzer als 30 Minuten", 1 = „30 Minuten und länger") und unerwarteter Schmerz (1=„ja", 0=„nein") für das Stresserleben der Eltern wichtige Variablen sind. Die Regresssionskoeffizienten und Tests sind in der Tabelle 15.3 zu sehen.

Die Teststatistik $\hat{\beta}_j/se(\hat{\beta}_j)$ für H_0: $\beta_j = 0$ ist asymptotisch normalverteilt. Deshalb steht im Output **z** anstatt **t**. In manchen Statistikprogrammen wird an Stelle des z-Werts die *Wald Statistik* angegeben. Das entspricht dem quadrierten z-Wert und liefert den gleichen P-Wert. Statt SSE wird im logistischen Modell eine Grösse, die -2 Log-Likelihood genannt wird, minimiert. Für den Modellvergleich wird die *Likelihood Ratio Statistik LR*, die genähert chiquadrat-verteilt ist, verwendet. Das entspricht dem partiellen F-Test bei der multiplen Regression. Im Stressbeispiel wird das vorliegende Modell mit dem leeren Modell, das nur die Konstante enthält, verglichen: $LR = 21.64$ bei 3 Freiheitsgraden, P-Wert< 0.001. Die drei Variablen zusammen liefern also eine hochsignifikante Verbesserung gegenüber dem leeren Modell. Man kann auch das AIC-Kriterium benutzen für die Modellwahl wie bei der multiplen linearen Regression.

Aufgrund der Vorzeichen der Koeffizienten können wir sagen, dass Eltern eines Mädchens weniger Stress erleben und dass bei längerer Wartezeit und unerwartetem Schmerz die Wahrscheinlichkeit für Stress erhöht ist. Die genauere Interpretation der Koeffizienten wird vereinfacht, wenn man Odds und Odds Ratios betrachtet. Sei $\hat{p}_0$ die geschätzte Wahrscheinlichkeit für Stress bei einem Mädchen und $\hat{p}_1$ die geschätzte Wahrscheinlichkeit für Stress bei einem Knaben. Das Odds Ratio ist dann

$$OR = \frac{\frac{\hat{p}_1}{1-\hat{p}_1}}{\frac{\hat{p}_0}{1-\hat{p}_0}} = \frac{e^{-1.737+\ldots}}{e^{-1.737+\ldots-1.108}}$$
$$= e^{1.108} = 3.028.$$

Die Odds für Stress sind bei einem Knaben also rund dreimal so hoch wie bei einem Mädchen. Da in einem Bericht viel eher die Odds Ratios statt die ursprünglichen Koeffizienten angegeben werden, berechnen das die meisten Statistikprogramme. SPSS beispielsweise liefert direkt eine zusätzliche Spalte mit den Odds Ratios inkl. Vertrauensintervallen.

Die Modellüberprüfung mit Hilfe einer Residuenanalyse ist genau so wichtig wie bei der multiplen Regression. Die Interpretation der Residuenplots ist aber etwas schwieriger. Wir lassen die Details deshalb weg.

	Koeffizienten	**Standardfehler**	**z**	**P-Wert**
Konstante	-1.737	0.255	-6.80	< 0.001
(sex=w)	-1.108	0.438	-2.53	0.011
(wartezeit=1)	0.866	0.345	2.51	0.012
(schmerz=1)	1.754	0.524	3.34	0.001

Tabelle 15.3: Logistische Regression der Stressdaten

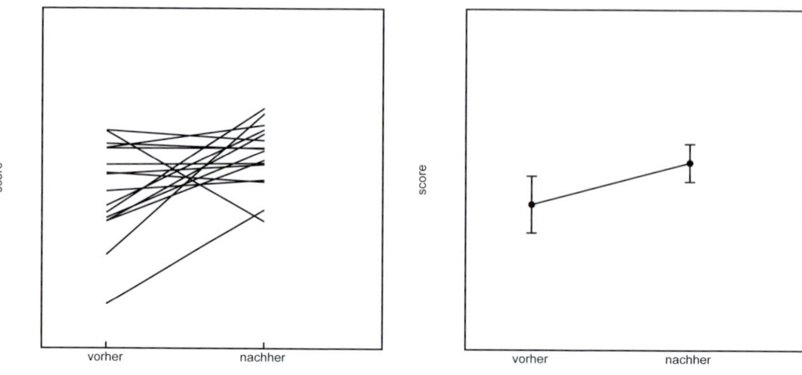

Abbildung 15.4: Zwei Messzeitpunkte

15.3 Repeated Measures

Manchmal werden an einer Person Mehrfachmessungen gemacht. In Longitudinalstudien wird jede Person zu verschiedenen Zeitpunkten untersucht, das Treatment bleibt konstant. In Crossover-Designs, wenn nur wenig Personen rekrutierbar sind oder grosse Variabilität zwischen verschiedenen Personen existiert, wird eine Person mehrmals unter verschiedenen Treatments gemessen.

Die Varianzanalysemodelle, die wir bis jetzt betrachtet haben, kommen nicht in Frage, weil sie unabhängige Messungen voraussetzen. Sehr wahrscheinlich sind aber Messungen der gleichen Person positiv korreliert miteinander. Wenn nur zwei Messungen pro Person vorliegen, z. B. vor und nach einem Training, kann die Differenz analysiert werden. Das entspricht dem t-Test für verbundene Stichproben. Das Design ist ein Block-Design mit Personen als Blocks. Die Blocklänge ist 2, und die Zeit ist ein Faktor mit 2 Levels, „vorher" und „nachher", ein sogenannter *within subjects factor*. Der Vergleich der beiden Zeitpunkte kann grafisch wie in Abbildung 15.4 dargestellt werden, wobei die rechte Seite, eingezeichnet sind die Mittelwerte mit Vertrauensintervall, eine schlechte Darstellung ist, weil der Bezug innerhalb der Person verloren gegangen ist.

Betrachten wir nun eine Kontroll- und eine Experimentalgruppe mit je zwei Messungen. Man könnte die Differenzen bilden und diese mit einem 2-Stichproben-t-Test (oder einer 1-Weg-Varianzanalyse bei mehr als zwei Gruppen) auswerten. Wenn wir das Ganze als Varianzanalyse-Modell formulieren, haben wir einen weiteren Faktor Gruppe mit zwei Levels (Experimental, Kontrolle), einen sogenannten *between subjects factor*. Er misst den mittleren Unterschied zwischen den Personen in den beiden Gruppen. Interessant ist vor allem die Interaktion zwischen Gruppe und Zeit, um den Unterschied zwischen Kontroll- und Experimentalgruppe bei der Nachhermessung zu analysieren. Die Abbildung 15.5 zeigt eine idealtypische Situation.

Eine Zusammenstellung aller möglichen Situationen zeigt die Abbildung 15.6. Die Situationen 7) und 8) sind ideal. Bei 5) und 6) gibt es zwar auch einen Treatmentunterschied, aber es gibt schon im Pretest Unterschiede, d. h. die Ausgangslage ist für die zwei Gruppen nicht gleich, die Verallgemeinerbarkeit der Ergebnisse ist zweifelhaft. Die Situationen 1) bis 4) sind sicher nicht erwünscht.

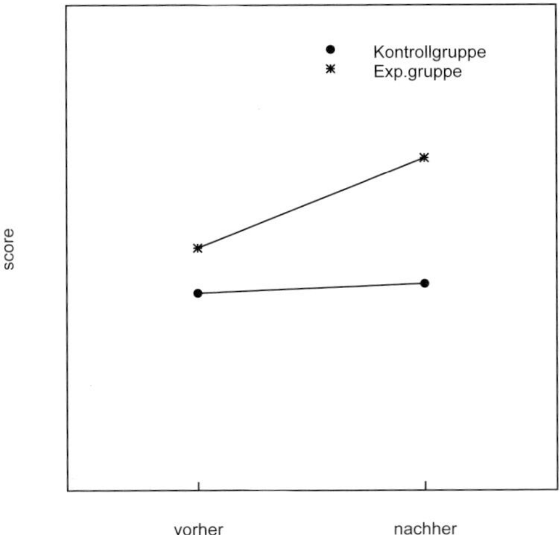

Abbildung 15.5: Zwei Messzeitpunkte und zwei Gruppen

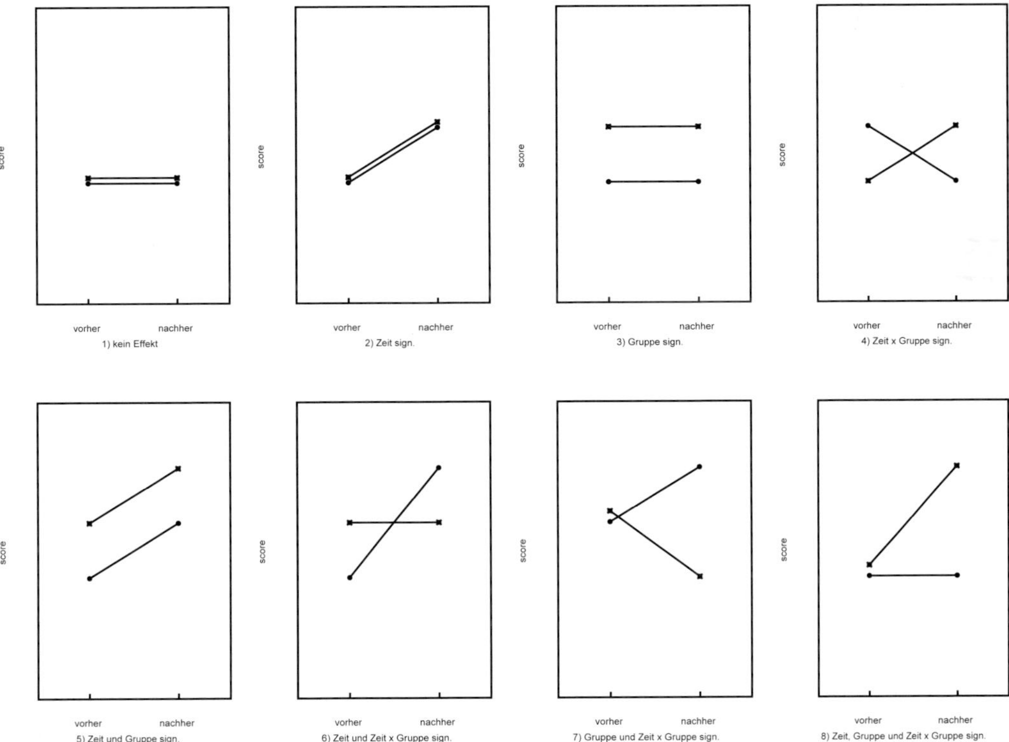

Abbildung 15.6: Verschiedene Möglichkeiten von signifikanten Effekten

Was macht man bei mehr als zwei Messungen? *t*-Tests für jeweils zwei Zeitpunktvergleiche kommen zwar häufig vor, das sollte man aber wegen dem Mehrfachtestproblem nicht machen. Es kann auch passieren, dass die paarweisen Vergleiche immer knapp nicht signifikant sind, aber alle in die gleiche Richtung gehen. Analysiert man alle Daten zusammen, erreicht man oft mehr Macht und bekommt so eher ein signifikantes Ergebnis.

Statt der Differenz von zwei Messungen können manchmal andere zusammenfassende Kennzahlen gebildet werden: Maximalwert, Steigung einer Regressionsgeraden durch alle Messungen einer Person, Zeit bis zum Maximum, Fläche unter der Kurve, die die Messungen einer Person verbindet.

Wenn die Mehrfachmessungen nicht sinnvoll zusammengefasst werden können, bieten sich komplexere Modelle an, die die Korrelationen zwischen Messungen der gleichen Person berücksichtigen. Die Wahl des Modells hängt von der Struktur dieser Korrelationen ab.

Multivariate Varianzanalyse MANOVA: Die Messungen zu den verschiedenen Zeitpunkten werden als separate Zielvariablen betrachtet und in einem gemeinsamen Modell analysiert. Bei Messungen zu drei Zeitpunkten gibt es also für jede Person drei Zielvariablen. Für die Korrelationen zwischen Messungen an der gleichen Person werden keine Bedingungen aufgestellt, sie sind frei aus den Daten schätzbar. Der Nachteil ist, dass MANOVA ineffizient ist im Vergleich zu andern Methoden, weil viele Parameter geschätzt werden müssen. Wenn eine Messung für eine Person fehlt, dann müssen alle Messungen dieser Person weggelassen werden.

Repeated Measures Anova: Es wird eine Varianzanalyse mit einem Blockfaktor für die Person durchgeführt (Varianzanalyse mit Messwiederholungen). Hier wird angenommen, dass die Varianzen für alle Messzeitpunkte gleich sind und die Korrelationen zwischen je zwei Messungen der gleichen Person ebenfalls konstant sind. Diese Annahme heisst *Sphärizität*. Es spielt also keine Rolle, ob die erste und zweite oder die erste und dritte Messung angeschaut werden. Das ist oft eine unrealistische Annahme, da Messungen, die zeitlich länger auseinanderliegen, weniger stark korreliert sind als Messungen, die unmittelbar aufeinanderfolgen.

Greenhouse-Geisser-Korrektur: Bei Abweichungen von der Sphärizität kann man die Freiheitsgrade in der Anova-Tabelle korrigieren, z. B. mit der Greenhouse-Geisser-Korrektur oder der Huynh-Feldt-Korrektur.

Mixed Model: Der „within subjects factor" wird als zufälliger Faktor modelliert und für die Korrelationen wird das beste Modell gesucht, z. B. ein Modell mit abnehmenden Korrelationen für weiter aueinanderliegende Messungen.

In der Ernährungsstudie im Akutspital wurde der Effekt von Ernährungsberatung auf die Proteinzufuhr untersucht. 70 PatientInnen wurden auf zwei Gruppen randomisiert, eine Interventionsgruppe mit Ernährungsberatung und eine Kontrollgruppe. Die Proteinzufuhr wurde an drei Messzeitpunkten im Verlauf des Spitalaufenthalts erhoben. Eine Analyse im SPSS liefert unter anderem den Output wie er auf den Seiten 213 und 214 zu sehen ist.

In der Tabelle **Multivariate Tests** stehen die Ergebnisse der MANOVA. Es gibt verschiedene multivariate Tests, hier führen sie alle zum gleichen Resultat. Wenn einer vorgezogen werden soll, gilt Pillai's Spur als gute Wahl. Die Interaktion Zeit*Gruppe ist signifikant. Der Mauchly-Test testet die Sphärizität, ein signifikantes Ergebnis weist auf eine Abweichung von der Annahme konstanter Varianzen und Korrelationen hin. In diesem Fall braucht es entweder eine Korrektur, ein komplexeres Modell oder MANOVA. Der Mauchly-Test ist allerdings sehr sensitiv und zeigt schon leichte Abweichungen an. Das ist auch daran zu erkennen, dass die Freiheitsgrad-Korrekturen oft trotz hochsignifikantem Resultat minim sind.

In der univariaten Varianzanalyse ist die Interaktion Zeit* Gruppe ebenfalls signifikant, der Faktor Zeit ist knapp nicht signifikant. Die Unterschiede zwischen unkorrigierten und korrigierten *P*-Werten sind unbedeutend.

Multivariate Tests[b]

Effekt		Wert	F	Hypo df	Fehler df	Sig.
Zeit	Pillai-Spur	.056	1.975[a]	2.000	66.000	.147
	Wilks-Lambda	.944	1.975[a]	2.000	66.000	.147
	Hotelling-Spur	.060	1.975[a]	2.000	66.000	.147
	Größte charakteristische Wurzel nach Roy	.060	1.975[a]	2.000	66.000	.147
Zeit * Gruppe	Pillai-Spur	.099	3.619[a]	2.000	66.000	.032
	Wilks-Lambda	.901	3.619[a]	2.000	66.000	.032
	Hotelling-Spur	.110	3.619[a]	2.000	66.000	.032
	Größte charakteristische Wurzel nach Roy	.110	3.619[a]	2.000	66.000	.032
Zeit * Sex	Pillai-Spur	.005	.180[a]	2.000	66.000	.836
	Wilks-Lambda	.995	.180[a]	2.000	66.000	.836
	Hotelling-Spur	.005	.180[a]	2.000	66.000	.836
	Größte charakteristische Wurzel nach Roy	.005	.180[a]	2.000	66.000	.836

a. Exakte Statistik

b. Design: Konstanter Term + Gruppe + Sex
Innersubjektdesign: Zeit

Mauchly-Test auf Sphärizität

Maß:MASS_1

Innersubjekteffekt	Mauchly-W	Chi-Quadrat	df	Sig.	Epsilon: Greenhouse-Geisser	Epsilon: Huynh-Feldt	Epsilon: Untergrenze
Zeit	.864	9.628	2	.008	.880	.929	.500

Prüft die Nullhypothese, daß sich die Fehlerkovarianz-Matrix der orthonormalisierten transformierten abhängigen Variablen proportional zur Einheitsmatrix verhält.

Tests der Innersubjekteffekte

Maß:MASS_1

Quelle		Quadratsumme vom Typ III	df	Mittel der Quadrate
Zeit	Sphärizität angenommen	1011.301	2	505.650
	Greenhouse-Geisser	1011.301	1.761	574.286
	Huynh-Feldt	1011.301	1.859	544.054
	Untergrenze	1011.301	1.000	1011.301
Zeit * Gruppe	Sphärizität angenommen	1819.156	2	909.578
	Greenhouse-Geisser	1819.156	1.761	1033.041
	Huynh-Feldt	1819.156	1.859	978.659
	Untergrenze	1819.156	1.000	1819.156
Zeit * Sex	Sphärizität angenommen	43.501	2	21.751
	Greenhouse-Geisser	43.501	1.761	24.703
	Huynh-Feldt	43.501	1.859	23.403
	Untergrenze	43.501	1.000	43.501
Fehler(Zeit)	Sphärizität angenommen	24712.780	134	184.424
	Greenhouse-Geisser	24712.780	117.985	209.457
	Huynh-Feldt	24712.780	124.541	198.430
	Untergrenze	24712.780	67.000	368.847

Tests der Innersubjekteffekte

Maß:MASS_1

Quelle		F	Sig.
Zeit	Sphärizität angenommen	2.742	.068
	Greenhouse-Geisser	2.742	.075
	Huynh-Feldt	2.742	.072
	Untergrenze	2.742	.102
Zeit * Gruppe	Sphärizität angenommen	4.932	.009
	Greenhouse-Geisser	4.932	.012
	Huynh-Feldt	4.932	.010
	Untergrenze	4.932	.030
Zeit * Sex	Sphärizität angenommen	.118	.889
	Greenhouse-Geisser	.118	.864
	Huynh-Feldt	.118	.875
	Untergrenze	.118	.732

Tests der Zwischensubjekteffekte

Maß:MASS_1
Transformierte Variable :Mittel

Quelle	Quadratsumme vom Typ III	df	Mittel der Quadrate	F	Sig.
Konstanter Term	676724.639	1	676724.639	1615.407	.000
Gruppe	4118.717	1	4118.717	9.832	.003
Sex	2907.351	1	2907.351	6.940	.010
Fehler	28067.573	67	418.919		

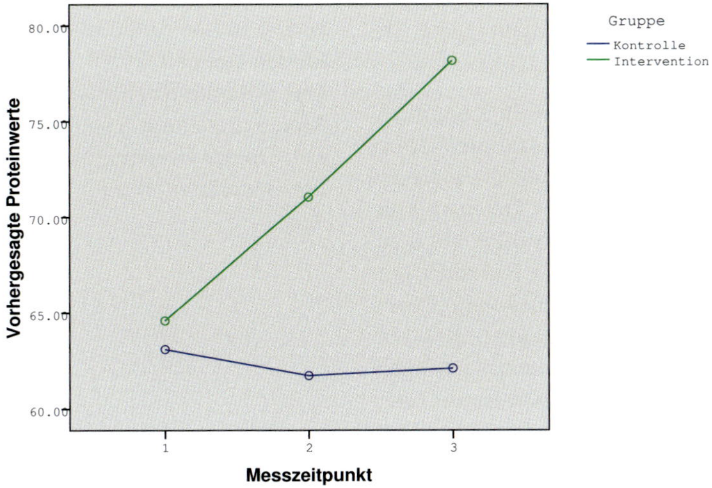

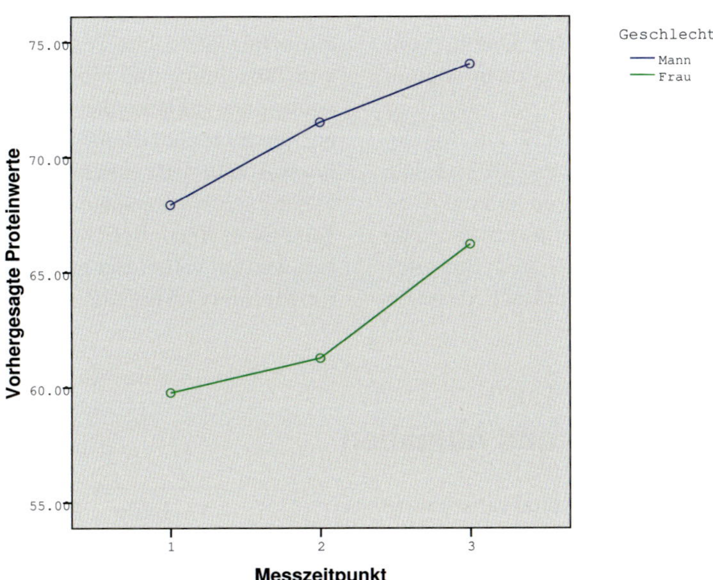

Abbildung 15.7: Profildiagramme nach Gruppe und Geschlecht

Die Interventionsgruppe erhöht ihre Proteinzufuhr signifikant im Verlaufe ihres Spitalaufenthalts. Die Frauen haben eine signifikant kleinere Zufuhr als Männer, und dieser Unterschied bleibt über die Zeit konstant (siehe Abbildung 15.7).

Ein ähnliche Situation wie in Longitudinalstudien tritt auch in cluster-randomisierten Designs oder allgemein in Multilevel-Analysen (Mehrebenenanalysen) auf. Die Datenstruktur ist hierarchisch mit mehreren Stufen: auf dem Level 1 ist das Individuum, die PatientIn, der Schüler, die Mitarbeiterin. Das zweite Level besteht je nach Beispiel aus Heimen, Klassen oder Abteilungen. Es muss davon ausgegangen werden, dass Personen desselben Heims oder SchülerInnen derselben Klasse ähnlicher sind als Personen aus verschiedenen Levels der Stufe 2. Der Einfluss des Gruppenfaktors sollte also mitberücksichtigt werden. Wenn nur ein paar wenige Heime vorliegen, kann man das einfach mit einem zusätzlichen festen Faktor tun. Wenn aber viele Heime in der Studie mitmachen und diese Heime stellvertretend für andere Heime gelten sollen, dann ist es sinnvoller den Heimeffekt als zufällig zu modellieren. Das gesamte Regressionsmodell ist dann ein Mixed model mit festen und zufälligen Faktoren. Ob der Gruppenfaktor nötig ist, kann mit der Intraclasskorrelation (ICC) beurteilt werden:

$$ICC = \frac{\hat{\sigma}^2_{level_2}}{\hat{\sigma}^2_{total}}$$

Dabei wird die (geschätzte) Varianz zwischen den Gruppen verglichen mit der Gesamtvarianz. Oft ist der ICC im Bereich von 0.1–0.25.

15.4 Weiterführende Literatur

Agresti (2007) gibt einen guten Einblick in die Analyse von kategoriellen Daten, vom Chiquadrat-Test bis zu Regressionsmodellen für kategorielle Zielvariablen mit zwei und mehr Levels. Ein Standardwerk zur logistischen Regression ist von Collett (2002). Landau und Everitt (2003) illustrieren an konkreten Beispielen zu Regression, Varianzanalyse, logistischer Regression und Repeated Measures die Datenanalyse mit SPSS. Ein Buch, dass alle brauchen, die mehr als deskriptive Statistik und einfache statistische Tests machen wollen, ist von Tabachnick und Fidell (2013). Die beiden Autorinnen erklären die wichtigsten Methoden auf leicht verständliche Weise, illustrieren alles mit vielen Beispielen und beenden jedes Kapitel mit Hinweisen, wie eine entsprechende Analyse in einem Bericht oder Artikel beschrieben werden sollte. Ein gutes Einführungsbuch für Multilevel-Modelle ist von Hox (2010).

15.5 Kontrollfragen und Aufgaben

1. In einer Studie über Prostatakrebs wurde der Zusammenhang von PSA-Wert, Alter und Gleason-Score (Malignitätsgrad) mit einer Tumorausbreitung (ja = 1, nein = 0) untersucht. Eine logistische Regression ergab folgendes Resultat:

Variable	Koeff.	se
Konstant	-6.390	1.498
PSA	0.027	0.009
Alter	-0.021	0.019
Gleason	1.079	0.161

   a) Welche Variablen haben einen signifikanten Zusammenhang mit der Tumorausbreitung? Welche Faktoren erhöhen, welche reduzieren das Risiko einer Ausbreitung?

b) Wie gross ist die geschätzte Wahrscheinlichkeit einer Tumorausbreitung für einen 69-jährigen Mann mit einem PSA-Wert von 10mg/ml und einem Gleason Score von 5?

c) Was bedeutet der Wert der Konstanten im Modell?

d) Wie gross ist das Odds Ratio für eine Tumorausbreitung bei einem Altersunterschied von 5 Jahren?

2. In einer Studie über Risikofaktoren für Herzerkrankungen (coronary heart disease, CHD ja = 1, nein = 0) wurde eine logistische Regression durchgeführt, um den Einfluss des Alters (in Jahren), von Bluthochdruck (ja = 1, nein = 0), des Geschlechts (weiblich = 1, männlich = 0) und dem Rauchverhalten (ja = 1, nein = 0) zu untersuchen. Das Statistikprogramm lieferte folgende Ergebnisse:

Variable	**Koeff.**	**se**
Konstant	-4.00	0.10
Alter	0.07	0.02
Bluthochdruck	0.90	0.20
Geschlecht	-0.40	0.12
Rauchen	1.20	0.30
Geschlecht x Rauchen	-0.10	0.04

a) Geben Sie die Regressionsgleichung an.

b) Berechnen Sie das Odds Ratio für CHD von Personen mit Bluthochdruck im Vergleich mit Personen ohne Bluthochdruck. Was bedeutet dieses Odds Ratio in Worten? Wie gross ist das 95%-Vertrauensintervall für das Odds Ratio?

Sture Villa verrannte Vertrauensintervall

c) Wie gross ist das Odds Ratio für CHD von RaucherInnen im Vergleich zu NichtraucherInnen?

d) Wie gross sind die Odds für CHD eines 35-jährigen Nichtrauchers (männlich) mit Bluthochdruck?

e) Wie gross ist das Odds Ratio für eine 40-jährige Person mit Bluthochdruck verglichen mit einer sonst gleichen 30-jährigen Person, aber ohne Bluthochdruck?

3. Sie möchten Daten aus einem Parallelgruppen-Design mit einer Experimental- und einer Kontrollgruppe auswerten. 50 Personen wurden randomisiert so auf die beiden Gruppen verteilt, dass in jeder Gruppe 25 Personen sind. In jeder Gruppe liefert jede Person einen Pretest-Score und einen Posttest-Score. Die Daten könnten entweder mit einer Repeated Measures Varianzanalyse oder mit einer Kovarianzanalyse mit dem Pretest-Score als Kovariable ausgewertet werden.

a) Stellen Sie die Modelle auf für die Kovarianzanalyse und für die Repeated Measures Varianzanalyse.

b) Füllen Sie die Lücken (...) in den folgenden Ausschnitten von SPSS-Outputtabellen für die Kovarianzanalyse.

Between-Subjects Factors

		Value Label	N
Gruppe	0		...
	1		...

Tests of Between-Subjects Effects
Dependent Variable: Posttest

Source	Type I SS	df
Corrected Model		...
Intercept		...
...		...
...		...
...		...
Total		...
Corrected Total		...

c) Welche Methode ist besser, Kovarianzanalyse oder Varianzanalyse mit Repeated Measures, wenn die Korrelation zwischen Pre- und Posttest-Score klein ist?

d) Welche Methode ist besser, Kovarianzanalyse oder Varianzanalyse mit Repeated Measures, wenn es systematische Unterschiede zwischen den beiden Gruppen im Pretest-Score gibt?

15.6 Glossar

Longitudinaldaten Daten aus einer Längsschnittstudie werden dazu benutzt, etwas über zeitliche Veränderungen herauszufinden.

Maximum-Likelihood-Methode Eine allgemein anwendbare Methode, um unbekannte Parameter zu schätzen. Die Parameter werden dabei so gewählt, dass die Wahrscheinlichkeit der beobachteten Daten maximal wird.

Multilevel-Modell Regressionsmodell für hierarchisch strukturierte Daten. Es liegen mehrere Levels vor, z. B. PatientInnen auf Stationen in Spitälern.

Repeated Measures Varianzanalyse mit Messwiederholung.

16. Reliabilität und Validität

- Wie wird ein Fragebogen validiert?
- Wie berechnet man das Cronbachs alpha?
- Wie wird die Übereinstimmung von Ratern geprüft?

16.1 Einführung

Standardisierte Umfragen und Erhebungen liefern Daten, mit deren Hilfe Hypothesen überprüft und Entscheidungen getroffen werden. Fragebogen sind also Messinstrumente und sollten objektive, für alle Beteiligten akzeptierbare und interpretierbare Ergebnisse liefern. Deshalb ist es wichtig, die Datenqualität zu beurteilen und Messfehler zu quantifizieren.

Beim Vergleich von Messinstrumenten in sozial- und gesundheitswissenschaftlichen Studien (Fragebogen) und naturwissenschaftlichen oder technischen Untersuchungen (Messapparaturen zur Erfassung von physikalischen Grössen) wird oft die mangelnde Qualität in den Sozial- und Gesundheitswissenschaften beklagt und ein prinzipieller Unterschied zu den Naturwissenschaften diagnostiziert. Das ist zumindest überzeichnet. Messfehler passieren überall, auch in den vermeintlich exakten Wissenschaften, und die Genauigkeit im sozialen Bereich kann durchaus gesteigert werden. Die Qualität ist vor allem eine Frage des Aufwandes: monatelanges Training der Interviewer, jahrelange Entwicklung eines Instruments, finanzieller Einsatz in Millionenhöhe, jahrzehnte- oder jahrhundertelange Forschung.

Die Validierung eines Fragebogens besteht in einer rigorosen qualitativen und quantitativen Überprüfung des Fragebogens in kleineren Pretests, nicht ganz so kleinen Pilotstudien, und geht weiter bei der Verwendung des Fragebogens in grossen Untersuchungen. Die Validierung ist mit einem ziemlich grossen Aufwand verbunden und ist ein kontinuierlicher Prozess. In manchen Artikeln oder Forschungsberichten ist die Rede von einem validierten Instrument und bei genauerem Lesen wird klar, dass der Fragebogen oder die Checkliste in einer einzigen Studie mit einer nicht allzu grossen Stichprobe verwendet und dann ein paar Cronbachs alphas berechnet worden sind. Dass das bei weitem nicht genügt, sollte im Verlaufe dieses Kapitels klarwerden.

16.1.1 Gütekriterien eines Messinstruments

Objektivität: Das Ergebnis ist unabhängig von der Person, die das Messinstrument verwendet. In einem persönlichen Interview sollte die interviewende Person keinen Einfluss auf die erhaltenen Antworten haben, man spricht sonst von *Interviewer-Bias*. Auch Verarbeitungsfehler können die Objektivität negativ beeinflussen.

Reliabilität: Zuverlässigkeit, mit der bei einer wiederholten Messung unter gleichen Bedingungen dasselbe herauskommt. Beobachtete

Unterschiede sollten also real sein und nicht blosse Messfehler. Gute Reliabilität bedeutet Reproduzierbarkeit, kleine zufällige Fehler.

Validität: Das Messinstrument misst das, was es messen soll. Validität hängt vom Ziel bzw. zu untersuchenden Konstrukt ab. Ein Röntgenbild ist valid als Abbild des entsprechenden Körperteils, aber vielleicht nicht valid als Beleg für einen Heilungserfolg. Gute Validität bedeutet, dass keine oder nur kleine systematischen Fehler (Bias) existieren.

Objektivität ist eine Vorbedingung von Reliabilität und Reliabilität eine Vorbedingung von Validität. Weiter sollten auch die folgenden Aspekte untersucht werden.

Datenqualität: Das Messinstrument muss genügend sensitiv sein, um relevante Unterschiede zu entdecken. Boden- und Deckeneffekte (hoher Prozentsatz von Antworten mit minimalem bzw. maximalem Wert) müssen deshalb begrenzt sein. Die Verteilungen sollten nicht allzu schief sein. Einfaches Zusammenfassen (Aufaddieren) von Einzelfragen zu Skalen setzt einigermassen vergleichbare Verteilungen voraus. Fragen mit hoher Nonresponse (fehlende Antwort) deuten auf mangelnde Verständlichkeit oder Akzeptanz hin. Wenn die Antwortrate insgesamt ungenügend ist, stellt sich die Frage nach der Repräsentativität der eingegangenen Antworten.

Verallgemeinerbarkeit: Manche Fragebogen sind so spezifisch, dass sie z. B. für andere Patientengruppen nicht anwendbar sind. Es kann sich lohnen, bei der Entwicklung vorauszudenken, welche Vergleichsgruppen mit demselben Instrument untersucht werden könnten oder sollten.

Interpretierbarkeit: Die in einer Studie berechneten Skalenwerte müssen gedeutet werden können. Dazu dienen vor allem Normwerte, also Mittelwerte und Standardabweichungen von Vergleichsgruppen. Cut-off-Werte dienen der Klassifikation in „normale" und „auffällige" Beobachtungen. Die kleinste relevante Veränderung (MIC, minimal important change) gibt an, welche Differenz von Messwerten eine reale Veränderung bedeuten.

Wegen der Vergleichbarkeit mit andern Studien und wegen des Validierungsaufwands ist es von Vorteil, bereits validierte, standardisierte Instrumente zu benutzen. In einem Review von Publikationen zu Studien mit der expliziten Zielgrösse Patientenzufriedenheit kommt Sitzia (1999) allerdings zu einem vernichtenden Urteil. Von den 195 Artikeln enthalten 106 (54%) absolut nichts zu Reliabilität oder Validität, drei Artikel erwähnen ein Defizit, 89 (46%) Publikationen enthalten etwas zu Reliabilität oder Validität und bloss 11(6%) enthalten etwas zu Reliabilität und Validität. Etliche Artikel erheben nur die Antwort zu einer einzigen Frage, obschon sie vom Zufriedenheitskonstrukt sprechen. Einige haben fundamentale Lücken wie keine Erwähnung der Datensorten (nominal, ordinal usw.). Nur ein einziger Artikel erwähnt eine Faktorenanalyse.

In einem etwas neueren Review konstatieren Gill und White (2009) tiefe Reliabilität, unklare Validität und eine fehlende theoretische und konzeptionelle Grundlage des Begriffs Patientenzufriedenheit. Oft wird Patientenzufriedenheit fälschlicherweise als Stellvertreter für Servicequalität verstanden.

Brédart et al. (2015) untersuchten Messinstrumente, die die Patientenzufriedenheit von KrebspatientInnen mit der ambulanten Versorgung erfassen. Dieser Review umfasst die Jahre 1999 bis 2014. Bredard kommt zum Schluss, dass sich die Qualität in der Entwicklung und Validierung im Vergleich zu Sitzia verbessert hat, aber noch immer ungenügend ist. Von 76 Artikeln liefern fast 40% unvollständige Informationen zur Validierung. Nur bei vier Fragebogen ist eine Faktorenanalyse durchgeführt worden und bei drei Instrumenten wurde ein Item-Response-Verfahren verwendet.

Das Vorgehen bei der Entwicklung neuer Instrumente hat sich in den letzten zwanzig Jahren zwar verbessert, aber es bestehen immer noch Defizite, und oft werden auch Instrumente verwendet, deren Entwicklung und damit vermutlich auch Validierung länger zurückliegt.

16.2 Konstruktion von Skalen

Lebensqualität, Einstellung zum Beruf oder Zufriedenheit können nicht direkt beobachtet und gemessen werden. Man spricht in diesem Zusammenhang von theoretischen *Konstrukten* oder *latenten Variablen*, im Gegensatz zu beobachtbaren Variablen wie Hospitalisationsdauer oder Zivilstand. Um ein Konstrukt empirisch zu erfassen, braucht es eine Operationalisierung des Begriffs. Das bedeutet, dass Indikatoren für das Konstrukt gesucht und dazu entsprechende Fragen formuliert werden. Wie in einem Sprach- oder Intelligenztest genügt ein einziger Indikator bzw. eine einzige Frage meistens nicht. Deshalb wird oft eine ganze Fragenbatterie zusammengestellt. Dahinter steckt die Idee, dass mehrere Fragen eine genauere Messung ermöglichen als eine einzelne Frage, weil sie die verschiedenen Aspekte des Konstrukts abdecken. Die einzelnen Fragen oder Aussagen werden *Items* genannt. Das sind oft einfache ja/nein-Fragen oder Ratingfragen mit z. B. einer 5-stufigen Antwortskala mit den Kategorien 1=„stimme gar nicht zu“, 2=„stimme eher zu“, 3=„teils-teils“, 4=„stimme zu“, 5=„stimme sehr zu“. Eine Menge von zusammengehörigen Items bildet eine *Skala*. Wenn die Items alle dieselbe Dimension messen, dann haben wir, abgesehen von zufälligen Fehlern, ein konsistentes Antwortmuster. Wenn hingegen ein Item noch eine Fremddimension enthält, ergibt das einen mehr oder weniger grossen systematischen Fehler.

Für die Konstruktion von Skalen gibt es verschiedene Methoden. Bei einer *Likertskala* werden die Itemwerte aufaddiert. Der Summenscore, manchmal auch der Mittelwert, ist dann ein Mass für die Ausprägung der latenten Variablen. Um eine Likertskala zu entwickeln, werden zunächst einmal ganz viele, mutmasslich gute Items zusammengestellt. In einer *Item-Analyse* wird die Qualität der einzelnen Items dann untersucht. Dazu wird der *Trennschärfekoeffizient* berechnet. Das ist die Korrelation zwischen dem Item und dem Summenscore ohne das betreffende Item. Items mit tiefem Trennschärfekoeffizient werden eliminiert. Dieses Vorgehen basiert auf der Idee, dass die Skala eindimensional ist, alle zugehörigen Items diese eine Dimension messen und deshalb hochkorreliert sein sollten, untereinander, aber vor allem auch mit dem Skalenwert. Die Eindimensionalität einer Likertskala ist umgekehrt durch hohe Korrelationen allerdings überhaupt nicht bewiesen. Viele Variablen sind hochkorreliert miteinander, ohne die gleiche Dimension zu vertreten. Wenn eine empirische Untersuchung zum Beispiel zeigt, dass die Belastung auf einer Spitalstation zu verstärktem Turnover beim Personal führt, also Belastung und Turnover positiv korreliert sind, wird niemand auf die Idee kommen, Belastung und Turnover würden die gleiche Dimension abbilden und sollten deshalb addiert oder gemittelt werden. Es kann auch eine blosse Scheinkorrelation zwischen Items oder Item und Skala vorliegen. Ob der Skalenwert eine sinnvolle Grösse darstellt, muss also theoretisch gut begründet sein und kann nicht rein statistisch abgeleitet werden.

Neben der Eindimensionalität gibt es aber ein weiteres Problem. Betrachten wir als Beispiel den Barthel Index, mit dem die Alltagsfähigkeiten einer Person eingeschätzt werden. Für Bereiche wie Essen und Trinken, Baden / Duschen usw. werden 0, 5, 10 (teilweise auch 15) Punkte vergeben, je nachdem, wie viel Hilfe eine Person im jeweiligen Bereich benötigt. Der Unterschied zwischen 0 und 5 Punkten ist aber nicht unbedingt gleich gross, wie derjenige zwischen 10 und 15 Punkten. Auch bedeuten je 5 Punkte bei zwei verschiedenen Items nicht dasselbe. Der Summenscore berücksichtigt dies überhaupt nicht. Die Likertskala ist keine Intervallskala, sie wird aber so benutzt. Das führt dazu, dass Rehabilitationserfolg oder -misserfolg völlig unzuverlässig eingeschätzt werden.

In der modernen Psychometrie werden keine Summenscores untersucht, sondern Antwortmuster (*Item Response Theorie*). Mit statistischen Modellen wird die Wahrscheinlichkeit für ein bestimmtes Antwortverhalten modelliert in Abhängigkeit von der Ausprägung der latenten Variablen und den Itemschwierigkeiten (Mittelwerte der Items). Bei einer *Raschskala* werden logistische Funktionen verwendet, bei einer *Mokkenskala* wird ein nichtparametrisches Modell angepasst. Im Gegensatz zur Likertskala können in der Item Response Theorie die Modellannahmen überprüft werden und die Analyse liefert viele Informationen über die Befragten und die einzelnen Items. Das Ergebnis einer Raschskalierung ist eine echte Intervallskala.

Skalierung auf der Basis der Item Response Theorie ist mathematisch deutlich anspruchsvoller als die Konstruktion einer Likertskala. Deshalb hat sich die Item Response Theorie im Gesundheitsbereich noch nicht durchgesetzt. Es wird aber wohl nicht mehr lange dauern, bis insbesondere Raschskalen auch hier zum Standard geworden sind. In der Bildungsforschung (Pisa, TIMMS usw.) werden schon seit rund 30 Jahren Leistungsskalen bevorzugt mit Item Response Theorie Modellen entwickelt.

16.3 Reliabilität

Die Zuverlässigkeit eines Messinstruments kann auf verschiedene Arten untersucht werden. Bei einem *Paralleltest* werden zwei verschiedene Messinstrumente miteinander verglichen. Das setzt natürlich voraus, dass es ein anderes, möglichst schon validiertes Instrument gibt. Es stellt sich dann die Frage, wieso dann noch ein zweites Instrument entwickelt werden soll. Oft misst das bereits vorhandene Instrument aber nicht genau das Gleiche, eine nicht perfekte Übereinstimmung kann dann verschieden interpretiert werden. Mit einem *Test-Retest* wird die Stabilität über die Zeit mit Hilfe von zwei Messungen desselben Objekts überprüft. Knifflig ist dabei vor allem die Wahl des Zeitintervalls zwischen den zwei Messungen. Bei einer zu kurzen Zeitspanne ist die zweite Messung dank Erinnerung eine reine Repetition der ersten Messung oder die zweite Messung wird wegen Übermüdung gestört, nach einer zu langen Zeitspanne kann eine reale Veränderung eingetreten sein. Wenn eine Fremdbeurteilung gemacht wird, sollte die *Interrater-Reliabilität*, d. h. die Übereinstimmung zwischen zwei Personen, die einen Fragebogen ausfüllen, bzw. eine Klassifikation machen, untersucht werden. Am häufigsten wird die *interne Konsistenz* untersucht, da dies den geringsten Aufwand erfordert. Hier werden Teilergebnisse des Messinstruments, z. B. Teile eines Fragebogens miteinander verglichen.

Bei Paralleltest, Test-Retest und Interrater-Reliabilität von quantitativen Daten wird für die Auswertung meist ein Korrelationskoeffizient berechnet. Warum das nicht gemacht werden sollte, wird im Abschnitt 16.3.1 klarwerden. Die Interrater-Reliabilität mit kategoriellen Daten wird meist mit Cohens Kappa berechnet und für die interne Konsistenz kommt vor allem Cronbachs alpha oder die Split-half-Reliabilität zur Anwendung.

Die Paralleltest-Reliabilität ist in der Regel kleiner als die Test-Retest-Reliabilität, weil die Messinstrumente oft nicht absolut gleich sind und das Erinnerungsvermögen trotz allem beim Test-Retest mitspielt. Die Split-half-Reliabilität und Cronbachs alpha sind üblicherweise am grössten, da Instrumentenunterschiede und zeitliche Veränderungen ausgeschlossen sind.

Pans Bach-Choral: Cronbachs alpha

16.3.1 Korrelation und Intraclasskorrelation

Das naheliegendste und auch am häufigsten benutzte Mass der Übereinstimmung für ordinale oder quantitative Daten von zwei Messreihen ist die Korrelation, die Produktmomenten- oder die Rangkorrelation. Manchmal wird zusammen mit dem Korrelationskoeffizienten ein P-Wert angegeben, der zeigt, dass die Korrelation signifikant von Null verschieden ist. Das ist totaler Unsinn, die Frage ist ja nicht, ob überhaupt ein Zusammenhang besteht zwischen zwei Messungen, sondern ob die Messungen übereinstimmen.

Es gibt ein paar wichtige Punkte, die ganz gegen die Verwendung der Korrelation sprechen. Es wird damit der lineare (oder monotone) Zusammenhang gemessen und nicht die Übereinstimmung. Der Korrelationskoeffizient kann also gleich 1 sein, auch wenn z. B. die zweite Messung systematisch höher ist als die erste Messung. Weiter hängt die Korrelation stark von der Heterogenität der Stichprobe ab. Die Korrelation ist zudem ein asymmetrisches Mass. Man müsste erste und zweite Messung vertauschen können bei einer Beobachtung, die Reihenfolge der Messungen spielt ja keine Rolle, ohne dass der Korrelationskoeffizient sich verändert. Das ist im Allgemeinen nicht der Fall.

Zur Illustration betrachten wir ein Beispiel aus der Augenmedizin. Für eine Gesichtsfeldmessung muss der Patient/die Patientin in einen Perimeter schauen, wo Lichtpunkte an verschiedenen Positionen und mit zunehmender Intensität aufleuchten. Die Person bestätigt mit Knopfdruck, sobald sie den Lichtpunkt wahrgenommen hat. Damit wird das ganze Gesichtsfeld oder bestimmte Areale ausgemessen. Die Prozedur dauert ungefähr 15 Minuten. Bei der „tendency oriented perimetry“ (TOP) wird der Startstimulus aus Nachbarpunkten geschätzt. Damit ist die Empfindlichkeit an einer Stelle mit weniger Schritten bestimmt als im Normalprogramm. TOP dauert nur zwei bis drei Minuten. Die Frage stellt sich, ob die TOP-Daten gleich gut sind wie die Normaldaten. In einer Studie wurde einerseits mit einem Paralleltest TOP mit dem Standard verglichen, und andererseits die Test-Retest-Reliabilität mit je zwei Messungen untersucht. Es handelt sich hier um Messdaten, keine Scores aus Checklisten oder Fragebogen. Das Problem der Reliabilität stellt sich aber genau gleich.

Das Streudiagramm 16.1 zeigt die Test-Retest-Messungen an 35 Personen. Die Korrelation ist mit $r = 0.945$ hoch , aber die zweite Messung ist systematisch höher als die erste.

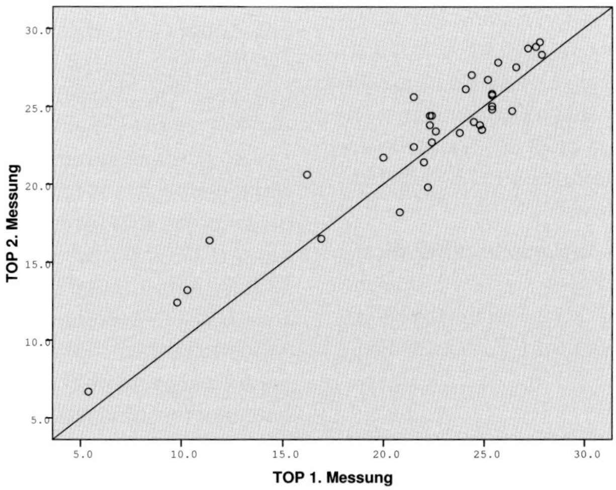

Abbildung 16.1: Test-Retest-Messungen

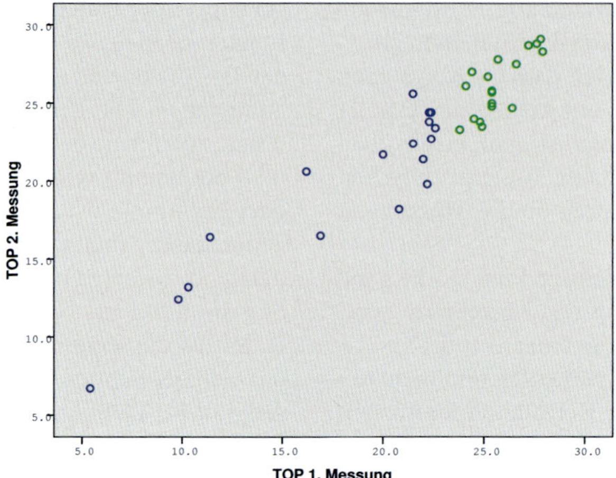

Abbildung 16.2: Aufteilung in Untergruppen

In Abbildung 16.2 betrachten wir zwei Gruppen. In der Gruppe mit den tieferen Werten ist die Korrelation immer noch $r = 0.923$, aber in der Gruppe mit den höheren Werten ist $r = 0.76$. Die Höhe der Korrelation kann durch die Auswahl der Stichprobe manipuliert werden.

Die Daten werden besser mit einer Varianzanalyse mit Repeated Measures analysiert. Dabei wird auch die Korrelation der Messungen an der gleichen Person geschätzt. Diese Korrelation heisst *Intraclasskorrelation (ICC)*. ICC kann interpretiert werden als die Korrelation aller beobachteten Datenpaare plus die Datenpaare mit vertauschtem ersten und zweiten Messwert. Damit ist einer der Nachteile der gewöhnlichen Korrelation beim *ICC* behoben.

Definition 16.3.1 — Intraclasskorrelation. Zu den Paaren (x_{i1}, x_{i2}), $i = 1, \ldots, n$ werden die Paare (x_{i2}, x_{i1}), $i = 1, \ldots, n$ hinzugefügt. Die Intraclasskorrelation ICC ist die Produktmomentenkorrelation dieser $2n$ Paare.

$$ICC = \frac{2\sum(x_{i1} - \bar{x})(x_{i2} - \bar{x})}{\sum(x_{i1} - \bar{x})^2 + \sum(x_{i2} - \bar{x})^2} \quad (16.1)$$

mit $\bar{x} = \frac{\bar{x}_{.1} + \bar{x}_{.2}}{2}$.

Die Intraclasskorrelation ist nie grösser als die Korrelation und genau dann gleich gross, wenn die Mittelwerte und Varianzen von Erst- und Zweitmessung übereinstimmen. Bei den Perimetriemessungen ist $ICC = 0.929$.

Korrelationskoeffizient: Karoline in Koffer ist Zote

Wenn drei Messungen desselben Objekts vorliegen, kommt jedes der n Objekte in 6 Paaren vor: $(x_{i1}, x_{i2}), (x_{i1}, x_{i3}), (x_{i2}, x_{i1}), (x_{i2}, x_{i3}), (x_{i3}, x_{i1}), (x_{i3}, x_{i2})$. Die Intraclasskorrelation ist dann die Korrelation aller $6n$ Datenpunkte. In vielen Statistikprogrammen ist *ICC* nicht direkt implementiert, sondern muss in einer Varianzanalyse geschätzt werden. Im SPSS hingegen kann *ICC* direkt berechnet werden im Menu Reliabilitätsanalyse. Bei den Statistiken muss Intraklassen-Korrelationskoeffizient mit dem Modell „Einfach, zufällig" gewählt werden. Je nach Design muss eine andere Form des ICC berechnet werden (Koo und Li, 2016).

Bland-Altman-Plot

Bland und Altman (1983, 1986, 1999) kritisieren die Benutzung der Korrelation als Überein-

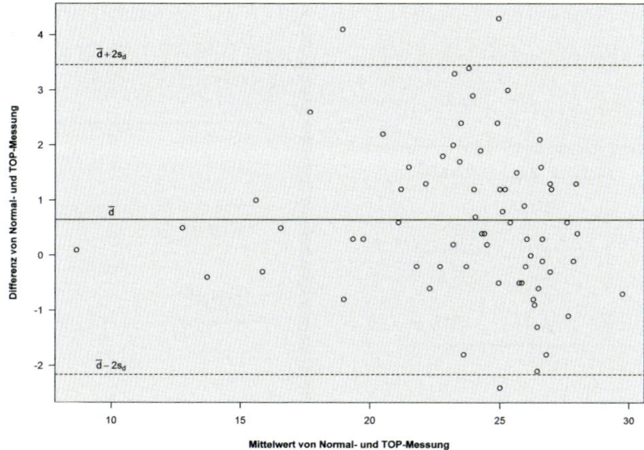

Abbildung 16.3: Bland-Altman-Plot für die Perimetrie-Daten

stimmungsmass schon seit Jahrzehnten. Die Publikation von 1986 gehört mit über 40'000 Nennungen zu den meist zitierten Statistikartikeln der Welt und trotzdem werden immer noch oft Korrelationen berechnet, wenn Übereinstimmung untersucht wird. Bland und Altman schlagen zudem eine andere grafische Darstellung vor als das Streudiagramm von Erst- und Zweitmessung. Im *Bland-Altman-Plot* wird die Differenz gegen den Mittelwert der beiden Messungen aufgetragen. Die Differenz charakterisiert die Abweichung zwischen den beiden Werten, der Mittelwert ist die beste Schätzung für den wahren Wert. Zusätzlich werden horizontale Linien auf der Höhe der durchschnittlichen Differenz und im Abstand von ± 2 Standardabweichungen der Differenzen eingezeichnet.

Am Beispiel der Perimetriemessungen konstruieren wir einen Bland-Altman-Plot für den Vergleich von Normal- und TOP-Messung. Von 70 Personen liegen Gesichtsfeldmessungen mit der Normalprozedur und mit TOP vor. Die mittlere Differenz zwischen TOP- und Normalmessung ist $\bar{d} = 0.6486$, die Standardabweichung der Differenzen ist $s_d = 1.405$. Die Abbildung 16.3 zeigt die Messungen und horizontale Linien auf der Höhe des Mittelwerts und je 2 Standardabweichungen gegen unten und oben.

Die Top-Messungen sind im Durchschnitt etwas grösser als die Normalmessungen. Drei Differenzen liegen ausserhalb des 95%-Referenzbereichs von $\pm\ 2s_d$ um den Mittelwert. Bei 70 Messungen entspricht das in etwa der erwarteten Anzahl. Die Streuung scheint für höhere Messungen zuzunehmen, allerdings gibt es im Bereich unter 20 nur wenig Beobachtungen. Um zu klären, ob Messfehler für grössere Werte wirklich zunehmen, müssten mehr Beobachtungen im unteren Bereich gesammelt werden und der systematische Fehler der Top-Messung muss bei einem Vergleich mit Normalwerten berücksichtigt werden.

16.3.2 Cohens Kappa

Zwei Personen machen eine Einschätzung auf einer ordinalen Skala oder eine Zuteilung zu einer nominalen Kategorie. Die Reliabilität der Einschätzung, die *Interrater-Reliabilität*, zeigt sich in der Übereinstimmung der Zuteilung. Bei perfekter Übereinstimmung werden alle Personen oder Objekte identisch beurteilt.

Ein naives Übereinstimmungsmass ist der Anteil gleich eingeteilter Personen, d. h. die Anzahl übereinstimmender Wertungen dividiert durch die Anzahl Wertungen insgesamt. Was ist daran naiv?

Beispiel 16.1
Zwei Pflegepersonen beurteilen 40 PatientInnen in Bezug auf eine mögliche Hautrötung.

		Rater II		Total
		ja	nein	
Rater I	ja	1	4	5
	nein	7	28	35
Total		8	32	40

Der Anteil der Übereinstimmung ist $29/40 = 0.725$. ■

Beispiel 16.2
Bei 40 anderen Personen ist der Anteil an Übereinstimmung gleich wie vorher, nämlich 29/40=0.725.

		Rater II		Total
		ja	nein	
Rater I	ja	14	4	18
	nein	7	15	22
Total		21	19	40

Die erwartete Anzahl Übereinstimmungen ist: $\frac{21 \cdot 18}{40} + \frac{19 \cdot 22}{40} = 19.9$, Anteil 0.4975. ■

Eine gewisse Anzahl Übereinstimmungen wird es rein zufällig geben, auch wenn die Pflegepersonen blind raten würden. Das sollte irgendwie berücksichtigt werden. Rater II diagnostiziert 20% Hautrötungen, und zwar unabhängig von der Einschätzung von Rater I. Die Übereinstimmung ist hier also rein zufällig.

Wie hoch die rein zufällige Übereinstimmung ausfallen kann, hängt vom Ungleichgewicht der beiden Kategorien ja/nein ab. Wenn beide Kategorien gleich häufig sind, dann ist eine Übereinstimmung von 50% zufällig.

		Rater II		Total
		ja	nein	
Rater I	ja	10	10	20
	nein	10	10	20
Total		20	20	40

Der rein zufällige Anteil der Übereinstimmung kann berechnet werden mit Hilfe der erwarteten Anzahl Beobachtungen in der Diagonalen unter Unabhängigkeit der beiden Rater. Das wird gleich berechnet wie beim Chiquadrat-Test auf Seite 132.

Quitte rat Dachs
Chiquadrattest

Cohens Kappa berücksichtigt die zufällige Übereinstimmung.

Definition 16.3.2 — Cohens Kappa. Cohens Kappa κ wird berechnet als

$$\kappa = \frac{P_o - P_c}{1 - P_c} \tag{16.2}$$

wobei P_o der Anteil beobachteter Übereinstimmung und P_c der Anteil zufälliger Übereinstimmung ist.

Beispiel 16.3

1. $\kappa = \frac{0.725 - 0.725}{0.275} = 0$, alles zufällig.
2. $\kappa = \frac{0.725 - 0.4975}{0.5025} = 0.45$.

■

Wie wird ein Wert von $\kappa = 0.45$ interpretiert? $\kappa = 1$ ist perfekte Übereinstimmung. Andererseits kann auch ein negatives κ herauskommen, wenn die Übereinstimmung schlechter ist als bei zufälligem Raten. Die Beurteilung nach Landis und Koch (1977) sieht folgendermassen aus:

Wert von κ	Bedeutung
–0.20	sehr schwach (poor)
0.21–0.40	mässig (fair)
0.41–0.60	mittel (moderate)
0.61–0.80	gross (substantial)
0.81–1.00	sehr gross (almost perfect)

Cohens Kappa kann problemlos auf mehr als zwei Kategorien und auf mehr als zwei Rater verallgemeinert werden (Fleiss et al., 2003). Es gibt auch ein gewichtetes Kappa für ordinale Kategorien. Hier wird Nichtübereinstimmung unterschiedlich gewichtet (meist linear oder quadratisch), je nachdem wie weit die gewählten Kategorien auseinanderliegen. Benachbarte Kategorien sind also weniger schlimm als eine Diskrepanz von zwei oder mehr Kategorien. Bei einer quadratischen Gewichtung werden Abweichungen von zwei und mehr Kategorien noch viel massiver bestraft als bei einer linearen Gewichtung. Daneben gibt es eine Reihe weiterer Masse, die die zufällige Übereinstimmmung auf andere Weise berücksichtigen.

Cohens Kappa ist heftig kritisiert worden. Die wichtigsten Einwände sind, dass eine einzelne Kennzahl die Situation nicht angemessen beschreibt, dass falsch positive und falsch negative Fehler getrennt betrachtet werden sollten und dass kein Modell für die Ursachen von Fehlern aufgestellt und getestet wird. Natürlich kann ein Modell viel mehr Information liefern, aber das kann nicht der Anspruch an eine deskriptive Kennzahl sein. Ein Mittelwert, eine Korrelation oder das gern benutzte Cronbachs alpha liefern auch nicht mehr als eine Zahl. Es gibt aber zwei Situationen, bei denen Cohens Kappa tatsächlich nicht einleuchtende Werte liefert, nämlich wenn die beiden Rater unterschiedliche Randverteilungen haben oder wenn die Prävalenz einer der beiden Kategorien klein ist. In diesen Fällen ist die AC_1*–Statistik* von Gwet (2002) vorzuziehen.

16.3.3 Interne Konsistenz

Bis jetzt haben wir die externe Reliabilität betrachtet, es wurden verschiedene Messungen miteinander verglichen. Bei der internen Konsistenz werden Teilergebnisse einer Messung verglichen. Wenn ein Konstrukt mit mehreren Items erfasst wird und aus den Items eine Likertskala gebildet werden soll, sollten die Items einen starken inneren Zusammenhang miteinander haben. Diese interne Konsistenz wird mit der Split-half-Reliabilität oder dem Cronbachs alpha gemessen.

Betrachten wir das Konstrukt Dekubitusrisiko. Wichtige Indikatoren sind Mobilität, Ernährung und sensorische Wahrnehmung. Für eine Einschätzung des Risikos werden bei einem Patienten/einer Patientin die verschiedenen Indikatoren mit Punkten beurteilt und die Gesamtpunktzahl gibt dann das Risiko an. Ist es sinnvoll anzunehmen, dass diese Indikatoren positiv miteinander korreliert sind oder ist es nicht eher so, dass die Indikatoren gemeinsam und unabhängig voneinander das Risiko beeinflussen können? Es ist ein wichtiger Unterschied, ob Indikatoren Wirkung oder Ursache eines Konstrukts sind. Im ersten Fall spricht man von Effektindikatoren, im zweiten Fall von kausalen Indikatoren. Bei kausalen Indikatoren ist interne Konsistenz gar nicht gefragt, die Berechnung der Split-half-Reliabilität oder des Cronbachs alphas macht also keinen Sinn.

Eine Punktzahl kann natürlich trotzdem berechnet werden, es stellt sich allenfalls die Frage nach der Bedeutung der einzelnen Indikatoren, d. h. der Anzahl Punkte, die jedem Teilbereich zugesprochen wird. Mit einer Regressionsanalyse könnte das empirisch untersucht werden.

Split-half-Reliabilität

Die Reliabilität des Gesamtscores wird mit Hilfe der Teilsummen von zwei Hälften geschätzt. Die Anzahl Items wird dazu in zwei Hälften unterteilt, z. B. werden von nummerierten Items alle geraden und alle ungeraden Items zusammengefasst. Dann berechnet man die Korrelation r_{12} zwischen den zwei Teilsummen S_1 und S_2. Wenn beide Teilsummen Indikatoren derselben latenten Variablen sind, sollten sie hochkorreliert sein. Leider stimmt der Umkehrschluss nicht, wie wir bereits gesehen haben.

Definition 16.3.3 — Split-half-Reliabilität. Die Split-half-Reliabilität r_s ist gegeben durch

$$r_s = \frac{2r_{12}}{1+r_{12}} \quad (16.3)$$

Wieso nimmt man nicht direkt die Korrelation r_{12} als Mass für die Reliabilität? Die Korrelation zwischen S_1 und S_2 ist eine Schätzung für die Reliabilität von Testhälften, resp. Teilsummen mit nur halb soviel Items wie der Gesamtscore. Je mehr Items ein Score umfasst, desto reliabler wird er. Die Korrelation r_{12} unterschätzt deshalb die Reliabilität des Gesamtscores. Mit Hilfe der obigen Formel wird das korrigiert (sogenannte *Formel von Spearman-Brown*).

Cronbachs alpha

Die Split-half-Reliabilität hat den Nachteil, dass das Ergebnis davon abhängt, wie die zwei Hälften gebildet worden sind. Cronbachs alpha entspricht einem Mittelwert über alle möglichen Halbierungen.

Definition 16.3.4 — Cronbachs alpha. Das Cronbachs alpha ist gegeben durch

$$\alpha = \frac{N}{N-1}\left(1 - \frac{\sum s_j^2}{s_T^2}\right) \quad (16.4)$$

mit s_j^2 = Varianz des Items j, s_T^2 = Varianz des Gesamtscores, N=Anzahl Items.

* Was bedeutet die Formel (16.4)? Es sei Z_j der Wert des Items j, $X = \sum Z_j$ der Summenscore. Es ist $Var(X) = \sum Var(Z_j) + \sum\sum_{j \neq j'} Cor(Z_j, Z_{j'})\sqrt{Var(Z_j)Var(Z_{j'})}$. Wenn nun die Items fast unabhängig sind, dann sind die Korrelationen nahe bei 0 und s_T^2 ist ungefähr gleich $\sum s_j^2$, d. h. α ist nahe bei 0. Bei einer positiven Korrelation ist $s_T^2 > \sum s_j^2$, also $1 > \sum s_j^2/s_T^2$ und damit $\alpha > 0$. Bei einer perfekten Korrelation, wenn alle Z_j identisch sind, gilt: $X = NZ_j$. Damit wird s_T^2 gleich $N^2 s_j^2$, also $\sum s_j^2/s_T^2$ gleich $1/N$ und somit α gleich 1.

Cronbachs alpha kann auch noch etwas anders geschrieben werden. Es gilt nämlich

$$\alpha = \frac{N\bar{r}}{1+\bar{r}(N-1)} \quad (16.5)$$

wobei $\bar{r}$ die durchschnittliche Korrelation zwischen je zwei Items ist. Der Rest der Formel entspricht der Spearman-Brown-Korrektur für die Länge.

Als Faustregel wird häufig geschrieben, dass ein Cronbachs alpha zwischen 0.5 und 0.8 zufriedenstellend ist, je nachdem, ob nur grobe Gruppenvergleiche oder individuelle Vergleiche vorgenommen werden sollen. Cronbachs alpha ist nach Formel (16.5) eine Funktion der Anzahl Items und der mittleren Korrelation zwischen den Items. Je grösser die Anzahl Items, desto grösser wird α und dieser Einfluss ist so stark, dass eine Skala mit einer genügend grossen Anzahl Items ($N > 15$) selbst bei sehr kleinen Itemkorrelationen ein Cronbachs alpha von 0.7 und mehr erreicht. Die Angabe von Cronbachs alpha muss also immer von der Angabe der Anzahl Items begleitet sein, damit der Wert sinnvoll interpretiert werden kann.

Oft wird ein hoher Wert von Cronbachs alpha auch als Beleg für die Eindimensionalität der Skala verwendet. Berechnungen mit simulierten Daten zeigen aber, dass auch bei zwei oder drei Dimensionen ein akzeptables Cronbachs alpha resultiert, wenn die Anzahl Items und die mittlere Korrelation zwischen den Items nicht allzu klein ist (Cortina, 1993). Die Eindimensionalität muss also schon feststehen, z. B. aufgrund einer Faktorenanalyse (siehe Kapitel 17), bevor Cronbachs alpha seinen Zweck als Mass für die interne Konsistenz erfüllen kann.

Baal sprach noch Cronbachs alpha

In der Umfrage beim Pflegepersonal eines Spitals zur Arbeitstätigkeit wurden acht Fragen zur Belastung durch die Ergonomie des Arbeitsplatzes gestellt. Bei jeder Frage standen die Antwortkategorien 1=„nein gar nicht“ bis 5=„ja genau“ zur Verfügung. Die Fragen sind:

F1 Der Grundriss dieser Station ist insgesamt eher ungünstig

F2 Die Einrichtung der Nasszellen auf dieser Station ist für die tägliche Pflegearbeit ungünstig (z. B. keine Haltegriffe, geringe Bewegungsfreiheit)

F3 Auf dieser Station muss man immer wieder in ungünstig gestalteten Funktionsräumen arbeiten

F4 Auf dieser Station muss man immer wieder in ungünstig gestalteten Patientenzimmern arbeiten

F5 Bei seiner Arbeit auf dieser Station ist man immer wieder Lärm ausgesetzt

F6 Bei seiner Arbeit auf dieser Station arbeitet man immer wieder unter schlechten Lichtverhältnissen

F7 Auf dieser Station arbeitet man immer wieder unter schlechten klimatischen Verhältnissen (z. B. Temperatur, Luftfeuchtigkeit)

F8 Die Anordnung der Räume auf dieser Station macht es immer wieder notwendig, dass man lange Wege zurücklegt.

Beispiel 16.4

Die Angaben von 10 Pflegenden sind:

Person	F1 – F8	S_1	S_2
1	1 2 2 2 1 1 2 1	7	5
2	4 5 3 4 3 2 4 1	16	10
3	5 2 2 3 2 4 5 3	12	14
4	4 5 3 3 4 2 3 1	15	13
5	3 5 4 3 5 3 3 1	15	16
6	5 5 5 5 4 3 5 4	20	17
7	5 3 3 3 4 2 5 1	14	15
8	3 5 5 2 3 2 3 2	15	10
9	5 4 4 4 2 5 5 4	17	16
10	4 3 4 3 4 3 5 3	14	16

In den letzten zwei Spalten stehen die Teilsummen der ersten und zweiten Hälfte der Items: $S_1 = F1 + F2 + F3 + F4$ und $S_2 = F5 + F6 + F7 + F8$.

Die Korrelation zwischen S_1 und S_2 ist $r_{12} = 0.694$, d. h. die Split-half-Reliabilität ist $r_s = 0.819$. Hätten wir stattdessen gerade und ungerade Items zusammengefasst, so hätten wir eine Korrelation von $r_{12} = 0.821$ und damit $r_s = 0.902$ erhalten.

Für Cronbachs alpha berechnen wir die Itemvarianzen s_j^2 und die Gesamtvarianz s_T^2. Es ist $s_1^2 = 1.656, s_2^2 = 1.656, s_3^2 = 1.167, s_4^2 = 0.844, s_5^2 = 1.511, s_6^2 = 1.344, s_7^2 = 1.333, s_8^2 = 2.233$ und $s_T^2 = 43.567$. Damit wird $\alpha = \frac{8}{7}\left(1 - \frac{11.744}{43.567}\right) = 0.835$. ■

Natürlich muss man Cronbachs alpha und die Split-half-Reliabilität normalerweise nicht mit dem Taschenrechner ausrechnen, Statistikprogramme erledigen das effizienter.

Ach, spar Lob nach Cronbachs alpha

16.4 Validität

Es gibt mehrere Definitionen von Validität und die verschiedenen Begriffe werden leider nicht einheitlich verwendet. Bei der *Inhaltsvalidität* wird geprüft, ob alle wichtigen Dimensionen und relevanten Aspekte abgedeckt sind. Das wird in der Regel von Experten beurteilt. Bei der *Augenscheinvalidität* wird in Pretests mit Betroffenen, d. h. Angehörigen der Zielpopulation, untersucht, ob die einzelnen Fragen Sinn machen. Die *Kriteriumsvalidität* vergleicht das Messergebnis mit einem externen Kriterium wie Wartezeit oder „allgemeine Zufriedenheit". Bei der *Konstruktvalidität* wird analysiert, ob die Ergebnisse mit der bestehenden Theorie in Übereinstimmung stehen. Man nimmt z. B. an, dass Ältere mehr Zufriedenheit äussern als Jüngere, ebenso Frauen sich als zufriedener bezeichnen als Männer, oder dass Zufriedene schneller gesund werden als Unzufriedene. Bei der *Diskriminanzvalidität* wird die Item-Konvergenz, bzw. Item-Diskriminanz untersucht. Die Korrelation zwischen einem Item und der eigenen Skala sollte höher sein als die Korrelation mit einer fremden Skala. Korrelationen zwischen verschiedenen Skalen sollen klein sein, wenn sie verschiedene Dimensionen eines Konstrukts repräsentieren. Diese Annahmen können allerdings auch kritisch hinterfragt werden.

Kriteriums- und Konstruktvalidität werden vor allem mit multiplen Regressionen und Varianzanalysen untersucht. Ob die einzelnen Fragen den Dimensionen des Konstrukts zuzuordnen sind, wird mit einer Faktorenanalyse (siehe Kapitel 17) untersucht.

16.5 Weiterführende Literatur

DeVellis (2016) erklärt sehr gut die wichtigsten theoretischen Konzepte bei der Skalenentwicklung und illustriert diese mit vielen Beispielen. Sehr umfassend und praktisch ausgerichtet ist deVet et al. (2011). Dieses Buch umfasst sowohl Rechenbeispiele und Übungsaufgaben als auch konkrete Anleitungen und Interpretationshilfen für Validierungen. Wer mehr wissen möchte über Raschmodelle, findet mit Strobl (2010) eine Einführung, die zwar nicht auf mathematische Details verzichten kann, diese aber sehr verständlich erläutert.

16.6 Kontrollfragen und Aufgaben

1. Mit 10 Items soll Konservatismus gemessen werden. Jedes Item hat eine 5-stufige Likertskala von 1 bis 5, wobei jeweils 5 die konservativste Antwort angibt. Fehlende Antworten werden mit 9 codiert.

   a) Wie gross ist der Score für eine Person mit stärkstem Konservatismus in jeder Frage? Wie gross ist der tiefste Score?
   b) Was bedeutet ein Score von 54?
   c) Was schliessen Sie, wenn zwei Personen einen Score von 25 erzielt haben?
   d) Wenn eine Person einen Score von 15 und eine zweite einen Score von 30 erzielt hat, was bedeutet das?
   e) Eine Itemanalyse hat die folgenden Ergebnisse ergeben. Was schliessen Sie daraus?

Item	Item-total correlation	Alpha if item deleted
1	0.56	0.59
2	0.20	0.68
3	0.33	0.67
4	0.47	0.62
5	0.21	0.71
6	0.51	0.62
7	0.72	0.60
8	0.43	0.73
9	0.50	0.64
10	-0.57	0.61
Overall alpha 0.62		

Die Spalte „Alpha if item deleted" gibt das Cronbachs alpha an, das eine Skala ohne das Item auf der entsprechenden Zeile geben würde. Wenn eines dieser Cronbachs alpha grösser wird als das „Overall alpha“, lohnt es sich eventuell, dieses Item wegzulassen.

2. In einer Studie zur HIV-Übertragung wurden 98 heterosexuelle Paare zu ihrem Kondomgebrauch befragt. Wie gut ist die Übereinstimmung in den Antworten? Gibt es Kritikpunkte?

		Mann		**Total**
		immer	nie	
Frau	immer	45	6	51
	nie	7	40	47
Total		52	46	98

3. Zwei Ärztinnen beurteilten den Schweregrad von COPD bei 141 Patienten mit 1=„keine COPD“, 2=„leicht“, 3=„mittel“ und 4=„schwer“. Die Bewertungen stehen in der folgenden Tabelle.

		Rater II			
		1	2	3	4
Rater I	1	50	13	5	0
	2	5	33	8	0
	3	0	9	10	3
	4	0	1	0	4

Der Anteil übereinstimmender Einstufungen ist 69%. Für Cohens Kappa gibt es verschiedene Werte: ungewichtet 0.52, gewichtet-linear 0.61 und gewichtet-quadratisch 0.7. Welchen Wert wählen Sie?

16.7 Glossar

Cronbachs alpha Eine Kennzahl für die interne Konsistenz einer Skala, die im Rahmen der KKT berechnet wird. Es handelt sich dabei um eine Art gemittelten Korrelationskoeffizienten zwischen den Items einer Skala. Das Problem ist, dass viele Variablen hochkorreliert sind, ohne die gleiche Dimension abzubilden. Ein hohes Cronbachs alpha heisst also noch nicht allzu viel. Wenn das Cronbach alpha allerdings klein ist, gehören die Items definitiv nicht zu einer gemeinsamen Skala.

Item Response Theorie Modell (IRT) Diese Modelle werden zur Entwicklung und Überprüfung von Skalen benutzt. Sie gehören zu den sog. modernen psychometrischen Methoden (obschon sie teilweise schon mehr als 50 Jahre bekannt sind). Statt nur Summen bzw. Korrelationen anzuschauen wird die Wahrscheinlichkeit für ein bestimmtes Antwortmuster modelliert. Die Modellannahmen werden überprüft und das Ergebnis ist im positiven Fall eine Intervallskala.

Klassische Testtheorie (KKT) In der klassischen Testtheorie wird angenommen, dass sich ein Skalenwert einer Person zusammensetzt aus dem wahren Wert dieser Person und einem Messfehler. Die statistischen Methoden zielen dann darauf ab, diesen Messfehler zu quantifizieren. Es handelt sich also um eine Messfehlertheorie und keine Testtheorie. Die Existenz von Messwerten wird vorausgesetzt, die Annahmen werden nicht überprüft.

Validierung eines Fragebogens Die Validierung ist eine aufwändige qualitative und quantitative Überprüfung. Es braucht viel mehr als ein paar Cronbachs alphas und eine Faktorenanalyse. Regressionen, IRT- und Strukturgleichungsmodelle gehören mit ins Instrumentarium einer sorgfältigen Instrumentenentwicklung.

17. Hauptkomponenten- und Faktorenanalyse

- Wie können hochdimensionale Daten reduziert werden?
- Was ist PCA?
- Was sind die Hauptkritikpunkte an der Faktorenanalyse?

17.1 Einführung

In der Bildverarbeitung (Röntgen, MRI) müssen sehr viele, zumeist redundante Daten verarbeitet werden. In einem Regressionsmodell zur Erklärung der unterschiedlichen Energiezufuhr von SpitalpatientInnen sind unzählige erklärende Variablen vorhanden, Laborwerte, die beim Eintritt bestimmt worden sind, medizinische und Pflegediagnosen, Patientenmerkmale. Viele dieser Variablen sind hochkorreliert und es stellt sich das Problem der Multikollinearität (siehe Seite 184). In Befragungen sollen Einzelfragen zu einer Skala zusammengefasst werden. Aus acht Fragen zur Arbeitsplatzergonomie kann vielleicht ein Gesamtscore für Arbeitsplatzergonomie gebildet werden. Das Ziel in all diesen Situationen ist eine Dimensionsreduktion und/oder eine Transformation in unkorrelierte Grössen. Wenn 15 Variablen durch zwei ersetzt werden, ist das mit einem Informationsverlust verbunden, der jedoch klein ist, wenn die 15 ursprünglichen Variablen hochkorreliert sind miteinander. Für die Konstruktion der neuen Variablen gibt es verschiedene Verfahren. Die Hauptkomponentenanalyse (principal component analysis, PCA) wird sowohl im technisch-naturwissenschaftlichen wie im sozialwissenschaftlichen Bereich durchgeführt. Die Faktorenanalyse wird in den Sozialwissenschaften verwendet.

17.2 Hauptkomponentenanalyse

Wir betrachten zwei korrelierte Variablen x_1 und x_2 wie in Abbildung 17.1 dargestellt. Jetzt drehen wir das Koordinatensystem so, dass es auf die rotgestrichelten Geraden zu liegen kommt. Die meiste Streuung der Punkte liegt entlang der roten Geraden mit der positiven Steigung. Statt eine Beobachtung mit zwei Messwerten (x_1, x_2) zu charakterisieren, können wir ohne grossen Informationsverlust auch nur den Wert auf dieser neuen Achse angeben.

Die Drehung des Koordinatensystems entspricht einer linearen Transformation von (x_1, x_2) nach (y_1, y_2) mit $y_1 = a_1 + b_1 x_1$ und $y_2 = a_2 + b_2 x_2$. Für y_1 sucht man die Richtung mit der maximalen Streuung der Punkte, die zweite Gerade soll dann senkrecht auf der ersten stehen, was bedeutet, dass die Variablen y_1 und y_2 unkorreliert sind.

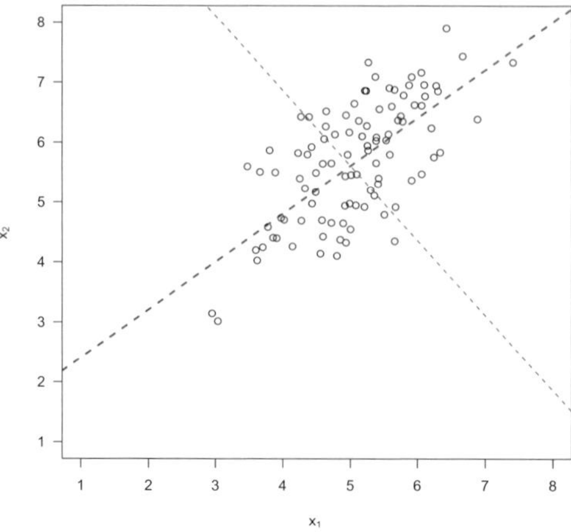

Abbildung 17.1: Hauptkomponentenanalyse von zwei Variablen

Diese Idee kann auf mehr als zwei Variablen verallgemeinert werden. Die Variablen $x_1, \ldots, x_p$ werden so in unkorrelierte neue Variablen $y_1, \ldots, y_p$ transformiert, dass die Varianzen der ersten paar y-Variablen möglichst gross sind. Die neuen Variablen werden *Komponenten* genannt. Wenn die Varianz der ersten zwei oder drei Komponenten einen grossen Teil der Summe der Varianzen der x-Variablen ausmacht, dann kann man ohne grossen Informationsverlust die restlichen y-Variablen weglassen. Wenn die Einheit einer Variablen x_i geändert wird, dann ändert sich das Ergebnis der PCA. Deshalb werden alle Variablen $x_1, \ldots, x_p$ zuerst auf Mittelwert 0 und Varianz 1 standardisiert.

Für die Umfrage zur Arbeitstätigkeit wurde ein Fragebogen mit 182 Items verwendet, die sich in 41 Subskalen gliedern (Büssing und Glaser, 2002). Die Subskalen erfassen Ressourcen, Anforderungen und Belastungen der Tätigkeit. Die Zuteilung der Items zu den Subskalen nehmen wir als gegeben an. Die sechs Subskalen Überforderung durch Patienten (*krankpat*, 11 Items), soziale Stressoren (*sozstress*, 4 Items), spezifischer Zeitdruck (*zeitspez*, 5 Items), widersprüchliche Aufgabenziele (*wiaufzi*, 6 Items), Unterbrechungen durch Personen (*untpers*, 5 Items) und Informatorische Erschwernisse (*infersch*, 5 Items) gehören nach Büssing und Glaser zur Dimension Belastungen. Das soll mit einer PCA überprüft werden. Die Korrelationen zwischen den sechs Subskalen sind in Tabelle 17.1.

	sozstress	**krankpat**	**zeitspez**	**wiaufzi**	**infersch**	**untpers**
sozstress	1.00	0.20	0.32	0.36	0.51	0.29
krankpat	0.20	1.00	0.43	0.37	0.46	0.32
zeitspez	0.32	0.43	1.00	0.45	0.56	0.43
wiaufzi	0.36	0.37	0.45	1.00	0.50	0.50
infersch	0.51	0.46	0.56	0.50	1.00	0.45
untpers	0.29	0.32	0.43	0.50	0.45	1.00

Tabelle 17.1: Korrelationsmatrix

Komponente	Eigenwerte Gesamt	% der Varianz	kumulierte %
1	3.082	51.360	51.360
2	0.821	13.686	65.047
3	0.710	11.826	76.872
4	0.534	8.893	85.766
5	0.484	8.067	93.833
6	0.370	6.167	100.000

Tabelle 17.2: Erklärte Gesamtvarianz

Die Subskala *sozstress* korreliert am wenigsten mit den anderen Variablen, aber die Korrelationen sind insgesamt so gross, dass eine PCA Sinn macht. Es sind keine Untergruppen von stärker zusammenhängenden Variablen erkennbar. Die erste Komponente erklärt 51.36% der Variabilität, die zweite Komponente noch 13.686%, wie der nächsten Tabelle 17.2 entnommen werden kann. Die erste Komponente ist so dominant, dass die sechs Subskalen gut in eine Skala zusammengefasst werden können.

Die Summe der Varianzen der Subskalen ist 6, weil die Subskalen auf eine Varianz von 1 standardisiert worden sind. Die *Eigenwerte* in der 2. Spalte geben an, wieviel von dieser Summe auf die jeweilige Komponente entfällt. Ein Eigenwert grösser als 1 bedeutet, dass die neue y-Variable mehr Varianz umfasst als eine ursprüngliche Variable. Bei einem Eigenwert unter 1 erklärt eine Komponente weniger Varianz als eine ursprüngliche Variable.

Die *Komponentenmatrix* (siehe 17.3) enthält die Korrelationen zwischen den ursprünglichen Variablen und den Komponenten. Damit wird erkennbar, welche Variablen die Komponenten hauptsächlich bestimmen, und die Komponenten können interpretiert werden. Diese Korrelationen werden *Ladungen* genannt.

Auf der ersten Komponente laden alle Subskalen gleichmässig hoch. Die zweite Komponente ist ein Kontrast zwischen Sozialen Stressoren und Überforderung durch Patienten. Diese Komponente nimmt hohe Werte an, wenn die Zusammenarbeit mit KollegInnen, Vorgesetzten etc. belastet ist, ohne dass gleichzeitig mit schwerstkranken, dementen oder sonst schwierigen Patientengruppen gearbeitet werden muss. Die ersten zwei Hauptkomponenten können auch grafisch dargestellt werden (siehe Abbildung 17.2).

	Komponente					
	1	2	3	4	5	6
sozstress	0.608	0.709	0.218	0.106	0.101	0.242
krankpat	0.640	-0.512	0.433	0.315	0.155	0.134
zeitspez	0.755	-0.175	0.096	-0.574	-0.163	0.185
wiaufzi	0.750	-0.023	-0.322	0.299	-0.493	0.022
infersch	0.827	0.131	0.190	-0.063	0.045	-0.507
untpers	0.697	-0.090	-0.570	-0.007	0.422	0.043

Tabelle 17.3: Komponentenmatrix

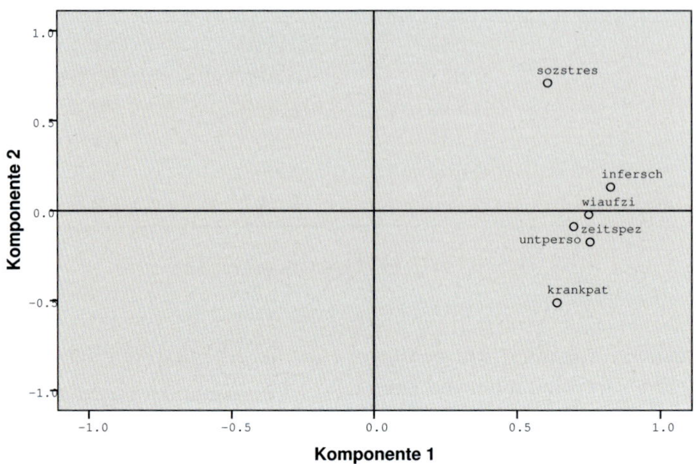

Abbildung 17.2: Die ersten zwei Hauptkomponenten

17.3 Faktorenanalyse

Die Faktorenanalyse hat ein ganz ähnliches Ziel wie die Hauptkomponentenanalyse. Auch sie versucht, eine Menge von Variablen durch ein paar wenige neue Variablen, hier *Faktoren* genannt, zu beschreiben, und sucht dazu Gruppen von hochkorrelierten Variablen. Über die Hauptkomponentenanalyse regt sich niemand auf und sie ist Bestandteil von jedem Kurs über multivariate Statistik an Hochschulen und Universitäten. Die Faktorenanalyse hingegen wird bis heute massiv kritisiert. In den Natur- und Ingenieurwissenschaften wird sie kaum angewendet und im Statistikstudium nicht behandelt.

Chatfield und Collins (1980) meinen in ihrem Standardwerk zur multivariaten Statistik: „Factor analysis should not be used in most practical situations." Sogar wichtige Mitentwickler der Faktorenanalyse schreiben in ihrem Hauptwerk (Lawley und Maxwell, 1971) über die Faktorenanalyse: „... is useful only as an approximation to reality" and „... should not be taken too seriously." In einer Buchbesprechung meint Hills (1977) kurz und bündig: „... is not worth the time necessary to understand it and carry it out". Es ist wichtig, die Gründe für diese Kritik, die nicht verstummt ist, zu verstehen, vor allem wenn man die Faktorenanalyse (trotzdem) anwenden möchte.

Faktorenanalyse: Yanas kalter Ofen

Ein zentraler Unterschied zur Hauptkomponentenanalyse besteht darin, dass die Faktorenanalyse ein statistisches Modell postuliert. Die Korrelationen zwischen den x-Variablen werden nicht nur rein rechnerisch ausgenutzt, sondern das Ziel der Faktorenanalyse ist es, die Korrelationen mit Hilfe von latenten Faktoren, Konstrukten wie z. B. Zufriedenheit mit der medizinischen Behandlung oder Belastung am Arbeitsplatz kausal zu erklären (siehe Abbildung 17.3).

Die Faktoren werden als Ursachen der Korrelationen angesehen, ein hoher Wert auf einem Faktor bewirkt entsprechend hohe oder tiefe Werte auf den zugehörigen Einzelvariablen.

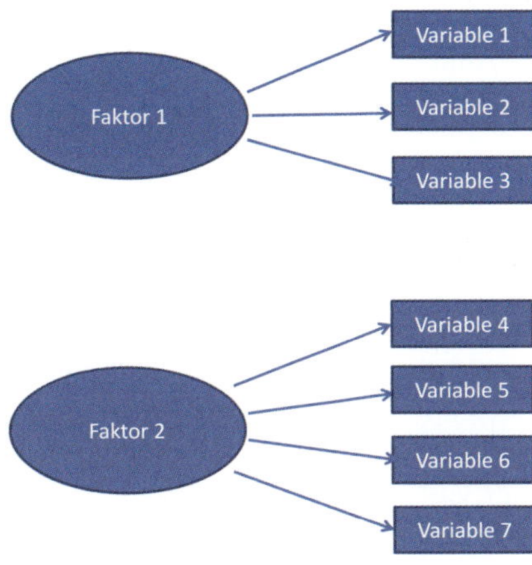

Abbildung 17.3: Faktoren als erklärende Variablen

Um die beobachteten Korrelationen auf diese Weise interpretieren zu können, braucht es ein plausibles Modell für die kausalen Zusammenhänge zwischen latenten Faktoren und beobachtbaren Variablen. Variablen können ja aus verschiedenen Gründen korreliert sein. Geschlecht, Alter und Einkommen sind meist hochkorreliert, trotzdem ist nicht anzunehmen, dass dafür ein gemeinsamer Faktor im Hintergrund verantwortlich ist. Eine Faktorenanalyse mit Items eines Fragebogens macht also nur dann Sinn, wenn erstens die Annahme eines gemeinsamen latenten Faktors als Konstrukt plausibel erscheint und zweitens die Items von diesem latenten Faktor beeinflusst werden, und nicht etwa umgekehrt wie im Beispiel des Dekubitusrisikos (siehe Seite 227). Die gedankenlose Anwendung der Faktorenanalyse hat die Methode in Verruf gebracht und die Meinung „Jeder Fragebogen muss validiert werden, also braucht es eine Faktorenanalyse!" gibt den Kritikern immer wieder von neuem Recht.

Faktorenanalyse
traf Yak-Esel anno

17.3.1 Faktorenanalysemodell

Das statistische Modell, das in der Faktorenanalyse postuliert wird, kann folgendermassen formuliert werden:

$$\begin{array}{rcl} X_1 = a_{11}F_1 + & \cdots & + a_{1m}F_m + \varepsilon_1 \\ \vdots & \cdots & \vdots \\ X_p = a_{p1}F_1 + & \cdots & + a_{pm}F_m + \varepsilon_p \end{array} \tag{17.1}$$

Die Einzelvariablen, z. B. die Items eines Fragebogens, sind die Zielvariablen $X_1, \ldots, X_p$ in diesem Modell. Sie hängen von gemeinsamen Faktoren $F_1, \ldots, F_m$ und einem für jede Variable spezifischen Faktor ε_i ab. Alle Zielvariablen und alle gemeinsamen Faktoren sind standardisiert auf Varianz 1. Wir nehmen weiter an, dass die gemeinsamen Faktoren und die spezifischen Faktoren unkorreliert sind. Die Koeffizienten $a_{i1}, \ldots, a_{im}$, die zu einer Variable X_i gehören, sind gleich den Korrelationen dieser Variablen mit den Faktoren. Sie heissen *Faktorladungen*. Die Schreibweise des Modells erinnert an ein Regressionsmodell für mehrere Zielvariablen. Im Unterschied zur Regression sind die erklärenden Variablen im Faktorenanalysemodell aber latente Variablen, also nicht messbar. Die Koeffizienten werden mit Hilfe der Korrelationen zwischen den X_i bestimmt.

Mit den Rechenregeln für Varianzen (6.14) und ähnlicher Regeln für Korrelationen erhält man:

$$\underbrace{Var(X_i)}_{=1} = \underbrace{a_{i1}^2 + \cdots + a_{im}^2}_{\text{Kommunalität von } X_i} + \underbrace{Var(\varepsilon_i)}_{\text{Spezifizität von } X_i} \quad (17.2)$$

$$Corr(X_i, X_j) = a_{i1}a_{j1} + \ldots a_{im}a_{jm} \quad (17.3)$$

Die *Kommunalität* von X_i gibt an, wieviel Variabilität von X_i durch die gemeinsamen Faktoren erklärt wird. Die Korrelation zwischen X_i und X_j ist hoch, wenn beide Variablen hohe Ladungen auf denselben Faktoren haben. Alle Faktorladungen liegen zwischen -1 und $+1$.

17.3.2 Prinzipielle Schritte einer Faktorenanalyse

Extraktion von Faktoren: Zuerst werden die Faktorladungen a_{ik} bestimmt. SPSS bietet dazu sieben verschiedene Methoden an. Häufig benutzt wird PCA. Dabei werden die ersten m Komponenten einer Hauptkomponentenanalyse als gemeinsame Faktoren genommen und die übrigen Komponenten werden vernachlässigt, d. h. als spezifischer Teil betrachtet. Die gefundenen Faktoren sind dann unkorreliert miteinander und mit den spezifischen Faktoren, aber die spezifischen Faktoren sind nicht unkorreliert miteinander. Das ist vernachlässigbar, wenn die Kommunalitäten hoch sind. Wenn das nicht der Fall ist, sollte eine andere Extraktionsmethode gewählt werden, z. B. die Hauptachsenanalyse oder die Maximum Likelihood-Methode.

Faktorrotation: Die im ersten Schritt gefundene Lösung für das Modell 17.1 ist nicht eindeutig bestimmt. Mit einer Rotation wird eine transformierte Lösung gesucht, die einfach zu interpretierende Faktoren liefert. Idealerweise gehört jede Variable nur zu einem Faktor. Im SPSS kann zwischen fünf verschiedenen Rotationsmethoden ausgewählt werden. Orthogonale Rotationen liefern unkorrelierte Faktoren, *oblique* (schiefwinklige) *Rotationen* lassen Korrelationen zwischen Faktoren zu. Bei der am meisten benutzten *Varimaxmethode*, die eine unkorrelierte Lösung gibt, wird die Streuung zwischen den Ladungen innerhalb eines Faktors maximiert. Die Ladungen werden dann entweder möglichst gross oder möglichst klein. Aus theoretischen Gründen müsste aber eigentlich eine Transformation, die korrelierte Faktoren liefert, bevorzugt werden. Es ist ja häufig anzunehmen, dass die Faktoren nicht unabhängige Bereiche beschreiben. Man kann zuerst eine oblique Rotation (im SPSS z. B. mit „Oblimin, direkt“) machen, und die Korrelationen zwischen den Faktoren anschauen. Sind Korrelationen über 0.3 vorhanden, ist eine korrelierte Lösung vorzuziehen. Wenn die Korrelationen klein sind, ist eine orthogonale Rotation sinnvoll.

Interpretation: Die Faktoren werden aufgrund des Ladungsmusters, also der Korrelationen mit den X_i interpretiert. Man versucht, das Gemeinsame der auf dem gleichen Faktor hochladenden Variablen herauszufinden und zu beschreiben. In der Regel werden dabei Korrelationen unter 0.3 ignoriert.

Faktorscores: Zum Schluss können für alle Beobachtungen die Faktorwerte berechnet werden, die dann in weiteren Analysen an Stelle der ursprünglichen Variablen benutzt werden. SPSS kennt dazu drei Methoden, meist wird die Regressionsmethode benutzt.

17.3.3 Zum praktischen Vorgehen

Für eine Faktorenanalyse braucht es mindestens 300, für stabile Aussagen gegen 1000 Beobachtungen. Nur wenn für jeden Faktor eine Variable mit einer Korrelation von über 0.8 existiert, reichen auch gut halb so viele Beobachtungen.

1. Zuerst sollten die Verteilungen der Variablen und die Streudiagramme angeschaut werden. Gibt es Ausreisser? Sind die Verteilungen schief? Sind in den Streudiagrammen gekrümmte Zusammenhänge erkennbar? Eventuell sind Transformationen

angebracht oder einzelne Variablen sollten weggelassen werden.

2. Gibt es Auffälligkeiten in der Korrelationsmatrix? Mindestens einige der Korrelationen zwischen den Variablen sollten grösser als 0.3 sein. Das *Kaiser-Meyer-Olkin-Mass (KMO)* ist ein Kriterium zur Beurteilung der Höhe der Korrelationen. Das KMO sollte grösser als 0.7 sein. Der *Bartlett-Test* testet, ob die Korrelationen signifikant von Null verschieden sind. Er setzt aber eine multivariate Normalverteilung voraus und ist extrem sensitiv, also praktisch immer signifikant, ausser bei ganz wenigen Beobachtungen.
3. Meistens beginnt man mit einer ersten Extraktion, wobei die Anzahl Faktoren gleich der Anzahl Variablen gesetzt wird.
4. Wieviele Faktoren sollen extrahiert werden? Wenn das nicht theoretisch vorgegeben ist, betrachtet man die Eigenwerte und den Anteil erklärter Varianz. Ein Eigenwert von 1 bedeutet, dass der Faktor gleich viel Varianz erklärt wie eine einzelne Variable. Deshalb nimmt man oft alle Faktoren mit Eigenwerten grösser als 1. Der *Screeplot* stellt die Eigenwerte grafisch dar. Dort wo der Plot ausflacht, liegt eine vernünftige Anzahl Faktoren. Die Wahl der Anzahl Faktoren mit Hilfe des Screeplots wird deshalb auch „Ellbogentest" genannt. Bei Unsicherheit über die Anzahl Faktoren kann man auch die Residualkorrelationen anschauen: $R_{res} = R_{obs} - R_{reprod}$. Die Werte in R_{res} sollten möglichst klein sein. Werte im Bereich $0.05 - 0.1$ gelten als mittelgross, Werte über 0.1 als gross.
5. Gesucht ist ein klares Ladungsmuster. Wenn Variablen auf mehreren Faktoren laden, ist das genauso unerwünscht, wie wenn ein Faktor alle Variablen umfasst. Die Interpretation der Faktoren ist dann schwierig. Um klare Verhältnisse zu bekommen, wird die Lösung mit verschiedenen Methoden rotiert. Wenn eine Variable überall tief lädt, dann ist auch die Kommunalität tief und die Variable wird weggelassen.

17.3.4 Beispiel: Arbeitstätigkeit

Von den Korrelationen zwischen den 41 Subskalen sind etliche über 0.3 und einige sogar über 0.5. Das KMO ist mit 0.85 genügend gross. Die zwei Subskalen Automatisierung („Viele Aufgaben, die man in- und auswendig kennt") und Transparenz der zeitlichen Abläufe („Im voraus wissen, welche und wieviel Arbeit anfällt") sind nur sehr schwach korreliert mit den übrigen Subskalen. Bei der Transparenz sind die meisten Korrelationen sogar schwach bis mässig negativ. Beide Subskalen gehören zur Vollständigkeit, und jeweils hohe Werte sind positiv. Da die Items der Subskala Automatisierung negativ formuliert sind, wurden die 5-stufigen Antwortkategorien so transformiert, dass Zustimmung tiefen Werten entspricht. Die kleinen Korrelationen könnte man so erklären, dass Automatisierung sowohl positiv wie auch negativ erlebt werden kann. Hohe Transparenz, in der Arbeitspsychologie eigentlich positiv bewertet, scheint ebenfalls nicht nur positiv erlebt worden zu sein, sondern wurde vielleicht auch mit Eintönigkeit gleichgesetzt, wie die negativen Korrelationen mit Automatisierung und Komplexität nahelegen.

In der Hauptkomponentenanalyse haben neun Faktoren Eigenwerte über 1. Im Screeplot ist der Knick bei drei Faktoren (siehe Abbildung 17.4). Zwei Faktoren erklären 39%, drei 44.5% der Varianz (siehe Tabelle 17.4) . Die Residualkorrelationen sind bei zwei Faktoren zwar von mittlerer Grösse, aber mit drei Faktoren verbessert sich die Situation nicht wesentlich. Die Kommunalitäten von Automatisierung und Transparenz der zeitlichen Abläufe sind erwartungsgemäss sehr tief, in der 3-Faktorlösung 0.079 und 0.109. Diese beiden Subskalen passen einfach schlecht zu den übrigen Subskalen und können nicht durch gemeinsame Faktoren beschrieben werden. Wir lassen Automatisierung und Transparenz der zeitlichen Abläufe deshalb weg und rechnen nochmals eine PCA mit den restlichen 39 Subskalen. Der Knick im Screeplot ist nun eher bei vier Faktoren. Zwei Faktoren erklären 40.9%, drei Faktoren 46.6% und vier Faktoren 50.7% der Varianz.

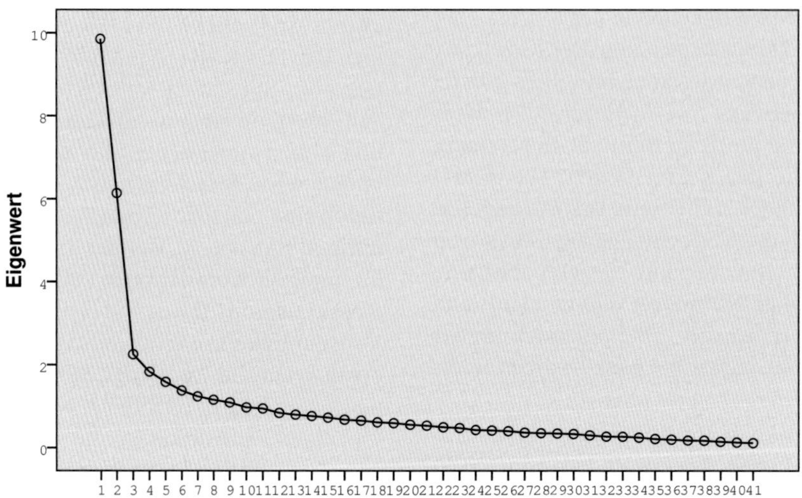

Abbildung 17.4: Screeplot

Komponente	Eigenwert	% erklärte Varianz	kumulierte % erklärte Varianz
1	9.854	24.034	24.034
2	6.139	14.974	39.007
3	2.256	5.502	44.510
4	1.832	4.468	48.978
5	1.582	3.858	52.836
6	1.374	3.352	56.188
7	1.233	3.008	59.196
8	1.154	2.814	62.009
9	1.090	2.658	64.667
10	0.972	2.371	67.038
11	0.945	2.305	69.343
⋮	⋮	⋮	⋮
41	0.114	0.278	100.000

Tabelle 17.4: Erklärte Gesamtvarianz

Wir wählen drei Faktoren und machen eine Varimaxrotation. Zur Interpretation der Faktoren betrachten wir die Faktorladungen. Die Variablen sind sortiert nach der Grösse der Ladungen, wobei Ladungen kleiner als 0.3 weggelassen worden sind, um die Lesbarkeit zu verbessern.

Rotierte Komponentenmatrix

	Komponente		
	1	2	3
motersch	.841		
ergonom	.801		
raumaus	-.796		
untfunkt	.796		
untblock	.676		
zusahand	.616	.302	-.365
krankpat	.572		
perausmi	-.571		
fehlrisk	.565		-.432
zeitspez	.541		-.399
wiaufzi	.528	.376	-.389
zeitunsp	.527	.458	
persfluk	.506		
erhohand	.505	.418	
perausun	-.492		
unsiinfo	.447		-.381
lernbehi	.425		-.399
quallern		.800	
qualvor		.704	
infver		.695	
entprob		.630	
qualange		.606	.426
qualmoeg		.599	.328
qualueb		.567	.449
komplex		.556	
kooperfo		.553	
untperso	.321	.530	-.385
variab		.455	
verant		.420	
belegung		.418	
sozklima			.715
transtat			.679
koopkomm			.675
sozstress			-.666
trantaet		.358	.620
infersch	.421		-.598
taespiel			.489
tranleis			.473
partmoeg			.425

Der erste Faktor enthält 14 der 18 Subskalen, die nach Theorie zu den zwei Bereichen der Belastung gehören. Drei weitere Subskalen, die eigentlich zu den Ressourcen gehören sollten, laden negativ auf dem ersten Faktor. Diese Subskalen geben an, ob das Ausmass von Stationspersonal, stationsübergreifenden Diensten und materiellen Ressourcen als angemessen betrachtet wird oder nicht. Dass ein entsprechendes Manko als Belastung erlebt werden kann, ist nachvollziehbar. Der zweite Faktor enthält viele Subskalen des Anforderungsbereichs Tätigkeitserfordernisse und Qualifikation. Dass Unterbrechungen durch andere Personen und Probleme bei der Belegung damit positiv korreliert sein sollen, ist eher schwer zu verstehen. Der dritte Faktor umfasst die Subskalen des Anforderungsbereichs Transparenz, Tätigkeitsspielraum und Partizipation. Kommunikation/Kooperation und soziale Stressoren (formuliert als Gegenteil von Kommunikation/Kooperation) gehören auch zu diesem Faktor, obschon sie ursprünglich als Teil der Dimension Belastung konzipiert worden sind. Dass diese Variablen aber eng mit Transparenz und Partizipation verwandt sind, leuchtet durchaus ein. Einige Variablen laden ähnlich hoch auf zwei Faktoren, aber insgesamt wird die Theorie, die dem Fragebogen zugrundeliegt, bestätigt. Ein Faktor Ressourcen hat sich zwar nicht herauskristallisiert, aber die Belastungen und die zwei Anforderungsbereiche werden gut reproduziert.

Zu bedenken ist, dass die vorhandene Stichprobe mit 175 Antwortenden für eine Faktorenanalyse sehr klein ist und Zufallsergebnisse deshalb gut möglich sind. Andere Extraktionsmethoden wie Hauptachsenanalyse oder Maximum Likelihood-Methode sowie andere Rotationsmethoden liefern sehr ähnliche Resultate.

Abschliessende Bemerkungen

Die Anwendung der Faktorenanalyse auf Daten, über deren Struktur nur sehr vage formulierte Hypothesen existieren, wird *explorative Faktorenanalyse* genannt. In einer *konfirmatorischen Faktorenanalyse* werden spezifische Hypothesen über Ladungen oder Korrelationen zwischen Faktoren überprüft. Die konfirmatorische Faktorenanalyse gehört ins Gebiet der *Strukturgleichungsmodelle*, mit denen Zusammenhänge zwischen Konstrukten und messbaren Variablen gemeinsam untersucht werden.

Strukturgleichungsmodelle kombinieren multiple Regression und Faktorenanalyse.

Faktorenanalyse an Fan: key are lost!

Die Kritik an der explorativen Faktorenanalyse betrifft den Anwendungskontext und die konkrete Durchführung. Da eine Faktorenanalyse auf fast jeden Datensatz anwendbar ist und immer eine Lösung liefert, ist sie bei AnwenderInnen beliebt. Das führt zu einer explosiv wachsenden Anzahl von neuen Konstrukten und Skalen in Psychologie, Soziologie und den Gesundheitswissenschaften. Damit hat die Praxis das Gegenteil von dem erreicht, was eigentlich das Ziel der Faktorenanalyse ist. In einem Artikel von Bollen und Lennox (1991) ist der Unterschied zwischen kausalen und Effektunterschieden beschrieben und die typischen Fehler bei der Anwendung von Faktorenanalyse oder der Berechnung von Cronbachs alphas erklärt.

Bei der Durchführung sind einige mehr oder weniger subjektive Entscheidungen zu treffen: Methode der Extraktion, Anzahl Faktoren und Rotationsmethode. Die Wahl der Anzahl Faktoren hat meist einen relativ starken Einfluss auf das Ergebnis. Die Unterschiede durch die Extraktion sind normalerweise nicht so gross. Das Prinzip der Einfachheit bei der Rotation muss nicht immer zum besten Resultat führen. Einen guten Review zur Anwendungspraxis mit den wichtigsten Entscheidungshilfen haben Fabrigar et al. (1999) zusammengestellt.

17.4 Weiterführende Literatur

Tabachnick und Fidell (2013) beschreiben Hauptkomponentenanalyse, Faktorenanalyse und Strukturgleichungsmodelle in leicht verständlicher Weise. Ausführlicher und mit mehr technischen Details ist die Darstellung der Faktorenanalyse in Backhaus et al. (2018). Brown (2015) behandelt explorative und konfirmatorische Faktorenanalyse, mit dem Schwerpunkt auf Letzterem. Eine gute Einführung in Strukturgleichungsmodelle geben Schumacker und Lomax (2015).

17.5 Kontrollfragen und Aufgaben

1. In einer Umfrage bei Personen, die an Multipler Sklerose erkrankt sind, werden knapp 40 Fragen zu vorhandenen Bedürfnissen und mit demselben Wortlaut nach einem diesbezüglichen Unterstützungsbedarf gestellt. Warum macht es keinen Sinn, eine Faktorenanalyse zu machen, um einen Faktor „Bedürfnis" und einen Faktor „Unterstützungsbedarf" nachweisen zu können?
2. Im SPSS-Output ab Seite 243 sehen Sie verschiedene Angaben zu einer Faktorenanalyse von 8 Variablen. Personen wurden gefragt, wie gerechtfertigt sie verschiedene Verhaltensweisen finden. Die Antwortskala reichte von 1 = „nie gerechtfertigt" bis 5 = „immer gerechtfertigt". Die 8 Variablen waren: *affair* = eine verheiratete Person hat eine sexuelle Affaire, *unsafe* = unsichere Arbeitsbedingungen akzeptieren, eventuell für einen höheren Lohn, *hot* = etwas kaufen, von dem man weiss, dass es gestohlen ist, *divorce* = Scheidung, *abort* = Abtreibung, *benefits* = staatliche Unterstüt-

zungsbeiträge anfordern, für die man nicht berechtigt ist, *lie* = im eigenen Interesse lügen, *homo* = Homosexualität. Beantworten Sie anhand der Angaben im Output die nachfolgenden Fragen.

a) Welche Variablen scheinen aufgrund der Korrelationsmatrix zusammenzugehören?
b) Wie gross ist die optimale Anzahl Faktoren?
c) Erklären Sie in Worten die Bedeutung der folgenden Zahlen: 0.55 (Kommunalität), 3.14 (Eigenwert), 39.3% (% von Varianz) und 56.7 (Kumulative %).
d) Wie würden Sie die zwei Faktoren benennen? Was bedeuten in der Tabelle **Rotated Component Matrix** grosse Zahlen, was bedeuten kleine Zahlen? Wieso hat es Lücken?
e) Wenn Sie die Faktorenanalyse nochmals machen würden, würden Sie einzelne Variablen weglassen?

Correlation Matrix

		affair	unsafe	hot	divorce	abort	benefits	lie	homo
Correlation	affair	1.00							
	unsafe	.28	1.00						
	hot	.35	.29	1.00					
	divorce	.38	.16	.17	1.00				
	abort	.38	.18	.21	.55	1.00			
	benefits	.31	.28	.50	.12	.14	1.00		
	lie	.49	.30	.41	.25	.30	.36	1.00	
	homo	.40	.14	.20	.44	.45	.14	.26	1.00

KMO and Bartlett's Test

Kaiser-Meyer-Olkin Measure of Sampling Adequacy.		.810
Bartlett's Test of Sphericity	Approx. Chi-Square	274.053
	df	36
	Sig.	.000

Communalities

	Initial	Extraction
affair	1.000	.550
unsafe	1.000	.350
hot	1.000	.610
divorce	1.000	.650
abort	1.000	.650
benefits	1.000	.610
lie	1.000	.530
homo	1.000	.570

Extraction Method: Principal Component Analysis.

Total Variance Explained

Component	Initial Eigenvalues		
	Total	% of Variance	Cumulative %
1	3.140	39.3	39.3
2	1.390	17.4	56.7
3	.780	9.7	66.4
4	.680	8.5	74.9
5	.580	7.3	82.2
6	.510	6.4	88.6
7	.470	5.9	94.5
8	.440	5.5	100.0

Extraction Method: Principal Component Analysis.

Component Matrix(a)

	Component	
	1	2
affair	.740	-.020
unsafe	.690	.230
hot	.650	-.480
divorce	.620	-.510
abort	.620	.480
benefits	.610	-.440
lie	.490	.330
homo	.550	.550

Extraction Method: Principal Component Analysis.
a 2 components extracted.

Rotated Component Matrix(a)

	Component	
	1	2
benefits	.78	
hot	.77	
lie	.65	.32
unsafe	.58	
divorce		.80
abort		.80
homo		.75
affair	.50	.54

Extraction Method: Principal Component Analysis.
a Rotation converged in 6 iterations.

17.6 Glossar

Explorative Faktorenanalyse Verfahren zur Entdeckung von ein paar wenigen Faktoren, die die vorhandenen Korrelationen zwischen mehreren Items erklären können.

Faktorladung Korrelation eines Items mit einem Faktor.

Kommunalität Durch die Faktoren erklärte Varianz eines Items.

Konfirmatorische Faktorenanalyse Eine hypothetische Faktorstruktur wird mit statistischen Tests bestätigt oder verworfen.

18. Häufigste Methoden und Fehler

- Wie steht es mit der Qualität der Statistik in der Forschung?
- Was sind die typischen Fehler?
- Wie kann es besser werden?

18.1 Häufigste Methoden

Reviews von medizinischen Journals zeigen, dass zwischen 70 und 80% aller Artikel statistische Analysen enthalten. Nach einem Review im *Journal of Advanced Nursing* (JAN) im Jahr 1996 enthielten 50% aller Beiträge numerische Ergebnisse und 30% präsentierten statistische Analysen, die über deskriptive Statistik hinausgingen (Anthony, 1996). Die im JAN damals am häufigsten verwendeten Methoden waren:

- Chiquadrat-Test
- Mann-Whitney-Test
- Varianzanalyse
- Cronbachs alpha
- 2-Stichproben-t-Test
- Faktorenanalyse
- Kruskal-Wallis-Test
- Pearson Korrelation, Rangkorrelation
- 1-Stichproben-t-Test
- Cohens Kappa

Malone und Coyne (2017) wiederholten kürzlich die Untersuchung im *Journal of Advanced Nursing*. Erstaunlicherweise gab es ziemlich wenige Veränderungen im Vergleich zu 1996. Der Anteil an statistischen Analysen war etwa gleich hoch und am häufigsten wurde immer noch der Chiquadrat-Test verwendet, gefolgt vom 2-Stichproben-t-Test. Varianzanalysemodelle (inkl. Repeated Measures, Ancova und Manova) kamen 2015 etwas häufiger vor als 20 Jahre früher und zwei Artikel enthielten neu eine Metaanalyse.

Chiquadrattest:
Radtasche quitt

In der Zeitschrift *Pflege* gibt es weniger statistische Analysen. Zwischen 2010 und 2016 enthielten von 185 Artikeln nur 27 (15%) statistische Analysen, die mehr als rein deskriptive Auswertungen umfassten.

In medizinischen Zeitschriften kommen auch logistische Regressionen, und Überlebensanalysen ziemlich häufig vor.

18.2 Typische Fehler und Missbräuche

Die Reviews zeigen auch, dass in rund der Hälfte aller Artikel statistische Fehler vorkommen, oft Auslassungsfehler. Dabei sinkt die Fehlerrate seit 1960 über die Jahre nicht. Anthony (1996) listet die folgenden Fehler auf, die in den Publikationen des JAN gehäuft auftraten.

Studienplanung

- Zu kleine oder zu grosse Stichprobe, keine Machtberechnung,
- Keine Beschreibung der Versuchspersonenauswahl,
- Schliessende Statistik ohne irgendeine Randomisierung oder Zufallsstichprobe,
- Ungenügende Deklaration der Forschungsfragen oder Hypothesen.

Deskriptive Statistik

- Mittelwert und Standardabweichung für nichtnormale, schiefe Daten.
- Notation $\bar{x} \pm \ldots$, ohne Angabe was genau bei ... steht: Standardabweichung s, $2 \cdot s$ oder Standardfehler $s/\sqrt{n}$?
- Verwechslung von Standardabweichung und Standardfehler.

Statistische Tests

- Die Aussage „Es besteht ein signifikanter Unterschied ... " wird ohne genaue Angabe des Tests oder des Signifikanzniveaus gemacht.
- Es werden verschiedene Tests benutzt und es ist unklar, welcher wo zur Anwendung kam.
- Schreibweise „P-Wert = 0.0000" statt „P-Wert < 0.0001".
- Es ist unklar, ob ein Test ein- oder zweiseitig ist.
- Statt einem Test für verbundene Stichproben wird einer für unabhängige Stichproben durchgeführt, oder umgekehrt.
- Es werden mehrere Signifikanztests durchgeführt ohne eine Bonferroni-Korrektur oder eine sonstige Kontrolle für das Signifikanzniveau.
- Es wird ein parametrischer Test gemacht, obschon eine effiziente nichtparametrische Variante existiert.

Fehlinterpretation eines P-Werts

- „knapp nicht signifikant" heisst nicht, dass mehr Daten Signifikanz gebracht hätten,
- „nicht signifikant" heisst nicht, dass kein Effekt vorhanden ist,
- „signifikant" bedeutet nicht dasselbe wie relevant.

Nach Anthony hat sich die Fehlerrate im Verlauf von zehn Jahren nicht signifikant verändert. Die von ihm identifizierten Fehler beziehen sich auf einfache Grundprinzipien und statistische Methoden. Der Komplexität der Forschungsfragen entsprechend werden in der Pflegeforschung heute auch kompliziertere Auswertungsmethoden verwendet: multiple Regression, Methoden der multivariaten Statistik, Varianzanalysen mit Repeated Measures usw. Es stellt sich die Frage, wie diese anspruchsvolleren Methoden benutzt werden, wenn schon bei den einfachen Anwendungen derart viele Fehler auftreten, oder wenigstens früher aufgetreten sind.

Wie steht es also mit der Qualität der statistischen Analysen in Publikationen der Pflegeforschung im 21. Jahrhundert? Die Antwort von Cohn et al. (2009) lautet: „ ... studies in high impact-factor nursing journals are statistically sound and provide a solid foundation for evidence-based practice". Wow, fantastisch! Aber ziemlich verblüffend, wenn man an den jahrzehntelangen, nicht besonders erfolgreichen Kampf im Bereich der Medizin denkt. Wie kommen denn Cohn et al. zu dieser Einschätzung? Sie entwickelten ein Messinstrument, um die Qualität der statistischen Analysen zu erfassen. Eine Publikation erhielt einen Punkt, wenn alle zu Beginn erwähnten Forschungsfragen im Resultateteil vorkamen. Einen weiteren Punkt gab es, wenn nicht nur deskriptive Statistik verwendet worden war. Das sind ziemlich leicht verdiente Punkte. Auch nicht mehr als einen Punkt gab es für ein Kriterium wie „Statistische Methode ist genügend beschrieben und der Datensorte angemessen" oder „Statistische Methode ist dem Design angemessen". Die maximal erreichbare Punktzahl war 10. Die Validität dieses Messinstruments ist zu bezweifeln. Da kommen Punkte zusammen, auch wenn substanzielle Fehler vorhanden sind. Die Darstellung der Ergebnisse im Artikel von Cohn et al. ist ziemlich unübersichtlich, aber es gibt eindeutig fehlerhafte Zahlenangaben. Es scheint so zu sein, dass etliche Publikationen das Maximum von 10 Punkten und die Hälfte der Publikationen mindestens 8 Punkte erreichten. Die statistische Analyse, die Cohn et al. dann selbst vorlegen, würde in manch anderer Checkliste das erforderliche Minimum nicht schaffen. Im Übrigen kann man aus den vorliegenden Angaben auch negative Schlüsse über das Niveau der untersuchten Artikel ziehen. Rund 30% aller Artikel erfüllten nämlich das Kriterium „Statistische Methode ist genügend beschrieben und der Datensorte angemessen" nicht vollständig und 42% aller Artikel mit komplexeren Designs benutzten keine adäquate Analysemethode.

Die Checkliste ab Seite 253 kann eine Hilfe beim kritischen Lesen eines Artikels sein, sie ist nicht zum Entdecken von Fehlern gedacht.

18.3 Metaanalyse

Zu manchen Fragestellungen gibt es viele verschiedene Studienergebnisse. Bevor eine neue Studie geplant wird, ist es daher wichtig, den bisherigen Forschungsstand aufzuarbeiten. Das kann mit einem narrativen Review (Übersichtsartikel), einem systematischen Review oder einer Metaanalyse getan werden.

Bei einem narrativen Review werden die zu besprechenden Studien mehr oder weniger willkürlich ausgewählt. Ein systematischer Review macht eine umfassende Literaturrecherche mit klar definierten Ein- und Ausschlusskriterien. Die Kritik an systematischen Reviews betrifft die allenfalls subjektive Bewertung und Interpretation der Studienergebnisse. Die Metaanalyse hat als Ziel eine quantitative Synthese der Studienergebnisse. Dazu werden aus den vorliegenden Studien die Effektstärken zusammengetragen und daraus eine mittlere Effektstärke berechnet und die Variabilität der Einzelbefunde untersucht.

Metaanalyse und systematische Reviews bilden zusammen die höchste Evidenzklasse von allen Forschungsmethoden, sie haben die grösste wissenschaftliche Aussagekraft in der evidenzbasierten Medizin und stehen noch höher als RCTs.

Die Metaanalyse umfasst:

1. Problemstellung
2. Literaturrecherche
3. Datenerfassung
4. Datenanalyse
5. Präsentation der Ergebnisse

Zur klaren Formulierung der Forschungsfrage gehört die Festlegung der zu untersuchenden Zielgrössen und erklärenden Variablen. Auch der geographische, kulturelle oder zeitliche Rahmen der Studien muss definiert werden.

Die Literaturrecherche sollte eine Vollerhebung der relevanten Literatur mit klaren Ein- und Ausschlusskriterien sein. Man benutzt verschiedene Datenbanken (Medline, Embase, Cinahl, PsychInfo etc.), um möglichst alles zu finden. Die Suchstrategie mit den Schlüsselwörtern sollte dokumentiert werden. Das grösste Problem auf dieser Stufe ist der *publication bias*. Nicht signifikante Ergebnisse werden weniger publiziert. Ein Effekt wird dann eventuell überschätzt, wenn man sich nur auf publizierte Studien abstützt. Deshalb werden in manchen Metaanalysen auch nicht publizierte Studien gesucht und mitanalysiert. Es ist aber natürlich schwierig, an diese Studien heranzukommen. Man kann zum Beispiel Experten des Gebiets befragen und nach dem Schneeballprinzip weitere Forschung suchen. Dieses Vorgehen schleust aber einen weiteren Bias ein, weil die Auswahl der Experten und die gefundenen Studien eher nicht repräsentativ sind.

Nun kommt die Codierung und Bewertung der Studien. Erfasst werden Informationen über die Publikation, Informationen über die Studie (Design, Dauer, Stichprobengrösse, usw.) und Angaben zu den Effektgrössen (inkl. Standardfehler) und Kovariablen. Die Datenerfassung machen in der Regel zwei Personen unabhängig voneinander, um Fehler zu vermeiden. Übliche Effektgrössen sind relatives Risiko oder Odds ratio für binäre Zielgrössen, Treatmenteffekt, d. h. (standardisierte) Differenz von zwei Mittelwerten (Intervention-Kontrolle) oder Korrelation für den Zusammenhang von zwei Variablen. Die Qualität der Studie wird beurteilt anhand einer Checkliste, ungenügende Studien werden separat betrachtet.

Für die gemeinsame Analyse der zusammengetragenen Effektgrössen stehen prinzipiell drei verschiedene Modelle zur Verfügung.

Fixed-effects model:

$$Y_i = \beta_0 + \varepsilon_i, \quad i = 1, \ldots, k$$

Y_i ist die Effektgrösse von Studie i, β_0 ist der wahre Effekt, ε_i ist eine Zufallsvariable mit Varianz σ_i^2. Diese Varianz wird geschätzt durch den (quadrierten) Standardfehler der Effektgrösse. Beobachtete Unterschiede zwischen den Studien sind also nur auf Messfehler zurückzuführen. Es wird angenommen, dass die Effektgrössen homogen sind. Die Homogenität kann mit der Q-Statistik getestet werden:

$$Q = \sum w_i (y_i - \hat{\beta}_0)^2$$

mit $w_i = \frac{1}{se(y_i)^2}$ und $\hat{\beta}_0 = \frac{\sum w_i y_i}{\sum w_i}$. Unter H_0 (Annahme von Homogenität) hat Q eine Chiquadratverteilung mit $k-1$ Freiheitsgraden.

Random-effects model:

$$Y_i = \beta_0 + u_i + \varepsilon_i, \quad i = 1, \ldots, k$$

Wenn die Effektgrössen stärker schwanken als das fixed-effects model zulässt, braucht es einen zusätzlichen Term u_i, den zufälligen Effekt der Studie i. Es gibt jetzt zwei Varianzkomponenten $Var(u_i) = \tau^2$ und $Var(\varepsilon_i) = \sigma^2$.

Die Streuung zwischen den Studien wird oft angegeben mit dem I^2 Index:

$$I^2 = \frac{\hat{\tau}^2}{\hat{\sigma}^2 + \hat{\tau}^2}$$

I^2 ist der Anteil der Gesamtvariabilität der auf Heterogenität zwischen den Studien zurückzuführen ist.

Mixed model:

$$Y_i = \beta_0 + \beta_1 x_{1i} + \beta_2 x_{2i} \ldots + u_i + \varepsilon_i, \; i = 1, \ldots, k$$

Wenn Studienmerkmale $x_1, x_2, \ldots$ vorliegen, die Heterogenität erklären könnten (mittleres Alter der PatientInnen, % Frauen usw.), ist ein mixed model angezeigt.

Die Schätzung von β_0 liefert die mittlere Effektstärke, die zum Schluss noch hinsichtlich ihrer praktischen Relevanz interpretiert werden sollte.

18.3.1 Beispiel: Soziale Beziehungen und Gesundheit

Seit bald 40 Jahren wird in Studien ein Zusammenhang zwischen sozialen Beziehungen und Gesundheit festgestellt. Sozial isolierte Personen sind weniger gesund, physisch und psychisch, und sterben früher (nicht nur durch Selbstmord). Gleichzeitig nimmt die soziale Isolation von mehr und mehr Menschen in den industrialisierten, westlichen Staaten zu.

Soziale Integration bzw. Isolation wird in den verschiedenen Studien ganz unterschiedlich gemessen. Es wird primär zwischen strukturellen und funktionalen Aspekten von sozialen Beziehungen unterschieden. Strukturell ist die Integration in sozialen Netzwerken, funktional ist die soziale Unterstützung, die jemand erhält oder glaubt zu erhalten. Manche Studien messen nur ein paar wenige Indikatoren, andere benutzen mehrere Instrumente zur Messung von Einsamkeitsgefühlen, sozialer Unterstützung und Beteiligung in Netzwerken.

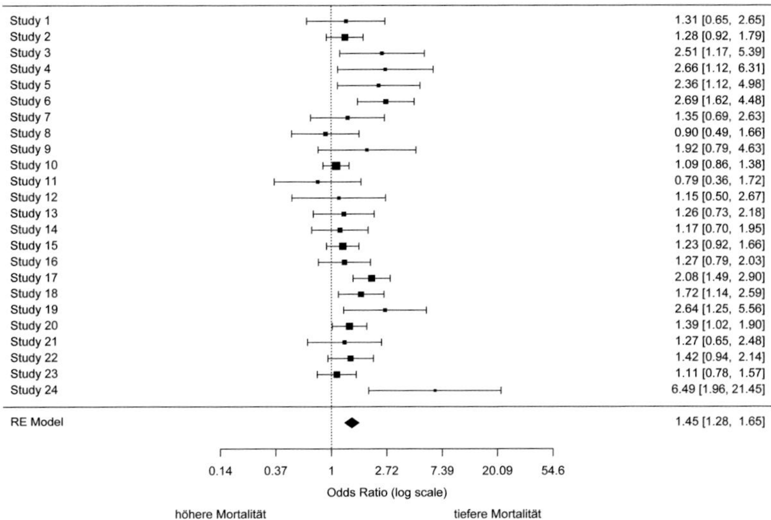

Abbildung 18.1: Effektgrössen der 24 funktionalen Studien

Holt-Lunstad et al. (2010) haben eine Metaanalyse zum Zusammenhang von sozialer Integration und allgemeiner Mortalität durchgeführt. Auf der Basis von 148 Studien ergab sich mit einem Random-effects model eine mittlere Effektstärke von $OR = 1.50$. Das bedeutet, dass die Odds für Überleben 50% höher waren für Personen mit stärkeren sozialen Beziehungen im Vergleich zu Personen mit schwächeren sozialen Beziehungen. Das Teilergebnis der Metaanalyse der 24 Studien mit funktionaler sozialer Integration ist in der Abbildung 18.1 zu sehen.

Der Publikationsbias kann mit Hilfe eines Funnelplots beurteilt werden (siehe Abbildung 18.2). Wenn nicht signifikante Studien weggelassen worden sind, zeigt sich das in einer Asymmetrie der Punktewolke.

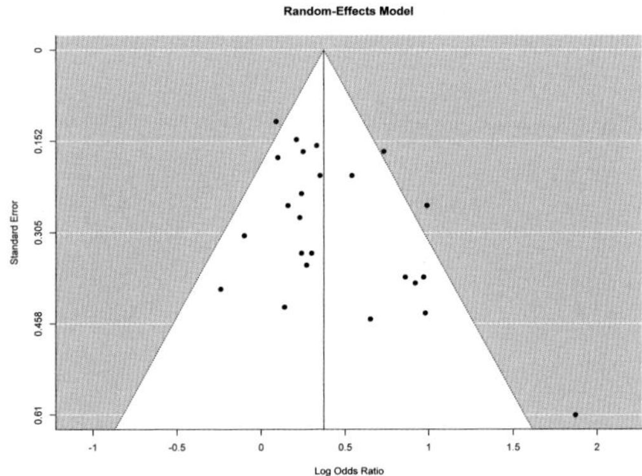

Abbildung 18.2: Funnelplot der 24 funktionalen Studien

Typischerweise gibt es dann rechts oder links eine Lücke im unteren Bereich. Hier ist das nicht der Fall.

Häufig wird auch berechnet, wie viele nichtsignifikante Studien mit Effekt Null es brauchen würde, damit der beobachtete mittlere Effekt nicht mehr signifikant wäre. In unserem Beispiel ist diese Anzahl 473.

Soziale Beziehungen erhöhen also die Überlebenschancen einer Person deutlich. Der Effekt wird vermutlich sogar noch unterschätzt, weil etliche Studien nur sehr einfache Indikatoren für soziale Integration benutzt haben und sich gezeigt hat, dass der Effekt stärker ist, wenn komplexere Indikatoren verwendet werden. In den Studien, die mehrere Aspekte von sozialen Beziehungen erfasst haben, stieg die mittlere Effektstärke auf $OR = 1.91$. Der Effekt von sozialen Beziehungen ist damit sogar leicht grösser als andere bekannte Risikofaktoren wie Tabak- oder Alkoholkonsum, und deutlich grösser als der Effekt von Übergewicht oder Bewegungsmangel. Es wäre an der Zeit, dass diese Ergebnisse von ÄrztInnen, Gesundheitsorganisationen und Behörden zur Kenntnis genommen und entsprechende Konsequenzen hinsichtlich Präventionskampagnen und Gesundheitsförderung gezogen würden.

Beurteilung von Forschungsartikeln im IMRAD-Format (Introduction, Methods, Results and Discussion)

A. Fragestellung

❶ Worum geht es?

....
....
....
....
....
....

❷ Was ist die Zielpopulation?

....
....

❸ Forschungsfragen/Hypothesen?

1. ....
....
2. ....
....
3. ....
....

❹ Ist die Beschreibung ausführlich genug?

o ja
o nein
o nur teilweise

B. Studiendesign

❶ Was für ein Studientyp liegt vor?

o Systematischer Review, Metaanalyse
o RCT, kontrolliertes Experiment
o Kohortenstudie, Longitudinalstudie
o Fall-/Kontrollstudie
o Querschnittstudie
o Sekundärdatenanalyse
o Methodenbeschreibung, Validierung
o Fallstudie
o nicht systematischer Review
o Richtlinien
o Entscheidungsanalyse
o Oekonomische Analyse

❷ Spezieller Designtyp?

o parallele Gruppen
o matched comparison
o Crossover
o Repeated measures
o Faktorieller Versuchsplan

❸ Ist die Beschreibung des Designs genügend?

o ja
o nein
o teils/teils

❹ Ist das Design der Fragestellung angepasst?

o ja
o nein
o unklar

❺ Sind Ein- und Ausschlusskriterien der teilnehmenden Personen genügend beschrieben?

o ja
o nein
o teils/teils

❻ Ist die Auswahl der Personen genügend beschrieben?

- o ja
  - ↳ o Zufallsstichprobe
  - o Gelegenheitsstichprobe
- o nein

❸ Ist die Wahl der Versuchpersonen adäquat für die Fragestellung?

- o ja
- o nein
- o unklar

❽ Gibt es eine Kontroll- oder Vergleichsgruppe?

- o ja
  - ↳ o aktuell o historisch
- o nein, weil: ....

❾ Wie ist die Stichprobengrösse gewählt worden?

- o Machtberechnung
- o Verweis auf andere Studien
- o pragmatisch
- o unklar

C. Interne Validität

❶ Sind alle Zielgrössen und erklärende Variablen klar definiert?

- o ja
- o nein

❷ Sind die Messungen objektiv und reliabel?

- o ja
- o nein
- o teils/teils

❸ Sind Treatments und Instruktionen genügend klar definiert und standardisiert?

- o ja
- o nein

❹ Wie blind ist die Studie?

- o blindeTreatmentzuteilung für Vpn
- o blindeTreatmentzuteilung für ForscherIn
- o blindes Outcome-Assessment
- o keine Blindheit

❺ Werden die Vpn den Untersuchungsgruppen randomisiert zugeteilt?

- o ja, Methode: ....
- o nein, weil: ....
- o unklar

❻ Gibt es Probleme durch eine zu tiefe Antwortrate?

- o ja
- o nein

❼ Gibt es Probleme durch eine zu hohe Dropoutrate?

- o ja
- o nein

❽ Wird eine Intention-to-treat-Analyse durchgeführt?

- o ja
- o nein

D. Resultate

❶ Sind die statistischen Methoden genügend beschrieben?

o ja
o nein
o nur teilweise

Verwendete Methoden:
....
....
....

❷ Ist die Wahl der statistischen Methoden adäquat?

o ja
o nein
o unklar

❸ Sind die statistischen Methoden korrekt angewendet worden?

o ja
o nein, Fehler:...
....
....
o unklar

❹ Sind die Charakteristika der Vpn genügend beschrieben?

o ja
o nein
o nur teilweise

❺ Ist die Follow-up-Dauer genügend?

o ja
o nein
o unklar

❻ Sind Kovariablen (Confounders) berücksichtigt?

o ja, durch: ....
....
....
o nein
o teils/teils

❼ Ist die Präsentation (Tabellen, Grafiken) gut?

o ja
o nein

❽ Sind Kovariablen (Confounders) berücksichtigt?

o ja
o nein
o unklar

❾ Sind genügend Details angegeben, sodass die Resultate nachvollzogen werden können?

o ja
o nein
o nur teilweise

❿ Sind bei den Hauptresultaten Vertrauensintervalle angegeben?

o ja
o nein
o nur teilweise

E. Externe Validität

❶ Gibt es einen Selektionsbias, der die Resultate atypisch oder unrepräsentativ macht?

o ja
o nein
o unklar

❷ Sind die Ergebnisse auf die Zielpopulation verallgemeinerbar?

o ja
o nein
o unklar

F. Gesamtbeurteilung

❶ Sind die Schlussfolgerungen gerechtfertigt?

- o ja
- o nein
- o teils/teils

❷ Sind die Ergebnisse relevant für die Forschungsfragen?

- o ja
- o nein
- o unklar

❸ Wird auf Mängel der Daten, der Studie hingewiesen?

- o ja
- o nein

❹ Gibt es einen Vorschlag für eine bessere Studie oder eine Nachfolgestudie?

....
....
....
....
....
....
....

❺ Die Gesamtbeurteilung des Artikels ist positiv?

- o ja
- o nein
- o teils/teils

18.4 Qualität der Statistik in der Forschung

In der medizinischen Forschung wird die schlechte Qualität in Planung, Auswertung und Darstellung von Studien seit langem angeprangert (Gore et al., 1977; Altman, 1994). Trotzdem gibt es nur kleine Verbesserungen. Fast 15 Jahre nach dem Appell von Altman wird immer noch ein dringender Handlungsbedarf zur Qualitätssteigerung gesehen (Groves, 2008). In einer schockierenden Untersuchung haben Garcia-Berthou und Alcaraz (2004) die Übereinstimmung zwischen angegebenem Wert einer Teststatistik und dem *P*-Wert überprüft. 25% aller Artikel im *British Medical Journal (BMJ)* und 38% aller Artikel in *Nature* enthielten Fehler. In 12% der Fälle änderte das die Aussage über die Signifikanz deutlich. Die Redaktion des *BMJ* zeigte sich betroffen und diskutierte Verbesserungsmöglichkeiten:

- Die Statistical Reviewer kontrollieren alle Berechnungen. Das ist unmöglich, es würde die Dauer des Review-Prozesses ins Unendliche steigern.
- Die AutorInnen werden verpflichtet, ihre Rohdaten zusammen mit dem Manuskript einzureichen und die Rohdaten öffentlich zugänglich zu machen. Das bedeutet einen nicht zu unterschätzenden Zusatzaufwand für die AutorInnen.
- Wenn schon die Rohdaten eingeschickt werden sollen, dann auch gleich das Studienprotokoll dazu. Denn die Evidenz nimmt zu, dass viele Studien in gravierender Weise vom ursprünglich festgelegten Protokoll abweichen.

Klar ist, dass im Review-Prozess nur wenige grobe Fehler entdeckt werden, auch beim *BMJ*, einem der weltbesten Journals im Gesundheitsbereich. Jeder eingereichte Artikel wird von einem Statistiker/einer Statistikerin begutachtet und beim Entscheid, ob ein Manuskript publiziert wird, ist immer ein Statistiker/eine Statistikerin mit dabei. In anderen Zeitschriften ist es weit einfacher, schlechte Forschung zu publizieren. Das *BMJ* enthält seit 2008 eine neue Rubrik „Research Methods and Reporting“, nach dem Motto „How to do and write up research“ wird Hilfestellung angeboten. Artikel über klinische Studien werden nur noch angenommen, wenn die Studie registriert und das Protokoll eingereicht wurde. Weiter hat das *BMJ* ab 2016 zusammen mit der University of California San Francisco (UCFS) das eLearning Programm „Research to Publication“ entwickelt, das in 6 Kursen methodologische Kenntnisse für alle Stufen der medizinischen Forschung vom Design der Studie bis zur Publikation vermittelt.

Watson und Thompson (2006) analysierten rund 100 Artikel, publiziert im Journal of Advanced Nursing, die eine Faktorenanalyse beinhalteten. In fast allen Studien war eine PCA gemacht worden, es wurden alle Faktoren mit einem Eigenwert grösser als 1 extrahiert und anschliessend eine Varimaxrotation durchgeführt. Das sind die Standardeinstellungen im SPSS! Die Vermutung liegt nahe, dass die meisten AutorInnen von Faktorenanalyse nicht mehr wissen, als dass man es mit SPSS „machen“ kann.

Was sind die Gründe für die anhaltende Misere in der Forschung? Der Druck, Forschung zu betreiben, ist in vielen Institutionen enorm gross. Aus jedem Projekt muss mindestens eine, besser mehrere Publikationen resultieren. Publizieren hat nicht den Zweck, andere über wichtige oder interessante Erkenntnisse zu informieren, sondern ist unabdingbar für die Festigung der beruflichen Position. Solange alle forschen müssen und alle alles publizieren wollen, wird sich nichts grundsätzlich verbessern.

Zu Beginn dieses Buchs ging es um Angst vor Statistik. Diese Angst ist sicher weit verbreitet. Aber genau so verbreitet ist mangelnder Respekt vor Statistik. Statistik wird delegiert an den Computer, an einen Mitarbeiter oder eine Mitarbeiterin. Renommierte Mediziner und führende Pflegewissenschaftlerinnen können verkünden, dass sie von Statistik keine Ahnung hätten, ohne sich im geringsten zu schämen.

Das erinnert an das holländische Appelationsgericht im Fall Lucie de Berk (siehe Seite 103 und 112). Statistik bestand dort auch nur aus einer Formel. Gute Forschung ist aber nicht möglich, ohne dass statistisches Denken in jeder Phase präsent ist. Nicht einmal die Auswertung kann erledigt werden mit dem blossen Einsetzen in die "richtige Formel".

Und wo ist eigentlich Lupita geblieben?

A. Tabellen

Binomialverteilung

Tabelliert sind Werte $P(X \leq x) = \sum_{k=0}^{x} P(X = k) = \sum_{k=0}^{x} \binom{n}{k} p^k (1-p)^{n-k}$.

n	x	p	0.01	0.02	0.03	0.04	0.05	0.06	0.07	0.08	0.09
1	0		0.9900	0.9800	0.9700	0.9600	0.9500	0.9400	0.9300	0.9200	0.9100
	1		1.0000	1.0000	1.0000	1.0000	1.0000	1.0000	1.0000	1.0000	1.0000
2	0		0.9801	0.9604	0.9409	0.9216	0.9025	0.8836	0.8649	0.8464	0.8281
	1		0.9999	0.9996	0.9991	0.9984	0.9975	0.9964	0.9951	0.9936	0.9919
	2		1.0000	1.0000	1.0000	1.0000	1.0000	1.0000	1.0000	1.0000	1.0000
3	0		0.9703	0.9412	0.9127	0.8847	0.8574	0.8306	0.8044	0.7787	0.7536
	1		0.9997	0.9988	0.9974	0.9953	0.9928	0.9896	0.9860	0.9818	0.9772
	2		1.0000	1.0000	1.0000	0.9999	0.9999	0.9998	0.9997	0.9995	0.9993
	3		1.0000	1.0000	1.0000	1.0000	1.0000	1.0000	1.0000	1.0000	1.0000
4	0		0.9606	0.9224	0.8853	0.8493	0.8145	0.7807	0.7481	0.7164	0.6857
	1		0.9994	0.9977	0.9948	0.9909	0.9860	0.9801	0.9733	0.9656	0.9570
	2		1.0000	1.0000	0.9999	0.9998	0.9995	0.9992	0.9987	0.9981	0.9973
	3		1.0000	1.0000	1.0000	1.0000	1.0000	1.0000	1.0000	1.0000	0.9999
	4		1.0000	1.0000	1.0000	1.0000	1.0000	1.0000	1.0000	1.0000	1.0000
5	0		0.9510	0.9039	0.8587	0.8154	0.7738	0.7339	0.6957	0.6591	0.6240
	1		0.9990	0.9962	0.9915	0.9852	0.9774	0.9681	0.9575	0.9456	0.9326
	2		1.0000	0.9999	0.9997	0.9994	0.9988	0.9980	0.9969	0.9955	0.9937
	3		1.0000	1.0000	1.0000	1.0000	1.0000	0.9999	0.9999	0.9998	0.9997
	4		1.0000	1.0000	1.0000	1.0000	1.0000	1.0000	1.0000	1.0000	1.0000
6	0		0.9415	0.8858	0.8330	0.7828	0.7351	0.6899	0.6470	0.6064	0.5679
	1		0.9985	0.9943	0.9875	0.9784	0.9672	0.9541	0.9392	0.9227	0.9048
	2		1.0000	0.9998	0.9995	0.9988	0.9978	0.9962	0.9942	0.9915	0.9882
	3		1.0000	1.0000	1.0000	1.0000	0.9999	0.9998	0.9997	0.9995	0.9992
	4		1.0000	1.0000	1.0000	1.0000	1.0000	1.0000	1.0000	1.0000	1.0000
7	0		0.9321	0.8681	0.8080	0.7514	0.6983	0.6485	0.6017	0.5578	0.5168
	1		0.9980	0.9921	0.9829	0.9706	0.9556	0.9382	0.9187	0.8974	0.8745
	2		1.0000	0.9997	0.9991	0.9980	0.9962	0.9937	0.9903	0.9860	0.9807
	3		1.0000	1.0000	1.0000	0.9999	0.9998	0.9996	0.9993	0.9988	0.9982
	4		1.0000	1.0000	1.0000	1.0000	1.0000	1.0000	1.0000	0.9999	0.9999
	5		1.0000	1.0000	1.0000	1.0000	1.0000	1.0000	1.0000	1.0000	1.0000
8	0		0.9227	0.8508	0.7837	0.7214	0.6634	0.6096	0.5596	0.5132	0.4703
	1		0.9973	0.9897	0.9777	0.9619	0.9428	0.9208	0.8965	0.8702	0.8423
	2		0.9999	0.9996	0.9987	0.9969	0.9942	0.9904	0.9853	0.9789	0.9711
	3		1.0000	1.0000	0.9999	0.9998	0.9996	0.9993	0.9987	0.9978	0.9966
	4		1.0000	1.0000	1.0000	1.0000	1.0000	1.0000	0.9999	0.9999	0.9997
	5		1.0000	1.0000	1.0000	1.0000	1.0000	1.0000	1.0000	1.0000	1.0000
9	0		0.9135	0.8337	0.7602	0.6925	0.6302	0.5730	0.5204	0.4722	0.4279
	1		0.9966	0.9869	0.9718	0.9522	0.9288	0.9022	0.8729	0.8417	0.8088
	2		0.9999	0.9994	0.9980	0.9955	0.9916	0.9862	0.9791	0.9702	0.9595
	3		1.0000	1.0000	0.9999	0.9997	0.9994	0.9987	0.9977	0.9963	0.9943
	4		1.0000	1.0000	1.0000	1.0000	1.0000	0.9999	0.9998	0.9997	0.9995
	5		1.0000	1.0000	1.0000	1.0000	1.0000	1.0000	1.0000	1.0000	1.0000
10	0		0.9044	0.8171	0.7374	0.6648	0.5987	0.5386	0.4840	0.4344	0.3894
	1		0.9957	0.9838	0.9655	0.9418	0.9139	0.8824	0.8483	0.8121	0.7746
	2		0.9999	0.9991	0.9972	0.9938	0.9885	0.9812	0.9717	0.9599	0.9460
	3		1.0000	1.0000	0.9999	0.9996	0.9990	0.9980	0.9964	0.9942	0.9912
	4		1.0000	1.0000	1.0000	1.0000	0.9999	0.9998	0.9997	0.9994	0.9990
	5		1.0000	1.0000	1.0000	1.0000	1.0000	1.0000	1.0000	1.0000	0.9999
	6		1.0000	1.0000	1.0000	1.0000	1.0000	1.0000	1.0000	1.0000	1.0000

n	x	p	0.01	0.02	0.03	0.04	0.05	0.06	0.07	0.08	0.09
11	0		0.8953	0.8007	0.7153	0.6382	0.5688	0.5063	0.4501	0.3996	0.3544
	1		0.9948	0.9805	0.9587	0.9308	0.8981	0.8618	0.8228	0.7819	0.7399
	2		0.9998	0.9988	0.9963	0.9917	0.9848	0.9752	0.9630	0.9481	0.9305
	3		1.0000	1.0000	0.9998	0.9993	0.9984	0.9970	0.9947	0.9915	0.9871
	4		1.0000	1.0000	1.0000	1.0000	0.9999	0.9997	0.9995	0.9990	0.9983
	5		1.0000	1.0000	1.0000	1.0000	1.0000	1.0000	1.0000	0.9999	0.9998
	6		1.0000	1.0000	1.0000	1.0000	1.0000	1.0000	1.0000	1.0000	1.0000
12	0		0.8864	0.7847	0.6938	0.6127	0.5404	0.4759	0.4186	0.3677	0.3225
	1		0.9938	0.9769	0.9514	0.9191	0.8816	0.8405	0.7967	0.7513	0.7052
	2		0.9998	0.9985	0.9952	0.9893	0.9804	0.9684	0.9532	0.9348	0.9134
	3		1.0000	0.9999	0.9997	0.9990	0.9978	0.9957	0.9925	0.9880	0.9820
	4		1.0000	1.0000	1.0000	0.9999	0.9998	0.9996	0.9991	0.9984	0.9973
	5		1.0000	1.0000	1.0000	1.0000	1.0000	1.0000	0.9999	0.9998	0.9997
	6		1.0000	1.0000	1.0000	1.0000	1.0000	1.0000	1.0000	1.0000	1.0000
13	0		0.8775	0.7690	0.6730	0.5882	0.5133	0.4474	0.3893	0.3383	0.2935
	1		0.9928	0.9730	0.9436	0.9068	0.8646	0.8186	0.7702	0.7206	0.6707
	2		0.9997	0.9980	0.9938	0.9865	0.9755	0.9608	0.9422	0.9201	0.8946
	3		1.0000	0.9999	0.9995	0.9986	0.9969	0.9940	0.9897	0.9837	0.9758
	4		1.0000	1.0000	1.0000	0.9999	0.9997	0.9993	0.9987	0.9976	0.9959
	5		1.0000	1.0000	1.0000	1.0000	1.0000	0.9999	0.9999	0.9997	0.9995
	6		1.0000	1.0000	1.0000	1.0000	1.0000	1.0000	1.0000	1.0000	0.9999
	7		1.0000	1.0000	1.0000	1.0000	1.0000	1.0000	1.0000	1.0000	1.0000
14	0		0.8687	0.7536	0.6528	0.5647	0.4877	0.4205	0.3620	0.3112	0.2670
	1		0.9916	0.9690	0.9355	0.8941	0.8470	0.7963	0.7436	0.6900	0.6368
	2		0.9997	0.9975	0.9923	0.9833	0.9699	0.9522	0.9302	0.9042	0.8745
	3		1.0000	0.9999	0.9994	0.9981	0.9958	0.9920	0.9864	0.9786	0.9685
	4		1.0000	1.0000	1.0000	0.9998	0.9996	0.9990	0.9980	0.9965	0.9941
	5		1.0000	1.0000	1.0000	1.0000	1.0000	0.9999	0.9998	0.9996	0.9992
	6		1.0000	1.0000	1.0000	1.0000	1.0000	1.0000	1.0000	1.0000	0.9999
	7		1.0000	1.0000	1.0000	1.0000	1.0000	1.0000	1.0000	1.0000	1.0000
15	0		0.8601	0.7386	0.6333	0.5421	0.4633	0.3953	0.3367	0.2863	0.2430
	1		0.9904	0.9647	0.9270	0.8809	0.8290	0.7738	0.7168	0.6597	0.6035
	2		0.9996	0.9970	0.9906	0.9797	0.9638	0.9429	0.9171	0.8870	0.8531
	3		1.0000	0.9998	0.9992	0.9976	0.9945	0.9896	0.9825	0.9727	0.9601
	4		1.0000	1.0000	0.9999	0.9998	0.9994	0.9986	0.9972	0.9950	0.9918
	5		1.0000	1.0000	1.0000	1.0000	0.9999	0.9999	0.9997	0.9993	0.9987
	6		1.0000	1.0000	1.0000	1.0000	1.0000	1.0000	1.0000	0.9999	0.9998
	7		1.0000	1.0000	1.0000	1.0000	1.0000	1.0000	1.0000	1.0000	1.0000
16	0		0.8515	0.7238	0.6143	0.5204	0.4401	0.3716	0.3131	0.2634	0.2211
	1		0.9891	0.9601	0.9182	0.8673	0.8108	0.7511	0.6902	0.6299	0.5711
	2		0.9995	0.9963	0.9887	0.9758	0.9571	0.9327	0.9031	0.8689	0.8306
	3		1.0000	0.9998	0.9989	0.9968	0.9930	0.9868	0.9779	0.9658	0.9504
	4		1.0000	1.0000	0.9999	0.9997	0.9991	0.9981	0.9962	0.9932	0.9889
	5		1.0000	1.0000	1.0000	1.0000	0.9999	0.9998	0.9995	0.9990	0.9981
	6		1.0000	1.0000	1.0000	1.0000	1.0000	1.0000	0.9999	0.9999	0.9997
	7		1.0000	1.0000	1.0000	1.0000	1.0000	1.0000	1.0000	1.0000	1.0000
17	0		0.8429	0.7093	0.5958	0.4996	0.4181	0.3493	0.2912	0.2423	0.2012
	1		0.9877	0.9554	0.9091	0.8535	0.7922	0.7283	0.6638	0.6005	0.5396
	2		0.9994	0.9956	0.9866	0.9714	0.9497	0.9218	0.8882	0.8497	0.8073
	3		1.0000	0.9997	0.9986	0.9960	0.9912	0.9836	0.9727	0.9581	0.9397
	4		1.0000	1.0000	0.9999	0.9996	0.9988	0.9974	0.9949	0.9911	0.9855
	5		1.0000	1.0000	1.0000	1.0000	0.9999	0.9997	0.9993	0.9985	0.9973
	6		1.0000	1.0000	1.0000	1.0000	1.0000	1.0000	0.9999	0.9998	0.9996
	7		1.0000	1.0000	1.0000	1.0000	1.0000	1.0000	1.0000	1.0000	1.0000

n	x	p	0.01	0.02	0.03	0.04	0.05	0.06	0.07	0.08	0.09
18	0		0.8345	0.6951	0.5780	0.4796	0.3972	0.3283	0.2708	0.2229	0.1831
	1		0.9862	0.9505	0.8997	0.8393	0.7735	0.7055	0.6378	0.5719	0.5091
	2		0.9993	0.9948	0.9843	0.9667	0.9419	0.9102	0.8725	0.8298	0.7832
	3		1.0000	0.9996	0.9982	0.9950	0.9891	0.9799	0.9667	0.9494	0.9277
	4		1.0000	1.0000	0.9998	0.9994	0.9985	0.9966	0.9933	0.9884	0.9814
	5		1.0000	1.0000	1.0000	0.9999	0.9998	0.9995	0.9990	0.9979	0.9962
	6		1.0000	1.0000	1.0000	1.0000	1.0000	1.0000	0.9999	0.9997	0.9994
	7		1.0000	1.0000	1.0000	1.0000	1.0000	1.0000	1.0000	1.0000	0.9999
	8		1.0000	1.0000	1.0000	1.0000	1.0000	1.0000	1.0000	1.0000	1.0000
19	0		0.8262	0.6812	0.5606	0.4604	0.3774	0.3086	0.2519	0.2051	0.1666
	1		0.9847	0.9454	0.8900	0.8249	0.7547	0.6829	0.6121	0.5440	0.4798
	2		0.9991	0.9939	0.9817	0.9616	0.9335	0.8979	0.8561	0.8092	0.7585
	3		1.0000	0.9995	0.9978	0.9939	0.9868	0.9757	0.9602	0.9398	0.9147
	4		1.0000	1.0000	0.9998	0.9993	0.9980	0.9956	0.9915	0.9853	0.9765
	5		1.0000	1.0000	1.0000	0.9999	0.9998	0.9994	0.9986	0.9971	0.9949
	6		1.0000	1.0000	1.0000	1.0000	1.0000	0.9999	0.9998	0.9996	0.9991
	7		1.0000	1.0000	1.0000	1.0000	1.0000	1.0000	1.0000	0.9999	0.9999
	8		1.0000	1.0000	1.0000	1.0000	1.0000	1.0000	1.0000	1.0000	1.0000
20	0		0.8179	0.6676	0.5438	0.4420	0.3585	0.2901	0.2342	0.1887	0.1516
	1		0.9831	0.9401	0.8802	0.8103	0.7358	0.6605	0.5869	0.5169	0.4516
	2		0.9990	0.9929	0.9790	0.9561	0.9245	0.8850	0.8390	0.7879	0.7334
	3		1.0000	0.9994	0.9973	0.9926	0.9841	0.9710	0.9529	0.9294	0.9007
	4		1.0000	1.0000	0.9997	0.9990	0.9974	0.9944	0.9893	0.9817	0.9710
	5		1.0000	1.0000	1.0000	0.9999	0.9997	0.9991	0.9981	0.9962	0.9932
	6		1.0000	1.0000	1.0000	1.0000	1.0000	0.9999	0.9997	0.9994	0.9987
	7		1.0000	1.0000	1.0000	1.0000	1.0000	1.0000	1.0000	0.9999	0.9998
	8		1.0000	1.0000	1.0000	1.0000	1.0000	1.0000	1.0000	1.0000	1.0000

n	x	p	0.10	0.15	0.20	0.25	0.30	0.35	0.40	0.45	0.50
1	0		0.9000	0.8500	0.8000	0.7500	0.7000	0.6500	0.6000	0.5500	0.5000
	1		1.0000	1.0000	1.0000	1.0000	1.0000	1.0000	1.0000	1.0000	1.0000
2	0		0.8100	0.7225	0.6400	0.5625	0.4900	0.4225	0.3600	0.3025	0.2500
	1		0.9900	0.9775	0.9600	0.9375	0.9100	0.8775	0.8400	0.7975	0.7500
	2		1.0000	1.0000	1.0000	1.0000	1.0000	1.0000	1.0000	1.0000	1.0000
3	0		0.7290	0.6141	0.5120	0.4219	0.3430	0.2746	0.2160	0.1664	0.1250
	1		0.9720	0.9393	0.8960	0.8438	0.7840	0.7183	0.6480	0.5748	0.5000
	2		0.9990	0.9966	0.9920	0.9844	0.9730	0.9571	0.9360	0.9089	0.8750
	3		1.0000	1.0000	1.0000	1.0000	1.0000	1.0000	1.0000	1.0000	1.0000
4	0		0.6561	0.5220	0.4096	0.3164	0.2401	0.1785	0.1296	0.0915	0.0625
	1		0.9477	0.8905	0.8192	0.7383	0.6517	0.5630	0.4752	0.3910	0.3125
	2		0.9963	0.9880	0.9728	0.9492	0.9163	0.8735	0.8208	0.7585	0.6875
	3		0.9999	0.9995	0.9984	0.9961	0.9919	0.9850	0.9744	0.9590	0.9375
	4		1.0000	1.0000	1.0000	1.0000	1.0000	1.0000	1.0000	1.0000	1.0000
5	0		0.5905	0.4437	0.3277	0.2373	0.1681	0.1160	0.0778	0.0503	0.0312
	1		0.9185	0.8352	0.7373	0.6328	0.5282	0.4284	0.3370	0.2562	0.1875
	2		0.9914	0.9734	0.9421	0.8965	0.8369	0.7648	0.6826	0.5931	0.5000
	3		0.9995	0.9978	0.9933	0.9844	0.9692	0.9460	0.9130	0.8688	0.8125
	4		1.0000	0.9999	0.9997	0.9990	0.9976	0.9947	0.9898	0.9815	0.9688
	5		1.0000	1.0000	1.0000	1.0000	1.0000	1.0000	1.0000	1.0000	1.0000
6	0		0.5314	0.3771	0.2621	0.1780	0.1176	0.0754	0.0467	0.0277	0.0156
	1		0.8857	0.7765	0.6554	0.5339	0.4202	0.3191	0.2333	0.1636	0.1094
	2		0.9842	0.9527	0.9011	0.8306	0.7443	0.6471	0.5443	0.4415	0.3437
	3		0.9987	0.9941	0.9830	0.9624	0.9295	0.8826	0.8208	0.7447	0.6563
	4		0.9999	0.9996	0.9984	0.9954	0.9891	0.9777	0.9590	0.9308	0.8906
	5		1.0000	1.0000	0.9999	0.9998	0.9993	0.9982	0.9959	0.9917	0.9844
	5		1.0000	1.0000	0.9999	0.9998	0.9993	0.9982	0.9959	0.9917	0.9844
	6		1.0000	1.0000	1.0000	1.0000	1.0000	1.0000	1.0000	1.0000	1.0000
7	0		0.4783	0.3206	0.2097	0.1335	0.0824	0.0490	0.0280	0.0152	0.0078
	1		0.8503	0.7166	0.5767	0.4449	0.3294	0.2338	0.1586	0.1024	0.0625
	2		0.9743	0.9262	0.8520	0.7564	0.6471	0.5323	0.4199	0.3164	0.2266
	3		0.9973	0.9879	0.9667	0.9294	0.8740	0.8002	0.7102	0.6083	0.5000
	4		0.9998	0.9988	0.9953	0.9871	0.9712	0.9444	0.9037	0.8471	0.7734
	5		1.0000	0.9999	0.9996	0.9987	0.9962	0.9910	0.9812	0.9643	0.9375
	6		1.0000	1.0000	1.0000	0.9999	0.9998	0.9994	0.9984	0.9963	0.9922
	7		1.0000	1.0000	1.0000	1.0000	1.0000	1.0000	1.0000	1.0000	1.0000
8	0		0.4305	0.2725	0.1678	0.1001	0.0576	0.0319	0.0168	0.0084	0.0039
	1		0.8131	0.6572	0.5033	0.3671	0.2553	0.1691	0.1064	0.0632	0.0352
	2		0.9619	0.8948	0.7969	0.6785	0.5518	0.4278	0.3154	0.2201	0.1445
	3		0.9950	0.9786	0.9437	0.8862	0.8059	0.7064	0.5941	0.4770	0.3633
	4		0.9996	0.9971	0.9896	0.9727	0.9420	0.8939	0.8263	0.7396	0.6367
	5		1.0000	0.9998	0.9988	0.9958	0.9887	0.9747	0.9502	0.9115	0.8555
	6		1.0000	1.0000	0.9999	0.9996	0.9987	0.9964	0.9915	0.9819	0.9648
	7		1.0000	1.0000	1.0000	1.0000	0.9999	0.9998	0.9993	0.9983	0.9961
	8		1.0000	1.0000	1.0000	1.0000	1.0000	1.0000	1.0000	1.0000	1.0000
9	0		0.3874	0.2316	0.1342	0.0751	0.0404	0.0207	0.0101	0.0046	0.0020
	1		0.7748	0.5995	0.4362	0.3003	0.1960	0.1211	0.0705	0.0385	0.0195
	2		0.9470	0.8591	0.7382	0.6007	0.4628	0.3373	0.2318	0.1495	0.0898
	3		0.9917	0.9661	0.9144	0.8343	0.7297	0.6089	0.4826	0.3614	0.2539
	4		0.9991	0.9944	0.9804	0.9511	0.9012	0.8283	0.7334	0.6214	0.5000
	5		0.9999	0.9994	0.9969	0.9900	0.9747	0.9464	0.9006	0.8342	0.7461
	6		1.0000	1.0000	0.9997	0.9987	0.9957	0.9888	0.9750	0.9502	0.9102
	7		1.0000	1.0000	1.0000	0.9999	0.9996	0.9986	0.9962	0.9909	0.9805
	8		1.0000	1.0000	1.0000	1.0000	1.0000	0.9999	0.9997	0.9992	0.9980
	9		1.0000	1.0000	1.0000	1.0000	1.0000	1.0000	1.0000	1.0000	1.0000

n	x	p	0.10	0.15	0.20	0.25	0.30	0.35	0.40	0.45	0.50
10	0		0.3487	0.1969	0.1074	0.0563	0.0282	0.0135	0.0060	0.0025	0.0010
	1		0.7361	0.5443	0.3758	0.2440	0.1493	0.0860	0.0464	0.0233	0.0107
	2		0.9298	0.8202	0.6778	0.5256	0.3828	0.2616	0.1673	0.0996	0.0547
	3		0.9872	0.9500	0.8791	0.7759	0.6496	0.5138	0.3823	0.2660	0.1719
	4		0.9984	0.9901	0.9672	0.9219	0.8497	0.7515	0.6331	0.5044	0.3770
	5		0.9999	0.9986	0.9936	0.9803	0.9527	0.9051	0.8338	0.7384	0.6230
	6		1.0000	0.9999	0.9991	0.9965	0.9894	0.9740	0.9452	0.8980	0.8281
	7		1.0000	1.0000	0.9999	0.9996	0.9984	0.9952	0.9877	0.9726	0.9453
	8		1.0000	1.0000	1.0000	1.0000	0.9999	0.9995	0.9983	0.9955	0.9893
	9		1.0000	1.0000	1.0000	1.0000	1.0000	1.0000	0.9999	0.9997	0.9990
	10		1.0000	1.0000	1.0000	1.0000	1.0000	1.0000	1.0000	1.0000	1.0000
11	0		0.3138	0.1673	0.0859	0.0422	0.0198	0.0088	0.0036	0.0014	0.0004
	1		0.6974	0.4922	0.3221	0.1971	0.1130	0.0606	0.0302	0.0139	0.0059
	2		0.9104	0.7788	0.6174	0.4552	0.3127	0.2001	0.1189	0.0652	0.0327
	3		0.9815	0.9306	0.8389	0.7133	0.5696	0.4256	0.2963	0.1911	0.1133
	4		0.9972	0.9841	0.9496	0.8854	0.7897	0.6683	0.5328	0.3971	0.2744
	5		0.9997	0.9973	0.9883	0.9657	0.9218	0.8513	0.7535	0.6331	0.5000
	6		1.0000	0.9997	0.9980	0.9924	0.9784	0.9499	0.9006	0.8262	0.7256
	7		1.0000	1.0000	0.9998	0.9988	0.9957	0.9878	0.9707	0.9390	0.8867
	8		1.0000	1.0000	1.0000	0.9999	0.9994	0.9980	0.9941	0.9852	0.9673
	9		1.0000	1.0000	1.0000	1.0000	1.0000	0.9998	0.9993	0.9978	0.9941
	10		1.0000	1.0000	1.0000	1.0000	1.0000	1.0000	1.0000	0.9998	0.9995
	11		1.0000	1.0000	1.0000	1.0000	1.0000	1.0000	1.0000	1.0000	1.0000
12	0		0.2824	0.1422	0.0687	0.0317	0.0138	0.0057	0.0022	0.0008	0.0002
	1		0.6590	0.4435	0.2749	0.1584	0.0850	0.0424	0.0196	0.0083	0.0032
	2		0.8891	0.7358	0.5583	0.3907	0.2528	0.1513	0.0834	0.0421	0.0193
	3		0.9744	0.9078	0.7946	0.6488	0.4925	0.3467	0.2253	0.1345	0.0730
	4		0.9957	0.9761	0.9274	0.8424	0.7237	0.5833	0.4382	0.3044	0.1938
	5		0.9995	0.9954	0.9806	0.9456	0.8822	0.7873	0.6652	0.5269	0.3872
	6		0.9999	0.9993	0.9961	0.9857	0.9614	0.9154	0.8418	0.7393	0.6128
	7		1.0000	0.9999	0.9994	0.9972	0.9905	0.9745	0.9427	0.8883	0.8062
	8		1.0000	1.0000	0.9999	0.9996	0.9983	0.9944	0.9847	0.9644	0.9270
	9		1.0000	1.0000	1.0000	1.0000	0.9998	0.9992	0.9972	0.9921	0.9807
	10		1.0000	1.0000	1.0000	1.0000	1.0000	0.9999	0.9997	0.9989	0.9968
	11		1.0000	1.0000	1.0000	1.0000	1.0000	1.0000	1.0000	0.9999	0.9998
	12		1.0000	1.0000	1.0000	1.0000	1.0000	1.0000	1.0000	1.0000	1.0000
13	0		0.2542	0.1209	0.0550	0.0238	0.0097	0.0037	0.0013	0.0004	0.0001
	1		0.6213	0.3983	0.2336	0.1267	0.0637	0.0296	0.0126	0.0050	0.0017
	2		0.8661	0.6920	0.5017	0.3326	0.2025	0.1132	0.0579	0.0269	0.0112
	3		0.9658	0.8820	0.7473	0.5843	0.4206	0.2783	0.1686	0.0929	0.0461
	4		0.9935	0.9658	0.9009	0.7940	0.6543	0.5005	0.3530	0.2279	0.1334
	5		0.9991	0.9925	0.9700	0.9198	0.8346	0.7159	0.5744	0.4268	0.2905
	6		0.9999	0.9987	0.9930	0.9757	0.9376	0.8705	0.7712	0.6437	0.5000
	7		1.0000	0.9998	0.9988	0.9944	0.9818	0.9538	0.9023	0.8212	0.7095
	8		1.0000	1.0000	0.9998	0.9990	0.9960	0.9874	0.9679	0.9302	0.8666
	9		1.0000	1.0000	1.0000	0.9999	0.9993	0.9975	0.9922	0.9797	0.9539
	10		1.0000	1.0000	1.0000	1.0000	0.9999	0.9997	0.9987	0.9959	0.9888
	11		1.0000	1.0000	1.0000	1.0000	1.0000	1.0000	0.9999	0.9995	0.9983
	12		1.0000	1.0000	1.0000	1.0000	1.0000	1.0000	1.0000	1.0000	0.9999
	13		1.0000	1.0000	1.0000	1.0000	1.0000	1.0000	1.0000	1.0000	1.0000

n	x	p 0.10	0.15	0.20	0.25	0.30	0.35	0.40	0.45	0.50
14	0	0.2288	0.1028	0.0440	0.0178	0.0068	0.0024	0.0008	0.0002	0.0000
	1	0.5846	0.3567	0.1979	0.1010	0.0475	0.0205	0.0081	0.0029	0.0009
	2	0.8416	0.6479	0.4481	0.2811	0.1608	0.0839	0.0398	0.0170	0.0065
	3	0.9559	0.8535	0.6982	0.5213	0.3552	0.2205	0.1243	0.0632	0.0287
	4	0.9908	0.9533	0.8702	0.7415	0.5842	0.4227	0.2793	0.1672	0.0898
	5	0.9985	0.9885	0.9561	0.8883	0.7805	0.6405	0.4859	0.3373	0.2120
	6	0.9998	0.9978	0.9884	0.9617	0.9067	0.8164	0.6925	0.5461	0.3953
	7	1.0000	0.9997	0.9976	0.9897	0.9685	0.9247	0.8499	0.7414	0.6047
	8	1.0000	1.0000	0.9996	0.9978	0.9917	0.9757	0.9417	0.8811	0.7880
	9	1.0000	1.0000	1.0000	0.9997	0.9983	0.9940	0.9825	0.9574	0.9102
	10	1.0000	1.0000	1.0000	1.0000	0.9998	0.9989	0.9961	0.9886	0.9713
	11	1.0000	1.0000	1.0000	1.0000	1.0000	0.9999	0.9994	0.9978	0.9935
	12	1.0000	1.0000	1.0000	1.0000	1.0000	1.0000	0.9999	0.9997	0.9991
	13	1.0000	1.0000	1.0000	1.0000	1.0000	1.0000	1.0000	1.0000	0.9999
	14	1.0000	1.0000	1.0000	1.0000	1.0000	1.0000	1.0000	1.0000	1.0000
15	0	0.2059	0.0874	0.0352	0.0134	0.0047	0.0016	0.0005	0.0001	0.0000
	1	0.5490	0.3186	0.1671	0.0802	0.0353	0.0142	0.0052	0.0017	0.0005
	2	0.8159	0.6042	0.3980	0.2361	0.1268	0.0617	0.0271	0.0107	0.0037
	3	0.9444	0.8227	0.6482	0.4613	0.2969	0.1727	0.0905	0.0424	0.0176
	4	0.9873	0.9383	0.8358	0.6865	0.5155	0.3519	0.2173	0.1204	0.0592
	5	0.9978	0.9832	0.9389	0.8516	0.7216	0.5643	0.4032	0.2608	0.1509
	6	0.9997	0.9964	0.9819	0.9434	0.8689	0.7548	0.6098	0.4522	0.3036
	7	1.0000	0.9994	0.9958	0.9827	0.9500	0.8868	0.7869	0.6535	0.5000
	8	1.0000	0.9999	0.9992	0.9958	0.9848	0.9578	0.9050	0.8182	0.6964
	9	1.0000	1.0000	0.9999	0.9992	0.9963	0.9876	0.9662	0.9231	0.8491
	10	1.0000	1.0000	1.0000	0.9999	0.9993	0.9972	0.9907	0.9745	0.9408
	11	1.0000	1.0000	1.0000	1.0000	0.9999	0.9995	0.9981	0.9937	0.9824
	12	1.0000	1.0000	1.0000	1.0000	1.0000	0.9999	0.9997	0.9989	0.9963
	13	1.0000	1.0000	1.0000	1.0000	1.0000	1.0000	1.0000	0.9999	0.9995
	14	1.0000	1.0000	1.0000	1.0000	1.0000	1.0000	1.0000	1.0000	1.0000
16	0	0.1853	0.0743	0.0281	0.0100	0.0033	0.0010	0.0003	0.0000	0.0000
	1	0.5147	0.2839	0.1407	0.0635	0.0261	0.0098	0.0033	0.0010	0.0003
	2	0.7892	0.5614	0.3518	0.1971	0.0994	0.0451	0.0183	0.0066	0.0021
	3	0.9316	0.7899	0.5981	0.4050	0.2459	0.1339	0.0651	0.0281	0.0106
	4	0.9830	0.9209	0.7982	0.6302	0.4499	0.2892	0.1666	0.0853	0.0384
	5	0.9967	0.9765	0.9183	0.8103	0.6598	0.4900	0.3288	0.1976	0.1051
	6	0.9995	0.9944	0.9733	0.9204	0.8247	0.6881	0.5272	0.3660	0.2272
	7	0.9999	0.9989	0.9930	0.9729	0.9256	0.8406	0.7161	0.5629	0.4018
	8	1.0000	0.9998	0.9985	0.9925	0.9743	0.9329	0.8577	0.7441	0.5982
	9	1.0000	1.0000	0.9998	0.9984	0.9929	0.9771	0.9417	0.8759	0.7728
	10	1.0000	1.0000	1.0000	0.9997	0.9984	0.9938	0.9809	0.9514	0.8949
	11	1.0000	1.0000	1.0000	1.0000	0.9997	0.9987	0.9951	0.9851	0.9616
	12	1.0000	1.0000	1.0000	1.0000	1.0000	0.9998	0.9991	0.9965	0.9894
	13	1.0000	1.0000	1.0000	1.0000	1.0000	1.0000	0.9999	0.9994	0.9979
	14	1.0000	1.0000	1.0000	1.0000	1.0000	1.0000	1.0000	0.9999	0.9997
	15	1.0000	1.0000	1.0000	1.0000	1.0000	1.0000	1.0000	1.0000	1.0000

n	x	p 0.10	0.15	0.20	0.25	0.30	0.35	0.40	0.45	0.50
17	0	0.1668	0.0631	0.0230	0.0075	0.0023	0.0007	0.0002	0.0000	0.0000
	1	0.4818	0.2525	0.1182	0.0501	0.0193	0.0067	0.0021	0.0006	0.0001
	2	0.7618	0.5198	0.3096	0.1637	0.0774	0.0327	0.0123	0.0041	0.0012
	3	0.9174	0.7556	0.5489	0.3530	0.2019	0.1028	0.0464	0.0184	0.0064
	4	0.9779	0.9013	0.7582	0.5739	0.3887	0.2348	0.1260	0.0596	0.0245
	5	0.9953	0.9681	0.8943	0.7653	0.5968	0.4197	0.2639	0.1471	0.0717
	6	0.9992	0.9917	0.9623	0.8929	0.7752	0.6188	0.4478	0.2902	0.1662
	7	0.9999	0.9983	0.9891	0.9598	0.8954	0.7872	0.6405	0.4743	0.3145
	8	1.0000	0.9997	0.9974	0.9876	0.9597	0.9006	0.8011	0.6626	0.5000
	9	1.0000	1.0000	0.9995	0.9969	0.9873	0.9617	0.9081	0.8166	0.6855
	10	1.0000	1.0000	0.9999	0.9994	0.9968	0.9880	0.9652	0.9174	0.8338
	11	1.0000	1.0000	1.0000	0.9999	0.9993	0.9970	0.9894	0.9699	0.9283
	12	1.0000	1.0000	1.0000	1.0000	0.9999	0.9994	0.9975	0.9914	0.9755
	13	1.0000	1.0000	1.0000	1.0000	1.0000	0.9999	0.9995	0.9981	0.9936
	14	1.0000	1.0000	1.0000	1.0000	1.0000	1.0000	0.9999	0.9997	0.9988
	15	1.0000	1.0000	1.0000	1.0000	1.0000	1.0000	1.0000	1.0000	0.9999
	16	1.0000	1.0000	1.0000	1.0000	1.0000	1.0000	1.0000	1.0000	1.0000
18	0	0.1501	0.0536	0.0180	0.0056	0.0016	0.0004	0.0001	0.0000	0.0000
	1	0.4503	0.2241	0.0991	0.0395	0.0142	0.0046	0.0013	0.0003	0.0000
	2	0.7338	0.4797	0.2713	0.1353	0.0600	0.0236	0.0082	0.0025	0.0007
	3	0.9018	0.7202	0.5010	0.3057	0.1646	0.0783	0.0328	0.0120	0.0038
	4	0.9718	0.8794	0.7164	0.5187	0.3327	0.1886	0.0942	0.0411	0.0154
	5	0.9936	0.9581	0.8671	0.7175	0.5344	0.355	0.2088	0.1077	0.0481
	6	0.9988	0.9882	0.9487	0.8610	0.7217	0.5491	0.3743	0.2258	0.1189
	7	0.9998	0.9973	0.9837	0.9431	0.8593	0.7283	0.5634	0.3915	0.2403
	8	1.0000	0.9995	0.9957	0.9807	0.9404	0.8609	0.7368	0.5778	0.4073
	9	1.0000	0.9999	0.9991	0.9946	0.9790	0.9403	0.8653	0.7473	0.5927
	10	1.0000	1.0000	0.9998	0.9988	0.9939	0.9788	0.9424	0.872	0.7597
	11	1.0000	1.0000	1.0000	0.9998	0.9986	0.9938	0.9797	0.9463	0.8811
	12	1.0000	1.0000	1.0000	1.0000	0.9997	0.9986	0.9942	0.9817	0.9519
	13	1.0000	1.0000	1.0000	1.0000	1.0000	0.9997	0.9987	0.9951	0.9846
	14	1.0000	1.0000	1.0000	1.0000	1.0000	1.0000	0.9998	0.9990	0.9962
	15	1.0000	1.0000	1.0000	1.0000	1.0000	1.0000	1.0000	0.9999	0.9993
	16	1.0000	1.0000	1.0000	1.0000	1.0000	1.0000	1.0000	1.0000	0.9999
	17	1.0000	1.0000	1.0000	1.0000	1.0000	1.0000	1.0000	1.0000	1.0000
19	0	0.1351	0.0456	0.0144	0.0042	0.0011	0.0003	0.0000	0.0000	0.0000
	1	0.4203	0.1985	0.0829	0.0310	0.0104	0.0031	0.0008	0.0002	0.0000
	2	0.7054	0.4413	0.2369	0.1113	0.0462	0.0170	0.0055	0.0015	0.0004
	3	0.8850	0.6841	0.4551	0.2631	0.1332	0.0591	0.0230	0.0077	0.0022
	4	0.9648	0.8556	0.6733	0.4654	0.2822	0.1500	0.0696	0.0280	0.0096
	5	0.9914	0.9463	0.8369	0.6678	0.4739	0.2968	0.1629	0.0777	0.0318
	6	0.9983	0.9837	0.9324	0.8251	0.6655	0.4812	0.3081	0.1727	0.0835
	7	0.9997	0.9959	0.9767	0.9225	0.8180	0.6656	0.4878	0.3169	0.1796
	8	1.0000	0.9992	0.9933	0.9713	0.9161	0.8145	0.6675	0.4940	0.3238
	9	1.0000	0.9999	0.9984	0.9911	0.9674	0.9125	0.8139	0.6710	0.5000
	10	1.0000	1.0000	0.9997	0.9977	0.9895	0.9653	0.9115	0.8159	0.6762
	11	1.0000	1.0000	1.0000	0.9995	0.9972	0.9886	0.9648	0.9129	0.8204
	12	1.0000	1.0000	1.0000	0.9999	0.9994	0.9969	0.9884	0.9658	0.9165
	13	1.0000	1.0000	1.0000	1.0000	0.9999	0.9993	0.9969	0.9891	0.9682
	14	1.0000	1.0000	1.0000	1.0000	1.0000	0.9999	0.9994	0.9972	0.9904
	15	1.0000	1.0000	1.0000	1.0000	1.0000	1.0000	0.9999	0.9995	0.9978
	16	1.0000	1.0000	1.0000	1.0000	1.0000	1.0000	1.0000	0.9999	0.9996
	17	1.0000	1.0000	1.0000	1.0000	1.0000	1.0000	1.0000	1.0000	1.0000

n	x	p	0.10	0.15	0.20	0.25	0.30	0.35	0.40	0.45	0.50
20	0		0.1216	0.0388	0.0115	0.0032	0.0008	0.0001	0.0000	0.0000	0.0000
	1		0.3917	0.1756	0.0692	0.0243	0.0076	0.0021	0.0005	0.0001	0.0000
	2		0.6769	0.4049	0.2061	0.0913	0.0355	0.0121	0.0036	0.0009	0.0002
	3		0.8670	0.6477	0.4114	0.2252	0.1071	0.0444	0.0160	0.0049	0.0013
	4		0.9568	0.8298	0.6296	0.4148	0.2375	0.1182	0.0510	0.0189	0.0059
	5		0.9887	0.9327	0.8042	0.6172	0.4164	0.2454	0.1256	0.0553	0.0207
	6		0.9976	0.9781	0.9133	0.7858	0.6080	0.4166	0.2500	0.1299	0.0577
	7		0.9996	0.9941	0.9679	0.8982	0.7723	0.6010	0.4159	0.2520	0.1316
	8		0.9999	0.9987	0.9900	0.9591	0.8867	0.7624	0.5956	0.4143	0.2517
	9		1.0000	0.9998	0.9974	0.9861	0.9520	0.8782	0.7553	0.5914	0.4119
	10		1.0000	1.0000	0.9994	0.9961	0.9829	0.9468	0.8725	0.7507	0.5881
	11		1.0000	1.0000	0.9999	0.9991	0.9949	0.9804	0.9435	0.8692	0.7483
	12		1.0000	1.0000	1.0000	0.9998	0.9987	0.9940	0.9790	0.9420	0.8684
	13		1.0000	1.0000	1.0000	1.0000	0.9997	0.9985	0.9935	0.9786	0.9423
	14		1.0000	1.0000	1.0000	1.0000	1.0000	0.9997	0.9984	0.9936	0.9793
	15		1.0000	1.0000	1.0000	1.0000	1.0000	1.0000	0.9997	0.9985	0.9941
	16		1.0000	1.0000	1.0000	1.0000	1.0000	1.0000	1.0000	0.9997	0.9987
	17		1.0000	1.0000	1.0000	1.0000	1.0000	1.0000	1.0000	1.0000	0.9998
	18		1.0000	1.0000	1.0000	1.0000	1.0000	1.0000	1.0000	1.0000	1.0000

Standardnormalverteilung

Tabelliert ist $\Phi(z) = P(Z \leq z)$ für $0.00 \leq z \leq 3.59$.
$\Phi(-z)$ erhält man mit Hilfe von $\Phi(-z) = 1 - \Phi(z)$.

z	0.00	0.01	0.02	0.03	0.04	0.05	0.06	0.07	0.08	0.09
0.0	0.5000	0.5040	0.5080	0.5120	0.5160	0.5199	0.5239	0.5279	0.5319	0.5359
0.1	0.5398	0.5438	0.5478	0.5517	0.5557	0.5596	0.5636	0.5675	0.5714	0.5753
0.2	0.5793	0.5832	0.5871	0.5910	0.5948	0.5987	0.6026	0.6064	0.6103	0.6141
0.3	0.6179	0.6217	0.6255	0.6293	0.6331	0.6368	0.6406	0.6443	0.6480	0.6517
0.4	0.6554	0.6591	0.6628	0.6664	0.6700	0.6736	0.6772	0.6808	0.6844	0.6879
0.5	0.6915	0.6950	0.6985	0.7019	0.7054	0.7088	0.7123	0.7157	0.7190	0.7224
0.6	0.7257	0.7291	0.7324	0.7357	0.7389	0.7422	0.7454	0.7486	0.7517	0.7549
0.7	0.7580	0.7611	0.7642	0.7673	0.7703	0.7734	0.7764	0.7794	0.7823	0.7852
0.8	0.7881	0.7910	0.7939	0.7967	0.7995	0.8023	0.8051	0.8078	0.8106	0.8133
0.9	0.8159	0.8186	0.8212	0.8238	0.8264	0.8289	0.8315	0.8340	0.8365	0.8389
1.0	0.8413	0.8438	0.8461	0.8485	0.8508	0.8531	0.8554	0.8577	0.8599	0.8621
1.1	0.8643	0.8665	0.8686	0.8708	0.8729	0.8749	0.8770	0.8790	0.8810	0.8830
1.2	0.8849	0.8869	0.8888	0.8907	0.8925	0.8944	0.8962	0.8980	0.8997	0.9015
1.3	0.9032	0.9049	0.9066	0.9082	0.9099	0.9115	0.9131	0.9147	0.9162	0.9177
1.4	0.9192	0.9207	0.9222	0.9236	0.9251	0.9265	0.9279	0.9292	0.9306	0.9319
1.5	0.9332	0.9345	0.9357	0.9370	0.9382	0.9394	0.9406	0.9418	0.9429	0.9441
1.6	0.9452	0.9463	0.9474	0.9484	0.9495	0.9505	0.9515	0.9525	0.9535	0.9545
1.7	0.9554	0.9564	0.9573	0.9582	0.9591	0.9599	0.9608	0.9616	0.9625	0.9633
1.8	0.9641	0.9649	0.9656	0.9664	0.9671	0.9678	0.9686	0.9693	0.9699	0.9706
1.9	0.9713	0.9719	0.9726	0.9732	0.9738	0.9744	0.9750	0.9756	0.9761	0.9767
2.0	0.9772	0.9778	0.9783	0.9788	0.9793	0.9798	0.9803	0.9808	0.9812	0.9817
2.1	0.9821	0.9826	0.9830	0.9834	0.9838	0.9842	0.9846	0.9850	0.9854	0.9857
2.2	0.9861	0.9864	0.9868	0.9871	0.9875	0.9878	0.9881	0.9884	0.9887	0.9890
2.3	0.9893	0.9896	0.9898	0.9901	0.9904	0.9906	0.9909	0.9911	0.9913	0.9916
2.4	0.9918	0.9920	0.9922	0.9925	0.9927	0.9929	0.9931	0.9932	0.9934	0.9936
2.5	0.9938	0.9940	0.9941	0.9943	0.9945	0.9946	0.9948	0.9949	0.9951	0.9952
2.6	0.9953	0.9955	0.9956	0.9957	0.9959	0.9960	0.9961	0.9962	0.9963	0.9964
2.7	0.9965	0.9966	0.9967	0.9968	0.9969	0.9970	0.9971	0.9972	0.9973	0.9974
2.8	0.9974	0.9975	0.9976	0.9977	0.9977	0.9978	0.9979	0.9979	0.9980	0.9981
2.9	0.9981	0.9982	0.9982	0.9983	0.9984	0.9984	0.9985	0.9985	0.9986	0.9986
3.0	0.9987	0.9987	0.9987	0.9988	0.9988	0.9989	0.9989	0.9989	0.9990	0.9990
3.1	0.9990	0.9991	0.9991	0.9991	0.9992	0.9992	0.9992	0.9992	0.9993	0.9993
3.2	0.9993	0.9993	0.9994	0.9994	0.9994	0.9994	0.9994	0.9995	0.9995	0.9995
3.3	0.9995	0.9995	0.9995	0.9996	0.9996	0.9996	0.9996	0.9996	0.9996	0.9997
3.4	0.9997	0.9997	0.9997	0.9997	0.9997	0.9997	0.9997	0.9997	0.9997	0.9998
3.5	0.9998	0.9998	0.9998	0.9998	0.9998	0.9998	0.9998	0.9998	0.9998	0.9998

t-Verteilung

Tabelliert sind Perzentile $t_{\alpha \cdot 100\%}$ für $\alpha = 0.60, 0.75, \ldots, 0.999$.

df	60%	75%	80%	87.5%	90%	95%	97.5%	99%	99.5%	99.9%
1	0.325	1.000	1.376	2.414	3.078	6.314	12.706	31.821	63.657	318.310
2	0.289	0.816	1.061	1.604	1.886	2.920	4.303	6.965	9.925	22.327
3	0.277	0.765	0.978	1.423	1.638	2.353	3.182	4.541	5.841	10.215
4	0.271	0.741	0.941	1.344	1.533	2.132	2.776	3.747	4.604	7.173
5	0.267	0.727	0.920	1.301	1.476	2.015	2.571	3.365	4.032	5.893
6	0.265	0.718	0.906	1.273	1.440	1.943	2.447	3.143	3.707	5.208
7	0.263	0.711	0.896	1.254	1.415	1.895	2.365	2.998	3.499	4.785
8	0.262	0.706	0.889	1.240	1.397	1.860	2.306	2.896	3.355	4.501
9	0.261	0.703	0.883	1.230	1.383	1.833	2.262	2.821	3.250	4.297
10	0.260	0.700	0.879	1.221	1.372	1.812	2.228	2.764	3.169	4.144
11	0.260	0.697	0.876	1.214	1.363	1.796	2.201	2.718	3.106	4.025
12	0.259	0.695	0.873	1.209	1.356	1.782	2.179	2.681	3.055	3.930
13	0.259	0.694	0.870	1.204	1.350	1.771	2.160	2.650	3.012	3.852
14	0.258	0.692	0.868	1.200	1.345	1.761	2.145	2.624	2.977	3.787
15	0.258	0.691	0.866	1.197	1.341	1.753	2.131	2.602	2.947	3.733
16	0.258	0.690	0.865	1.194	1.337	1.746	2.120	2.583	2.921	3.686
17	0.257	0.689	0.863	1.191	1.333	1.740	2.110	2.567	2.898	3.646
18	0.257	0.688	0.862	1.189	1.330	1.734	2.101	2.552	2.878	3.610
19	0.257	0.688	0.861	1.187	1.328	1.729	2.093	2.539	2.861	3.579
20	0.257	0.687	0.860	1.185	1.325	1.725	2.086	2.528	2.845	3.552
21	0.257	0.686	0.859	1.183	1.323	1.721	2.080	2.518	2.831	3.527
22	0.256	0.686	0.858	1.182	1.321	1.717	2.074	2.508	2.819	3.505
23	0.256	0.685	0.858	1.180	1.319	1.714	2.069	2.500	2.807	3.485
24	0.256	0.685	0.857	1.179	1.318	1.711	2.064	2.492	2.797	3.467
25	0.256	0.684	0.856	1.178	1.316	1.708	2.060	2.485	2.787	3.450
26	0.256	0.684	0.856	1.177	1.315	1.706	2.056	2.479	2.779	3.435
27	0.256	0.684	0.855	1.176	1.314	1.703	2.052	2.473	2.771	3.421
28	0.256	0.683	0.855	1.175	1.313	1.701	2.048	2.467	2.763	3.408
29	0.256	0.683	0.854	1.174	1.311	1.699	2.045	2.462	2.756	3.396
30	0.256	0.683	0.854	1.173	1.310	1.697	2.042	2.457	2.750	3.385
35	0.255	0.682	0.852	1.170	1.306	1.690	2.030	2.438	2.724	3.340
40	0.255	0.681	0.851	1.167	1.303	1.684	2.021	2.423	2.704	3.307
45	0.255	0.680	0.850	1.165	1.301	1.679	2.014	2.412	2.690	3.281
50	0.255	0.679	0.849	1.164	1.299	1.676	2.009	2.403	2.678	3.261
55	0.255	0.679	0.848	1.163	1.297	1.673	2.004	2.396	2.668	3.245
60	0.254	0.679	0.848	1.162	1.296	1.671	2.000	2.390	2.660	3.232
∞	0.253	0.674	0.842	1.150	1.282	1.645	1.960	2.326	2.576	3.090

Chiquadrat-Verteilung

Tabelliert sind Perzentile $\chi^2_{\alpha \cdot 100\%}$ für $\alpha = 0.005, 0.01, \ldots, 0.999$.

df	0.5%	1%	2.5%	5%	10%	12.5%	20%	25%	33.3%	50%
1	0.000	0.000	0.001	0.004	0.016	0.025	0.064	0.102	0.186	0.455
2	0.010	0.020	0.051	0.103	0.211	0.267	0.446	0.575	0.811	1.386
3	0.072	0.115	0.216	0.352	0.584	0.692	1.005	1.213	1.568	2.366
4	0.207	0.297	0.484	0.711	1.064	1.219	1.649	1.923	2.378	3.357
5	0.412	0.554	0.831	1.145	1.610	1.808	2.343	2.675	3.216	4.351
6	0.676	0.872	1.237	1.635	2.204	2.441	3.070	3.455	4.074	5.348
7	0.989	1.239	1.690	2.167	2.833	3.106	3.822	4.255	4.945	6.346
8	1.344	1.646	2.180	2.733	3.490	3.797	4.594	5.071	5.826	7.344
9	1.735	2.088	2.700	3.325	4.168	4.507	5.380	5.899	6.716	8.343
10	2.156	2.558	3.247	3.940	4.865	5.234	6.179	6.737	7.612	9.342
11	2.603	3.053	3.816	4.575	5.578	5.975	6.989	7.584	8.514	10.341
12	3.074	3.571	4.404	5.226	6.304	6.729	7.807	8.438	9.420	11.340
13	3.565	4.107	5.009	5.892	7.042	7.493	8.634	9.299	10.331	12.340
14	4.075	4.660	5.629	6.571	7.790	8.266	9.467	10.165	11.245	13.339
15	4.601	5.229	6.262	7.261	8.547	9.048	10.307	11.037	12.163	14.339
16	5.142	5.812	6.908	7.962	9.312	9.837	11.152	11.912	13.083	15.338
17	5.697	6.408	7.564	8.672	10.085	10.633	12.002	12.792	14.006	16.338
18	6.265	7.015	8.231	9.390	10.865	11.435	12.857	13.675	14.931	17.338
19	6.844	7.633	8.907	10.117	11.651	12.242	13.716	14.562	15.859	18.338
20	7.434	8.260	9.591	10.851	12.443	13.055	14.578	15.452	16.788	19.337
21	8.034	8.897	10.283	11.591	13.240	13.873	15.445	16.344	17.720	20.337
22	8.643	9.542	10.982	12.338	14.041	14.695	16.314	17.240	18.653	21.337
23	9.260	10.196	11.689	13.091	14.848	15.521	17.187	18.137	19.587	22.337
24	9.886	10.856	12.401	13.848	15.659	16.351	18.062	19.037	20.523	23.337
25	10.520	11.524	13.120	14.611	16.473	17.184	18.940	19.939	21.461	24.337
26	11.160	12.198	13.844	15.379	17.292	18.021	19.820	20.843	22.399	25.336
27	11.808	12.879	14.573	16.151	18.114	18.861	20.703	21.749	23.339	26.336
28	12.461	13.565	15.308	16.928	18.939	19.704	21.588	22.657	24.280	27.336
29	13.121	14.256	16.047	17.708	19.768	20.550	22.475	23.567	25.222	28.336
30	13.787	14.953	16.791	18.493	20.599	21.399	23.364	24.478	26.165	29.336
35	17.192	18.509	20.569	22.465	24.797	25.678	27.836	29.054	30.894	34.336
40	20.707	22.164	24.433	26.509	29.051	30.008	32.345	33.660	35.643	39.335
45	24.311	25.901	28.366	30.612	33.350	34.379	36.884	38.291	40.407	44.335
50	27.991	29.707	32.357	34.764	37.689	38.785	41.449	42.942	45.184	49.335
55	31.735	33.570	36.398	38.958	42.060	43.220	46.036	47.610	49.972	54.335
60	35.534	37.485	40.482	43.188	46.459	47.680	50.641	52.294	54.770	59.335

df	60.0%	75.0%	80.0%	87.5%	90.0%	95.0%	97.5%	99.0%	99.5%	99.9%
1	0.708	1.323	1.642	2.354	2.706	3.841	5.024	6.635	7.879	10.828
2	1.833	2.773	3.219	4.159	4.605	5.991	7.378	9.210	10.597	13.816
3	2.946	4.108	4.642	5.739	6.251	7.815	9.348	11.345	12.838	16.266
4	4.045	5.385	5.989	7.214	7.779	9.488	11.143	13.277	14.860	18.467
5	5.132	6.626	7.289	8.625	9.236	11.070	12.833	15.086	16.750	20.515
6	6.211	7.841	8.558	9.992	10.645	12.592	14.449	16.812	18.548	22.458
7	7.283	9.037	9.803	11.326	12.017	14.067	16.013	18.475	20.278	24.322
8	8.351	10.219	11.030	12.636	13.362	15.507	17.535	20.090	21.955	26.125
9	9.414	11.389	12.242	13.926	14.684	16.919	19.023	21.666	23.589	27.877
10	10.473	12.549	13.442	15.198	15.987	18.307	20.483	23.209	25.188	29.588
11	11.530	13.701	14.631	16.457	17.275	19.675	21.920	24.725	26.757	31.264
12	12.584	14.845	15.812	17.703	18.549	21.026	23.337	26.217	28.300	32.910
13	13.636	15.984	16.985	18.939	19.812	22.362	24.736	27.688	29.819	34.528
14	14.685	17.117	18.151	20.166	21.064	23.685	26.119	29.141	31.319	36.123
15	15.733	18.245	19.311	21.384	22.307	24.996	27.488	30.578	32.801	37.697
16	16.780	19.369	20.465	22.595	23.542	26.296	28.845	32.000	34.267	39.252
17	17.824	20.489	21.615	23.799	24.769	27.587	30.191	33.409	35.718	40.790
18	18.868	21.605	22.760	24.997	25.989	28.869	31.526	34.805	37.156	42.312
19	19.910	22.718	23.900	26.189	27.204	30.144	32.852	36.191	38.582	43.820
20	20.951	23.828	25.038	27.376	28.412	31.410	34.170	37.566	39.997	45.315
21	21.991	24.935	26.171	28.559	29.615	32.671	35.479	38.932	41.401	46.797
22	23.031	26.039	27.301	29.737	30.813	33.924	36.781	40.289	42.796	48.268
23	24.069	27.141	28.429	30.911	32.007	35.172	38.076	41.638	44.181	49.728
24	25.106	28.241	29.553	32.081	33.196	36.415	39.364	42.980	45.559	51.179
25	26.143	29.339	30.675	33.247	34.382	37.652	40.646	44.314	46.928	52.620
26	27.179	30.435	31.795	34.410	35.563	38.885	41.923	45.642	48.290	54.052
27	28.214	31.528	32.912	35.570	36.741	40.113	43.195	46.963	49.645	55.476
28	29.249	32.620	34.027	36.727	37.916	41.337	44.461	48.278	50.993	56.892
29	30.283	33.711	35.139	37.881	39.087	42.557	45.722	49.588	52.336	58.301
30	31.316	34.800	36.250	39.033	40.256	43.773	46.979	50.892	53.672	59.703
35	36.475	40.223	41.778	44.753	46.059	49.802	53.203	57.342	60.275	66.619
40	41.622	45.616	47.269	50.424	51.805	55.758	59.342	63.691	66.766	73.402
45	46.761	50.985	52.729	56.052	57.505	61.656	65.410	69.957	73.166	80.077
50	51.892	56.334	58.164	61.647	63.167	67.505	71.420	76.154	79.490	86.661
55	57.016	61.665	63.577	67.211	68.796	73.311	77.380	82.292	85.749	93.168
60	62.135	66.981	68.972	72.751	74.397	79.082	83.298	88.379	91.952	99.607

F-Verteilung

Tabelliert sind Perzentile $F_{\alpha \cdot 100\%, n_1, n_2}$ für $\alpha = 0.9, \ldots, 0.999$.

n_2	n_1	1	2	3	4	5	6	8	10	15	20	30	∞
1	90%	39.9	49.5	53.6	55.8	57.2	58.2	59.1	60.5	61.5	62	62.6	63.3
	95%	161	199	216	225	230	234	237	242	246	248	250	254
	97.5%	648	800	864	900	922	937	948	969	985	993		
	99%												
	99.9%												
2	90%	8.53	9	9.16	9.24	9.29	9.33	9.37	9.39	9.43	9.44	9.46	9.49
	95%	18.5	19	19.2	19.2	19.3	19.3	19.4	19.4	19.4	19.4	19.5	19.5
	97.5%	38.5	39	39.2	39.2	39.3	39.3	39.4	39.4	39.4	39.4	39.5	39.5
	99%	98.5	99	99.2	99.2	99.3	99.3	100	100	100	100	100	99.5
	99.9%	998.5	999	999									
3	90%	5.54	5.46	5.39	5.34	5.31	5.28	5.25	5.23	5.20	5.18	5.17	5.13
	95%	10.13	9.55	9.28	9.12	9.01	8.94	8.85	8.79	8.70	8.66	8.62	8.53
	97.5%	17.44	16.0	15.4	15.1	14.9	14.7	14.5	14.4	14.3	14.2	14.1	13.9
	99%	34.12	30.8	29.5	28.7	28.2	27.9	27.5	27.2	26.9	26.7	26.5	26.1
	99.9%	167	149	141	137	135	133	132	129	127	126	125	123
4	90%	4.54	4.32	4.19	4.11	4.05	4.01	3.95	3.92	3.87	3.84	3.82	3.76
	95%	7.71	6.94	6.59	6.39	6.26	6.16	6.04	5.96	5.86	5.80	5.75	5.63
	97.5%	12.22	10.6	9.98	9.60	9.36	9.20	8.98	8.84	8.66	8.56	8.46	8.26
	99%	21.20	18.0	16.7	16.0	15.5	15.2	14.8	14.5	14.2	14.0	13.8	13.5
	99.9%	74.14	61.2	56.2	53.4	51.7	50.5	49.0	48.0	46.8	46.1	45.4	44.1
5	90%	4.06	3.78	3.62	3.52	3.45	3.40	3.34	3.30	3.24	3.21	3.17	3.10
	95%	6.61	5.79	5.41	5.19	5.05	4.95	4.82	4.74	4.62	4.56	4.50	4.36
	97.5%	10.01	8.43	7.76	7.39	7.15	6.98	6.76	6.62	6.43	6.33	6.23	6.02
	99%	16.26	13.3	12.1	11.4	11.0	10.7	10.3	10.1	9.72	9.55	9.38	9.02
	99.9%	47.18	37.1	33.2	31.1	29.8	28.8	27.6	26.9	25.9	25.4	24.9	23.8
6	90%	3.78	3.46	3.29	3.18	3.11	3.05	2.98	2.94	2.87	2.84	2.80	2.72
	95%	5.99	5.14	4.76	4.53	4.39	4.28	4.15	4.06	3.94	3.87	3.81	3.67
	97.5%	8.81	7.26	6.60	6.23	5.99	5.82	5.60	5.46	5.27	5.17	5.07	4.85
	99%	13.75	10.9	9.78	9.15	8.75	8.47	8.10	7.87	7.56	7.40	7.23	6.88
	99.9%	35.51	27.0	23.7	21.9	20.8	20.0	19.0	18.4	17.6	17.1	16.7	15.7
7	90%	3.59	3.26	3.07	2.96	2.88	2.83	2.75	2.70	2.63	2.59	2.56	2.47
	95%	5.59	4.74	4.35	4.12	3.97	3.87	3.73	3.64	3.51	3.44	3.38	3.23
	97.5%	8.07	6.54	5.89	5.52	5.29	5.12	4.90	4.76	4.57	4.47	4.36	4.14
	99%	12.25	9.55	8.45	7.85	7.46	7.19	6.84	6.62	6.31	6.16	5.99	5.65
	99.9%	29.25	21.7	18.8	17.2	16.2	15.5	14.6	14.1	13.3	12.9	12.5	11.7
8	90%	3.46	3.11	2.92	2.81	2.73	2.67	2.59	2.54	2.46	2.42	2.38	2.29
	95%	5.32	4.46	4.07	3.84	3.69	3.58	3.44	3.35	3.22	3.15	3.08	2.93
	97.5%	7.57	6.06	5.42	5.05	4.82	4.65	4.43	4.29	4.10	4.00	3.89	3.67
	99%	11.26	8.65	7.59	7.01	6.63	6.37	6.03	5.81	5.52	5.36	5.20	4.86
	99.9%	25.41	18.5	15.8	14.4	13.5	12.9	12.0	11.5	10.8	10.5	10.1	9.33
9	90%	3.36	3.01	2.81	2.69	2.61	2.55	2.47	2.42	2.34	2.30	2.25	2.16
	95%	5.12	4.26	3.86	3.63	3.48	3.37	3.23	3.14	3.01	2.94	2.86	2.71
	97.5%	7.21	5.71	5.08	4.72	4.48	4.32	4.10	3.96	3.77	3.67	3.56	3.33
	99%	10.56	8.02	6.99	6.42	6.06	5.80	5.47	5.26	4.96	4.81	4.65	4.31
	99.9%	22.86	16.4	13.9	12.6	11.7	11.1	10.4	9.89	9.24	8.90	8.55	7.81
10	90%	3.29	2.92	2.73	2.61	2.52	2.46	2.38	2.32	2.24	2.20	2.16	2.06
	95%	4.96	4.10	3.71	3.48	3.33	3.22	3.07	2.98	2.84	2.77	2.70	2.54
	97.5%	6.94	5.46	4.83	4.47	4.24	4.07	3.85	3.72	3.52	3.42	3.31	3.08
	99%	10.04	7.56	6.55	5.99	5.64	5.39	5.06	4.85	4.56	4.41	4.25	3.91
	99.9%	21.04	14.9	12.6	11.3	10.5	9.93	9.20	8.75	8.13	7.80	7.47	6.76

n_2	n_1	1	2	3	4	5	6	8	10	15	20	30	∞
11	90%	3.23	2.86	2.66	2.54	2.45	2.39	2.30	2.25	2.17	2.12	2.08	1.97
	95%	4.84	3.98	3.59	3.36	3.20	3.09	2.95	2.85	2.72	2.65	2.57	2.40
	97.5%	6.72	5.26	4.63	4.28	4.04	3.88	3.66	3.53	3.33	3.23	3.12	2.88
	99%	9.65	7.21	6.22	5.67	5.32	5.07	4.74	4.54	4.25	4.10	3.94	3.60
	99.9%	19.69	13.8	11.6	10.3	9.58	9.05	8.35	7.92	7.32	7.01	6.68	6.00
12	90%	3.81	2.81	2.61	2.48	2.39	2.33	2.24	2.19	2.10	2.06	2.01	1.90
	95%	4.75	3.89	3.49	3.26	3.11	3.00	2.85	2.75	2.62	2.54	2.47	2.30
	97.5%	6.55	5.10	4.47	4.12	3.89	3.73	3.51	3.37	3.18	3.07	2.96	2.72
	99%	9.33	6.93	5.95	5.41	5.06	4.82	4.50	4.30	4.01	3.86	3.70	3.36
	99.9%	18.64	13.0	10.8	9.63	8.89	8.38	7.71	7.29	6.71	6.40	6.09	5.42
13	90%	3.14	2.76	2.56	2.43	2.35	2.28	2.20	2.14	2.05	2.01	1.96	1.85
	95%	4.67	3.81	3.41	3.18	3.03	2.92	2.77	2.67	2.53	2.46	2.38	2.21
	97.5%	6.41	4.97	4.35	4.00	3.77	3.60	3.39	3.25	3.05	2.95	2.84	2.60
	99%	9.07	6.70	5.74	5.21	4.86	4.62	4.30	4.10	3.82	3.66	3.51	3.17
	99.9%	17.82	12.3	10.2	9.07	8.35	7.86	7.21	6.80	6.23	5.93	5.63	4.97
14	90%	3.10	2.73	2.52	2.39	2.31	2.24	2.15	2.10	2.01	1.96	1.91	1.80
	95%	4.60	3.74	3.34	3.11	2.96	2.85	2.70	2.60	2.46	2.39	2.31	2.13
	97.5%	6.30	4.86	4.24	3.89	3.66	3.50	3.29	3.15	2.95	2.84	2.73	2.49
	99%	8.86	6.51	5.56	5.04	4.69	4.46	4.14	3.94	3.66	3.51	3.35	3.00
	99.9%	17.14	11.8	9.73	8.62	7.92	7.44	6.80	6.40	5.85	5.56	5.25	4.60
15	90%	3.07	2.70	2.49	2.36	2.27	2.21	2.12	2.06	1.97	1.92	1.87	1.76
	95%	4.54	3.68	3.29	3.06	2.90	2.79	2.64	2.54	2.40	2.33	2.25	2.07
	97.5%	6.20	4.77	4.15	3.80	3.58	3.41	3.20	3.06	2.86	2.76	2.64	2.40
	99%	8.68	6.36	5.42	4.89	4.56	4.32	4.00	3.80	3.52	3.37	3.21	2.87
	99.9%	16.59	11.3	9.34	8.25	7.57	7.09	6.47	6.08	5.53	5.25	4.95	4.31
16	90%	3.05	2.67	2.46	2.33	2.24	2.18	2.09	2.03	1.94	1.89	1.84	1.72
	95%	4.49	3.63	3.24	3.01	2.85	2.74	2.59	2.49	2.35	2.28	2.19	2.01
	97.5%	6.12	4.69	4.08	3.73	3.50	3.34	3.12	2.99	2.79	2.68	2.57	2.32
	99%	8.53	6.23	5.29	4.77	4.44	4.20	3.89	3.69	3.41	3.26	3.10	2.75
	99.9%	16.12	11.0	9.01	7.94	7.27	6.80	6.19	5.81	5.27	4.99	4.70	4.06
17	90%	3.03	2.64	2.44	2.31	2.22	2.15	2.06	2.00	1.91	1.86	1.81	1.69
	95%	4.45	3.59	3.20	2.96	2.81	2.70	2.55	2.45	2.31	2.23	2.15	1.96
	97.5%	6.04	4.62	4.01	3.66	3.44	3.28	3.06	2.92	2.72	2.62	2.50	2.25
	99%	8.40	6.11	5.18	4.67	4.34	4.10	3.79	3.59	3.31	3.16	3.00	2.65
	99.9%	15.72	10.7	8.73	7.68	7.02	6.56	5.96	5.58	5.05	4.77	4.48	3.85
18	90%	3.01	2.62	2.42	2.29	2.20	2.13	2.04	1.98	1.89	1.84	1.78	1.66
	95%	4.41	3.55	3.16	2.93	2.77	2.66	2.51	2.41	2.27	2.19	2.11	1.92
	97.5%	5.98	4.56	3.95	3.61	3.38	3.22	3.01	2.87	2.67	2.56	2.44	2.19
	99%	8.29	6.01	5.09	4.58	4.25	4.01	3.71	3.51	3.23	3.08	2.92	2.57
	99.9%	15.38	10.4	8.49	7.46	6.81	6.35	5.76	5.39	4.87	4.59	4.30	3.67
19	90%	2.99	2.61	2.40	2.27	2.18	2.11	2.02	1.96	1.86	1.81	1.76	1.63
	95%	4.38	3.52	3.13	2.90	2.74	2.63	2.48	2.38	2.23	2.16	2.07	1.88
	97.5%	5.92	4.51	3.90	3.56	3.33	3.17	2.96	2.82	2.62	2.51	2.39	2.13
	99%	8.18	5.93	5.01	4.50	4.17	3.94	3.63	3.43	3.15	3.00	2.84	2.49
	99.9%	15.08	10.2	8.28	7.27	6.62	6.18	5.59	5.22	4.70	4.43	4.14	3.51
20	90%	2.97	2.59	2.38	2.25	2.16	2.09	2.00	1.94	1.84	1.79	1.74	1.61
	95%	4.35	3.49	3.10	2.87	2.71	2.60	2.45	2.35	2.20	2.12	2.04	1.84
	97.5%	5.87	4.46	3.86	3.51	3.29	3.13	2.91	2.77	2.57	2.46	2.35	2.09
	99%	8.10	5.85	4.94	4.43	4.10	3.87	3.56	3.37	3.09	2.94	2.78	2.42
	99.9%	14.82	9.95	8.10	7.10	6.46	6.02	5.44	5.08	4.56	4.29	4.00	3.38
21	90%	2.96	2.57	2.36	2.23	2.14	2.08	1.98	1.92	1.83	1.78	1.72	1.59
	95%	4.32	3.47	3.07	2.84	2.68	2.57	2.42	2.32	2.18	2.10	2.01	1.81
	97.5%	5.83	4.42	3.82	3.48	3.25	3.09	2.87	2.73	2.53	2.42	2.31	2.04
	99%	8.02	5.78	4.87	4.37	4.04	3.81	3.51	3.31	3.03	2.88	2.72	2.36
	99.9%	14.59	9.77	7.94	6.95	6.32	5.88	5.31	4.95	4.44	4.17	3.88	3.26

n_2	n_1	1	2	3	4	5	6	8	10	15	20	30	∞
22	90%	2.95	2.56	2.35	2.22	2.13	2.06	1.97	1.90	1.81	1.76	1.70	1.57
	95%	4.30	3.44	3.05	2.82	2.66	2.55	2.40	2.30	2.15	2.07	1.98	1.78
	97.5%	5.79	4.38	3.78	3.44	3.22	3.05	2.84	2.70	2.50	2.39	2.27	2.00
	99%	7.95	5.72	4.82	4.31	3.99	3.76	3.45	3.26	2.98	2.83	2.67	2.31
	99.9%	14.38	9.61	7.80	6.81	6.19	5.76	5.19	4.83	4.33	4.06	3.78	3.15
23	90%	2.94	2.55	2.34	2.21	2.11	2.05	1.95	1.89	1.80	1.74	1.69	1.55
	95%	4.28	3.42	3.03	2.80	2.64	2.53	2.37	2.27	2.13	2.05	1.96	1.76
	97.5%	5.75	4.35	3.75	3.41	3.18	3.02	2.81	2.67	2.47	2.36	2.24	1.97
	99%	7.88	5.66	4.76	4.26	3.94	3.71	3.41	3.21	2.93	2.78	2.62	2.26
	99.9%	14.20	9.47	7.67	6.70	6.08	5.65	5.09	4.73	4.23	3.96	3.68	3.05
24	90%	2.93	2.54	2.33	2.19	2.10	2.04	1.94	1.88	1.78	1.73	1.67	1.53
	95%	4.26	3.40	3.01	2.78	2.62	2.51	2.36	2.25	2.11	2.03	1.94	1.73
	97.5%	5.72	4.32	3.72	3.38	3.15	2.99	2.78	2.64	2.44	2.33	2.21	1.94
	99%	7.82	5.61	4.72	4.22	3.90	3.67	3.36	3.17	2.89	2.74	2.58	2.21
	99.9%	14.03	9.34	7.55	6.59	5.98	5.55	4.99	4.64	4.14	3.87	3.59	2.97
25	90%	2.92	2.53	2.32	2.18	2.09	2.02	1.93	1.87	1.77	1.72	1.66	1.52
	95%	4.24	3.39	2.99	2.76	2.60	2.49	2.34	2.24	2.09	2.01	1.92	1.71
	97.5%	5.69	4.29	3.69	3.35	3.13	2.97	2.75	2.61	2.41	2.30	2.18	1.91
	99%	7.77	5.57	4.68	4.18	3.85	3.63	3.32	3.13	2.85	2.70	2.54	2.17
	99.9%	13.88	9.22	7.45	6.49	5.89	5.46	4.91	4.56	4.06	3.79	3.52	2.89
26	90%	2.91	2.52	2.31	2.17	2.08	2.01	1.92	1.86	1.76	1.71	1.65	1.50
	95%	4.23	3.37	2.98	2.74	2.59	2.47	2.32	2.22	2.07	1.99	1.90	1.69
	97.5%	5.66	4.27	3.67	3.33	3.10	2.94	2.73	2.59	2.39	2.28	2.16	1.88
	99%	7.72	5.53	4.64	4.14	3.82	3.59	3.29	3.09	2.81	2.66	2.50	2.13
	99.9%	13.74	9.12	7.36	6.41	5.80	5.38	4.83	4.48	3.99	3.72	3.44	2.82
27	90%	2.90	2.51	2.30	2.17	2.07	2.00	1.91	1.85	1.75	1.70	1.64	1.49
	95%	4.21	3.35	2.96	2.73	2.57	2.46	2.31	2.20	2.06	1.97	1.88	1.67
	97.5%	5.63	4.24	3.65	3.31	3.08	2.92	2.71	2.57	2.36	2.25	2.13	1.85
	99%	7.68	5.49	4.60	4.11	3.78	3.56	3.26	3.06	2.78	2.63	2.47	2.10
	99.9%	13.61	9.02	7.27	6.33	5.73	5.31	4.76	4.41	3.92	3.66	3.38	2.75
28	90%	2.89	2.50	2.29	2.16	2.06	2.00	1.90	1.84	1.74	1.69	1.63	1.48
	95%	4.20	3.34	2.95	2.71	2.56	2.45	2.29	2.19	2.04	1.96	1.87	1.65
	97.5%	5.61	4.22	3.63	3.29	3.06	2.90	2.69	2.55	2.34	2.23	2.11	1.83
	99%	7.64	5.45	4.57	4.07	3.75	3.53	3.23	3.03	2.75	2.60	2.44	2.06
	99.9%	13.50	8.93	7.19	6.25	5.66	5.24	4.69	4.35	3.86	3.60	3.32	2.69
29	90%	2.89	2.50	2.28	2.15	2.06	1.99	1.89	1.83	1.73	1.68	1.62	1.47
	95%	4.18	3.33	2.93	2.70	2.55	2.43	2.28	2.18	2.03	1.94	1.85	1.64
	97.5%	5.59	4.20	3.61	3.27	3.04	2.88	2.67	2.53	2.32	2.21	2.09	1.81
	99%	7.60	5.42	4.54	4.04	3.73	3.50	3.20	3.00	2.73	2.57	2.41	2.03
	99.9%	13.39	8.85	7.12	6.19	5.59	5.18	4.64	4.29	3.80	3.54	3.27	2.64
30	90%	2.88	2.49	2.28	2.14	2.05	1.98	1.88	1.82	1.72	1.67	1.61	1.46
	95%	4.17	3.32	2.92	2.69	2.53	2.42	2.27	2.16	2.01	1.93	1.84	1.62
	97.5%	5.57	4.18	3.59	3.25	3.03	2.87	2.65	2.51	2.31	2.20	2.07	1.79
	99%	7.56	5.39	4.51	4.02	3.70	3.47	3.17	2.98	2.70	2.55	2.39	2.01
	99.9%	13.29	8.77	7.05	6.12	5.53	5.12	4.58	4.24	3.75	3.49	3.22	2.59
60	90%	2.79	2.39	2.18	2.04	1.95	1.87	1.77	1.71	1.60	1.54	1.48	1.29
	95%	4.00	3.15	2.76	2.53	2.37	2.25	2.10	1.99	1.84	1.75	1.65	1.39
	97.5%	5.29	3.93	3.34	3.01	2.79	2.63	2.41	2.27	2.06	1.94	1.82	1.48
	99%	7.08	4.98	4.13	3.65	3.34	3.12	2.82	2.63	2.35	2.20	2.03	1.60
	99.9%	11.97	7.77	6.17	5.31	4.76	4.37	3.86	3.54	3.08	2.83	2.55	1.89
80	90%	2.77	2.37	2.15	2.02	1.92	1.85	1.75	1.68	1.57	1.51	1.44	1.24
	95%	3.96	3.11	2.72	2.49	2.33	2.21	2.06	1.95	1.79	1.70	1.60	1.32
	97.5%	5.22	3.86	3.28	2.95	2.73	2.57	2.35	2.21	2.00	1.88	1.75	1.40
	99%	6.96	4.88	4.04	3.56	3.26	3.04	2.74	2.55	2.27	2.12	1.94	1.49
	99.9%	11.67	7.54	5.97	5.12	4.58	4.20	3.70	3.39	2.93	2.68	2.41	1.72

B. Lösungen zu den Aufgaben

Kapitel 1

1. Die Schweizerische Volkszählung wurde seit 1850 alle 10 Jahre als Vollerhebung durchgeführt. Aus Kostengründen gibt es ab 2010 jährlich eine Stichprobenerhebung bei ca. 200'000 zufällig ausgewählten Personen. Zusätzlich werden Daten aus den Einwohnerregistern verwendet.
2. Eine Vollerhebung ist teuer, liefert aber Informationen zu allen Beobachtungseinhheiten. Eine Stichprobe enthält nur einen Teil der Population, Schlussfolgerungen auf die Population sind also etwas unsicher. Manchmal ist aber eine Stichprobe trotzdem genauer als eine Vollerhebung, nämlich dann, wenn die Vollerhebung viele Beteiligte und eine grosse Organisation braucht. Je komplexer eine Erhebung ist, desto eher passieren Fehler. Eine sorgfältig geplante und ausgeführte Stichprobe kann unter Umständen präzisere Resultate liefern.
3. 32 Beobachtungseinheiten und 8 Variablen, nämlich a) bis g) und die Ernährungsberaterin.

Kapitel 2

1. a) Geschlecht: nominal
   b) Alter: stetig
   c) Blutzucker in mmol: stetig
   d) Anzahl Injektionen pro Tag: diskret
   e) Diabetes Typ I /Typ II: nominal
   f) BMI in kg/m^2: stetig
   g) Gesichtsfeldstörung: ordinal
2. a) Häufigkeitstabelle
   b)

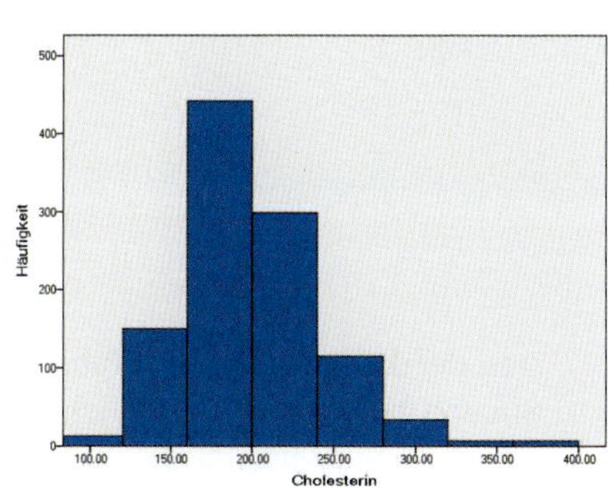

   c) Der Median ist ungefähr gleich 190 mg/100 ml.
3. a) Medikament A: $\bar{x} = 2.218$, Median= 2.22, $Q_1 = 2.00, Q_3 = 2.46$,
   Medikament B: $\bar{x} = 2.697$, Median= 2.68, $Q_1 = 2.52$, $Q_3 = 2.89$.
   b) Passende Grafiken sind Stem-and-leaf-Plots oder Boxplots.

Kapitel 3

1. a) Falsch, das wäre die Steigung der Regressionsgeraden.
   b) Richtig.
   c) Falsch, es könnte eine nichtlineare Beziehung bestehen.
   d) Falsch, Zusammenhang ist nicht gleich Kausalität.
2. a) Falsch, die Gerade geht durch den Punkt $(0, \hat{a})$.
   b) Falsch, die Gerade hat Steigung $\hat{b}$.
   c) Falsch, $\hat{b}$ ändert sich.
   d) Richtig.
   e) Falsch, es braucht zwei numerische Variablen.
3. a) In der Administration sind 70% Männer tätig.
   b) Im Spital und in der Gemeinde sind 75% bzw. 87.5% aller Angestellten Frauen.
   c) 43.75% der Männer sind in der Administration, 37.5% der Frauen im Spital tätig.
   d)

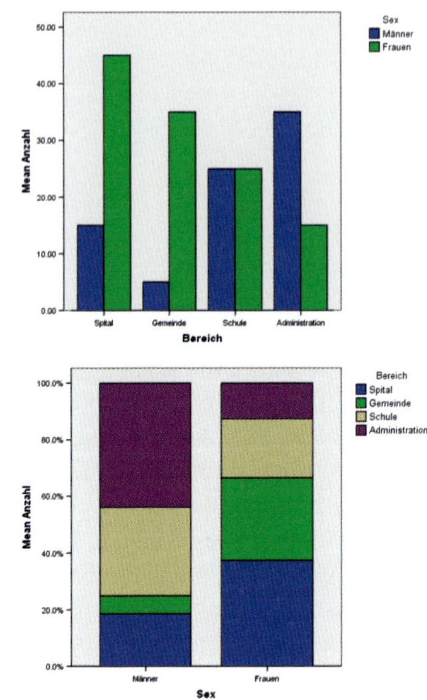

Kapitel 4

1. a) Die Faktoren Arzt/Ärztin und Methode sind konfundiert. Ein eventueller Effekt kann nicht zweifelsfrei der Methode zugeschrieben werden.
   b) Weil bekannt ist, welches Treatment als nächstes drankommt, kann das einen Einfluss auf die Rekrutierung haben.
   c) Auch hier sind Verzerrungen bei der Auswahl der Versuchpersonen möglich, weil die Zuteilung nicht blind ist.
   d) Eventuell gibt es einen Zusammenhang zwischen Geburtsmonat und Morbidität.
2. a) Richtig.
   b) Falsch, dazu müsste die Studie blind sein.
   c) Falsch, das ist eine Frage der Repräsentativität der Stichprobe.
   d) Richtig.
   e) Falsch, je nach Art der Randomisierung sind die Gruppen gleich gross oder nicht.

Kapitel 5

1. Einheit ist der/die Spitexklient/in. Die Population umfasst alle KlientInnen der Region oder des Einzugsgebiets des Spitexdienstes, der die Studie durchgeführt hat. Einen Stichprobenrahmen oder Stichprobenplan gibt es nicht wirklich. Es ist eine Woche

gewählt worden und dann sind alle besuchten Personen in dieser Zeitspanne in die Studie aufgenommen worden. Es handelt sich also nicht um eine Zufallsstichprobe.

Kritisch zu betrachten ist die Auswahl der Woche. Ob diese eine Woche repräsentativ ist, kann vermutlich mit anderen Datenquellen über die betreuten Personen, untersucht werden. Eine Erhebung zu verschiedenen Zeitpunkten liefert mehr Information, ist aber auch aufwändiger.

2. Die Einheit ist eine in der Schweiz wohnhafte Person über 15 Jahren. Zur Population gehören alle in der Schweiz wohnhaften Personen, die mindestens 15 Jahre alt sind. Der Stichprobenrahmen umfasst alle Personen mit einem registrierten Telefonanschluss. Es wurde eine zweistufige, stratifizierte Stichprobe gezogen.

Ein wichtiges Problem ist Undercoverage. Nicht alle Leute haben einen registrierten Telefonanschluss. Institutionalisierte Personen werden ebenfalls nicht berücksichtigt. Die Stichprobe enthält also vermutlich zu wenig randständige und junge Personen.

Gewisse Fragen zur Gesundheit sind vielleicht relativ heikel und würden in einer anonymen schriftlichen Befragung ehrlicher beantwortet.

Stellt sich noch die Frage nach der Sprachkompetenz der InterviewerInnen. Wurden die Interviews auch in Albanisch, Türkisch, Portugiesisch usw. durchgeführt oder kamen nur deutsch- oder französischsprachige EinwohnerInnen zum Zuge?

3. a) Zielpopulation sind alle Alters- und Pflegeheime der Region. Der Stichprobenrahmen umfasst die registrierten Heime. Erhebungseinheit ist ein Heim.

b) Vollerhebung

c) Nonresponse: Antwortrate ist mit 23% recht klein, vermutlich haben eher die besseren Heime mitgemacht.

Response-Bias: statt der Heimleitung wäre eventuell besser der Küchenchef oder die Küchenchefin befragt worden, der Menuplan entspricht vielleicht nicht dem tatsächlichen Essen.

Undercoverage: nichtregistrierte Heime sind vielleicht recht anders.

d) Ankündigungsschreiben und Nachhaken. Telefonisch mahnen oder nach Gründen für die Nichtteilnahme fragen. „Belohnung" in Aussicht stellen.

4.
1. Antwortkategorien sollten vorgegeben werden, betrachtete Zeitdauer fehlt.
2. Kategorien sind überlappend und decken nicht den ganzen Bereich ab. Erinnerungsvermögen ist fraglich.
3. Sind Mehrfachantworten erlaubt? Eventuell gibt es noch weitere Gründe.
4. Besser mehrstufige Antwortskala und eventuell Folgefrage nach Gründen.
5. Mehrdimensionale Frage, Codierung unklar.
6. Zu wenig Platz für eine Antwort.
7. Antwort ist nicht informativ, Kategorien „weiss nicht" und „betrifft mich nicht" fehlen.
8. Kenntnis der Vorschläge wird vorausgesetzt, Mehrdimensionalität.
9. Diese Frage müsste als Filterfrage vorher kommen.
10. Doppelte Verneinung.

Kapitel 6

1. Wegen $\sum P(E_i) = 1$ ist $P(E_4) + P(E_5) = 0.3$, also $P(E_4) = 0.2$ und $P(E_5) = 0.1$.

2. 36 Elementarereignisse, 1/6, 1/18.

3. 25/51

4. a) A. Je mehr Geburten, desto mehr Chancen für Zwillinge.

b) B. Schwankungen sind grösser bei kleineren Anzahlen.

5. a) 11!=39 916 800,

b) $\frac{9!}{2!3!2!} = 15\,120$.

6. a) $P(K) = 0.70$

b) $P(D^c) = 0.50$

c) $P(K^c \text{ und } D^c) = 0.10$

d) $P(K|D^c) = \frac{P(K \text{ und } D^c)}{P(D^c)} = \frac{0.40}{0.50} = 0.80$

e) Nein, sonst wäre a)=d)

7. a) 0

b) 78.9%, $P(60 \leq X \leq 80) = \Phi(1.25) - \Phi(-1.25) = 0.8944 - 0.1056 = 0.7888$

c) $\Phi(-0.675) = 0.25 \implies x = \sigma \cdot (-0.675) + \mu = 64.6$

Kapitel 7

1. 5.

2. 100 Mal. (n=10: $P(4 \leq X \leq 6) = (0.5)^{10}[\binom{10}{4} + \binom{10}{5} + \binom{10}{6}] = 0.656$, n=100: $P(40 \leq X \leq 60) = 0.9648$)

3. 10 Mal. (n=10: $P(X = 5) = 0.2461, n = 100 : P(X = 50) = 0.0796$)

4. a) d = Differenz = nachher−vorher $\bar{d} = 2.21$ $s_d = 2.36$ $s_{\bar{d}} = 2.36/\sqrt{8} = 0.83$.

b) Für die Länge des 95%-Vertrauensintervalls soll gelten: $2 \cdot 1.96 \cdot s_d/\sqrt{n} = 0.5$. Daraus folgt: $n = 343$.

Kapitel 8

1. a) i)

b) iv)

c) iii)

2. a) H_0: Übungsstunden haben keinen Effekt, $\mu = \mu_0$ (früherer Wert) oder $\mu_1 = \mu_2$ beim Vergleich von zwei Gruppen mit und ohne Übungsstunden.
H_A: Übungsstunden haben einen Effekt, $\mu \neq \mu_0$ oder $\mu_1 \neq \mu_2$

b) nein

c) Der Nutzen des Trainings wird in der Studie nicht bestätigt.

d) Wurde mit einem früheren Wert verglichen oder gab es zwei parallele Gruppen? Wie wurden die Versuchspersonen ausgewählt? Wenn es zwei Gruppen gab, wie wurde die Gruppenzuteilung gemacht? Wie gross war der Stichprobeumfang? Wie gross war die Macht des Tests? Welcher statistische Test wurde verwendet? Wieviele Übungsstunden gab es?

3. a) $H_0 : X_i \sim \mathcal{N}(9.5, 0.4^2)$, X_i unabhängig.
$H_A : X_i \sim \mathcal{N}(\mu, 0.4^2)$, $\mu \neq 9.5$, X_i unabhängig.

b) $z = \frac{9.58-9.5}{0.4/\sqrt{180}} = 2.68$, $P-$Wert =0.0074.

c) H_0 wird verworfen, das Calciumlevel von guatemaltekischen, schwangeren Frauen ist verschieden.

d) $x \pm 1.96\sigma/\sqrt{n} = 9.58 \pm 0.06 = (9.52, 9.64)$.

Kapitel 9

1. a) $df = 11$.

b) $0.01 < P-\text{Wert} < 0.025$.

c) Der Test ist signifikant, H_0 wird verworfen.

2. a) t-Test: $t = \frac{\bar{x}-17}{s/\sqrt{n}} = \frac{16.98-17}{0.3188/\sqrt{6}} = -0.128$, $t_{0.995,5} = 4.032$, H_0 kann nicht verworfen werden.

b) Das 99%- Vertrauensintervall für μ

ist: $\bar{x} \pm 4.032 \cdot (0.3188/\sqrt{6}) = 16.98 \pm 0.525 = (16.45, 17.50)$.

c) $P_{H_A}(\frac{\bar{x}-17}{s/\sqrt{n}} > 4.032) + P_{H_A}(\frac{\bar{x}-17}{s/\sqrt{n}} < -4.032) = P_{H_A}(\frac{\bar{x}-17.5}{s/\sqrt{n}} > 4.032 - \frac{0.5}{s/\sqrt{n}}) + P_{H_A}(\frac{\bar{x}-17.5}{s/\sqrt{n}} < -4.032 - \frac{0.5}{s/\sqrt{n}}) = P_{H_A}(\frac{\bar{x}-17.5}{s/\sqrt{n}} > 0.19) + P_{H_A}(\frac{\bar{x}-17.5}{s/\sqrt{n}} < -7.87) \approx 0.45$. Die Macht ist nur 45%.

3. Zuerst werden Differenzen gebildet zwischen Vorher- und Nachhermessung. Dann haben wir ein 2-Stichprobenproblem für den Vergleich Calcium- mit Kontrollgruppe.

t-Test: $t = 1.75$, kritischer Wert ist 2.093 (df=19). $P-$Wert ist ca. 0.10. Es gib also keinen signifikanten Unterschied zwischen den beiden Gruppen.

Mann-Whitney-Test: $U = 39$, Tabellenwert = 26. Auch kein signifikanter Unterschied.

Kapitel 10

1. a) $\hat{p} = 0.36$, Vertrauensintervall: $0.36 \pm 0.13 = (0.23, 0.49)$.

b) $n = \frac{0.36 \cdot 0.64 \cdot 1.96^2}{0.02^2} = 2213$.

c) $n = \frac{0.5 \cdot 0.5 \cdot 1.96^2}{0.02^2} = 2401$.

2. a) $\hat{p}_F = 0.141, \hat{p}_M = 0.339$.

b) $0.198 \pm 1.96\sqrt{\frac{0.339 \cdot 0.661}{1520} + \frac{0.141 \cdot 0.859}{191}} = 0.198 \pm 0.055 = (0.143, 0.253)$.

c) Die Komponente der Schätzung für den Anteil bei den Frauen ist viel grösser als die Komponente für die Männer, weil viel weniger Frauen in der Stichprobe sind.

3. a) Nach einem Jahr sind von den Haustierbesitzern 5.7% gestorben, von den Nicht-Haustierbesitzern 28.2%. Es sind also deutlich weniger Haustierbesitzer gestorben, das Haustier könnte einen positiven Effekt haben.

b) H_0: Es existiert kein Zusammenhang zwischen Überleben und Haustierbesitz. H_A: Es existiert ein Zusammenhang zwischen Überleben und Haustierbesitz.

c) $X^2 = 8.85$, $P-$Wert < 0.005.

d) Es besteht ein signifikanter Zusammenhang, aber das heisst nicht, dass das Haustier selbst eine positive Wirkung auf die Gesundheit seines Herrchens hat. Vielleicht haben auch gesündere Leute eher ein Haustier, oder reichere Leute, oder ....

4. McNemartest: $X^2 = 62.88$. Es gibt einen signifikanten Zusammenhang zwischen Typ des Gerichts und Strafe.

Kapitel 11

1. a) Blutdruckanstieg = Differenz Blutdruck nachher - vorher.

b) Alle drei Gruppen haben im Mittel einen gleich hohen Blutdruckanstieg.

c) Das ist eine 1-Weg-Varianzanalyse mit dem Faktor Musikwahl mit 3 Levels. Die Blutdruckmessungen in den drei Gruppen müssen normalverteilt sein mit gleicher Varianz. Die Messungen müssen unabhängig voneinander sein.

d) F-Verteilung mit df=2 und 47.

2. a) n=18

b) $Y_i = \mu_i + \varepsilon_{ij}$, $i = 1,2,3$; $j = 1,\ldots,6$, $\varepsilon_{ij} \sim \mathcal{N}(0, \sigma^2)$,
$\mathrm{H}_0 : \mu_1 = \mu_2 = \mu_3$.

c) $F = 15.04$.

d) Ja, der kritische Wert ist $F_{2,15,0.95} = 3.68$.

e) $\hat{\sigma} = 1.05$.

f) $\hat{\sigma}\sqrt{1/3} = 0.606$.

3. a) $t = -1.9821$, der kritische Wert ist

$t_{22,0.975} = 2.074$. Es gibt (knapp) keinen signifikanten Unterschied zwischen Neubehandlung und Kontrolle. Die 1-Weg-Varianzanalyse ergibt einen F-Testwert von $F = 3.929$, ebenfalls knapp nicht signifikant. Die 1-Weg-Varianzanalyse für 2 Gruppen ist ja äquivalent zum t-Test, das Ergebnis muss also das gleiche sein.

b) Die 1-Weg-Varianzanalyse für die 4 Gruppen liefert folgende Anova-Tabelle:

Source	SS	df	MS	F
Treatment	28.5	3	9.5	3.52
Error	54.0	20	2.7	
Total	82.5	23		

Der kritische Wert ist $F_{3,20,0.95} = 3.10$. Es gibt also signifikante Unterschiede zwischen den vier Gruppen.
Um die spezifische Frage zu beantworten, testen wir jetzt $H_0 : \frac{\mu_1+\mu_2+\mu_3}{3} - \mu_4 = 0$. Wir betrachten den Kontrast $C = \frac{\mu_1+\mu_2+\mu_3}{3} - \mu_4$. Die Schätzung ist $\hat{C} = \frac{\bar{y}_1+\bar{y}_2+\bar{y}_3}{3} - \bar{y}_4 = 1.67$.
Mit den Rechenregeln für Varianzen kann man die Varianz von $\hat{C}$ herleiten: $Var(\hat{C}) = \frac{1}{9}(\frac{\sigma^2}{6} + \frac{\sigma^2}{6} + \frac{\sigma^2}{6}) + \frac{\sigma^2}{6} = \sigma^2 \cdot 2/9$. Das heisst der Standardfehler von $\hat{C}$ wird $se(\hat{C}) = \sqrt{2.7 \cdot 2/9} = 0.7746$.
Die t-Teststatistik hat damit den Wert $t = \frac{\hat{C}}{se(\hat{C})} = 2.156$. Der kritische Wert ist $t_{20,0.975} = 2.086$. Die Nullhypothese wird also verworfen, es gibt einen Unterschied zwischen Neubehandlungen und Kontrolle.

c) Der geschätzte Unterschied zwischen Neubehandlungen und Kontrolle ist in **a)** und **b)** identisch, aber die beiden Standardfehler sind verschieden. MSE in **a)** ist deutlich grösser als in **b)**, deshalb wird die Teststatistik in **b)** grösser.

d) **b)** liefert eine präzisere Schätzung von σ, weil die Unterschiede zwischen den drei Neubehandlungen mitberücksichtigt werden.

4. Der erste Kontrast ist $\frac{\mu_1+\mu_2}{2} - \mu_3$. Er wird geschätzt durch $\frac{\bar{y}_1+\bar{y}_2}{2} - \bar{y}_3 = 5$ mit Standardfehler $\sqrt{\frac{3}{2}MS_{res}/10} = \sqrt{3.75} = 1.94$. Ein 95% Vertrauensintervall ist $5 \pm t_{97.5\%,N-I=27} \cdot 1.94 = 5 \pm 2.052 \cdot 1.94 = (1.03, 8.97)$.
Der zweite Kontrast ist $\mu_1 - \mu_2$ und ist zum ersten orthogonal, deshalb ist eine Bonferroni-Korrektur adäquat, falls der Vergleich geplant war, sonst sollte Bonferroni und Tukey benutzt werden.

Kapitel 12

1. a) Im Design II kann die Interaktion zwischen Medikament und Diät untersucht werden.

b) Design II. Hier ist die Varianz $\sigma^2/15$ im Vergleich zu $\sigma^2/10$ im Design I.

2. a) $\hat{\mu} = 12.5, \hat{A}_1 = \hat{A}_2 = 0$, $\hat{B}_1 = -\hat{B}_2 = -2.5, \hat{AB}_{ij} = 0$. Keine Interaktion.

b) $\hat{\mu} = 22.5, \hat{A}_1 = -\hat{A}_2 = 1.5$, $\hat{B}_1 = -\hat{B}_2 = 2, \hat{AB}_{ij} = 0$. Keine Interaktion.

c) $\hat{\mu} = 21.5, \hat{A}_1 = -\hat{A}_2 = 3$, $\hat{B}_1 = -\hat{B}_2 = 0.5, \hat{AB}_{11} = -\hat{AB}_{12} = -\hat{AB}_{21} = \hat{AB}_{22} = 1$. Hier gibt es vielleicht eine Interaktion.

3. In der „ohne Diät"-Gruppe waren die beiden Effekte von Biofeedback noch 2 und 18, gemittelt nur noch 6 und 11. Dass die Wechselwirkungen in den beiden Diätgruppen verschieden sind, spiegelt sich auch im relativ kleinen P-Wert der Dreifachwechselwirkung.

Kapitel 13

1. a) $F = 8.11$.
   b) Ja, die Teststatistik ist grösser als der kritische Wert $F_{0.95,1,13} = 4.67$.
   c) $\hat{y} = 3.78 + 4.04 \cdot \text{Dosis}$.
   d) $R^2 = \frac{SSR}{SST} = 0.38$.
2. a) $cpk = -220.08 + 16.059 \cdot Dauer$
   b) $t = 3.848$
   c) 9
   d) 160.59
   e) 502.575
   f) Die genaueste Schätzung kommt heraus, wenn die Hälfte der Spieler eine minimale, die andere Hälfte eine maximale Einsatzdauer haben, also im Extremfall 5 Spieler 0 Minuten und 6 Spieler 90 Minuten. Mit einer solchen Wahl kann aber die Linearität nicht mehr überprüft werden, vielleicht ergeben ganz kurze und ganz lange Zeitdauern ganz andere CPK-Werte. Besser wäre es deshalb z. B. 4 Spieler mit 20 Minuten, 3 Spieler mit 50 Minuten und 4 Spieler mit 80 Minuten Einsatzdauer zu haben.
3. a) falsch
   b) falsch
   c) richtig
   d) falsch
   e) falsch
   f) falsch

Kapitel 14

1. a) falsch
   b) richtig
   c) falsch
   d) richtig
   e) falsch
2. a) 12
   b) 202’230
   c) Ja
   d) 1296.7
   e) (9.66,28.34)
   f) Ja, 0 liegt ausserhalb des Intervalls.
   g) Nein, das weiss man nicht.
3. a) falsch
   b) falsch
   c) falsch
   d) falsch
   e) richtig
   f) falsch
4. a) 60
   b) 8.7%
   c) 15.099
   d) Ja
   e) Ja, P-Wert=0.022
5. a) mort=888.909-22.698 log(NOx) -0.479rain+1.463log(NOx) · rain
   b) Nein, wegen der Wechselwirkung.
   c) Ja
   d) mort=872.144+28.506log(NOx)
   e) mort=929.156
   f) Das multiple Modell (adjusted R^2).

Kapitel 15

1. a) PSA und Gleason haben einen signifikanten Zusammenhang und erhöhen beide das Risiko einer Tumorausbreitung.
   b) 10.2%.
   c) Die Konstante ist gleich dem Wert der Logit-Transformation für einen Mann mit Alter 0, PSA 0 und Gleason-Score gleich 0.
   d) OR=0.90.

2. a) $log(\frac{\hat{p}}{1-\hat{p}}) = -0.4 + 0.07\text{Alter} + 0.9\text{BD} - 0.4\text{Geschlecht} + 1.2\text{Rauchen} - 0.1\text{Geschlecht} \cdot \text{Rauchen}$
   b) OR=2.46. Die Odds für CHD sind bei Bluthochdruck um 2.46 grösser als ohne Bluthochdruck. Das Vertrauensintervall ist (1.66,3.64).
   c) Männer: 3.32, Frauen 3.00.
   d) 0.522
   e) 4.95
3. a) Kovarianzanalyse:
   $Y_i = \beta_0 + \beta_1 \text{pretest}_i + \beta_2 T_i + \varepsilon_i, i = 1,\ldots,50$, wobei $T_i = 1$ für die Experimental- und $T_i = 0$ für die Kontrollgruppe.
   Repeated Measures Design:
   $Y_{ijk} = \mu + \text{Gruppe}_i + \text{Zeit}_j + \varepsilon_{ijk},\ i = 1,2, j = 1,2, k = 1,\ldots,25.$
   b) Gruppe 0: N=25, Gruppe 1: N=25
   Corrected Model df=2, Intercept df=1, Pretest df=1, Gruppe df=1, Error df=47, Total df=50, Corrected Total df=49.
   c) Kovarianzanalyse. Repeated Measures ist ineffizient, wenn Blocks berücksichtigt werden, ohne dass damit viel Variabilität erklärt wird.
   d) Repeated Measures. In einer Kovarianzanalyse müssen Kovariable und Treatment unabhängig voneinander sein.

Kapitel 16

1. a) 50 und 10.
   b) Ein Score von 54 ist nicht möglich. Da sind fehlende Werte mit dem Code 9 fälschlicherweise mitgezählt worden.
   c) Ein Score von 25 kann ganz unterschiedlich zustande kommen: $5 \cdot 2 + 5 \cdot 3 = 25$ (mittlere Einstellung) oder $5 \cdot 1 + 1 \cdot 2 + 1 \cdot 3 + 3 \cdot 5 = 25$ (sehr ambivalent) oder $2 \cdot 1 + 1 \cdot 2 + 7 \cdot 3 = 25$ (mittlerer Einstellung mit ein paar liberalen Bereichen). Man kann also nicht ohne weiteres schliessen, dass die beiden Personen die gleiche Einstellung haben.
   d) Die zweite Person ist deutlich konservativer.
   e) Item 5 und Item 8 passen nicht so gut dazu. Item 10 hat eine negative Korrelation, vielleicht muss die Codierung dieses Items umgekehrt werden.
2. $\kappa = 0.734$. Die Übereinstimmung ist gut, aber die Antwortmöglichkeiten sind sehr eingeschränkt. Zudem wäre es wichtig zu wissen, ob die Personen wirklich unabhängig voneinander befragt worden sind. Das Geschlecht des Interviewers/der Interviewerin könnte auch einen Einfluss auf die Antworten haben.
3. Unterschiedliche Einstufungen sollten sicher gewichtet berücksichtigt werden. Wenn ein Unterschied von 2 und mehr Stufen als sehr schwerwiegend betrachtet wird, sollte der gewichtet-quadratische Kappa-Wert bevorzugt werden.

Kapitel 17

1. Bedürfnis und Unterstützungsbedarf sind keine Konstrukte. Die 40 Einzelfragen decken unterschiedliche Bereiche ab, die nicht miteinander korreliert sein müssen.
2. a) affair–lie, hot–benefits, homo–divorce–abort
   b) 2
   c) Kommunalität: Die zwei Faktoren erklären 55% der Variabilität der Variable affair.

Eigenwert: Der erste Faktor erklärt 3.14 mal so viel Varianz wie ein Einzelitem. Der erste Faktor erklärt 39.3 % der Gesamtvarianz in den 8 Variablen. Beide Faktoren zusammen erklären 56.7% der Gesamtvarianz.

d) 1. Faktor: Soziale, gesellschaftliche Verantwortung 2. Faktor: konservativ-katholische Moral. Hohe Ladungen sind bestimmend für die Interpretation der Faktoren. Ganz kleine Ladungen werden der besseren Lesbarkeit wegen weggelassen.

e) Vielleicht unsafe. Dessen Kommunalität ist tief.

Literaturverzeichnis

Agresti, A. (2007). *An Introduction to Categorical Data Analysis*. Wiley-Interscience, 2nd edition.

Altman, D. G. (1994). The scandal of poor medical research. *British Medical Journal*, 308:283–84.

Altman, D. G. und Bland, J. M. (1983). Measurement in medicine: the analysis of method comparison studies. *The Statistician*, 32:307–17.

Altman, D. G. und Bland, J. M. (1986). Statistical methods for assessing agreement between two methods of clinical measurement. *Lancet*, I:307–310.

Altman, D. G. und Bland, J. M. (1999). Measuring agreement in method comparison studies. *Statistical Methods in Medical Research*, 8:136–160.

Anthony, D. M. (1996). A review of statistical methods in the journal of advanced nursing. *Journal of Advanced Nursing*, 24:1089–94.

Backhaus, K., Erichson, B., Plinke, W., und Weiber, R. (2018). *Multivariate Analysemethoden*. Springer, Berlin, 15. auflage edition.

Benjamin, D., Berger, J., und Johnson, V. (2018). Redefine statistical significance. *Nature Human Behavior*, 2:6–10.

Bollen, K. und Lennox, R. (1991). Conventional wisdom on measurement: A structural equation perspective. *Psychological Bulletin*, 110(2):305–314.

Brédart, A., Kop, J.-L., Efficace, F., Beaudeau, A., Brito, T., Dolbeault, S., und Aaronson, N. (2015). Quality of care in the oncology outpatient setting from the patients' perspective: a systematic review of questionnaire' content and psychometric performance. *Psycho-Oncology*, 24(4):382–394.

Brown, T. (2015). *Confirmatory Factor Analysis for Applied Research*. Guilford Pubn, 2nd edition.

Büssing, A. und Glaser, J. (2002). *Das Tätigkeits- und Arbeitsanalyseverfahren für das Krankenhaus-Selbstbeobachtungsversion (TAA-KH-S)*. Göttingen: Hogrefe.

Chatfield, C. und Collins, A. (1980). *Introduction to Multivariate Analysis*. Chapman and Hall.

Cohen, J. (1988). *Statistical Power Analysis for the Behavioral Sciences*. Routledge Academic, 2nd edition.

Cohn, E., Jia, H., und Larson, E. (2009). Evaluation of statistical approaches in quantitative nursing research. *Clinical Nursing Research*, 18(3):223–41.

Collett, D. (2002). *Modelling Binary Data*. Chapman and Hall, 2nd edition.

Coronary Drug Project Research Group (1980). Influence of adherence to treatment and response of cholesterol on mortality in the coronary drug project. *New England Journal of Medicine*, 303:1038–41.

Cortina, J. M. (1993). What is coefficient alpha? an examination of theory and applications. *Journal of Applied Psychology*, 78(1):98–104.

DeVellis, R. F. (2016). *Scale Development: Theory and Applications*. SAGE Publications, 4th edition.

deVet, H., Terwee, C., Mokkink, L., und Knol, D. (2011). *Measurement in Medicine: A Practical Guide*. Cambridge University Press.

Dillman, D. A., Smyth, J. D., und Christian, L. M. (2008). *Internet, Mail, and Mixed-Mode Surveys: The Tailored Design Method*. John Wiley & Sons, 3rd edition.

Donner, A. und Klar, N. (2000). *Design and Analysis of Cluster Randomization Trials in Health Research*. Hodder Arnold Publication.

Eldridge, S. und Kerry, S. (2012). *A Practical Guide to Cluster Randomized Trials in Health Services Research*. John Wiley & Sons.

Fabrigar, L., Wegener, D., MacCallum, R., und Strahan, E. (1999). Evaluating the use of exploratory factor analysis in psychological research. *Psychological Methods*, 4(3):272–299.

Fahrmeir, L., Kneib, T., und Lang, S. (2009). *Regression: Modelle, Methoden und Anwendungen*. Springer, Berlin, 2nd edition.

Fink, A., editor (2002). *The Survey Kit*. Sage Publication, 2nd edition.

Finney, D. (1947). *Probit Analysis*. Cambridge University Press.

Fleiss, J. L., Levin, B., und Paik, M. C. (2003). *Statistical Methods for Rates and Proportions*. Wiley-Interscience, 3rd edition.

Garcia-Berthou, E. und Alcaraz, C. (2004). Incongruence between test statistics and p values in medical papers. *BMC Medical Research Methodology*, 4:13.

Gill, L. and White, L. (2009). A critical review of patient satisfaction. *Leadership in Health Servicesership in Health Services*, 22(1):8–19.

Good, P. I. (2006). *A Manager's Guide to the Design and Conduct of Clinical Trials*. Wiley-Liss, 2nd edition.

Gore, S., Jones, I., und Rytter, E. (1977). Misuse of statistical methods: critical assessment of articles in bmj from january to march 1976. *British Medical Journal*, (1):85–7.

Groves, T. (2008). Research methods and reporting. *British Medical Journal*, 337:a2201.

Gwet, K. (2002). Inter-rater reliability: Dependency on trait prevalence and marginal homogeneity. *Statistical Methods for Inter-Rater Reliability Assessment Series*, 2:1–9.

Harrell Jr, F. E. (2015). *Regression Modeling Strategies: With Applications to Linear Models, Logistic Regression, and Survival Analysis*. Springer, Berlin, 2nd edition.

Hills, M. (1977). Book review. *Applied Statistics*, 26:339–340.

Holt-Lunstad, J., Smith, T., und Layton, J. (2010). Social relationships and mortality risk: A meta-analytic review. *PLoS Medicine*, 7(7):e1000316.

Hox, J. (2010). *Multilevel Analysis: Techniques and Applications*. Routledge, 2nd edition.

Kirchhoff, S., Kuhnt, S., Lipp, P., und Schlawin, S. (2010). *Der Fragebogen*. VS Verlag, 5. edition.

Koo, T. und Li, M. (2016). A guideline of selecting and reporting intraclass correlation coefficients for reliability research. *Journal of Chiropractic Medicine*, 15:155–163.

Kutner, H. M., Nachtsheim, C., Neter, J., und Li, W. (2005). *Applied Linear Statistical Models*. McGraw-Hill Irwin, Illinois, 5th edition.

Landau, S. und Everitt, B. S. (2003). *A Handbook of Statistical Analyses Using SPSS*. Chapman and Hall.

Landis, J. R. und Koch, G. G. (1977). The measurement of observer agreement for categorical data. *Biometrics*, 33:159–174.

Lawley, D. und Maxwell, A. (1971). *Factor analysis as a statistical method*. London: Butterworth, 2nd edition.

Lemeshow, S., Hosmer Jr, D., Klar, J., und Lwanga, S. (1990). *Adequacy of Sample Size in Health Studies*. Wiley Chichester.

Lohr, S. L. (2009). *Sampling: Design and Analysis*. Cengage Learning, 2nd edition.

Malone, H. und Coyne, I. (2017). A review of commonly applied statistics in jan. *Journal of Advanced Nursing*, 73(8):1771–1773.

Montgomery, D. C. (2017). *Design and Analysis of Experiments*. Wiley, 9th edition.

Montgomery, D. C., Peck, E. A., und Vining, G. G. (2012). *Introduction to Linear Regression Analysis*. Wiley, 5th edition.

Oppenheim, A. N. (2000). *Questionnaire Design, Interviewing and Attitude Measurement*. Continuum International Publishing Group.

Piantadosi, S. (2017). *Clinical Trials: A Methodologic Perspective*. Wiley-Interscience, 3rd edition.

Pocock, S. J. (1983). *Clinical Trials: A Practical Approach*. Wiley Chichester.

Schumacker, R. und Lomax, R. (2015). *A Beginner's Guide to Structural Equation Modeling*. Routledge, 4th edition.

Sitzia, J. (1999). How valid and reliable are patient satisfaction data? an analysis of 195 studies. *International Journal for Quality in Health Care*, 11(4):319–28.

Sloand, E., Pitt, E., Chiarello, R., und Nemo, G. J. (1991). Hiv testing: State of the art. *Journal of the American Medical Association*, 266:2861–66.

Strobl, C. (2010). *Das Rasch-Modell: Eine verständliche Einführung für Studium und Praxis*. Rainer Hampp Verlag.

Tabachnick, B. G. und Fidell, L. S. (2013). *Using Multivariate Statistics*. Pearson Education, 6th edition.

Tufte, E. R. (2001). *The Visual Display of quantitative Information*. Graphics Press, 2nd edition.

Watson, R. und Thompson, D. (2006). Use of factor analysis in journal of advanced nursing: literature review. *Journal of Advanced Nursing*, 55(3):330–41.

Index